LEÇONS

D'ANALYSE INFINITÉSIMALE.

LEÇONS

D'ANALYSE INFINITÉSIMALE

PAR

Paul MANSION,

DOCTEUR SPÉCIAL EN SCIENCES MATHÉMATHIQUES,
PROFESSEUR A L'UNIVERSITÉ DE GAND.

I. Objet de l'analyse infinitésimale.
II. Propriété fondamentale des fonctions d'une seule variable, ou Théorème de Rolle.

GAND,
AD. HOSTE, LIBRAIRE,
rue des Champs.

MONS,
H. MANCEAUX, IMPRIMEUR-EDITEUR,
rue des Fripiers.

1876

GAND, IMP. C. ANNOOT-BRAECKMAN.

LEÇONS D'ANALYSE INFINITÉSIMALE.

I

OBJET DE L'ANALYSE INFINITÉSIMALE.

I. DES VARIABLES EN GÉNÉRAL.

1. *Variable.* Dans une question de mathématiques, on appelle *variable* une quantité qui peut prendre un nombre indéfini de valeurs différentes, *constante*, celle qui, au contraire, a une ou plusieurs valeurs déterminées.

Pour montrer comment on est conduit naturellement à considérer les quantités comme variables, nous allons résoudre deux problèmes très simples.

2. PROPLÈME I. *Chercher pour quelles valeurs de x et de y le produit $p = xy$ a la plus grande valeur possible, sachant que la somme $s = x + y$ est constante; x et y sont positifs.*

Posons

$$x = \frac{s}{2} - z,$$

ce qui conduit à la valeur

$$y = \frac{s}{2} + z,$$

pour y, puisque $x + y = s$. On aura

$$p = xy = \frac{s^2}{4} - z^2.$$

La plus grande valeur de p correspond évidemment à $z = 0$. Donc *le produit de deux facteurs dont la somme est constante a sa plus grande valeur quand ces facteurs sont égaux.*

Il est clair que, pour arriver à cette conclusion, il fallait comparer les valeurs de p, pour diverses valeurs de x et de y, ou considérer x, y, p comme variables. Il en est de même dans la question suivante.

3. Problème II. *Chercher pour quelles valeurs de x et de y la somme $s = x + y$ a la plus petite valeur possible, sachant que le produit $p = xy$ est constant; x et y sont positifs.*

Supposons que x soit la plus petite des deux parties de la somme s, si elles ne sont pas égales, et soient

$$x = \sqrt{p} - z, \qquad y = \frac{p}{\sqrt{p} - z}.$$

On aura

$$s = \sqrt{p} - z + \frac{p}{\sqrt{p} - z}$$

ou, en réduisant au même dénominateur,

$$s = \frac{(\sqrt{p} - z)^2 + p}{\sqrt{p} - z} = \frac{2p - 2z\sqrt{p} + z^2}{\sqrt{p} - z} = 2\sqrt{p} + \frac{z^2}{\sqrt{p} - z}.$$

Plus z diminuera, plus le numérateur de la dernière fraction décroitra et plus le dénominateur croitra. Donc la plus petite valeur de s correspond à $z = 0$. Dans ce cas, $x = y = \frac{1}{2}s = \sqrt{p}$. Ainsi *la somme de deux nombres dont le produit est constant a sa plus petite valeur quand ces nombres sont égaux.*

4. *Notation.* On peut remarquer, à propos de ces deux questions, que les variables d'une question peuvent être constantes dans une autre et inversement. Ainsi p est variable dans la première, constante dans la seconde; c'est l'inverse pour s.

Toutes les quantités représentées par des lettres, sauf avis contraire (comme pour les nombres $\pi = 3.1415926\ldots$ et $e = 2.718281828\ldots$) *ont* nécessairement *des valeurs arbitraires*. Ainsi, dans la première question, on suppose s constant pendant le cours du raisonnement, tandis que x, y, p varient. Mais cette valeur constante de s est absolument quelconque et peut être remplacée par tel nombre que l'on veut. La seule différence qu'il y ait entre cette quantité arbitraire s, appelée constante, et la quantité x, arbitraire aussi, mais appelée variable, c'est que, dans le cours du raisonnement, on doit supposer la première constante, tandis que la seconde x peut prendre un nombre indéfini de valeurs, même si l'on se donne numériquement la valeur de s.

Les quantités arbitraires, constantes ou variables, sont désignées, depuis Viète (1540-1603), par des lettres, soit du commencement, soit de la fin de l'alphabet, sans aucune distinction. C'est grâce à cette notation, d'une grande généralité, que l'on peut transformer sans aucune opération extérieure, les équations d'une question, en celles d'une autre qui lui est connexe, des variables et des constantes ayant changé de rôle.

5. *Représentation géométrique des variables.* On peut souvent représenter les variables par des grandeurs géométriques et de diverses manières. Nous allons le montrer, à propos des deux problèmes résolus plus haut.

I. Construisons (*fig.* 1) une circonférence AMB sur un diamètre $AB = s$. Les quantités variables x et y dont la somme est constamment s ou AB, pourront être représentées par AP et PB; leur produit $p = xy$ sera égal au carré de la perpendiculaire MP à AB en P, puisque $AP \times PB = \overline{PM}^2$. Le maximum de ce produit correspondra à la valeur $AO = OB$, de x et de y, O étant le centre du demi-cercle ; car $AO \times OB = \overline{OL}^2 > \overline{PM}^2$.

II. Construisons (*fig.* 1) une circonférence MCND de centre P et de rayon $PM = \sqrt{p}$. Ensuite, par les extrémités du diamètre MPN, fesons passer une autre circonférence quelconque AMBN, coupant le diamètre CD de la première, perpendiculaire à MN, en A et B. On aura $AP \times PB = NP \times PM = \sqrt{p} \cdot \sqrt{p} = p$. Par conséquent, on pourra prendre, pour les facteurs x et y du produit constant p, les longueurs AP et PB, variables avec le rayon du second cercle AMBN. La somme de $x = AP$ et $y = PB$ sera le diamètre AB, qui est plus grand que MN. Dans le cercle MCND, la somme des longueurs analogues CP et PD est égale à CD ou MN. Le minimum de la somme $x + y$, correspond donc au cas où les deux parties de la somme sont égales, comme cela arrive dans le cercle MCND.

Ces exemples montrent bien l'utilité de la représentation géométrique des variables. « La géométrie est graphique; elle s'adresse à la fois à l'œil extérieur et à l'œil intérieur (l'intelligence). De là une grande facilité de conception, une extrême clarté. L'algèbre est algorithmique; elle ne s'étale que devant l'œil intérieur; de là une haute abstraction, une généralité immense. Ces sciences en se prêtant mutuellement leurs moyens respectifs, acquièrent les avantages attachés à ces moyens » (Terquem).

II. DES FONCTIONS.

6. *Fonction.* Dans les questions traitées plus haut, x, y, p ou s varient à la fois. Quand l'une des variables est donnée, la valeur des autres s'en suit. Si l'on suppose dans la première question, par exemple, que x ait une certaine valeur, on aura

$$y = s - x, \qquad p = x(s - x).$$

En général, « dans une question de mathématiques, on appelle *variables indépendantes,* celles auxquelles on peut attribuer des valeurs quelconques; *variables dépendantes* ou *fonctions* celles dont la valeur est déterminée par celles des variables indépendantes » (DUHAMEL). Ainsi, dans le premier problème, y et p sont des variables dépendantes, elles dépendent de x, sont des fonctions de x. Si l'on désigne par u l'aire d'un rectangle de base x et de hauteur y, u est une fonction de x et de y, variables indépendantes, auxquelles u est lié par la relation $u = xy$. Le volume V d'un parallélipède rectangle dont les dimensions sont x, y, z est donné par la relation $V = xyz$; V est une fonction des trois variables indépendantes x, y, z.

7. *Choix de la variable indépendante.* Dans le premier problème traité plus haut, on peut exprimer non seulement y et p en fonction de x, mais aussi x et p en fonction de y, ou x et y en fonction de p. Ainsi, par exemple,

$$x = s - y, \qquad p = y(s - y).$$

On peut donc regarder y comme la variable indépendante, x et p comme des variables dépendantes, ou des fonctions de y. Il en est de même dans les autres exemples; ainsi, quand $V = xyz$, on peut regarder z comme une fonction de V, x, y déterminée par cette relation, ou par celle-ci :

$$z = \frac{V}{xy}.$$

En général, dans beaucoup de cas, on pourra choisir la variable indépendante, où les variables indépendantes, comme on le voudra. On fait naturellement ce choix de la manière la plus favorable au but que l'on veut atteindre. Quelquefois, il sera avantageux d'introduire une ou plusieurs *variables* dépendantes ou indépendantes *auxiliaires*. On en a vu des exemples, à propos des problèmes traités plus haut; z est une variable auxiliaire.

8. *Représentation géométrique des fonctions de une et de deux variables.* Depuis l'invention de la géométrie analytique (1637) par DESCARTES (1596-1660), on représente le plus souvent la relation qui existe entre deux variables dont chacune est une fonction de l'autre, par la courbe dont les points (ou les tangentes) ont pour coordonnées les valeurs de ces variables. De même, une relation entre trois variables, dont chacune est une fonction des deux autres, est représentée par la surface, dont les points (ou les plans tangents) ont pour coordonnées les valeurs de ces variables.

EXEMPLES. I. L'équation $y = x$, en coordonnées ponctuelles rectangulaires, représente une droite OB, bissectrice de l'angle des coordonnées positives et de l'angle opposé (*fig.* 2).

II. L'équation

$$xy = 1, \quad y = \frac{1}{x}, \text{ ou } x = \frac{1}{y}$$

représente une hyperbole équilatère KNH rapportée à ses asymptotes (*fig.* 3); y et x varient en sens inverse et la forme de la courbe peint ce mode de variation d'une manière saisissante.

III. Désignons par E (x) le plus grand entier contenu dans x, de sorte que, par exemple, si

$$x = \frac{31}{15} = 2 + \frac{1}{15},$$

on a $E(x) = 2$; si $x = 7.99$, on a $E(x) = 7$.

La fonction $y = E(x)$ sera une variable dépendant de x, d'une manière particulière. Quand x variera de 0 à 1 exclusivement, on aura $E(x) = 0$; quand x variera de 1 à 2 exclusivement, on aura $E(x) = 1$; et ainsi de suite. La relation

$$y = E(x)$$

sera représentée par une série de lignes droites parallèles à l'axe des x, comme l'indique la figure (*fig.* 4).

IV. La relation

$$y = x - E(x)$$

est représentée par une série de droites inclinées d'un demi-angle droit sur l'axe des x, comme il est facile de le voir (*fig.* 5).

9. Remarque. On peut représenter une fonction qui est la somme ou la différence de deux autres par la somme ou la différence des ordonnées de deux courbes.

Exemples. I.
$$y=\frac{1}{x}+x.$$

La fonction $y_1=x$ est représentée (*fig.* 2) par l'ordonnée PM, de la bissectrice OMB de l'angle des axes XOY_1, correspondant à l'abcisse $OP=x$.

La fonction $y_2=\frac{1}{x}$ est représentée par l'ordonnée PN de l'hyperbole équilatère HNK, OY_2 étant, pour cette courbe, l'axe des ordonnées positives.

La fonction
$$y=y_1+y_2=x+\frac{1}{x}$$
est représentée par la longueur $MN=MP+PN$.

II. On trouve de même que la fonction
$$y=\frac{1}{x}+x-E(x)$$
est donnée, pour une valeur $x=OP$, par la longueur MN (*fig.* 5).

10. *Les propriétés des fonctions sont indépendantes de la manière dont on désigne les variables.* Les propriétés des courbes données plus haut ne dépendent pas du nom donné aux variables, ni des lettres qui les représentent. Par exemple, si l'on représente les abcisses d'une ligne par u et les ordonnées par v, $v=u$ représentera la bissectrice de l'angle des axes des coordonnées positives, comme $y=x$; de même, $uv=1$ et $xy=1$ représenteront la même hyperbole équilatère. Si l'on écrivait $e(x)$ pour désigner le plus grand entier contenu dans x, $y=e(x)$ serait représenté par la même série de lignes droites que $y=E(x)$ et ainsi de suite. Les propriétés des lignes, et par conséquent celle des fonctions, ne dépendent donc nullement de la manière dont on représente les variables. Cette remarque est souvent utile.

III. OBJET DE L'ANALYSE INFINITÉSIMALE.

11. *Classification des fonctions*. Les relations qui existent entre des variables peuvent être exprimées par des équations ou non. Dans le premier cas, on dit que les variables sont des fonctions *analytiques* les unes des autres, dans le second qu'elles sont des *fonctions concrètes*. Ainsi, l'aire u d'un rectangle de base x et de hauteur y est une fonction concrète de x et de y pour celui qui ne connait pas la relation $u=xy$; c'est une fonction analytique pour celui qui la connait.

Les fonctions analytiques se divisent naturellement en fonction de une, deux, trois, etc. variables indépendantes. Si l'on suppose constante une des variables dans les fonctions de deux variables, deux dans celles de trois, et ainsi de suite, ces fonctions ne contiendront plus qu'une seule variable. On ramène de cette manière l'étude des fonctions de plusieurs variables à celle des fonctions d'une seule variable. C'est ce que l'on fait, en géométrie élémentaire, quand on compare les rectangles de même hauteur et de base différente, avant de passer au cas des rectangles quelconques.

Les fonctions d'une variable se divisent en deux catégories, suivant qu'elles sont *algébriques* ou *transcendantes*. Une quantité y sera dite, dans le sens le plus général, fonction algébrique de x, quand elle satisfera à une équation

$$U=0$$

dont le premier membre U est un polynome rationnel et entier par rapport à l'inconnue y et à la variable indépendante x. Réciproquement x sera fonction algébrique de y. Les fonctions *transcendantes* sont toutes celles qui ne peuvent vérifier la condition précédente.

Lorsque l'équation $U=0$ est du premier degré en y, elle donne pour y, ou bien le quotient de deux polynomes en x : cette valeur de y s'appelle une *fraction rationnelle;* ou bien, on trouve pour y, un polynome entier en x, que l'on appelle une *fonction entière*. Dans tous les autres cas, la fonction algébrique y est dite *irrationnelle*. Parmi les fonctions irrationnelles, les unes peuvent s'exprimer au moyen de radicaux, les autres ne le peuvent pas. Par exemple, si l'équation U est du second, du troisième ou du quatrième degré en y, on pourra exprimer cette fonction au moyen de radicaux portant sur des fonctions rationnelles en x. ABEL a montré, au contraire, que si l'équation U est du cinquième degré en y, il est impossible, en général, d'exprimer y au moyen de radicaux portant sur des fonctions rationnelles en x.

Parmi les fonctions transcendantes, qui sont en nombre indéfini, on distingue spécialement : 1° Les exponentielles, les logarithmes et les fonctions circulaires; les fonctions elliptiques; les fonctions abéliennes. 2° Les fonctions eulériennes; les fonctions sphériques et les fonctions besséliennes.

EXEMPLES : Fonctions algébriques. I. *Rationnelles.*

1. Fonction entière : $y = a + bx + cx^2$ (Parabole).

2. Fraction rationnelle : $y = \dfrac{a + bx + cx^2}{d + ex}$ (Hyperbole).

II. *Irrationnelles.*

$$y^2 + x^2 = a^2 \quad \text{(Cercle).}$$

$$y^5 + (ax^4 + bx^3 + cx^2 + dx + e)y + Ax^5 + Bx^4 + Cx^3 + Dx^2 + Ex + F = 0.$$

Fonctions transcendantes.

$$y = e^x, \quad x = ly \quad \text{(Logarithmique).}$$

$$y = x^{-1} + x - E(x).$$

12. *Objet de l'analyse infinitésimale.* L'*Analyse* a pour objet la *Théorie des fonctions*, comme l'*Arithmétique* a pour objet la *Théorie des nombres*.

L'Analyse se divise en deux parties : 1° L'*Analyse algébrique* et la *Trigonométrie* qui ont pour objet la théorie générale des fonctions algébriques et la théorie spéciale de quelques transcendantes simples (exponentielles et logarithmes, fonctions circulaires), étudiées principalement au moyen du *Calcul algébrique;* 2° l'*Analyse infinitésimale* qui étudie ces mêmes fonctions et un grand nombre d'autres fonctions transcendantes, principalement au moyen de la *Méthode des limites* ou de la *Méthode infinitésimale*, qui est lui est équivalente.

L'*Analyse élémentaire* ne s'occupe que des fonctions algébriques rationnelles, des fonctions algébriques irrationnelles qui peuvent s'exprimer au moyen de radicaux, et des transcendantes simples que l'on rencontre en Algèbre et en Trigonométrie.

IV. APERÇU HISTORIQUE.

13. *Inventeurs.* L'analyse infinitésimale a été inventée au XVIIe siècle par LEIBNIZ (1646-1716) et par NEWTON (1642-1727), indépendamment l'un de l'autre, et sous des formes différentes, comme le reconnait Newton lui-même : « *Rescripsit Vir clarissimus* (Leibnitius) *se quoque in ejusmodi methodum incidisse, et methodum suam communicavit a mea vix abludentem, praeterquam in verborum et notarum formulis* (Princip. math. Phil. nat. Lib. II, prop. VII, scholium, 1687), *et* IDEA GENERATIONIS QUANTITATUM » (Ibid., 2e ed. 1713). Leibniz employait la méthode infinitésimale, la notation des différentielles, et appelait la science nouvelle *calcul différentiel et calcul intégral* ou *sommatoire.* Il en découvrit les principes vers 1677 et les publia en 1684. Newton employait la méthode des limites, une notation équivalente au fond à celle des dérivées, mais beaucoup plus incommode, et il appelait la nouvelle branche des mathématiques créée par lui, *calcul direct et calcul inverse des fluxions* ou *vitesses.* Il découvrit les fondements de la méthode des fluxions vers 1667 et les publia vingt ans plus tard, dans ses immortels *Principes.*

Au dix-huitième siècle, les plus grands analystes sont EULER (1707-1783) et LAGRANGE (1736-1813), qui déduisirent des principes posés par Leibniz et Newton toutes leurs conséquences naturelles, mais en obscurcissant parfois la clarté de ces principes mêmes.

LEGENDRE (1752-1833) agrandit le domaine de l'analyse en appelant l'attention, plus que ses devanciers, sur trois espèces nouvelles de fonctions : les fonctions culériennes, les fonctions sphériques et surtout les fonctions elliptiques. Il en développa la théorie autant que possible, au moyen des ressources de l'analyse de son temps, mais sans inventer de méthodes vraiment originales.

Au XIXe siècle, au contraire, GAUSS (1777-1855) et surtout CAUCHY (1789-1857) ouvrirent à l'analyse un champ illimité de recherches, en créant la théorie générale des fonctions d'une variable imaginaire. ABEL (1802-1829) et JACOBI (1804-1851) appliquèrent cette théorie, d'une manière plus ou moins inconsciente, avant qu'elle eut reçu son plein développement, à l'étude des fonctions elliptiques; en outre, ils découvrirent les propriétés fondamentales d'une nouvelle sorte de fonctions, les fonctions abéliennes, plus compliquées que les précédentes. RIEMANN (1826-1866) appliqua à ces fonctions la théorie générale des fonctions d'une variable imaginaire, qu'il avait approfondie plus que personne; CLEBSCH (1833-1872) enfin rattacha leurs propriétés principales à la géométrie supérieure.

Aujourd'hui HERMITE (1822) en France, WEIERSTRASS (1815) en Allemagne, CAYLEY (1821) en Angleterre tiennent le sceptre de l'analyse mathématique.

14. *Précurseurs et promoteurs.* On doit regarder comme les précurseurs de Leibniz et de Newton : I. NEPER (1550-1617), l'inventeur des logarithmes, c'est-à-dire de la première fonction transcendante, que l'on ait étudiée dans les temps modernes. Avant lui, on ne connaissait que les fonctions circulaires. Neper trouva les propriétés des logarithmes par des considérations sur les fluxions ou vitesses de certains mobiles. II. DESCARTES (1596-1660), le créateur des mathématiques modernes, par l'invention de la géométrie analytique et de la méthode des coefficients indéterminés, découvertes qui rendirent possible celle de l'analyse infinitésimale par Leibniz et Newton. III. Les géomètres qui ont appliqué, sous une forme ou sous une autre, la méthode infinitésimale : 1° à la recherche des aires, des volumes, etc., comme ARCHIMÈDE (287-212), KEPLER (1571-1630), PASCAL (1623-1662), GRÉGOIRE DE ST-VINCENT (1584-1667). 2° A la théorie des tangentes, comme FERMAT (1608-1665) et DESCARTES; ou à celle des rayons de courbure, comme HUYGENS (1629-1695). 3° A la théorie des séries, comme WALLIS (1616-1703).

Parmi les analystes de mérite, on peut citer, outre les grands génies créateurs indiqués plus haut : JACQUES BERNOULLI (1654-1705), JEAN BERNOULLI (1667-1748); MACLAURIN (1698-1746); FAGNANO (1682-1766); D'ALEMBERT (1717-1783), LAPLACE (1749-1827); FOURIER (1768-1830); AMPÈRE (1775-1836); POISSON (1781-1840); DIRICHLET (1805-1859); EISENSTEIN (1823-1852); HAMILTON (1805-1865). Ce dernier, par sa théorie des Quaternions, a ouvert de nouvelles perspectives à l'analyse infinitésimale.

15. Neper, Wallis, Newton, Maclaurin, Hamilton, Cayley sont anglais, écossais ou irlandais; Fermat, Descartes, Pascal, d'Alembert, Laplace, Ampère, Fourier, Poisson, Hermite, sont français; Kepler, Leibniz, Gauss, Jacobi, Dirichlet, Eisenstein, Riemann, Clebsch sont allemands; Fagnano et Lagrange sont italiens; les Bernouilli et Euler sont de Bâle en Suisse; Abel est norwégien; Grégoire de S. Vincent est un jésuite belge de Bruges; Huygens est hollandais.

II

PROPRIÉTÉ FONDAMENTALE DES FONCTIONS D'UNE SEULE VARIABLE, OU THÉORÈME DE ROLLE(1).

I. FONCTIONS CROISSANTES ET FONCTIONS DÉCROISSANTES.

1. *Définition.* Une fonction $y = Fx$ est dite *croissante* ou *décroissante* pour la valeur x de la variable, selon que l'accroissement $\Delta y = F(x + \Delta x) - Fx$ de la fonction, correspondant à un accroissement *positif* Δx, de la variable x, est positif ou négatif, pour une valeur de Δx suffisamment petite et pour toutes les valeurs inférieures. Ainsi, $a + x$, $10x$, e^x, sont des fonctions croissantes, $a - x$, x^{-1}, e^{-x}, sont des fonctions décroissantes pour toute valeur de x; $\sin x$ est une fonction croissante de $x = -\frac{1}{2}\pi$ inclusivement, à $x = \frac{1}{2}\pi$ exclusivement, décroissante de $x = \frac{1}{2}\pi$ inclusivement, à $x = \frac{3}{2}\pi$ exclusivement; $\cos x$ est une fonction décroissante de $x = 0$ inclusivement à $x = \pi$ exclusivement, croissante de $x = \pi$ inclusivement à $x = 2\pi$ exclusivement; lx est croissant pour toutes les valeurs positives de x.

2. LEMME. *La limite d'une variable* X *toujours positive ne peut être une quantité négative* N. Car pour que la variable X put s'approcher indéfiniment de la quantité N, supposée négative, elle devrait devenir elle-même négative, ce qui est contre l'hypothèse. On démontre de même que *la limite d'une variable* Y *toujours négative ne peut être une quantité positive* P.

Donc : 1° *la limite d'une variable positive est positive ou nulle;* 2° *la limite d'une variable négative est négative ou nulle.*

---

(1) Nous avons publié la partie essentielle de cette leçon dans le *Messenger of Mathematics*, New Series, juillet 1875, t. 5, n° 51, p. 34-35, sous le titre : *Note on a uniform interpretation of three different analytical formsof Rolle's Theorem*, mais en ajoutant, dans l'énoncé de ce théorème, la restriction inutile que $F'x$ doit être fini entre x_0 et X.

3. Théorème I. *La dérivée* $F'x$ *d'une fonction* $y = Fx$ *croissante est positive ou nulle; la dérivée d'une fonction décroissante est négative ou nulle.* En effet, dans le premier cas, pour un accroissement positif Δx de x, l'accroissement $\Delta y = F(x + \Delta x) - Fx$ de y est positif. Donc $\frac{\Delta y}{\Delta x}$ est positif et, par suite, d'après le lemme, la dérivée $F'x = lim \frac{\Delta y}{\Delta x}$ est positive ou nulle. De même pour une fonction décroissante, $\frac{\Delta y}{\Delta x}$ est négatif et, par suite, $F'x$ est négative ou nulle.

Exemple : $\cos x$, dérivée de $\sin x$, est positif de $-\frac{1}{2}\pi$ à $\frac{1}{2}\pi$ exclusivement, négatif de $\frac{1}{2}\pi$ à $\frac{3}{2}\pi$ exclusivement, nul pour $x = \frac{1}{2}\pi$, valeur pour laquelle la fonction $\sin x$ est décroissante, et pour $x = \frac{3}{2}\pi$, valeur pour laquelle la fonction $\sin x$ est croissante.

Cet exemple suffit pour prouver que l'on ne peut pas énoncer le théorème sous la forme suivante : *La dérivée d'une fonction est positive ou négative; suivant que cette fonction est croissante ou décroissante.* En effet, comme on vient de le voir, la dérivée d'une fonction croissante ou décroissante peut être nulle.

Théorème II. *Réciproquement une fonction croit quand sa dérivée est positive; elle décroit quand sa dérivée est négative; elle croit ou décroit quand sa dérivée est nulle.* Ce théorème n'est évidemment qu'un autre énoncé du premier. Il est très-facile de déduire le théorème I du théorème II, quand on démontre celui-ci directement, comme nous le faisons plus bas (voir n° 5).

4. Remarques. I. Les théorèmes précédents sont vrais, même si $\frac{\Delta y}{\Delta x}$, pour Δx négatif et tendant vers zéro, a une limite différente de celle de $\frac{\Delta y}{\Delta x}$, pour Δx positif et tendant vers zéro.

II. Les théorèmes précédents subsistent encore si $F'x$ est infini. En effet, si $F'x = +\infty$, cela signifie que $\frac{\Delta y}{\Delta x}$ est positif et aussi grand qu'on le veut, pour Δx positif et tendant vers zéro; par suite, Δy est positif et la fonction est croissante. Si $F'x = -\infty$, cela signifie que $\frac{\Delta y}{\Delta x}$ est négatif et aussi grand qu'on le veut, en valeur absolue, pour Δx positif et tendant vers zéro; par suite Δy est négatif et la fonction est décroissante.

Exemples : I°. On déduit de l'équation $y = +\sqrt{2px}$, qui représente une demi-parabole, $y' = +\sqrt{\frac{p}{2x}}$. Pour $x = 0$, $y' = \infty$ et la fonction est croissante. II°. De la relation $y = x^{-1}$, qui représente une hyperbole, on déduit $y' = -x^{-2}$. Pour $x = 0$, $y' = -\infty$, et la fonction est décroissante. Seulement, dans ce cas, y saute brusquement de la valeur $-\infty$, à la valeur $+\infty$, pour $x = 0$.

III. Ce qui précède ne permet pas de voir si une fonction est croissante ou décroissante, pour une valeur de x, qui annule sa dérivée. Ainsi, les fonctions

$$u = \mathrm{l}(1+x) - x,\quad v = \mathrm{l}(1+x) - x + \frac{x^2}{2},\quad w = \mathrm{l}(1+x) - x + \frac{x^2}{2} - \frac{x^3}{3},$$

ont respectivement pour dérivées

$$u' = \frac{-x}{1+x},\quad v' = \frac{x^2}{1+x},\quad w' = \frac{-x^3}{1+x}.$$

Pour x positif, u', w' sont négatifs, v positif. Donc, *pour x positif*, u, w sont des fonctions décroissantes, v une fonction croissante. Mais pour $x = 0$, les trois dérivées s'annulent, et l'on ne sait plus dans quel sens varient les fonctions. Bertrand (*Calcul différentiel*, n° 44, p. 40) n'a pas tenu compte de cette remarque.

5. *Démonstration directe du théorème II.* De $\lim \frac{\Delta y}{\Delta x} = y'$, on déduit

$$\frac{\Delta y}{\Delta x} = y' + \varepsilon,\qquad \Delta y = \Delta x\,(y' + \varepsilon),$$

ε étant une quantité qui peut devenir et rester aussi petite que l'on veut, quand Δx est suffisamment petit. Le signe de Δy, ou du produit $\Delta x\,(y' + \varepsilon)$, dont un facteur est positif, est le même que celui de l'autre facteur $(y' + \varepsilon)$. Si y' n'est pas nul, $(y' + \varepsilon)$ a le même signe que y', parce que ε peut devenir et rester aussi petit que l'on veut. Donc, si y' est positif, $(y' + \varepsilon)$ et $\Delta x\,(y' + \varepsilon) = \Delta y$ sont positifs; la fonction est croissante. Si y' est négatif, $(y' + \varepsilon)$ et $\Delta x\,(y' + \varepsilon) = \Delta y$ sont négatifs; la fonction est décroissante. Enfin, si $y' = 0$, $\Delta y = \varepsilon\,\Delta x$ a le même signe que ε.

Cette démonstration, moins simple que la précédente, a, en outre, l'inconvénient de supposer y' fini, de sorte qu'elle doit être complétée par la remarque II.

II. PREMIÈRE FORME DU THÉORÈME FONDAMENTAL, OU THÉORÈME DE ROLLE.

6. *Discontinuité.* Dans ce qui suit, quand nous dirons qu'une fonction est continue, nous supposerons simplement qu'elle reste réelle et ne saute pas brusquement d'une valeur à une autre; mais elle pourra devenir infinie sans que nous cessions de dire qu'elle est continue, pourvu qu'elle ne passe pas brusquement de $+\infty$ à $-\infty$, ou inversement. Ainsi par exemple, la fonction $y = x^{-1}$, sera dite discontinue pour $x = 0$, parce qu'elle saute brusquement de $-\infty$ à $+\infty$, quand on passe de valeurs de x, négatives et très petites, à des valeurs positives et très petites. Au contraire, la fonction $y' = -x^{-2}$ sera considérée comme continue, même pour $x = 0$, parce que, pour cette valeur de la variable, elle a une valeur unique $-\infty$. On a remarqué qu'une fonction et sa dérivée ne peuvent devenir infinies à la fois sans que l'une ou l'autre cesse d'être continue.

7. Théorème de Rolle. *Si une fonction $y = \mathrm{F}x$ est continue, ainsi que sa dérivée $\mathrm{F}'x$, depuis $x = x_0$, jusqu'à $x = \mathrm{X}$, et si elle s'annule pour $x = x_0$, $x = \mathrm{X}$, sa dérivée s'annule pour une valeur intermédiaire.* Si $\mathrm{F}x$ est nul pour toute valeur de x, entre x_0 et X, il en est de même de la dérivée de cette fonction constamment nulle et il est inutile de démontrer le théorème. Dans le cas contraire, $\mathrm{F}x$ va en croissant, à partir de $\mathrm{F}x_0 = 0$, puis en décroissant pour arriver à la valeur $\mathrm{FX} = 0$; ou en décroissant, puis en croissant, une ou plusieurs fois. Quand $\mathrm{F}x$ croit la dérivée $\mathrm{F}'x$ est positive ou nulle; quand $\mathrm{F}x$ décroit, la dérivée $\mathrm{F}'x$ de x est négative ou nulle. Si la dérivée est nulle, le théorème est démontré. Or, cela arrivera toujours pour une certaine valeur de x; car la dérivée étant continue et d'ailleurs positive, pour certaines valeurs de x, négative pour d'autres, doit passer par la valeur zéro.

Exemples. I. La fonction continue $y = (x - a)(x - b)$ s'annule pour $x = a$, $x = b$; la dérivée $y' = 2x - (a + b)$, qui est aussi continue, s'annule pour la valeur $\frac{1}{2}(a + b)$, intermédiaire entre a et b.

II. Sin x s'annule pour $x = 0$, $x = \pi$; la dérivée cos x s'annule pour la valeur intermédiaire $x = \frac{1}{2}\pi$.

Autre énoncé. *Entre deux racines réelles x_0, X de l'équation $\mathrm{F}x = 0$, il y a au moins une racine réelle de l'équation dérivée $\mathrm{F}'x = 0$, si $\mathrm{F}x$, $\mathrm{F}'x$ sont des fonctions continues de x_0 à X.*

On représente d'ordinaire cette racine intermédiaire par

$$x_0 + \theta(X - x_0) = X + \theta'(x_0 - X)$$

θ et θ' étant compris entre 0 et 1, et tels que $\theta + \theta' = 1$.

8. Remarques. I. *Une fonction dont la dérivée est constante sans être nulle,* comme $y = ax + b$, $y = ax + b + E(x)$, $E(x)$ désignant le plus grand entier contenu dans x, *ne peut pas satisfaire aux conditions du théorème de Rolle.* En effet, d'après la démonstration, la dérivée de la fonction considérée doit être constamment nulle, ou bien passer du positif au négatif, ce qui est impossible, si la dérivée est constante sans être nulle.

II. Il y a quatre conditions dans l'énoncé du théorème de Rolle : 1° $Fx_0 = 0$; 2° $FX = 0$; 3° Fx continu de x_0 à X; 4° $F'x$ continu de x_0 à X.

III. Quand l'une des conditions de continuité n'est pas satisfaite, le théorème peut ne plus subsister. Ainsi, par exemple, la dérivée $y' = -x^{-2}$ de $y = x^{-1}$ ne s'annule pour aucune valeur intermédiaire entre $-\infty$, et $+\infty$, valeurs qui annulent y, parce que y saute brusquement de $-\infty$ à $+\infty$, pour $x = 0$. De même, la fonction continue $y = (a^{\frac{2}{3}} - x^{\frac{2}{3}})^{\frac{3}{2}}$, qui s'annule pour $x = -a$, $x = a$, a une dérivée $y' = -(a^{\frac{2}{3}} - x^{\frac{2}{3}})^{\frac{1}{2}} x^{-\frac{1}{3}}$, qui ne s'annule pour aucune valeur intermédiaire entre $-a$ et $+a$. Cela provient de ce que y', pour $x = 0$, saute brusquement de la valeur $+\infty$ à la valeur $-\infty$.

Au contraire, si y' devient infini entre les limites x_0 et X, sans sauter brusquement d'une valeur à une autre, le théorème subsiste (voir n° 14).

9. *Interprétation géométrique du théorème de Rolle.* I. Considérons (*fig.* 6) la courbe représentée par l'équation $y = Fx$. Puisque $Fx_0 = 0$, $FX = 0$, cette courbe coupe l'axe des x en deux points A et B ayant, respectivement pour abcisses $x = x_0$, $x = X$. Si la fonction $y = Fx$ est continue entre ces deux valeurs $x = x_0$, $x = X$, la courbe correspondante est elle-même continue; et réciproquement. La dérivée $F'x$ est égale à la tangente trigonométrique de l'angle que fait avec l'axe des x positifs, la demi-tangente at à la courbe, au point a ayant x pour abcisse, t étant un point dont l'abcisse est supérieure à celle de a. Si $F'x$ est continue entre x_0 et X, la demi-tangente at s'infléchit d'une manière continue entre les points A et B; et réciproquement. Par conséquent, le théorème de Rolle peut s'énoncer ainsi : *Si une courbe* AIB, *continue entre les points* A ($x = x_0$), B ($x = X$), *et dont la tangente s'infléchit d'une manière continue entre ces points, est coupée par la sécante* AB (l'axe des x), *il y a un point intermédiaire* I [$x_1 = x_0 + \theta (X - x_0)$] *où la tangente est parallèle à* AB.

II. On peut aussi traduire géométriquement la démonstration du théorème de Rolle. Par un point quelconque a de la courbe, menons une parallèle ab à AB, coupant la courbe, en un second point b (*fig.* 6), ou en plusieurs points b, c, d (*fig.* 7). Considérons d'abord le premier cas et supposons, comme dans la figure, que a soit à gauche, b à droite, et que la courbe soit au-dessus de ab. La tangente en a est la limite des positions d'une sécante aK, située au-dessus de ab, K se rapprochant indéfiniment de a. La tangente en a à la courbe est donc, ou bien ab, parallèle à AB, auquel cas le théorème est démontré ; ou bien, une droite at, fesant un angle aigu avec ab, et située au-dessus de ab. La tangente en b, pour des raisons analogues, ou bien est ab prolongé, et dans ce cas le théorème est démontré ; ou bien bt', qui fait un angle aigu avec ab prolongé, et est au-dessous de ab. Par hypothèse, la tangente à la courbe s'infléchit d'une manière continue de A en B, et, à fortiori, de a en b. Donc, pour passer de la position at, située au-dessus de ab, à la position bt', située au-dessous de ab la tangente doit devenir parallèle à ab, ou AB, en un point I, intermédiaire entre a et b, et par suite entre A et B. Dans le second cas (*fig.* 7), si ab coupe la courbe en a, b, c, d, on déduit de ce qui précède que le théorème est vrai entre les points a et b, b et c, c et d, comme l'indique la figure.

III. On remarquera que cette démonstration géométrique est un peu plus générale que la démonstration analytique, parce qu'elle s'applique même à un arc de courbe continu tel qu'à une abcisse donnée correspondent plusieurs ordonnées (*fig.* 8).

Appelons, avec Lie, *élément* d'une courbe, un point de cette courbe et la demi-tangente en ce point, dans un sens déterminé ; *coordonnées* de cet élément les quantités x, y, y' ; *courbe à éléments continus*, celles dont les éléments ont des coordonnées qui varient d'une manière continue. Le théorème de Rolle pourra s'énoncer ainsi : « *Un arc de courbe à éléments continus entre deux points a l'un de ses éléments parallèle à la droite qui réunit ces deux points.* »

III. DEUXIÈME FORME DU THÉORÈME FONDAMENTAL, OU THÉORÈME DE LAGRANGE.

10. *Démonstration géométrique.* Considérons la courbe (*fig.* 9) ayant pour équation $y = Fx$, et, sur cette courbe, les deux points A et B, qui ont respectivement pour coordonnées

$$[x_0, \ y_0 = Fx_0], \quad [X, \ Y = FX].$$

Si les fonctions Fx, $F'x$ sont continues de x_0 à X, la courbe est continue et sa tangente s'infléchit d'une manière continue entre ces points. Le théorème de Rolle est donc applicable à cette courbe. Par suite, la tangente IT, en un point I intermédiaire entre A et B, est parallèle à AB. Soit

$$x_1 = x_0 + \theta (X - x_0) = X + \theta' (x_0 - X), \quad \theta + \theta' = 1$$

l'abcisse du point I. Le coefficient de direction de la tangente IT, savoir :

$$F'x_1 = F' [x_0 + \theta (X - x_0)] = F' [X + \theta' (x_0 - X)],$$

étant égal à celui de la sécante AB, c'est-à-dire à

$$\frac{Y - y_0}{X - x_0} = \frac{FX - Fx_0}{X - x_0},$$

on a

$$\frac{FX - Fx_0}{X - x_0} = F' [x_0 + \theta (X - x_0)] = F' [X + \theta' (x_0 - X)]$$

ce qui est le théorème de Lagrange.

11. *Démonstration analytique.* On peut traduire analytiquement la démonstration précédente, au moyen d'un artifice de calcul, qui revient à prendre la sécante AB, pour axe des abcisses. Posons

$$\frac{FX - Fx_0}{X - x_0} = A, \text{ ou } FX - Fx_0 = A (X - x_0) = 0, \tag{1}$$

$$\varphi x = FX - Fx - A (X - x). \tag{2}$$

On aura évidemment, à cause des égalités (1) et (2),

$$\varphi' x = - F'x + A, \tag{3}$$

$$\varphi x_0 = FX - Fx_0 - A (X - x_0) = 0, \tag{4}$$

$$\varphi X = FX - FX - A (X - X) = 0. \tag{5}$$

Les fonctions φx et $\varphi' x$, définies par les relations (2) (3), sont continues de x_0 à X, comme sommes de fonctions continues; φx s'annule pour $x = x_0$, $x = X$, d'après les relations (4) (5). Cette fonction satisfaisant aux conditions du théorème de Rolle, on a $\varphi' x_1 = 0$, x_1 étant une valeur intermédiaire entre x_0 et X; ou, d'après (3), $-F'x_1 + A = 0$, c'est-à-dire $A = F'x_1$, ce qu'il fallait démontrer.

12. *Autre énoncé analytique du théorème de Lagrange.* Supposons d'abord $X > x_0$. Posons $x = x_0$, $X - x_0 = X - x = \Delta x$, ou $X = x + \Delta x$. Δx sera positif et la formule de Lagrange deviendra

$$\frac{F(x + \Delta x) - Fx}{\Delta x} = F'(x + \theta \Delta x).$$

En second lieu, soit $X = x$, $x_0 - X = x_0 - x = \Delta x$, ou $x_0 = x + \Delta x$. Δx sera négatif et la formule de Lagrange deviendra

$$\frac{Fx - F(x + \Delta x)}{-\Delta x} = \frac{F(x + \Delta x) - Fx}{\Delta x} = F'(x + \theta' \Delta x).$$

Donc, que Δx soit positif ou négatif, on a toujours

$$F(x + \Delta x) - Fx = \Delta Fx = \Delta x\, F'(x + \theta \Delta x), \quad 0 < \theta < 1.$$

Remarque. Dans tout ce qui précède, la dérivée $F'x$ est considérée comme la limite de $(\Delta y : \Delta x)$, pour Δx positif et tendant vers zéro. On n'a pas à se préoccuper si la limite de cette expression, pour Δx négatif et tendant vers 0, est la même ou non que pour Δx positif (n° 4, Rem. I).

13. Corollaire. *Si la dérivée* $F'x$ (lim de $\Delta y : \Delta x$, Δx positif) *d'une fonction est constamment nulle, entre* x_0 *et* X, Fx *est constant ou discontinu entre ces limites.* En effet, si Fx est continu, on a, d'après le théorème de Lagrange, pour une valeur x quelconque comprise entre x_0 et X,

$$\frac{Fx - Fx_0}{x - x_0} = F'[x_0 + \theta(x - x_0)].$$

Or, par hypothèse, $F'[x_0 + \theta(x - x_0)] = 0$. Donc $Fx = Fx_0$, quel que soit x, ce qui démontre le théorème.

Quand on ignore si Fx est continu, on ne peut pas conclure, comme l'a fait Duhamel (*Calcul infinitésimal*, I, n° 192), que cette fonction est constante. Alors, en effet, on ne peut plus établir le théorème de Lagrange, car l'égalité (3) du n° 11 se réduit à $\varphi' x = A$. Si A est nul, d'après la définition même de cette quantité, au moyen de l'égalité (1), $FX = Fx_0$, et par suite, le théorème de Lagrange subsiste. Mais si A n'est pas nul, on sait (n° 8, Rem. I) que les conditions d'existence du théorème de Rolle ne subsistent plus pour la fonction φx; par suite, on ne peut pas démontrer le théorème de Lagrange pour la fonction Fx. Quand Fx est inconnu, on ne sait pas auquel de ces deux cas ($A = 0$, ou A différent de zéro) on a réellement à faire.

Le second de ces deux cas peut se présenter. Ainsi la fonction $E(x)$ qui représente le plus grand entier contenu dans x, a sa dérivée nulle. Cette fonction n'est pas constante, mais discontinue; elle est égale à 0, de 0 à 1 exclusivement, égale à 1 de 1 à 2 exclusivement, et ainsi de suite.

14. Exemple. Considérons la courbe (*fig.* 9) représentée par l'équation $y = 3x - x^3$. Elle passe par l'origine et par le point A, ayant pour coordonnées $x = -2$, $y = 2$. La tangente à l'origine a pour équation $y = 3x$. La sécante menée par le point A perpendiculairement à cette tangente a pour équation $y - 2 = -\frac{1}{3}(x + 2)$ et coupe la courbe en deux autres points B et C, qui ont respectivement pour abcisses

$$x = 1 - \sqrt{\frac{1}{3}}, \quad x = 1 + \sqrt{\frac{1}{3}}.$$

Le coefficient $y' = 3(1 - x^2)$ de direction de la tangente varie d'une manière continue de $-\infty$ à $+\infty$, et prend la valeur $-\frac{1}{3}$, identique au coefficient de direction de la sécante ABC, en deux points I, J ayant respectivement pour abcisses

$$x = -\sqrt{1 + \frac{1}{9}}, \quad x = \sqrt{1 + \frac{1}{9}},$$

et situés le premier entre A et B, le second entre B et C.

On voit, par cet exemple, qu'il peut y avoir, à la fois, entre les points d'intersection de la sécante AB avec la courbe, un point I, où la tangente est parallèle, et un point O où elle est perpendiculaire à cette sécante. Cette remarque est équivalente à celle qui termine le n° 8. En effet, si l'on faisait une transformation de coordonnées, en prenant AB pour nouvel axe des x, une perpendiculaire à AB, pour nouvel axe des y, la dérivée du nouvel y, par rapport au nouvel x, deviendrait infinie, sans cesser d'être continue, au point O, et le théorème de Rolle subsisterait.

IV. TROISIÈME FORME DU THÉORÈME FONDAMENTAL, OU THÉORÈME DE CAUCHY.

15. *Démonstration géométrique.* En désignant par t, une variable indépendante, on peut représenter une courbe (*fig.* 8) par deux équations

$$y = Ft, \quad x = ft.$$

Soit $y = \psi x$ le résultat de l'élimination de t entre ces équations. On aura

$$Ft = \psi[ft],\ F't = \psi' x \cdot f't,\ \text{ou}\ \psi' x = \frac{F't}{f't}.$$

Soient

$$[x_0 = ft_0,\ y_0 = Ft_0], \quad [X = fT,\ Y = FT]$$

les coordonnées de deux points A et B de la courbe, correspondant aux valeurs t_0 et T de t. Si les fonctions

$$Ft,\ ft,\ \frac{F't}{f't}$$

sont continues de t_0 à T, la courbe sera continue et sa tangente s'infléchira d'une manière continue entre ces limites. Il y a donc un point I, intermédiaire entre A et B, correspondant à une valeur

$$t_1 = t_0 + \theta(T - t_0) = T + \theta'(t_0 - T)$$

de t, à une valeur $x_1 = ft_1$ de x, $y_1 = Ft_1$ de y, où la tangente est parallèle à la sécante AB. Les coefficients de direction de AB et de cette tangente sont respectivement

$$\frac{Y - y_0}{X - x_0} = \frac{FT - Ft_0}{fT - ft_0}, \quad \psi' x_1 = \frac{F't_1}{f't_1}.$$

On a donc

$$\frac{FT - Ft_0}{fT - ft_0} = \frac{F't_1}{f't_1}$$

t_1 étant intermédiaire entre t_0 et T. C'est dans cette égalité que consiste le théorème de Cauchy.

Il importe de remarquer ici, comme plus haut (n° 9, III) que x_1 n'est pas nécessairement compris entre x_0 et X, ni y_1 entre y_0 et Y, quoique t_1 soit compris entre t_0 et T.

16. *Remarques.* I. On peut traduire analytiquement la démonstration géométrique du théorème de Cauchy donnée au n° 15 (Voir SCHAAR, *Éléments de calcul différentiel et de calcul intégral*, n° 31).

II. En prenant x pour la variable indépendante, on peut écrire le théorème de Cauchy sous la forme suivante :

$$\frac{FX - Fx_0}{fX - fx_0} = \frac{F'[x_0 + \theta(X - x_0)]}{f'[x_0 + \theta(X - x_0)]}, \quad 0 < \theta < 1$$

les fonctions Fx, fx et $F'x : f'x$ étant supposées continues de x_0 à X.

III. En prenant x_0 ou X égal à x, $X - x_0$ ou $x_0 - X$ égal à Δx, on met le théorème de Cauchy sous la forme :

$$\frac{\Delta Fx}{\Delta fx} = \frac{F(x + \Delta x) - Fx}{f(x + \Delta x) - fx} = \frac{F'(x + \theta\Delta x)}{f'(x + \theta\Delta x)}, \quad 0 < \theta < 1 \qquad (c)$$

IV. Le théorème de Lagrange donne les relations :

$$\Delta Fx = F(x + \Delta x) - Fx = \Delta x F'(x + \theta_1 \Delta x), \quad 0 < \theta_1 < 1$$

$$\Delta fx = f(x + \Delta x) - fx = \Delta x f'(x + \theta_2 \Delta x), \quad 0 < \theta_2 < 1;$$

d'où par division :

$$\frac{\Delta Fx}{\Delta fx} = \frac{F'(x + \theta_1 \Delta x)}{f'(x + \theta_2 \Delta x)}. \qquad (l)$$

La formule (l) est très différente de la formule (c), parce que θ_1 et θ_2 ne sont pas nécessairement égaux. Elle ne peut pas servir comme (c) à établir complètement la théorie des expressions indéterminées de la forme $\frac{0}{0}$, $\frac{\infty}{\infty}$, etc. La démonstration de la formule (c) suppose que les fonctions Fx, fx, $F'x : f'x$ soient continues de x_0 à X; celles de la formule (l) que Fx, fx, $F'x$, $f'x$ soient continues de x_0 à X. Ces conditions ne sont pas équivalentes : $F'x$ et $f'x$ peuvent être discontinues en même temps sans que leur rapport cesse d'être continu; réciproquement $F'x$ et $f'x$ peuvent être continues pour une valeur de x qui rendrait leur rapport discontinu. Le premier cas se présente pour $Fx = x^{-2} - a^2$, $fx = x^{-4} - b^2$, quand $x = 0$. On trouve $F'x = -\frac{1}{2}x^{-3}$, $f'x = -\frac{1}{4}x^{-5}$, $F'x : f'x = \frac{1}{2}x^2$. Le second cas se présente de même pour $Fx = x^2 - a^2$, $fx = x^5 - b^5$. On trouve $F'x : f'x = \frac{2}{5}x^{-3}$, qui prend les valeurs $+\infty$, $-\infty$, pour $x = 0$.

17. *Démonstration analytique du théorème de Cauchy.* On peut donner, du théorème de Cauchy, une démonstration analytique, analogue à celle du théorème de Lagrange (n° 11). Supposons que Fx, fx, $F'x$, $f'x$, soient des fonctions continues, depuis $x = x_0$, jusqu'à $x = X$, et, de plus que $f'x$ (ou $F'x$) ne soit pas nul entre x_0 et X. Posons

$$\frac{FX - Fx_0}{fx - fx_0} = A, \quad \text{ou} \quad FX - Fx_0 - A(fX - fx_0) = 0, \qquad (1)$$

$$\varphi x = FX - Fx - A(fX - fx). \qquad (2)$$

On aura, à cause des égalités (1) et (2),

$$\varphi' x = - F'x + Af'x, \qquad (3)$$

$$\varphi x_0 = FX - Fx_0 - A(fX - fx_0) = 0, \qquad (4)$$

$$\varphi X = FX - FX - A(fX - fX) = 0. \qquad (5)$$

Les fonctions φx et $\varphi' x$, définies par les relations (2), (3), sont continues de x_0 à X, comme sommes de fonctions continues; φx s'annule pour $x = x_0$, $x = X$, d'après les relations (4) et (5). Cette fonction satisfaisant aux conditions du théorème de Rolle, on a $\varphi' x_1 = 0$, x_1 étant une valeur intermédiaire entre x_0 et X; ou, d'après l'équation (3), $-F'x_1 + Af'x_1 = 0$, c'est-à-dire

$$A = \frac{F'x_1}{f'x_1},$$

ce qu'il fallait démontrer.

Si $F'x$, et non $f'x$, était la seule des deux dérivées qui ne fut pas nulle de x_0 à X, on démontrerait le théorème, en le mettant sous la forme

$$\frac{fX - fx_0}{FX - Fx_0} = \frac{f'x_1}{F'x_1}.$$

Remarques. I. Si l'on a $Fx_0 = FX$, la fonction $Fx - Fx_0$, dont la dérivée est $F'x$, s'annule pour $x = x_0$ et $x = X$. Par suite, $F'x_1 = 0$, d'après le théorème de Rolle, et l'on a immédiatement, dans ce cas,

$$\frac{FX - Fx_0}{fX - fx_0} = 0 = \frac{F'x_1}{f'x_1}.$$

II. La démonstration analytique du théorème de Cauchy suppose plus de conditions relatives aux fonctions Fx, fx, $F'x$, $f'x$, que la démonstration géométrique.

V. APPLICATION AU THÉORÈME DE TAYLOR.

18. *Démonstration du théorème de Taylor.* Soient Fx, $F'x$, $F''x$...., $F^n x$, une fonction et ses n premières dérivées, continues et finies de x_0 à X. Je dis que l'on aura la relation, dite *Théorème de Taylor :*

$$FX = Fx_0 + \frac{X-x_0}{1}F'x_0 + \frac{(X-x_0)^2}{1.2}F''x_0 + \cdots + \frac{(X-x_0)^{n-1}}{1.2...(n-1)}F^{(n-1)}x_0 + R,$$

$$R = \frac{(X-x_0)^n}{1.2.3....(n-1)}\frac{(1-\theta)^{n-p}}{p}F^n[x_0+\theta(X-x_0)], \quad 0<\theta<1.$$

Posons, en effet, $R = (X-x_0)^p P$, et ensuite :

$$FX = Fx_0 + \frac{X-x_0}{1}F'x_0 + \cdots + \frac{(X-x_0)^{n-1}}{1.2...(n-1)}F^{(n-1)}x_0 + R \qquad (1)$$

$$\varphi x = FX - \left[Fx_0 + \frac{X-x}{1}F'x + \cdots + \frac{(X-x)^{n-1}}{1.2...(n-1)}F^{n-1}x + (X-x)^p P\right],$$

P étant une quantité encore inconnue, qui dépend de x_0 et de X, non de x. On trouve immédiatement

$$\varphi' x = p(X-x)^{p-1}P - \frac{(X-x)^{n-1}}{1.2....(n-1)}F^n x, \qquad (2)$$

$$\varphi x_0 = 0, \qquad \varphi X = 0. \qquad (3)$$

Les fonctions φx et $\varphi' x$ sont continues de x_0 à X, comme sommes de produits de fonctions continues. On peut donc, à cause des égalités (3), appliquer le théorème de Rolle la fonction φx. On a, par conséquent,

$$\varphi' x_1 = 0, \qquad x_1 = x_0 + \theta(X-x_0),$$

ou encore en remplaçant φ' par sa valeur (2),

$$p(X-x_1)^{p-1}P - \frac{(X-x_1)^{n-1}}{1.2....(n-1}F^n x_1 = 0.$$

On tire de là la valeur de P, et par suite, après quelques réductions,

$$R = (X-x_0)^p P = \frac{(X-x_0)^n}{1.2.3...(n-1)}\frac{(1-\theta)^{n-p}}{p}F^n[x_0+\theta(X-x_0)].$$

Cette valeur étant substituée dans la valeur (1) de FX, on trouve la relation donnée plus haut et qui constitue le théorème de Taylor.

19. *Autre forme analytique du théorème de Taylor. Quadruple forme du reste.* Posons $x = x_0$, $\Delta x = X - x_0$. Le théorème de Taylor devient :

$$F(x+\Delta x) = Fx + \frac{\Delta x}{1} F'x + \frac{\Delta x^2}{1.2} F''x + \cdots + \frac{\Delta x^{n-1}}{1.2.3..(n-1)} F^{n-1}x + R,$$

ou

$$\Delta F x = \frac{dF}{1} + \frac{d^2F}{1.2} + \cdots + \frac{d^{n-1}F}{1.2.3...(n-1)} + R,$$

$$R = \frac{\Delta x^n}{1.2.3...(n-1)} \frac{(1-\theta)^{n-p}}{p} F^n(x+\theta\Delta x). \qquad \text{(S)}$$

En faisant $p = 1$, puis $p = n$, dans cette dernière expression, il vient

$$R = \frac{\Delta x^n}{1.2.3...(n-1)} (1-\theta)^{n-1} F^n(x+\theta\Delta x), \qquad \text{(C)}$$

$$R = \frac{\Delta x^n}{1.2.3...n} F^n(x+\theta\Delta x). \qquad \text{(L)}$$

Dans ces trois expressions (S) (C) (L), θ n'est pas nécessairement le même.

Quand Δx tend vers zéro, $F^n x$ étant une fonction continue de x à $x+\Delta x$, on a

$$\lim F^n(x+\theta\Delta x) = F^n x, \quad \text{ou} \quad F^n(x+\theta\Delta x) = F^n x + \varepsilon,$$

ε étant une quantité qui peut devenir et rester aussi petite qu'on le veut, quand Δx est suffisamment petit. On peut donc écrire, au lieu de l'expression (L),

$$R = \frac{\Delta x^n}{1.2.3...n} F^n x + r, \quad r = \frac{\varepsilon\Delta x^n}{1.2.3...n},$$

et pour le développement lui-même,

$$F(x+\Delta x) = Fx + \frac{\Delta x}{1} F'x + \frac{\Delta x^2}{1.2} F''x + \cdots + \frac{\Delta x^n}{1.2.3..n} F^n x + r.$$

Les expressions (S) (C) (L) de R, et r s'appellent respectivement *Formes du reste* de Schlömilch, de Cauchy, de Lagrange et de Liouville.

20. Remarques. I. C'est Homersham Cox (1), avocat à Londres, qui a

(1) Voir le manuel intitulé : *A rudimentary Treatise on the Integral Calculus*, by Homersham Cox, B. A., Barrister-at-Law. London, John Weale, 1852. *Appendix*, p. 119-120. La démonstration donnée en cet endroit, dit l'auteur, est une simplification de celle qu'il a publiée dans le *Cambridge and Dublin Mathematical Journal*, t. 6, p. 80, et reproduite dans son *Manual of the Differential Calculus*, art. 54.

songé à employer *directement* le théorème de Rolle pour établir la formule de Taylor. Cauchy, qui a donné la première démonstration rigoureuse de cette formule, se servait *indirectement* du théorème de Rolle en employant le théorème exposé au paragraphe IV. La forme r du reste est connue depuis longtemps, mais Liouville a remarqué, le premier, qu'on peut l'établir sans supposer $F^{n+1}x$ continu de x à $x+\Delta x$.

II. La démonstration du théorème subsiste si les fonctions considérées deviennent infinies entre x et $x+\Delta x$, sans que φx et $\varphi' x$ cessent d'être continues entre ces limites; ainsi, en particulier, $F^n x$ peut être infini entre ces limites. On peut donc dire que le théorème de Taylor est vrai si les fonctions considérées sont finies ($F^n x$ excepté) et continues entre les valeurs considérées.

21. *Généralisation.* Posons

$$\varphi x = FX - \left[Fx + \frac{X-x}{1}F'x + \cdots + \frac{(X-x)^{n-1}}{1.2\ldots(n-1)}F^{n-1}x\right],$$

$$\psi x = fX - \left[fx + \frac{X-x}{1}f'x + \cdots + \frac{(X-x)^{m-1}}{1.2\ldots(m-1)}f^{m-1}x\right],$$

et supposons que $Fx, F'x, \ldots, F^{n-1}x, fx, f'x\ldots, f^{m-1}x$ soient des fonctions de x, finies et continues de x_0 à X; de plus, admettons que le rapport $F^n x : f^m x$ soit continu entre ces limites. On aura

$$\varphi X = 0, \qquad \varphi' x = -\frac{(X-x)^{n-1}}{1.2.3\ldots(n-1)}F^n x$$

$$\psi X = 0, \qquad \psi' x = -\frac{(X-x)^{m-1}}{1.2.3\ldots(m-1)}f^m x.$$

Appliquons le théorème de Cauchy, aux fonctions φx, ψx, qui sont continues de x_0 à X, ainsi que le rapport de leurs dérivées. Il viendra

$$\frac{\varphi x_0}{\psi x_0} = \frac{FX - \left[Fx_0 + \frac{X-x_0}{1}F'x_0 + \cdots + \frac{(X-x_0)^{n-1}}{1.2\ldots(n-1)}F^{n-1}x_0\right]}{fX - \left[fx_0 + \frac{X-x_0}{1}f'x_0 + \cdots + \frac{X-x_0)^{m-1}}{1.2\ldots(m-1)}F^{m-1}x_0\right]} =$$

$$\frac{1.2.3\ldots m}{1.2.3\ldots n}(X-x_0)^{n-m}(1-\theta)^{n-m} + \frac{F^n[x_0+\theta(X-x_0)]}{f^n[x_0+\theta(X-x_0)]}.$$

Si l'on fait $x = x_0$, $X - x_0 = \Delta x$, et, de plus, pour simplifier, $m = n$ on trouve cette élégante formule (1)

$$\frac{F(x+\Delta x) - \left[Fx + \frac{\Delta x}{1}F'x + \cdots + \frac{\Delta x^{n-1}}{1.2.3\ldots(n-1)}F^{n-1}x\right]}{f(x+\Delta x) - \left[fx + \frac{\Delta x}{1}f'x + \cdots + \frac{\Delta x^{n-1}}{1.2.3\ldots(n-1)}f^{n-1}x\right]} = \frac{F^n(x+\theta\Delta x)}{f^n(x+\theta\Delta x)}.$$

On obtient une formule analogue à l'avant-dernière, mais moins précise, en divisant l'un par l'autre les restes du développement de $F(x+\Delta x)$, $f(x+\Delta x)$; mais θ n'est plus le même au numérateur et au dénominateur du second membre. En outre, la condition que $F^n x : f^m x$ soit continue de x à $x+\Delta x$ est remplacée par celle-ci : $F^n x$ et $f^m x$ doivent être continus de x à $x+\Delta x$.

---

(1) Nous avons publié cette formule dans l'article intitulé : *A generalization of Taylor's Theorem* (Messenger of Mathematics, New Series, mars 1875, t. 4, n° 47, p. 161-162). Mais elle n'est pas nouvelle, car la formule la plus générale, dans le cas où m est différent de n, se trouve dans TODHUNTER, *A Treatise on the Differential Calculus with numerous Examples.* Sixth Edition. London, Macmillan and Co, 1873, p. 404-406, et l'auteur renvoie aux *Mémoires de l'Académie de Montpellier*, t. 5, 1861-1863.

TABLE DES MATIÈRES.

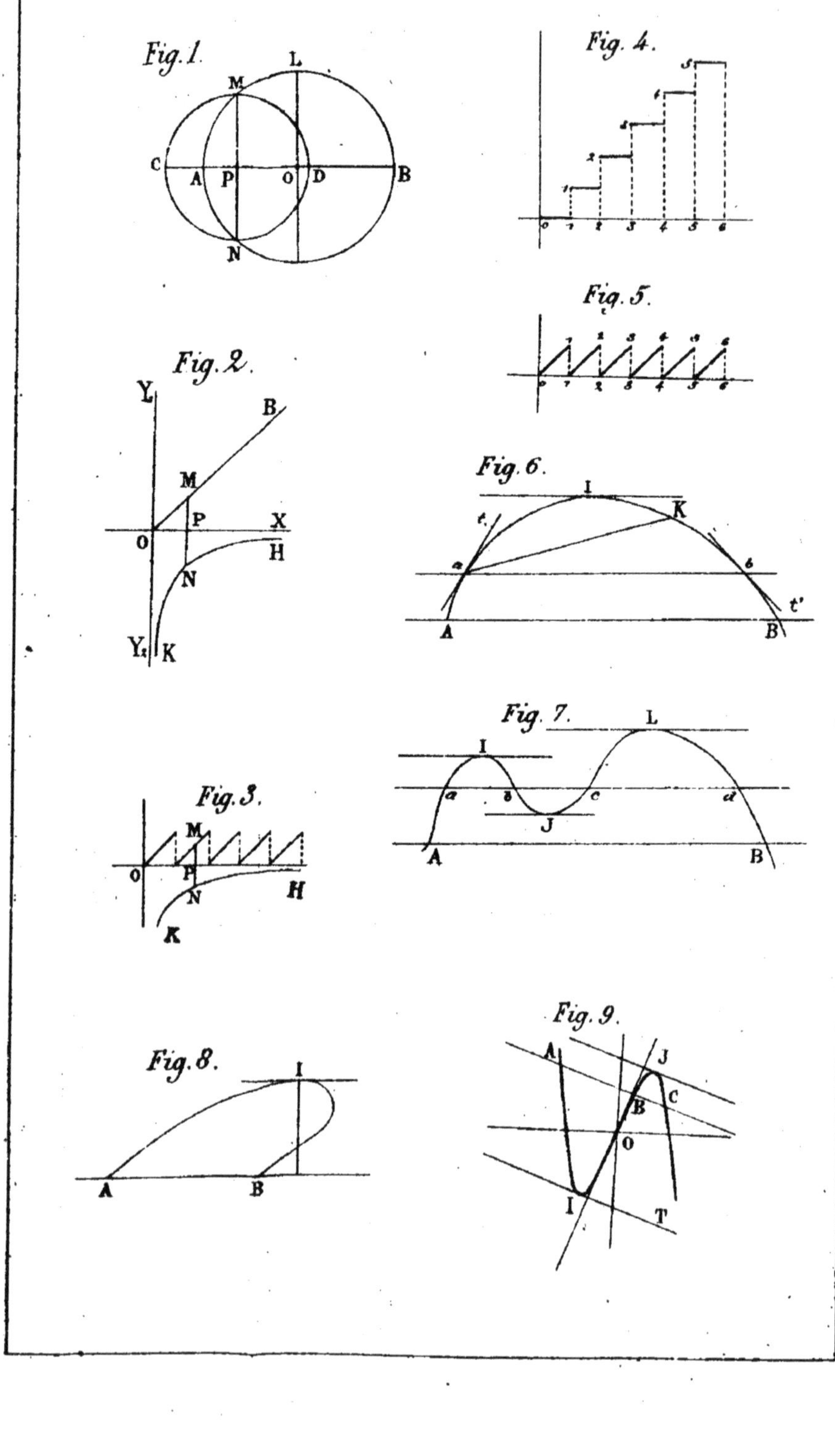
Fig. 1.
L
M
C
A
P
O
D
B
N
Fig. 4.
Fig. 5.
Fig. 2.
Y
B
M
P
X
O
H
N
Y₂
K
Fig. 6.
I
K
t
a
b
t'
A
B
Fig. 7.
L
I
a
b
c
d
J
A
B
Fig. 3.
M
O
P
N
H
K
Fig. 8.
I
A
B
Fig. 9.
A
J
C
B
O
I
T

RÉSUMÉ DU COURS

D'ANALYSE INFINITÉSIMALE

DE L'UNIVERSITÉ DE GAND.

RÉSUMÉ DU COURS

D'ANALYSE INFINITÉSIMALE

DE L'UNIVERSITÉ DE GAND,

PAR

P. MANSION,

PROFESSEUR ORDINAIRE A L'UNIVERSITÉ DE GAND,
DOCTEUR SPÉCIAL EN SCIENCES MATHÉMATIQUES,
CORRESPONDANT DE L'ACADÉMIE ROYALE DE BELGIQUE, DE LA SOCIÉTÉ ROYALE DES SCIENCES DE LIÉGE ET DE LA SOCIÉTÉ MATHÉMATIQUE D'AMSTERDAM.

CALCUL DIFFÉRENTIEL ET PRINCIPES DE CALCUL INTÉGRAL.

PARIS,
GAUTHIER-VILLARS, IMPRIMEUR-LIBRAIRE
DU BUREAU DES LONGITUDES ET DE L'ÉCOLE POLYTECHNIQUE,
Quai des Augustins, 55.

GAND, IMP. C. ANNOOT-BRAECKMAN, AD. HOSTE, SUCC[r].

1887

PRÉFACE.

L'ouvrage que nous publions aujourd'hui est le résumé des Leçons d'Analyse infinitésimale que nous professons depuis vingt ans à l'Université de Gand. Nous y exposons, sous une forme condensée, les principes de la théorie des fonctions élémentaires.

Le cadre de notre livre est moins étendu que celui de beaucoup de Traités de Calcul différentiel et de Calcul intégral; car, en général, nous en excluons, d'une manière systématique, les fonctions que l'on ne rencontre pas dans les Éléments. Mais, en revanche, dans ce cadre restreint, nous croyons avoir étudié la théorie des fonctions d'une manière plus approfondie qu'on ne le fait ordinairement, parce que nous considérons partout la variable indépendante comme étant indifféremment réelle ou imaginaire.

Pour étendre les règles du Calcul différentiel et les propriétés des fonctions au cas d'une variable imaginaire, sans recourir à la théorie des intégrales curvilignes de Cauchy, nous avons dû modifier assez profondément, sur plusieurs points, l'enseignement traditionnel.

D'abord, nous avons défini les exponentielles imaginaires sans aucune considération de séries. Pour nous, e^{yi} est une manière abrégée d'écrire $\cos y + i \sin y$ et e^z est le produit $e^x . e^{yi}$, quand $z = x + yi$. En partant de cette définition, nous avons pu trouver, sans difficulté, la dérivée de toutes les fonctions élémentaires simples d'une variable $z = x + yi$.

La règle de la dérivation des fonctions composées, telle qu'elle est donnée dans beaucoup de manuels, n'est pas établie rigoureusement et s'applique d'ailleurs uniquement au cas où la variable est réelle. Nous remplaçons cette démonstration insuffisante et incomplète par une autre, élémentaire et générale, déduite des règles particulières relatives aux sommes, aux produits et aux exponentielles composées. Nous avons employé le même procédé pour démontrer le théorème de l'interversion des dérivations, sans recourir à aucun postulat. Au moyen de la règle de la dérivation des fonctions composées et des règles spéciales relatives aux fonctions simples d'une variable réelle ou imaginaire, nous avons pu établir, avec la même généralité, l'ensemble des formules qui constituent le *Calcul différentiel*, y compris la théorie des déterminants fonctionnels.

En vue de traiter d'une manière complète et à sa place naturelle, la question du reste des formules de Taylor, de Newton, de Wronski et de Gauss, nous avons réuni les propriétés fondamentales des dérivées, des intégrales et des séries, dans une section spéciale, en tête du Calcul différentiel.

Enfin, dans la *Théorie des fonctions* proprement dite, nous avons pris pour point de départ, non seulement le théorème de Rolle ou la relation équivalente, $\Delta Fx = \Delta x F'(x + \theta\Delta x)$, mais aussi le théorème plus général de Darboux, $\Delta Fz = \lambda\sqrt{2}e^{\alpha i}\Delta z F'(z + \theta\Delta z)$. Grâce à ce dernier principe, nous avons pu exposer, dans ce cours d'Analyse élémentaire, maintes théories habituellement rejetées en Analyse supérieure; par exemple, celles des exponentielles et des logarithmes imaginaires, le développement du binôme dans tous les cas où il subsiste, la formule de Taylor et la loi suprême de Wronski pour les fonctions d'une variable réelle ou imaginaire, les propriétés des fonctions homogènes, des wronskiens et des déterminants fonctionnels, etc.

Notre Résumé d'Analyse infinitésimale est divisé en six sections : I. Introduction. II. Propriétés fondamentales des dérivées, des intégrales et des séries. III. Calcul différentiel. IV. Propriétés des fonctions. V. Appendice. VI. Notes complémentaires.

Les deux premières sections ont été publiées, dès 1877, à l'usage de nos élèves. A cause de l'extrême concision avec laquelle elles sont rédigées, et aussi de l'importance des questions de principe qui y sont exposées, nous avons cru devoir les compléter et les commenter dans l'Appendice et les Notes. Que l'on nous permette d'attirer spécialement l'attention du lecteur sur quelques points traités dans ces quatre sections.

Dans les trois premiers chapitres de l'Appendice, nous donnons une esquisse historique des progrès de l'Analyse infinitésimale, la traduction des premiers articles de Leibniz et de Newton sur le Calcul différentiel et une notice sur les différentes manières de concevoir la théorie des infiniment petits depuis Kepler jusqu'à Cauchy. Nous croyons avoir prouvé, par des textes décisifs, que les grands géomètres du dix-septième siècle n'admettaient pas l'existence des pseudo-infiniment petits et que Leibniz et Newton, en particulier, entendaient déjà le calcul infinitésimal de la même manière que Cauchy, cent cinquante ans après eux.

Dans les deux chapitres suivants, nous démontrons le principe fondamental de la méthode des limites : *Une variable toujours croissante a une limite finie ou infinie*, et nous en montrons l'équivalence avec le théorème moins simple appelé *caractère principal de convergence*. La théorie des limites, dans son ensemble, est exposée dans l'Introduction et dans les Notes.

Nous consacrons ensuite un chapitre spécial au principe de substitution des infiniment petits. Nous espérons avoir établi les conditions d'existence de ce principe avec plus de précision qu'on ne l'a fait jusqu'à présent et l'avoir appliqué avec rigueur à la Géométrie de la mesure (rectifications, quadratures, cubatures).

Enfin, dans le chapitre relatif aux propriétés fondamentales des dérivées, on trouvera une démonstration directe du théorème qui établit la liaison entre le Calcul différentiel et le Calcul intégral : *deux fonctions qui ont même dérivée ne diffèrent que par une constante*; et, dans l'Appendice, une note sur la fonction continue sans dérivée, de Weierstrass.

Pour rédiger ce livre, nous avons consulté la plupart des bons Traités d'Analyse infinitésimale, en particulier, les *Éléments* de notre maître vénéré, Mathias Schaar, et ceux de nos collègues de Liège et de Louvain, MM. Catalan et Gilbert. Mais nous devons signaler spécialement, parmi les écrits qui nous ont servi de guide, les manuels de Cauchy et de Duhamel, le *Lehrbuch der Analysis* de M. Lipschitz, et, à partir du n° 214, le Cours de MM. Genocchi et Peano; puis enfin et surtout, l'admirable *Mémoire* de M. Darboux *sur les fonctions discontinues.*

MM. Brocard, Mister, Neuberg, Saurel, Verstraeten ont bien voulu partager avec nous la tâche ingrate de la revision des épreuves de notre livre et nous ont maintes fois suggéré d'utiles corrections, tant pour le fond que pour la forme. Nous leur en adressons ici nos bien vifs remerciments.

Gand, 4 octobre 1887.

RÉSUMÉ DU COURS D'ANALYSE INFINITÉSIMALE DE L'UNIVERSITÉ DE GAND, PAR Paul MANSION.

INTRODUCTION. OBJET ET MÉTHODE DE L'ANALYSE INFINITÉSIMALE.

CHAPITRE I. Définition de l'analyse infinitésimale.

I. **Des variables.** **1**. *Variable*. On appelle *variable* une quantité qui peut prendre un nombre indéfini de valeurs différentes, *constante*, celle qui a une ou plusieurs valeurs déterminées. Dans maintes questions, celles qui sont relatives aux maxima et minima, par exemple, on est conduit naturellement à regarder les quantités comme variables.

2. *Notation*. On désigne, en général, les constantes et les variables, par les lettres de l'alphabet, parce qu'elles ont, les unes et les autres, des valeurs arbitraires. Les variables d'une question peuvent être constantes dans une autre, et réciproquement.

3. *Représentation géométrique des variables*. Pour que l'imagination puisse venir en aide à l'intelligence, on représente quelquefois les variables et les constantes, par des grandeurs géométriques; ce qui, souvent, ne peut se faire, il est vrai, qu'en restreignant la généralité des questions traitées.

4. Exemple. Chercher pour quelles valeurs de x et de y, $p = xy$ (ou $s = x + y$) a la plus grande (petite) valeur possible, sachant que $s = x + y$ est constante; x et y sont positifs? En posant $x = \frac{1}{2}s - z$ $(x = \sqrt{p} - z)$, on trouve $z = 0$, $x = y$.

II. **Des fonctions.** **5**. *Fonction*. On appelle *variables indépendantes* celles auxquelles on peut attribuer des valeurs quelconques; *variables dépendantes* ou *fonctions* celles dont la valeur est déterminée par celle des variables indépendantes.

6. *Choix des variables indépendantes*. On choisit les variables indépendantes de la manière la plus favorable au but que l'on veut atteindre, soit parmi celles qui entrent dans la question, soit en dehors, auquel cas elles s'appellent *variables auxiliaires*.

7. *Représentation géométrique de la relation entre deux ou trois variables*. On représente la relation qui existe entre deux ou trois variables par le lieu géométrique qui a pour coordonnées les valeurs de ces variables. Ex. : $y = x$, $xy = 1$, $y = \mathrm{E}(x)$, $y = x - \mathrm{E}(x)$, $\mathrm{E}(x)$ désignant le plus grand entier contenu dans x. On peut aussi représenter une fonction, qui est la somme ou la différence de deux autres, par la somme ou la différence des ordonnées de deux courbes. Ex. : $y = x^{-1} + x$, $y = x^{-1} + x - \mathrm{E}(x)$.

8. Remarque. Les propriétés des fonctions sont indépendantes de la manière dont on désigne les variables et les relations qui les font dépendre les unes des autres et des constantes.

III. **Objet de l'analyse infinitésimale.** **9.** *Classification des fonctions.* Fonctions concrètes; analytiques; de une, deux, trois ... variables. Fonctions algébriques ou transcendantes d'une seule variable. Une quantité y est une fonction algébrique (ou transcendante) de x, si elle satisfait (ou non) à une équation $\mathrm{U} = 0$, dont le premier membre U est un polynôme rationnel et entier par rapport y et x; réciproquement, x sera fonction algébrique (ou transcendante) de y.

10. *Classification des fonctions algébriques.* 1° Fonctions entières. 2° Fonctions ou fractions rationnelles. 3° Fonctions irrationnelles qui peuvent s'exprimer au moyen de radicaux. 4° Fonctions irrationnelles qui ne peuvent pas s'exprimer au moyen de radicaux.

11. *Classification des fonctions transcendantes.* 1° Logarithmes et exponentielles; fonctions circulaires. 2° Fonctions elliptiques, hyperelliptiques (ou ultra-elliptiques) et abéliennes, qui sont une généralisation des précédentes. 3° Une infinité d'autres fonctions qu'on n'a pu classer encore, telles que la fonction gamma.

12. *Objet et division de l'Analyse.* L'Analyse a pour objet la théorie des fonctions. Elle se divise en deux parties. I. L'*Algèbre* et la *Trigonométrie* ont pour objet les fonctions algébriques, exponentielles et logarithmiques, et les fonctions circulaires, étudiées surtout au moyen du *calcul algébrique*. II. *L'Analyse infinitésimale* étudie ces mêmes fonctions et toutes les fonctions transcendantes, au moyen de la *méthode des limites* ou de la *méthode infinitésimale*, qui est équivalente.

13. *Objet de l'analyse élémentaire.* L'analyse élémentaire ne traite que des fonctions rencontrées dans les éléments (10, 1°, 2°, 3°; 11, 1°).

IV. **Aperçu historique.** **14.** *Inventeurs.* Newton (1642-1727), Leibniz (1646-1716); Euler (1707-1783), Lagrange (1736-1813); Legendre (1752-1833); Gauss (1777-1855), Cauchy (1789-1857); Abel (1802-1829), Jacobi (1804-1851); Riemann (1826-1866), Clebsch (1833-1872); Weierstrass (1815), Cayley (1821), Hermite (1822).

15. *Précurseurs.* Neper (1550-1617), Descartes (1596-1660); Fermat

(1608-1665); Huygens (1629-1695); Wallis (1616-1703); Archimède (287 à 212 av. J. C.), Kepler (1571-1630), etc. *Promoteurs* : Jacques Bernoulli (1654-1705), Jean Bernoulli (1667-1748), Maclaurin (1698-1746), etc.

CHAPITRE II. Méthode des limites.

I. **Définitions.** **16.** *Infini.* En mathématiques, le mot infini a un sens conventionnel qu'il faut apprendre dans chaque cas particulier. Nombre infini, temps infini, espace infini, sont des expressions qui ne signifient rien par elles-mêmes, parce que nombre, et infini, dans le sens propre du mot, sont des termes qui s'excluent (Voir Cauchy, *Sept leçons de physique générale*. Paris, Gauthier Villars, 1868, leç. III).

17. *Limite finie.* On appelle limite d'une quantité variable X, une quantité constante A, dont la variable approche indéfiniment sans jamais l'atteindre ; ou telle que la différence X — A entre cette variable et cette constante, puisse *devenir* et *rester* aussi petite qu'on le veut, en valeur absolue, *sans jamais être nulle*. La limite A de X satisfait donc à *trois* conditions. Exemple : $S_n = \frac{1}{2} + \frac{1}{4} + \frac{1}{8} + \cdots + \frac{1}{2^n} = 1 - \frac{1}{2^n}$ a pour limite l'unité, car $1 - S_n$ devient et reste aussi petit qu'on le veut, sans jamais être nul, quand n va en croissant indéfiniment de manière à dépasser un nombre quelconque (ou, comme on dit, pour $n = \infty$); la limite de S_n n'est pas 2, car $2 - S_n$, qui décroit sans cesse, ne devient pas aussi petit qu'on le veut.

18. Remarque. La variable X, dont on cherche la limite, est toujours une fonction de une ou plusieurs variables indépendantes, qui tendent, *par hypothèse*, vers des valeurs inaccessibles. A cause de cette supposition, la valeur limite A de X est dite ne pouvoir être atteinte, quoique, pour certaines valeurs des variables indépendantes, X puisse prendre la valeur A. Ex. : Si, par hypothèse, x ne peut devenir nul, $x \sin x^{-1}$, qui est compris entre $-x$ et $+x$, a pour limite 0, quand x s'approche indéfiniment de zéro. Néanmoins, pour $x^{-1} = \pi, 2\pi, 3\pi$, etc., $x \sin x^{-1} = 0$. La représentation géométrique de la fonction fait très-bien saisir le sens des mots *sans jamais l'atteindre*.

19. *Limite infinie. Limite indéterminée. Limite d'une constante.* Une variable X est dite avoir une limite *infinie*, si X^{-1} a pour limite zéro, c'est-à-dire si X^{-1} devient et reste aussi petit qu'on le veut sans jamais s'annuler; une limite *indéterminée*, si elle n'a ni limite finie, ni infinie.

On dit quelquefois que la limite d'une constante est cette constante même.

20. Exemples. I. La somme de n termes d'une progression géométrique de raison q, pour $n = \infty$, a une limite finie, si $q^2 < 1$, infinie, si $q^2 > 1$ (29, I); infinie, pour $q = 1$; indéterminée, pour $q = -1$. II. $Y = x - E(x)$, oscille continuellement entre 0 (valeur effective) et 1 (valeur inaccessible), sans avoir ni 0, ni 1 pour limite, car la différence entre Y et ces quantités ne reste pas aussi petite qu'on le veut. De même $1 : [x - E(x)]$ oscille entre 1 et ∞, sans avoir de limite. $Z = x - E(x) + x^{-1}$ est compris entre x^{-1} et $x^{-1} + 1$ et n'a pas non plus de limite. $U = 2x - E(x) = x - E(x) + x$ est compris entre x et $x + 1$; U a donc une limite infinie, et U^{-1} a pour limite 0, pour $x = \infty$.

21. *Oscillations.* Ces exemples prouvent que les quantités tendent vers leurs limites, soit en variant toujours dans le même sens, soit par une série d'oscillations, dont l'amplitude peut être infinie, si la limite est indéterminée.

II. **Principes de la méthode des limites.** **22.** Lemme. *Une quantité variable* X *ne peut tendre, en même temps, vers deux limites distinctes* A *et* B. Car si X — A devient et reste aussi petit qu'on le veut sans s'annuler, $X - B = (X - A) + (A - B)$ devient et reste aussi peu différent de $(A - B)$ qu'on le veut, et, par suite, X n'a pas B pour limite. Une variable peut avoir des limites distinctes, pour des valeurs différentes des variables indépendantes. Ainsi, $x \sin x^{-1} + (a - x)^2 \sin (a - x)^{-2}$ pour $x = 0$, a la limite $a^2 \sin a^{-2}$, pour $x = a$, la limite $a \sin a^{-1}$ (30, 34, F).

23. Principe I. *Les limites* A *et* B *de quantités variables* X, Y, *égales dans leurs variations, sont égales.* X — A, et, par suite, Y — A, deviennent et restent aussi petits que l'on veut, sans s'annuler; donc *lim* Y = A. Mais *lim* Y = B; donc (22), A = B. Ce principe supprime toute différence entre les valeurs limites et les valeurs effectives des variables, dans le calcul des égalités.

24. Principe II. *Si deux quantités variables* X, Y *inégales, ont même limite* A, *toute quantité intermédiaire* Z *a la même limite.* En effet, Z — A, compris entre X — A, Y — A devient et reste aussi petit que l'on veut, en même temps que ces quantités. Ce principe subsiste si Y est constant.

25. Principe III. 1er *cas. La limite* A *d'une variable* X *toujours positive* (*négative*) *est positive* (*négative*) *ou nulle.* Car si A était négatif (positif), X deviendrait négatif. 2me *cas. La limite d'une variable* X *toujours plus grande* (*petite*) *que* A, *est égale à* A *ou est plus grande* (*petite*) *que* A (voir 3e cas). 3e *cas. La limite d'une variable* X *plus grande (petite) que* Y, *est égale ou plus grande (petite) que lim* Y. 1° lim X — lim Y = lim (X—Y) (30). 2° lim (X — Y) est positive (négative) ou nulle. 3° Donc, etc.

26. Axiôme fondamental. *Une quantité toujours (dé) croissante a une limite finie ou une limite infinie positive (négative).* Car elle dépasse, en valeur absolue, une grandeur donnée quelconque, ou il y a une première grandeur qu'elle ne dépasse pas et qui est sa limite finie. Cet axiôme, avec ou sans les principes précédents, sert à démontrer qu'une variable a une limite. Si on le rejette, on doit établir toute l'analyse sur une base purement formelle (Voir R. Lipschitz, *Grundlagen der Analysis*, Bonn, 1877).

27. *Passage à la limite.* Passer à la limite, c'est déduire, au moyen des principes précédents et des propriétés des fonctions, d'égalités ou d'inégalités entre deux variables, des égalités ou des inégalités entre leurs limites. Cette opération ne suppose pas que la limite d'une variable en soit une valeur effective.

28. *Méthode des limites.* La méthode des limites consiste à trouver des relations entre des quantités, par passage à la limite, ces quantités étant limites de variables ayant entre elles des relations connues. Remarquons, avec Euclide (vers 300 av. J. C.), que cette méthode ou une autre équivalente, est indispensable, dès les éléments, pour définir les quantités incommensurables et les opérations sur ces quantités (l'addition exceptée).

29. Exemples. I. $(1+\beta)^n > 1 + n\beta > n\beta$; donc $0 < (1+\beta)^{-n} < (n\beta)^{-1}$. Si $n = \infty$, $\lim (1+\beta)^{-n} = 0$, ou $\lim (1+\beta)^n = \infty$. Pour n fractionnaire, compris entre p, $p+1$, même conclusion, car $(1+\beta)^p < (1+\beta)^n < (1+\beta)^{p+1}$.

II. $H_n = 1^{-1} + 2^{-1} + 3^{-1} + \cdots + n^{-1}$, pour $n = 2^k$, est compris entre $1 + \frac{1}{2}k$ et k; pour $n = \infty$, on a donc (24, 19) $\lim H_n = H = \infty$.

III. $L_{2n} = H_{2n} - H_n$ est plus grand que n fois $(2n)^{-1}$ ou $\frac{1}{2}$, plus petit que n fois n^{-1} ou 1. En outre, quand n se change en $(n+1)$, L_{2n} augmente de

$$\frac{1}{2n+1} + \frac{1}{2n+2} - \frac{1}{n+1} = \frac{1}{2n+1} - \frac{1}{2n+2};$$

L_{2n} croit donc avec n. L_{2n}, compris entre $\frac{1}{2}$ et 1 et toujours croissant, a une limite L finie comprise entre $\frac{1}{2}$ et 1 (25, 26 ; voir n° 44). En retranchant, de H_{2n}, successivement 2 fois $\left(\frac{1}{2} + \frac{1}{4} + \frac{1}{8} + \cdots + \frac{1}{2n}\right)$, on trouve :

$$H_{2n} - H_n = L_{2n} = 1 - \frac{1}{2} + \frac{1}{3} - \frac{1}{4} + \cdots + \frac{1}{2n-1} - \frac{1}{2n}.$$

De même, pour $n = \infty$,

$$L'_{4n} = H_{4n-1} - H_n = 1 + \frac{1}{3} - \frac{1}{2} + \frac{1}{5} + \frac{1}{7} - \frac{1}{4} + \cdots + \frac{1}{4n-3} + \frac{1}{4n-1} - \frac{1}{2n},$$

$$L''_{6n} = H_{6n-1} - H_n = 1 + \frac{1}{3} + \frac{1}{5} - \frac{1}{2} + \cdots + \frac{1}{6n-5} + \frac{1}{6n-3} + \frac{1}{6n-1} - \frac{1}{2n}$$

ont des limites L′, L″, telles que $\frac{3}{4} < L' < 3$, $\frac{5}{6} < L'' < 5$.

IV. *Définition et recherche de la longueur de la circonférence, de l'aire du cercle* (voir nº 106-108). Euclide et Archimède ont exprimé ces quantités au moyen du nombre π. Lambert (1728-1777) a prouvé (1761) que π et π^2 sont incommensurables (Legendre, *Géométrie*, note IV). On n'a pas démontré que π n'est pas racine d'une équation algébrique, à coefficients entiers, du 2ᵉ degré, ou d'un degré supérieur.

CHAPITRE III. Limites des fonctions élémentaires.

I. **Limites trouvées dans les éléments.** **30**. *Limite de la somme algébrique d'un nombre fini de variables.* On a

(A) $$\lim (u + v - w) = \lim u + \lim v - \lim w.$$

Soient, en effet, $u - \lim u = \alpha$, $v - \lim v = \beta$, $w - \lim w = \gamma$, α, β, γ pouvant devenir et rester aussi petits que l'on veut. On aura $(u + v - w) - (\lim u + \lim v - \lim w) = \alpha + \beta - \gamma$, quantité qui peut rester et devenir aussi petite que l'on veut. Donc, etc.

31. Remarques. I. Ce théorème n'a pas de sens si le second membre prend la forme indéterminée $\infty - \infty$; p. ex., si $\lim v = \infty$, $\lim w = \infty$. II. Il subsiste si u, v, ou w, ou deux de ces quantités sont constantes. Il en est de même si $u + v - w =$ une constante c. On a alors, $c = \lim u + \lim v - \lim w$; autrement, la quantité constante $c - (\lim u + \lim v - \lim w)$ serait égale à la somme de trois quantités $\alpha + \beta - \gamma$ qui peuvent devenir et rester aussi petites que l'on veut.

32. *Limite de la somme d'un nombre indéfiniment croissant de variables.* Le théorème précédent n'est pas applicable, en général, à une somme d'un nombre indéfiniment croissant de variables. Ainsi, pour $n = \infty$, on ne peut pas déduire de la valeur de L_{2n} (29, III)

$$\lim L_n = \lim \frac{1}{n+1} + \lim \frac{1}{n+2} + \cdots + \lim \frac{1}{2n} = 0 + 0 + \cdots + 0 = 0.$$

33. *Limites des autres fonctions algébriques élémentaires.* On a, m et n

étant entiers positifs, même si les quantités considérées sont constantes, pourvu que l'on n'introduise pas dans le second membre des expressions indéterminées $(0.\infty)$, $(0:0)$, $(\infty:\infty)$:

(B) $\text{Lim}\, uvw \ldots = \lim u \,.\, \lim v \,.\, \lim w \ldots$; etc. $\text{Lim}\, u^n = (\text{Lim}\, u)^n$.

(C) $\text{Lim}\, \frac{u}{v} = \frac{\lim u}{\lim v}$; $\lim u^{-n}$ ou $\frac{1}{u^n} = \frac{1}{\lim u^n} = \frac{1}{(\lim u)^n}$ ou $(\lim u)^{-n}$.

(D) $\text{Lim}\, \sqrt[m]{u} = \sqrt[m]{\lim u}$.

$$\text{Lim}\, u^{\pm\frac{n}{m}} \text{ ou } \sqrt[m]{u^{\pm n}} = \sqrt[m]{\lim u^{\pm n}} = \sqrt[m]{(\lim u)^{\pm n}} \text{ ou } (\lim u)^{\pm\frac{n}{m}}.$$

34. *Limites des principales fonctions transcendantes élémentaires.* Sauf si l'on arrive aux formes indéterminées 0^0, ∞^0, 1^∞, $\sin \infty$, on a :

(E) $\text{Lim}\, a^u = a^{\lim u}$; $\lim \text{Log}\, u = \text{Log} \lim u$.

(F) $\text{Lim} \sin u = \sin \lim u$; $\lim \text{arc} \sin u = \text{arc} \sin \lim u$.

35. *Résumé.* (G) D'après les principes A, B, C, D, E, F, on trouve la limite d'une fonction élémentaire de quantités variables, en remplaçant celles-ci par leurs limites, sauf si l'on est conduit ainsi à une forme indéterminée. Ainsi, pour $x = \frac{1}{2}$,

$$\text{Lim Log} \sin \frac{\pi x}{2 + 2x} \sqrt{3\frac{1+x}{1-x}} = \text{Log} \sin \frac{\frac{1}{2}\pi}{2+1} \sqrt{3\frac{1+\frac{1}{2}}{1-\frac{1}{2}}} = 0.$$

Cette règle (G) ne conduit à rien pour les expressions étudiées n°s 36-43. Elles prennent les formes indéterminées $(0:0)$, 1^∞.

II. **Limite de $[\sin x : x]$ pour $x = 0$, et limites qui en dépendent** (SCHAAR, C. D. n° 19). **36.** *Lim de* $(\sin x : x)$ *pour* $x = 0$. On a $2 \sin x < 2x$ ou $(\sin x : x) < 1$; puis $2x < 2 \tan x$ ou $\cos x < (\sin x : x)$. Le rapport $(\sin x : x)$ est compris entre 1 et $\cos x$, qui ont pour limite 1, quand $x = 0$. Donc (24), $\lim (\sin x : x) = 1$.

37. *Limites dépendant de* $\lim (\sin x : x)$ *pour* $x = 0$. On a, pour $x = 0$,

$$\lim \frac{\text{tang}\, x}{x} = \lim \frac{\sin x}{x} : \cos x = \lim \frac{\sin x}{x} : \lim \cos x = 1 : 1 = 1 ;$$

$$\lim \frac{1 - \cos x}{x^2} = \frac{1}{2} \lim \frac{\sin^2 \frac{1}{2} x}{\frac{1}{4} x^2} = \frac{1}{2} \left(\lim \frac{\sin \frac{1}{2} x}{\frac{1}{2} x} \right)^2 = \frac{1}{2} \cdot 1 = \frac{1}{2} ;$$

$$\lim \frac{\text{tang}\, x - \sin x}{x^3} = \lim \frac{\text{tang}\, x}{x} \cdot \frac{1 - \cos x}{x^2} = 1 . \frac{1}{2} = \frac{1}{2} .$$

$$\lim \frac{\sin kx}{x} = \lim \frac{\sin kx}{kx} \cdot k = \lim \frac{\sin kx}{kx} \cdot \lim k = 1 . \lim k = \lim k;$$

$$\lim \frac{\operatorname{tg} kx^2}{x^2} = \lim \frac{\operatorname{tang} kx^2}{kx^2} \cdot k = \lim \frac{\operatorname{tang} kx^2}{kx^2} \cdot \lim k = 1 . \lim k = \lim k.$$

III. Limite de $P_m = \left(1 + \frac{1}{m}\right)^m$ pour $m = \infty$, et limites qui en dépendent (SCHAAR, C. D. n° 17). **38.** *m entier positif.* I. On a :

$$P_m = u_0 + u_1 + u_2 + \cdots + u_n + \cdots + u_m, \quad u_0 = 1, \quad u_1 = \frac{1}{1}, \quad u_2 = \frac{1}{1 \cdot 2},$$

$$u_n = \frac{m(m-1)\cdots(m-n+1)}{1 \cdot 2 \cdots\cdot n} \cdot \frac{1}{m^n} = \frac{1}{1} \times \frac{1 - \frac{1}{m}}{2} \times \frac{1 - \frac{2}{m}}{3} \times \cdots \times \frac{1 - \frac{n-1}{n}}{n}.$$

Si m croit, chaque terme de P_m croit et le nombre des termes de P_m croit; P_m croit donc avec m, et a une limite finie ou infinie (26).

II. Ensuite,

$$u_{n+1} < u_n \frac{1}{n+1}, \quad u_{n+2} < u_n \frac{1}{n+1} \cdot \frac{1}{n+2} < u_n \left(\frac{1}{n+1}\right)^2, \quad u_m < u_n \left(\frac{1}{n+1}\right)^{m-n}.$$

Donc, successivement,

$$u_n < u_n + u_{n+1} + \cdots + u_m < u_n \left[1 + \frac{1}{n+1} + \left(\frac{1}{n+1}\right)^2 + \cdots + \left(\frac{1}{n+1}\right)^{m-n}\right]$$

$$u_n < u_n + \cdots + u_m < u_n \frac{1 - \left(\frac{1}{n+1}\right)^{m-n+1}}{1 - \frac{1}{n+1}} < u_n \frac{1}{1 - \frac{1}{n+1}} \text{ ou } u_n\left(1 + \frac{1}{n}\right).$$

On a, n étant quelconque, par conséquent,

$$u_n + u_{n+1} + u_{n+2} + \cdots + u_m = u_n\left(1 + \frac{\theta}{n}\right), \qquad 0 < \theta < 1$$

$$P_m = u_0 + u_1 + u_2 + \cdots + u_n\left(1 + \frac{\theta}{n}\right).$$

III. Fesons croître m indéfiniment, n restant fixe et soit $\lim \theta n^{-1} = \omega$, ω étant au plus égal à n^{-1}. Il viendra, en posant $\lim P_m = e$,

$$\lim P_m = e = 1 + \frac{1}{1} + \frac{1}{1 \cdot 2} + \frac{1}{1 \cdot 2 \cdot 3} + \cdots + \frac{1}{1 . 2 \ldots n}(1 + \omega).$$

IV. e est incommensurable. Soit, en effet, s'il est possible,

$$\frac{p}{q} = 1 + \frac{1}{1} + \frac{1}{1 \cdot 2} + \cdots + \frac{1}{1 \cdot 2 \cdots q}(1 + \omega), \qquad 0 < \omega \overline{<} \frac{1}{q};$$

multiplions par $1.2.3\ldots q$. Il viendra : *nombre entier* = *nombre entier* + ω, ce qui est absurde (LIOUVILLE). Ceci prouve que ω est aussi incommensurable et n'est pas égal à q^{-1}. HERMITE a démontré (1873) que e n'est racine d'aucune équation algébrique à coefficients entiers.

V. La limite de P_m est comprise entre 2.718281828 et 2.718281829 ; elle est plus rapprochée de la première fraction. Les logarithmes qui ont pour base e sont appelés *népériens*, en l'honneur de Neper, quoique les logarithmes considérés par lui aient une autre base.

39. *m positif, non entier, compris entre k et k + 1.* On a

$$\left(1+\frac{1}{k+1}\right)^k \text{ ou } \left(1+\frac{1}{k+1}\right)^{k+1} : \left(1+\frac{1}{k+1}\right) < \left(1+\frac{1}{m}\right)^m$$

$$\left(1+\frac{1}{m}\right)^m < \left(1+\frac{1}{k}\right)^{k+1} \text{ ou } \left(1+\frac{1}{k}\right)^k \times \left(1+\frac{1}{k}\right).$$

P_m, compris entre deux variables qui ont pour limite e (38), a pour limite e (24).

40. *m négatif* $= -(p+1)$. On a, pour $m = -\infty$ ou $p = +\infty$,

$$\lim\left(1+\frac{1}{m}\right)^m = \lim\left(1-\frac{1}{p+1}\right)^{-p-1} = \lim\left(1+\frac{1}{p}\right)^p \left(1+\frac{1}{p}\right) = e.$$

41. *Limite de* $\left(1+\frac{k}{m}\right)^m$ *pour* $m = \infty$. Posons $m = rk$; pour $m = \infty$ ou $r = \infty$, la limite cherchée est égale à

$$\lim\left(1+\frac{1}{r}\right)^{rk} = \lim\left[\left(1+\frac{1}{r}\right)^r\right]^k = \left[\lim\left(1+\frac{1}{r}\right)^r\right]^{\lim k} = e^{\lim k}$$

42. *Limite de* $\frac{l(1+\alpha)}{\alpha}$, $\frac{l(1+k\alpha)}{\alpha}$ *pour* $\alpha = 0$ (l = log. népérien).

$$\lim\frac{l(1+\alpha)}{\alpha} = \lim l(1+\alpha)^{\frac{1}{\alpha}} = \lim l\left(1+\frac{1}{m}\right)^m = l\lim\left(1+\frac{1}{m}\right)^m = l\,e = 1$$

$$\lim\frac{l(1+\alpha k)}{\alpha} = \lim\frac{l(1+\alpha k)}{\alpha k}k = \lim\frac{l(1+\alpha k)}{\alpha k}\lim k = \lim k.$$

43. *Limite de* $[(a^x - 1) : x]$ *pour* $x = 0$. Posons $a^x = 1 + \beta$ ou $x = l(1+\beta) : l\,a$. Il viendra, pour $x = 0$, ou $\beta = 0$:

$$\lim\frac{a^x - 1}{x} = \lim\frac{\beta\, l\, a}{l(1+\beta)} = l\,a.$$

COROLLAIRE. Par définition (LEFÉBURE, *Algèbre*, C. XIII), le module M d'un système de logarithmes de base B, est égal à *lim* $[m^{-1} : (\sqrt[m]{B} - 1)]$ pour $m = \infty$. Posons $mx = 1$, il viendra $M = \lim [x : (B^x - 1)] = 1 : lB$. Le module des logarithmes népériens est égal à 1 ; c'est pourquoi, on les appelle *logarithmes naturels*. Il suffit de multiplier les logarithmes népériens, par le module M d'un système à base B, pour obtenir les logarithmes dans ce système ; car de $n = B^{\mathrm{Log}\,n} = e^{ln}$, on tire

$$ln = \mathrm{Log}\,n\, lB,\ \mathrm{Log}\,n = ln\,\mathrm{Log}\,e,\ M = \frac{1}{lB} = \mathrm{Log}\,e = \frac{\mathrm{Log}n}{ln}.$$

44. APPLICATION. L'aire de l'hyperbole équilatère $xy = 1$, entre les ordonnées correspondant aux abcisses 1 et $X > 1$ est égale à lX ; d'où le nom de logarithmes *hyperboliques* donnés aux logarithmes népériens (Voir, note, n° 131). Par suite, la limite L du n° 29, III, est l2. En effet, L_{2n} est la somme des aires de n rectangles, inscrits dans l'hyperbole $xy = 1$, s'étendant de l'abcisse 1 à l'abcisse 2, ayant $(1 : n)$ pour base, $\left(1 + \frac{1}{n}\right)^{-1}$, $\left(1 + \frac{2}{n}\right)^{-1}$, ... $(1 + 1)^{-1}$ pour hauteurs. De même $L' = l4$, $L'' = l6$.

CHAPITRE IV. MÉTHODE INFINITÉSIMALE.

I. **Définitions**. **45**. *Infiniment petit*. Un infiniment petit est une quantité variable qui a pour limite 0 ; ou qui devient et reste aussi petite qu'on le veut sans jamais devenir nulle. Ex. : Si x a pour limite 0, il en est de même de $\sin x$, $\mathrm{tang}\, x$, $1 - \cos x$, $\mathrm{tang}\, x - \sin x$, $\sin kx$, $\mathrm{tang}\, kx^2$, $l(1 + x)$, $l(1 + kx)$, $a^x - 1$, et ces quantités variables sont des infiniment petits (36, 37, 42, 43).

46. REMARQUES. I. La notion d'infiniment petit ne présente rien de plus mystérieux ou de plus incompréhensible que celle de limite. Le nom seul prête à l'erreur et aurait dû être *indéfiniment petit*. II. La différence $X - \lim X$ entre une variable X et sa limite est un infiniment petit. Les idées de limite et d'infiniment petit sont donc équivalentes.

47. *Ordre d'un infiniment petit*. Si $\lim (\beta : \alpha^n) = K$, α, β étant infiniment petits, K fini, β est dit *infiniment petit d'ordre n*, par rapport à l'*infiniment petit principal* α. Ex. : $\sin \alpha$, $l(1 + \alpha)$, $a^\alpha - 1$ sont infiniment petits du 1er ordre par rapport à α ; $1 - \cos \alpha$ du 2e ; $\mathrm{tang}\, \alpha - \sin \alpha$ du 3e ; $l(1 + \alpha^s)$ d'ordre s. Pour CAUCHY, β est un infiniment petit d'ordre n par rapport à α, si $\lim(\beta : \alpha^r)$, pour $r < n$, est nulle, pour $r > n$, infinie. Cette définition contient la précédente.

48. *Formule générale d'un infiniment petit d'ordre n.* De $\lim(\beta : \alpha^n) = K$, on déduit $(\beta : \alpha^n) = K + \varepsilon$, $\beta = \alpha^n (K + \varepsilon)$, ε étant infiniment petit; et réciproquement. Donc $\alpha^n (K + \varepsilon)$ est la formule cherchée.

49. *Ordre d'une somme arithmétique, d'un produit, d'un quotient, etc., d'infiniment petits.* I. La somme $\alpha^n [K + \varepsilon + \alpha^{n'} (K' + \varepsilon') + \alpha^{n''} (K'' + \varepsilon'')]$ d'un nombre fini d'infiniment petits de même signe $\alpha^n (K + \varepsilon)$, $\alpha^{n+n'}(K' + \varepsilon')$, $\alpha^{n+n''}(K'' + \varepsilon'')$, d'ordre n, $n + n'$, $n + n''$ est égal à l'ordre n du moins élevé d'entre eux. II. Ordre d'un produit, d'une puissance positive, entière ou fractionnaire. III. Le quotient $\alpha^{m-n}[(K : K') + \varepsilon'']$ de deux infiniment petits $\alpha^m (K + \varepsilon)$, $\alpha^n (K' + \varepsilon')$ d'ordre m, n, $m > n$, est égal à la différence de l'ordre du dividende et du diviseur. IV. Sin β, arcsin β, $l(1 + \beta)$, $a^\beta - 1$, sont des infiniments petits de même ordre que β, par rapport à un infiniment petit principal α (36, 42, 43).

50. Remarques. I. Dans l'avant-dernier cas, si $m = n$, le quotient a pour limite $K : K'$, et cette constante, comme toute quantité finie, peut être dite d'ordre 0; on dit quelquefois que le quotient est infiniment grand d'ordre $n - m$, si $n > m$. II. Pour une différence d'infiniment petits de même signe, il n'existe pas de théorème général analogue à 49, I. Ainsi, la différence $\tan\alpha - \sin\alpha$, d'infiniment petits du 1er ordre $\tan\alpha$, $\sin\alpha$, est du 3e (37).

II. Principe fondamental. 51. Ire *partie.* Soient α, α', β, β' des infiniments petits tels que $\lim(\alpha : \alpha') = K$, $\lim(\beta : \alpha) = 1$, $\lim(\beta' : \alpha') = 1$, et, par suite (33, C), $\lim(\alpha' : \beta') = 1$. On aura

$$\lim(\beta : \beta') = \lim(\beta : \alpha)(\alpha : \alpha')(\alpha' : \beta') = \lim(\beta : \alpha)\lim(\alpha : \alpha')\lim(\alpha' : \beta') = K.$$

52. IIe *partie.* Soient $\alpha_1, \alpha_2, \ldots, \alpha_n, \beta_1, \beta_2, \ldots, \beta_n$ des quantités *de même signe*, infiniment petites en même temps que $(1 : n)$, et telles que $\lim(\beta_r : \alpha_r) = 1$, $\lim S\alpha_r = K$. La fraction $(S\beta_r : S\alpha_r)$ est comprise entre la plus grande et la plus petite des fractions $(\beta_r : \alpha_r)$ et a l'unité pour limite, comme ces fractions. Donc, $\lim S\beta_r = K$.

53. Énoncés. De $\lim(\beta_r : \alpha_r) = 1$, on déduit $(\beta_r : \alpha_r) = 1 + \varepsilon_r$, $\beta_r = \alpha_r + \alpha_r\varepsilon_r$, $\beta_r - \alpha = \alpha_r\varepsilon_r$, ε_r étant infiniment petit; $(\alpha_r\varepsilon_r : \alpha_r)$, $(\alpha_r\varepsilon_r : \beta_r)$ ont pour limite 0. Par suite, α_r et β_r diffèrent d'une quantité infiniment petite par rapport à eux-mêmes. Donc *dans une limite de somme* (arithmétique) *ou de rapport d'infiniment petits, on peut rem-*

placer chaque infiniment petit par un autre dont le rapport au premier a pour limite l'unité; ou *par un autre qui en diffère d'un infiniment petit d'ordre supérieur;* ou, plus brièvement, *qui en diffère infiniment peu.*

54. AUTRE DÉMONSTRATION DE LA IIe PARTIE. COROLLAIRE. On a $S\beta_r = S\alpha_r + S\alpha_r\varepsilon_r$. Soient ε_m, ε_M le plus petit et le plus grand des ε. On aura (en supposant les α positifs) :

$$\alpha_1\varepsilon_m \leq \alpha_1\varepsilon_1 \lesseqgtr \alpha_1\varepsilon_M, \quad \alpha_2\varepsilon_m \leq \alpha_2\varepsilon_2 \lesseqgtr \alpha_2\varepsilon_M, \text{ etc.}; \quad \varepsilon_m S\alpha_r \lesseqgtr S\alpha_r\varepsilon_r \leq \varepsilon_M S\alpha_r.$$

Les deux sommes extrêmes ont pour limite 0; donc (24) $\lim S\alpha_r\varepsilon_r = 0$, et $\lim S\beta_r = \lim S\alpha_r$. Le relation $S\alpha_r\varepsilon_r = 0$, démontrée ici directement, est très-importante. Quand on prouve d'abord que $\lim S\beta_r = \lim S\alpha_r$, comme au n° 52, on en conclut, comme corollaire, $\lim S\alpha_r\varepsilon_r = 0$, au moyen de la relation $S\beta_r = S\alpha_r + S\alpha_r\varepsilon_r$.

55. REMARQUES. I. Quand $S\alpha_r$ est la somme algébrique d'infiniments petits, les uns α_s tous positifs, les autres α_t tous négatifs, le théorème subsiste encore si $\lim S\alpha_s = K'$, $\lim S\alpha_t = K''$, K', K'' étant finis, et même si $\lim S\alpha_s = \infty$, $\lim S\alpha_t = -\infty$, quand $\lim S\alpha_r = K$, $\lim S\alpha_r\varepsilon_r = 0$.

II. On énonce quelquefois le principe sous la forme suivante : *on peut négliger un infiniment petit devant un autre d'ordre inférieur.* Cela est vrai *dans les limites de somme ou de rapport :* au lieu de $\lim(\beta : \beta')$, ou $\lim[(\alpha + \alpha\varepsilon) : (\alpha' + \alpha'\varepsilon')]$, on peut écrire $\lim(\alpha : \alpha')$, en négligeant $\alpha\varepsilon$, $\alpha'\varepsilon'$ devant α, α'; au lieu de $\lim S\beta_r$ ou $\lim S(\alpha_r + \alpha_r\varepsilon_r)$, on peut écrire $\lim S\alpha_r$ en négligeant $\alpha_r\varepsilon_r$ devant α_r. Mais on ne peut négliger ainsi des infiniment petits, avec sécurité, dans d'autres cas que les deux précédents. On ne peut pas écrire, p. ex., pour $\alpha = 0$,

$$\lim \frac{\sqrt{\alpha + \alpha^2} - \sqrt{\alpha}}{\alpha\sqrt{\alpha}} = \lim \frac{\sqrt{\alpha} - \sqrt{\alpha}}{\alpha\sqrt{\alpha}} = 0, \quad \lim \frac{\operatorname{tg}\alpha - \sin\alpha}{\alpha^3} = \lim \frac{\alpha - \alpha}{\alpha^3} = 0$$

en négligeant α^2 devant α, $(\operatorname{tang}\alpha - \alpha)$ devant $\operatorname{tang}\alpha$, $(\sin\alpha - \alpha)$ devant $\sin\alpha$.

56. *Méthode infinitésimale.* Elle consiste à ramener les questions d'analyse à la recherche de limites de somme ou de rapports d'infiniment petits; on utilise souvent le principe fondamental, dans cette recherche.

III. **Applications.** **57.** *Aire des sections coniques,* limite unique de l'aire de tous les polygones inscrits ou circonscrits à ces courbes (comp. n°s 29, 44, 106-108).

58. *Tangente aux sections coniques,* définies par les relations $\rho_1 + \rho_2 =$ constante, $\rho_1 - \rho_2 =$ constante, $\rho = d$; ρ, ρ_1, ρ_2 rayons vecteurs partant d'un foyer et aboutissant à un point de la courbe; d distance de ce point à la directrice, pour la parabole.

CHAPITRE V. Fonctions d'une variable imaginaire.

I. **Fonctions hyperboliques. 59.** *Définitions.* $\text{Ch}\,x = \frac{1}{2}(e^x + e^{-x})$, $\text{Sh}\,x = \frac{1}{2}(e^x - e^{-x})$, $\text{Th}\,x = (\text{Sh}\,x : \text{Ch}\,x)$; $\text{Ch}\,x\ \text{Séch}\,x = \text{Sh}\,x\ \text{Coséch}\,x = \text{Th}\,x\ \text{Coth}\,x = 1$.

60. *Propriétés.* 1° $\text{Ch}(-x) = \text{Ch}\,x$, $\text{Sh}(-x) = -\text{Sh}\,x$, $\text{Th}(-x) = -\text{Th}\,x$. Ensuite $\text{Ch}\,0 = 1$, $\text{Sh}\,0 = 0$, $\text{Th}\,0 = 0$; $\text{Ch}\,\infty = \infty$, $\text{Sh}\,\infty = \infty$, $\text{Th}\,\infty = 1$. Pour x croissant de 0 à ∞, $\text{Ch}\,x$ croit de 1 à ∞, $\text{Sh}\,x$ de 0 à ∞, $\text{Th}\,x$ de 0 à 1. 2° On a ensuite : $\text{Ch}^2 x - \text{Sh}^2 x = 1$. 3° Puis

$$\text{Ch}(x+y) = \text{Ch}\,x\,\text{Ch}\,y + \text{Sh}\,x\,\text{Sh}\,y;\ \text{Sh}(x+y) = \text{Sh}\,x\,\text{Ch}\,y + \text{Sh}\,y\,\text{Ch}\,x;$$
$$\text{Th}(x+y) = (\text{Th}\,x + \text{Th}\,y) : (1 + \text{Th}\,x\,\text{Th}\,y).$$

61. *Interprétation géométrique.* Dans le cercle $X^2 + Y^2 = 1$, X, Y, (Y : X) sont respectivement égaux à $\cos x$, $\sin x$, $\text{tang}\,x$, x désignant le *secteur circulaire* ayant pour base l'arc $2x$; dans l'hyperbole $X^2 - Y^2 = 1$, X, Y, (Y : X) sont respectivement égaux à $\text{Ch}\,x$, $\text{Sh}\,x$, $\text{Th}\,x$, x désignant le secteur hyperbolique dont les points extrêmes de la base ont pour coordonnées (X, Y), (X, — Y) (57).

62. *Résolution des équations* $X = \text{Ch}\,x$, $Y = \text{Sh}\,x$, $Z = \text{Th}\,x$, *par rapport à* x. Des deux premières, on tire $X + Y = e^x$, $x = \text{l}(X + Y)$. Si X est donné, $Y^2 = X^2 - 1$, $Y = \pm\sqrt{X^2 - 1}$, et, par suite, $x = \text{l}(X \pm \sqrt{X^2 - 1}) = \pm\,\text{l}(X + \sqrt{X^2 - 1})$, (+ ou — suivant que $Y = \text{Sh}\,x$ est positif ou négatif). Si Y est donné, $X^2 = Y^2 + 1$, $X = +\sqrt{Y^2 + 1}$, (tout cosinus hyperbolique X est positif); $x = \text{l}(Y + \sqrt{Y^2 + 1})$. Enfin, de $Z = \text{Th}\,x$, on tire

$$Z(e^x + e^{-x}) = e^x - e^{-x},\quad e^{2x}(1 - Z) = 1 + Z,\quad x = \text{l}\sqrt{\frac{1+Z}{1-Z}}.$$

II. **Exponentielles purement imaginaires. 63.** *Conventions et conséquences immédiates.* Par définition, en posant $i = \sqrt{-1}$, $e^{xi} = \cos x + i \sin x$, de sorte que $e^{2\pi i} = 1$, $e^{\pi i} = -1$, $e^{\frac{1}{2}\pi i} = i$,

$e^{-xi} = \cos x - i \sin x$. On déduit des valeurs de e^{xi}, e^{-xi}, les formules suivantes, attribuées à EULER :

$$\cos x = \frac{1}{2}(e^{xi} + e^{-xi}), \quad \sin x = \frac{1}{2i}(e^{xi} - e^{-xi}).$$

On a encore, k étant entier :

$$e^{xi+k.2\pi i} = \cos(x + 2k\pi) + i \sin(x + 2k\pi) = \cos x + i \sin x = e^{xi}.$$

64. *Multiplication des exponentielles purement imaginaires.* On trouve

$$e^{xi} . e^{yi} = (\cos x + i \sin x)(\cos y + i \sin y) = (\cos x \cos y - \sin x \sin y)$$
$$+ i(\sin x \cos y + \sin y \cos x) = \cos(x + y) + i \sin(x+y) = e^{xi+yi}.$$

La multiplication, et, par suite, la division et l'élévation aux puissances des exponentielles imaginaires se font comme pour les exponentielles réelles. En particulier, m étant entier positif,

$$(e^{xi})^m = (\cos x + i \sin x)^m = e^{mxi} = \cos mx + i \sin mx,$$

formule de MOIVRE, d'où l'on tire la valeur de $\cos mx$, $\sin mx$, au moyen de $\cos x$, $\sin x$; puis celle de $\cos^m x$, $\sin^m x$, au moyen des cosinus ou sinus des multiples de x, savoir mx, $(m-1)x$, $(m-2)x$, etc. (SCHAAR, C. D. n°s 65, 66 ; LEFÉBURE, *Trigonométrie*, c. III).

III. Exponentielles composées ; imaginaires quelconques.

65. *Argument et module d'une expression imaginaire* $a + bi$. Posons $a = \rho \cos \varphi$, $b = \rho \sin \varphi$, de sorte que $a + bi = \rho e^{\varphi i}$, $\rho^2 = a^2 + b^2$, $\tang \varphi = (b : a)$. La valeur positive de $\sqrt{a^2 + b^2}$ est le *module* de $a + bi$, une des valeurs de φ, en est l'*argument*. Les autres valeurs de φ en diffèrent d'un nombre entier de fois 2π. Si l'on pose $\rho = e^{\psi}$, ou $\psi = l\rho$, $a + bi = e^{\psi} . e^{\varphi i}$.

66. *Représentation géométrique.* On dit que le point qui a pour coordonnées rectangulaires a, b, polaires ρ et φ, représente $a + bi = \rho e^{\varphi i}$. Ex. : $-a - bi$; a, $-a$; bi, $-bi$; $e^{\varphi i}$: le module de $e^{\varphi i}$ est l'unité.

67. *Exponentielle composée.* Par définition, $e^{x+yi} = e^x . e^{yi}$. Par suite (65), toute imaginaire peut se mettre sous la forme e^{x+yi}. Ensuite, $e^{x+yi} . e^{x'+y'i} = e^x . e^{yi} . e^{x'} . e^{y'i} = e^x . e^{x'} . e^{yi} . e^{y'i} = e^{x+x'} . e^{(y+y')i} = e^{(x+x')+(y+y')i}$: les exponentielles composées se comportent donc comme les autres.

68. *Périodicité des fonctions hyperboliques et des exponentielles.* On a $e^{x+2k\pi i} = e^x . e^{2k\pi i} = e^x$; $\text{Ch}(x + 2\pi i) = \text{Ch}\, x$, $\text{Sh}(x + 2\pi i) = \text{Sh}\, x$; $\text{Ch}(x + \pi i) = -\text{Ch}\, x$, $\text{Sh}(x + \pi i) = -\text{Sh}\, x$, $\text{Th}(x + \pi i) = \text{Th}\, x$; ce que l'on exprime en disant que e^x, $\text{Ch}\, x$, $\text{Sh}\, x$ ont pour période $2\pi i$; $\text{Th}\, x$, πi.

69. *Logarithmes imaginaires* (SCHAAR, C. D., n° 69). On appelle logarithme analytique d'une expression $u = a + bi = e^{x+yi} = e^{x+yi+2k\pi i}$, et on représente par $l((z))$, l'exposant $x + yi + 2k\pi i$ de la puissance de e égale à cette expression. Toute expression u a donc une infinité de logarithmes, différents entre eux d'un certain nombre de fois $2\pi i$. Ex. : 1° Soit $a = e^x = e^{x+2k\pi i}$ une quantité positive a. On a $l((a)) = x + 2k\pi i = le^x + 2k\pi i = l \text{ mod. } a + 2k\pi i$. 2° Soit $a = -e^x = e^{x+\pi i} = e^{x+(2k+1)\pi i}$ une quantité négative. On a $l((a)) = x + (2k + 1)\pi i = l \text{ mod. } a + (2k + 1)\pi i$, valeurs toutes imaginaires. 3° $l((i)) = l((e^{\frac{1}{2}\pi i + 2k\pi i})) = \frac{1}{2}\pi i + 2k\pi i$. Une des valeurs de $[l((i)) : i]$ est donc $\frac{1}{2}\pi$.

70. *Propriété fondamentale.* Soit $v = e^{x+yi}$, $w = e^{x'+y'i}$. Si, k, k', k'' sont des nombres entiers quelconques, $l((v)) = x + yi + 2k\pi i$, $l((w)) = x' + y'i + 2k'\pi i$, $l((v)) + l((w)) = (x + x') + (y + y')i + 2k''\pi i = l((e^{x+x'+i(y+y')})) = l((vw))$. Les propriétés de ces logarithmes sont donc les mêmes que celles des logarithmes ordinaires.

71. *Fonctions circulaires et hyperboliques d'une variable imaginaire* $z = x + yi$. Par définition,

$$\cos z = \tfrac{1}{2}(e^{zi} + e^{-zi}),\quad \sin z = \tfrac{1}{2i}(e^{zi} - e^{-zi}),\quad \text{tang}\, z = \sin z : \cos z$$

$$\text{Ch}\, z = \tfrac{1}{2}(e^{z} + e^{-z}),\quad \text{Sh}\, z = \tfrac{1}{2}(e^{z} - e^{-z}),\quad \text{Th}\, z = \text{Sh}\, z : \text{Ch} z.$$

Ces fonctions ont les mêmes propriétés pour z imaginaire que pour z réel. On peut exprimer z au moyen de $\cos z$, $\sin z$, $\text{tang}\, z$, etc. On a

$$\cos zi = \text{Ch}\, z,\quad \text{Ch}\, zi = \cos z;\quad \sin zi = i\,\text{Sh}\, z,\quad \text{Sh}\, zi = i \sin z;$$
$$\text{tang}\, zi = i\,\text{Th}\, z,\quad \text{Th}\, zi = i\, \text{tang}\, z.$$

Par suite de ces relations, il suffit de considérer l'une ou l'autre de ces deux sortes de fonctions quand z est imaginaire. Le plus souvent, on suppose que, dans $\cos z$, $\sin z$, $\text{tang}\, z$, z est réel, ou de la forme $x+yi$; que, dans $\text{Ch}\, z$, $\text{Sh}\, z$, $\text{Th}\, z$, z est réel.

IV. **Limites des fonctions élémentaires.** **72.** *Préliminaires.* En posant $\lim (X + iY) = \lim X + i \lim Y$, les principes généraux relatifs aux limites et aux infiniment petits s'étendent aux fonctions d'une variable imaginaire, sans aucune peine, sauf dans les cas suivants.

73. *Limite de* $F = (e^z - 1) : z$ *pour* $z = 0$. F a pour valeur :

$$\frac{e^x \cos y - 1 + ie^x \sin y}{x + iy} = \frac{(e^x \cos y - 1 + ie^x \sin y)(x - iy)}{x^2 + y^2} = r + si,$$

$$r = \frac{e^x(x \cos y + y \sin y) - x}{x^2 + y^2},\quad s = \frac{e^x(x \sin y - y \cos y) + y}{x^2 + y^2}$$

Mais

$\lim [(e^x - 1) : x] = 1$; $\lim (\sin y : y) = 1$; $\lim [(1 - \cos y) : y] = \frac{1}{2}$.

Par suite, $\varepsilon_1, \varepsilon_2, \varepsilon_3 \ldots$ étant infiniment petits en même temps que x ou y, et posant $x = \rho \cos \alpha$, $y = \rho \sin \alpha$, on a :

$$e^x = 1 + x + x\varepsilon_1, \quad \sin y = y + y\varepsilon_2, \quad \cos y = 1 - \tfrac{1}{2} y^2 - \tfrac{1}{2} y^2\varepsilon_3,$$

$$r = \frac{x^2 + y^2 + x^2\varepsilon_4 + y^2\varepsilon_5}{x^2 + y^2} = 1 + \varepsilon_4 \cos^2 \alpha + \varepsilon_5 \sin^2 \alpha,$$

$$s = \frac{xy\varepsilon_6 + x^2\varepsilon_7 + y^2\varepsilon_8}{x_2 + y^2} = \varepsilon_6 \cos \alpha \sin \alpha + \varepsilon_7 \cos^2 \alpha + \varepsilon_8 \sin^2 \alpha.$$

Pour $x = 0$, $y = 0$, on a $r = 1$, $s = 0$; donc $\lim [(e^z - 1) : z] = 1$. On déduit aisément de là $\lim [(e^{kz} - 1) : z] = \lim e$.

74. *Autres limites remarquables, pour* $z = 0$. En posant $\mathrm{l}(1 + z) = u$, ou $1 + z = e^u$, $2zi = v$, on trouve, si $\mathrm{l}(1 + z)$ s'annule avec z.

$$\lim \frac{\mathrm{l}(1 + z)}{z} = \lim \frac{u}{e^u - 1} = \lim 1 : \frac{e^u - 1}{u} = 1 : \lim \frac{e^u - 1}{u} = 1$$

$$\lim \frac{\sin z}{z} = \lim \frac{e^{zi} - e^{-zi}}{2zi} = \lim e^{-zi} . \lim \frac{e^{2zi} - 1}{2zi} = 1 . \lim \frac{e^v - 1}{v} = 1$$

75. Remarque. On voit que les propriétés des fonctions d'une variable imaginaire sont, en général, les mêmes que celles des fonctions d'une variable réelle, et qu'il suffit, dans la suite, de s'occuper de celles-ci.

CHAPITRE VI. Propriétés diverses des fonctions.

I. Réduction de toutes les fonctions aux fonctions simples.

76. *Fonction simple, fonction de fonction, fonction composée.* On appelle *fonction simple*, celles au moyen desquelles on peut exprimer toutes les autres; p. ex., en analyse élémentaire : $a \pm x$, $ax^{\pm 1}$, $\sqrt[m]{x}$, e^x, $\mathrm{l}x$, $\sin x$, $\text{arc} \sin x$; *fonction de fonction*, une fonction *d'une* fonction ; p. ex., $\cos x = \sin (\frac{1}{2} \pi - x) = \sin u$, $u = \frac{1}{2} \pi - x$; $\text{Log}\, x = M\mathrm{l}x = Mu$, $u = \mathrm{l}x$; $\sin \mathrm{l}\, \text{arc} \sin e^x = \sin u$, $u = \mathrm{l}v$, $v = \text{arc} \sin w$, $w = e^x$; *fonction composée*, une fonction de *plusieurs* fonctions, p. ex., une somme, une différence, un produit, un quotient ou une puissance d'autres fonctions. Ainsi $a + bx + cx^2 = a + bx + cx.x$ est une fonction de a, bx, cx, x; $u^v = e^{v\mathrm{l}u}$, $\text{Log}_u v = \mathrm{l}v : \mathrm{l}u$ sont des fonctions des fonctions u, v. On ramène l'étude des fonctions de fonction et des fonctions composées à celle des fonctions simples, ou bien l'on étudie directement ces sortes de fonctions, quand on le peut facilement, comme cela arrive pour les fonctions circulaires autres que $\sin x$, $\text{arc} \sin x$.

77. *Notations*. Pour indiquer que y est fonction de x, on emploie les notations $y = f(x)$, $F(x)$, $\varphi(x)$ ou d'analogues, ou même $y = fx$, $y = f$ quand on le peut sans inconvénient. Si $u = f(z)$, u et z sont liés par la même relation que y et x dans $y = f(x)$. Si z est une fonction de x et y, on écrit $z = f(x, y)$, $F(x, y)$; etc. La relation $f(x, y) = 0$, exprime que y et x sont fonctions implicites l'un de l'autre; $F(x, y, z) = 0$, que x est fonction implicite de y, z, ou y de z, x, ou z de x, y. Si $y = Fu$, $u = \varphi x$, ou $y = Fu$, $u = fv$, $v = \psi x$, y est fonction de fonction de x. Si $y = F(u, v)$, $u = \varphi x$, $v = \psi x$, ou $y = F(u, v, w)$ $u = \varphi x$, $v = \psi x$, $w = \chi x$, y est fonction composée de x.

II. **Classification des fonctions élémentaires.** **78.** *Fonctions paires, impaires, ni paires, ni impaires.* Si $F(-x) = Fx$, F est une fonction *paire*. Ex. $a + bx^2 + cx^4$, $\cos x$, $\text{Ch}\, x$. Si $F(-x) = -Fx$, F est une fonction *impaire*. Ex. $ax + bx^3$, $\sin x$, $\text{Sh}\, x$, $\text{tang}\, x$, $\text{Th}\, x$. Certaines fonctions, e^x, $a + bx + cx^2$ ne sont ni paires, ni impaires. Toute fonction Fx est la somme d'une fonction paire $\frac{1}{2}[Fx + F(-x)]$ et d'une impaire $\frac{1}{2}[Fx - F(-x)]$. Géométriquement, les fonctions paires sont représentées par une courbe qui a l'axe des y pour axe de symétrie, les fonctions impaires par une courbe qui a l'origine pour centre.

79. *Fonctions directes et inverses.* Si, de $y = Fx$, on tire $x = fy$, F et f sont des fonctions inverses l'une de l'autre; celle des deux dont les propriétés sont les plus simples s'appelle *fonction directe*, l'autre *fonction inverse*. Ex. : Fonctions directes : $y = x^m$, m entier; $y = a^x$, e^x; $y = \cos x$, $\sin x$, $\text{tang}\, x$; $y = \text{Ch}\, x$, $\text{Sh}\, x$, $\text{Th}\, x$. Fonctions inverses : $\sqrt[m]{y}$, $\text{Log}_a\, y$, $\text{l}y$; $\text{Arc} \cos y$, $\text{Arc} \sin y$, $\text{Arc tang}\, y$, $\text{Sect Ch}\, y = \text{l}(y \pm \sqrt{y^2 - 1}) = \pm \text{l}(y + \sqrt{y^2 - 1})$, $\text{Sect Sh}\, y = \text{l}(y + \sqrt{y^2 + 1})$, $\text{Sect Th}\, y = \text{l}\sqrt{(1 + y) : (1 - y)}$. Pour x réel, les fonctions directes énumérées plus haut sont réelles; pour x fini, elles sont finies, sauf si elles ont un dénominateur, comme les fractions rationnelles et $\text{tang}\, x$. Les fonctions inverses, au contraire, deviennent imaginaires et infinies pour des valeurs réelles et finies de la variable.

80. *Fonctions périodiques ou non périodiques.* Si $F(x + P) = F(x)$ pour toute valeur de x, P étant constant, la fonction est dite *périodique*,

P est sa période, et l'on a $F(x) = F(x + kP)$, k étant un entier positif ou négatif. Ex. : $\cos x$, $\sin x$ ont pour période 2π ; $\tang x$, π ; $\sin(2\pi : P)x$, P ; $E(x) - x$, l'unité ; e^x, $\text{Ch}\, x$, $\text{Sh}\, x$, $2\pi i$; $\text{Th}\, x$, πi ; $e^{(2\pi i x : P)}$, P. Les fonctions algébriques et les transcendantes inverses ne sont pas périodiques. Géométriquement, les fonctions périodiques sont représentées par une courbe ondulée où les abcisses, distantes de la période, sont égales.

81. *Fonctions uniformes, multiformes.* Si à une valeur de x, correspond une seule valeur de $y = Fx$, Fx est une fonction *uniforme* de x, *multiforme* dans le cas contraire. Ex. : les fonctions directes sont uniformes, les inverses, multiformes. Ainsi, N étant entier, positif ou négatif,

$$\text{arc}\sin x = N\pi + (-1)^N \text{arc}\sin x, \quad \text{arc}\cos x = 2N\pi \pm \text{arc}\cos x,$$
$$\text{arc}\,\text{tang}\, x = N\pi \pm \text{arc}\,\text{tang}\, x,$$
$$-\tfrac{1}{2}\pi < \text{arc}\sin x \text{ ou arc tang } x < \tfrac{1}{2}\pi, \quad 0 < \text{arc}\cos x \text{ ou arc tang } x < \pi.$$

L'inverse $x = f(y)$ de la fonction périodique $y = F(x) = F(x + P) = F(x + 2P) = \text{etc.}$, a nécessairement une infinité de valeurs x, $x + P$, $x + 2P, \ldots$ correspondant à une seule valeur de y. En analyse élémentaire, on étudie séparément, autant que possible, les diverses valeurs d'une fonction multiforme, p. ex., les diverses valeurs d'un radical.

CHAPITRE VII. Continuité des fonctions.

I. **Définitions. 82.** *Accroissement d'une variable indépendante ou d'une fonction.* Si l'on considère successivement deux valeurs (x, X), (Fx, FX), $[f(x, y), f(X, Y)]$, d'une variable indépendante ou dépendante, on appelle accroissement de cette variable la différence entre la 2e et la 1re. On le désigne par la lettre Δ précédent la première des deux valeurs. Ainsi $\Delta x = X - x$, ou $X = x + \Delta x$; $\Delta Fx = FX - Fx = F(x + \Delta x) - Fx$; $\Delta f(x, y) = f(X, Y) - f(x, y) = f(x + \Delta x, y + \Delta y) - f(x, y)$. Ex. : $\Delta . x^2 = 2x\Delta x + \Delta x^2$; $\Delta . xy = y\Delta x + x\Delta y + \Delta x \Delta y$.

83. *Accroissement partiel d'une fonction de plusieurs variables.* On peut trouver l'accroissement total d'une fonction de plusieurs variables en donnant séparément un accroissement à chacune des variables :

$$\Delta f(x, y) = f(x + \Delta x, y + \Delta y) - f(x, y) = f(x + \Delta x, y + \Delta y)$$
$$- f(x, y + \Delta y) + f(x, y + \Delta y) - f(x, y) = \Delta_x f(x, y + \Delta y) + \Delta_y f(x, y);$$
$$\Delta\psi(x, y, z) = \Delta_x\psi(x, y + \Delta y, z + \Delta z) + \Delta_y\psi(x, y, z + \Delta z) + \Delta_z\psi(x, y, z).$$

Δ_x, Δ_y, Δ_z désignent des accroissements partiels par rapport à x, y ou z.

84. *Continuité des fonctions.* Une fonction fx d'une variable x est dite continue pour la valeur x, si, étant finie et réelle, $\Delta f = f(x+\Delta x) - fx$ est réel et a pour limite 0, quand $\Delta x = 0$. Elle est continue de x_0 à X, si la même chose a lieu pour toutes les valeurs de x_0 à X. Définition analogue pour une fonction de plusieurs variables. Une fonction d'une variable imaginaire $z = x + yi$ ($e^z = e^x \cos y + ie^x \sin y$, p. ex.) est dite continue si la partie réelle ($e^x \cos y$) et la partie imaginaire ($ie^x \sin y$), considérées comme fonctions de x et de y, sont continues.

85. Exemples. *Discontinuité.* La fonction $10x$ est continue pour toute valeur de x, x^{-2}, x^{-1} aussi, sauf pour $x = 0$, qui donne $x^{-2} = \infty$, et fait sauter brusquement x^{-1} de $-\infty$ à $+\infty$. Pour $x = 0$, $(1 + e^{\frac{1}{x}})^{-1}$ saute brusquement de 1 à 0; $\sqrt{1 - x}$ est continu, si x n'est pas supérieur à 1, $\sqrt{1 \sin^2 x}$ ne l'est jamais. Une fonction d'une variable réelle, comme on le voit, peut être discontinue de trois manières : en devenant imaginaire, infinie, ou en sautant brusquement d'une valeur à une autre.

II. Continuité des fonctions élémentaires. 86. Théorème I. Si $\lim F(X) = F(\lim X)$, $\lim X = x$, Fx est continu pour la valeur x. En effet, posant $X = x + \Delta x$, on aura $\lim F(x + \Delta x) = Fx$, ou $\lim [F(x + \Delta x) - Fx] = 0$.

87. Théorème II. Si $\lim F(X, Y, Z,\ldots) = F(\lim X, \lim Y, \lim Z,\ldots)$, $\lim X = x$, $\lim Y = y$, $\lim Z = z,\ldots$, $F(x, y, z,\ldots)$ est continu pour les valeurs x, y, z,... En effet, soient $X = x + \Delta x$, $Y = y + \Delta y$, $X = z + \Delta z,\ldots$ On aura : $\lim F(x + \Delta x, y + \Delta y, z + \Delta z,\ldots) = F(x, y, z,\ldots)$, ou $\lim \Delta F = 0$.

88. Corollaire. Les fonctions élémentaires d'une variable réelle, satisfaisant aux conditions des théorèmes I, II, tant qu'elles sont finies et réelles, sont continues. Il est de même des fonctions élémentaires d'une variable imaginaire, tant qu'elles sont finies, car la partie réelle et la partie imaginaire satisfont à ces conditions.

89. *Continuité des fonctions de fonction.* Soient $y = Fu$, $u = fv$, $v = \varphi x$. Si F, f, φ sont des fonctions continues, de $\lim \Delta x = 0$, on déduit $\lim \Delta v = 0$, puis $\lim \Delta u = 0$, enfin $\lim \Delta y = 0$. Donc y est une fonction continue de x.

90. *Continuité des fonctions composées.* Soient $z = F(u, v)$, $u = \varphi x$, $v = \psi x$. Si z est une fonction continue de u et v, u et v de x, z est fonction continue de x. En effet, on déduit, de $\lim \Delta x = 0$, $\lim \Delta u = 0$, $\lim \Delta v = 0$; puis, $\lim \Delta z = 0$, de $\lim \Delta u = 0$ et $\lim \Delta v = 0$.

91. Remarque. En résumé, les fonctions de fonction et les fonctions composées ne sont discontinues que si l'une des fonctions composantes est discontinue. L'étude des discontinuités de toutes les fonctions élémentaires est donc ramenée à celle des fonctions simples.

III. **Propriétés des fonctions continues.** **92.** Théorème I (Cauchy, *Analyse algébrique*, note III). 1er *cas*. Si une fonction d'une variable est continue entre deux valeurs fx_0, fX, l'une négative, l'autre positive (ou inversement), elle s'annule pour une valeur intermédiaire entre x_0 et X. En effet, divisons $X - x_0$, représenté géométriquement, en n parties égales. Soient x_1, X_1, deux valeurs de x, en deux points consécutifs de subdivision, telles que fx_1 est négatif, fX_1 positif. Divisons de même $X_1 - x_1$ en n parties égales et soient x_2, X_2 deux valeurs de x, en deux points consécutifs de subdivision, telles que fx_2 est négatif, fX_2 positif; et ainsi de suite, indéfiniment, si l'on ne rencontre jamais de point de subdivision pour lequel $fx = 0$. La suite $x_0, x_1, x_2, \ldots, x_p$, croissante a (26), une limite ξ inférieure à X (25); ξ est aussi la limite de la suite décroissante $X, X_1, X_2, \ldots, X_p$, parce que $X_p - x_p = (X - x_0) : n^p$. La fonction étant continue, $f\xi - fx_p$ et $fX - f\xi$ ont pour limite 0, ou $f\xi = \lim fx_p = \lim fX_p$; par suite, $f\xi$, limite commune de quantités négatives fx_p et de quantités positives fX_p, est nulle (25). 2e *cas*. Soit V compris entre deux valeurs quelconques fx_0, fX de la fonction continue fx. La fonction $\varphi x = fx - V$ passe de la valeur positive ou négative $fx_0 - V$, à la valeur négative ou positive $fX - V$; elle s'annule donc pour une valeur ξ de x, intermédiaire entre x_0 et X, ou $f\xi = V$. *Une fonction d'une variable, continue entre deux valeurs, passe donc par toutes les valeurs intermédiaires*. On peut déduire de là, ou démontrer d'une manière analogue, un théorème semblable pour les fonctions de plusieurs variables. Ex. : pour $x = 1$, $x^2 - 2$ égale -1; pour $x = 2$ elle égale $+2$; donc pour une valeur intermédiaire, elle est nulle, ou égale à 1.

93. Théorème II (Thomae, *Theorie der complexen Functionen*, 2te Auflage, Halle, 1873, p. 7). Si fx est continu de x_0 à X, on sait que, d'après la définition, on peut trouver, pour chaque valeur x_r, une valeur $\pm h_r$ de Δx, telle que pour cette valeur h_r et pour toutes les valeurs plus petites, on ait en valeur absolue $f(x_r + h_r) - fx_r < k$, k étant donné d'avance. Je dis qu'on peut choisir pour h_r une valeur *unique* assez petite h, la même pour toutes les valeurs de x comprises entre x_0 et X, satisfaisant à la condition $\Delta f < k$, ce que exprime en disant qu'*une fonction continue de* x_0 *à* X *est continue* ÉGALEMENT *entre ces limites.* En effet, divisons $X - x_0$ en n parties égales, puis chaque subdivision en n parties égales, et ainsi de suite indéfiniment. Supposons d'abord que nous arrivions à des divisions suffisamment petites δ, pour que la différence entre la plus grande et la plus petite valeur de f (ou l'*oscillation* de f) dans l'intervalle δ soit plus petite que $\frac{1}{2}k$; alors δ sera la valeur cherchée de h. En effet, soit $x = p\delta - \delta'$, $x + \delta''' = p\delta + \delta''$, deux valeurs de x, différant d'une quantité $\delta''' = \delta' + \delta''$, égale à δ, ou plus petite. On aura, en valeur absolue : $f(p\delta) - fx < \frac{1}{2}k$, $f(x + \delta''') - f(p\delta) < \frac{1}{2}k$; donc $f(x + \delta''') - f(x) < k$. Supposons ensuite, si c'est possible, que les oscillations de fx ne deviennent jamais plus petites que $\frac{1}{2}k$, dans un intervalle $X_p - x_p$ indéfiniment décroissant, X_p et x_p tendant vers une valeur ξ. Pour h_1 et h_2 suffisamment petits et positifs, on aurait, en valeur absolue, $f\xi - f(x - h_1) < \frac{1}{4}k$, $f(x + h_2) - f\xi < \frac{1}{4}k$, puisque la fonction est continue, et il en serait de même pour des valeurs plus petites de h_1, h_2. Donc de $\xi - h_1$ à $\xi + h_2$, l'oscillation maxima serait $< \frac{1}{2}k$, ce qui est contraire à l'hypothèse et en démontre l'absurdité. Il résulte du théorème démontré ici que les fonctions élémentaires sont également continues.

PRINCIPES FONDAMENTAUX DE L'ANALYSE INFINITÉSIMALE.

CHAPITRE I. DÉFINITION ET PROPRIÉTÉS FONDAMENTALES DES DÉRIVÉES.

I. **Dérivée. 94.** *Dérivée.* La dérivée d'une fonction Fx, par rapport à la variable x, est la limite du rapport $(\Delta Fx : \Delta x)$ de l'accroissement ΔFx de la fonction à l'accroissement Δx de la variable, quand celui-ci tend indéfiniment vers zéro. On désigne la dérivée par les notations suivantes : $\dot{F}x$ (NEWTON), $F'x$ (LAGRANGE), D_xFx, D_xF, DFx ou DF (CAUCHY). Ainsi $\lim(\Delta Fx : \Delta x) = \dot{F}x = F'x = DFx$. La notation de Newton est tombée en désuétude; celle de Lagrange, employée surtout pour les fonctions désignées d'une manière générale, ne l'est pas pour les fonctions élémentaires. Ex. :

1° $D(ax + b) = \lim\,[\{a(x + \Delta x) + b - (ax + b)\} : \Delta x] = \lim a = a.$

2° $Dx^3 = \lim\, [\{(x + \Delta x)^3 - x^3\} : \Delta x] = \lim\, (3x^2 + 3x\Delta x + \Delta x^2) = 3x^2.$

$$3°\quad D\,\frac{1}{x} = \lim\left[\left(\frac{1}{x + \Delta x} - \frac{1}{x}\right) : \Delta x\right] = \lim \frac{-1}{x\,(x + \Delta x)} = -\frac{1}{x^2}.$$

$$4°\quad D\,\frac{1}{x^2} = \lim\left[\left(\frac{1}{(x + \Delta x)^2} - \frac{1}{x^2}\right) : \Delta x\right] = \lim \frac{-2x - \Delta x}{x^2\,(x + \Delta x)^2} = -\frac{2}{x^3}.$$

$$5°\quad D\sqrt{x} = \lim \frac{\sqrt{x + \Delta x} - \sqrt{x}}{\Delta x} = \lim \frac{1}{\sqrt{x + \Delta x} + \sqrt{x}} = \frac{1}{2\sqrt{x}}.$$

95. *Interprétation géométrique*. La corde qui passe par les points (x, y) $(x + \Delta x,\ y + \Delta y)$ de la courbe $y = Fx$ a pour coefficient angulaire $(\Delta y : \Delta x)$. La limite vers laquelle tend cette corde, quand Δx tend vers 0, ou la tangente en (x, y), a pour coefficient angulaire $y' = Dy = DFx$. Exemples considérés plus haut.

96. Remarques. I. Dans la courbe $y = x : (1 + e^{\frac{1}{x}})$, la corde qui joint l'origine au point (x, y) a pour coefficient angulaire $(y : x)$; ce coefficient a pour limite 0 ou 1, quand x tend vers 0, selon que x est positif ou négatif. Si x était imaginaire, de la forme $x_1 + ix_2$, la dérivée $\lim\, (y : x)$ serait absolument indéterminée. Dans la courbe $y = x \sin x^{-1}$, le coefficient analogue est égal à $\sin x^{-1}$, quantité comprise entre $+1$ et -1, dont la limite est indéterminée. A priori, on ne sait donc pas, si pour une valeur de x, une fonction Fx a une, deux, plusieurs dérivées, ou si elle n'en a pas du tout. II. Par définition, la dérivée de $y = Fx$, pour une valeur x_0 de x qui rend y infini ou indéterminé est la limite de la dérivée DFx pour une valeur x voisine de x_0, quand x tend indéfiniment vers x_0. Ainsi pour $x = 0$, la dérivée de $y = x^{-1}$ prend la valeur unique $-\infty$, tandis que y saute brusquement de $-\infty$ à $+\infty$. La dérivée de $z = x^{-2}$, pour $x = 0$, prend les deux valeurs $+\infty$ et $-\infty$, tandis que la fonction z a la valeur unique ∞. Interprétation géométrique. III. Par définition la dérivée de $y = Fx$, pour $x = \pm\infty$ est la limite de DFx, pour $x = \pm\infty$. Ainsi, $y = x^{-1}$, $u = \sqrt{x}$, ont 0 pour dérivée, quand $x = \infty$. Interprétation géométrique.

97. *Différentielle*. La différentielle d'une fonction Fx est le produit $F'x\Delta x$ de la dérivée $F'x$ de cette fonction par l'accroissement Δx de la variable. On la désigne par dFx (Leibniz), de sorte que $dFx = F'x\Delta x$. Ainsi $dx^3 = 3x^2\Delta x$, $d\sqrt{x} = \Delta x : 2\sqrt{x}$. Comme $Dx = 1$, d'après le premier exemple du n° 94, $dx = \Delta x$; donc l'*accroissement et la différentielle de la variable indépendante sont égaux*. On a donc, $dFx = F'xdx$; $DFx = F'x = \frac{dFx}{\Delta x} = \frac{dFx}{dx} = \frac{dF}{dx}$. Par conséquent, D, ou plutôt D_x, et $\frac{d}{dx}$ sont des notations équivalentes.

98. *Relation entre l'accroissement et la différentielle d'une fonction.* De $\lim (\Delta F : \Delta x) = F'$, on déduit successivement, quand F', dF ne sont pas nuls, ε étant infiniment petit en même temps que Δx :

$$\frac{\Delta F}{\Delta x} = F' + \varepsilon, \Delta F = F'\Delta x + \varepsilon\Delta x = dF + \varepsilon\Delta x, \frac{\Delta F}{dF} = 1 + \frac{\varepsilon}{F'}, \quad \lim \frac{\Delta F}{dF} = 1.$$

L'accroissement et la différentielle d'une fonction peuvent donc se substituer l'un à l'autre dans une limite de somme ou de rapport d'infiniment petits (53). Géométriquement, dF est l'accroissement de l'ordonnée de la tangente à $y = Fx$, au point (x, y), correspondant à l'accroissement Δx.

99. Corollaire. *Une fonction qui a une dérivée finie est continue.* Car, si F' est fini, $\lim \Delta F = 0$, pour $\Delta x = 0$, d'après l'équation $\Delta F = F'\Delta x + \varepsilon\Delta x$.

II. **Propriétés fondamentales de la dérivée. 100.** Lemme I. Si, pour une valeur x intermédiaire entre x_1 et x_2, Fx a une seule dérivée $F'x$, on a $F'x = \lim [(Fx_2 - Fx_1) : (x_2 - x_1)]$ quand x_2 et x_1 tendent simultanément vers x. En effet, de $\lim [(Fx_2 - Fx) : (x_2 - x)] = F'x$, on déduit $Fx_2 - Fx = (x_2 - x) F'x + \varepsilon_2 (x_2 - x)$, ε_2 étant infiniment petit en même temps que $x_2 - x$; de même $Fx_1 - Fx = (x_1 - x) F'x + \varepsilon_1 (x_1 - x)$, ε_1 étant infiniment petit en même temps que $x_1 - x$. Donc $Fx_2 - Fx_1 = (x_2 - x_1) F'x + \varepsilon_2 (x_2 - x) + \varepsilon_1(x - x_1)$; d'où aisément le théorème. Géométriquement : Soit M un point d'une courbe, compris entre M' et M''. Si MM', MM'' ont pour limite une tangente commune en M, il en est de même de M'M''.

101. Lemme II. Soient $x_0, x_1, x_2, \ldots, x_{n-1}, X$, $(n+1)$ valeurs successives de x; $y_0, y_1, y_2, \ldots, y_{n-1}$, Y les valeurs correspondantes de $y = Fx$. On a

$$\frac{Y - y_0}{X - x_0} = \frac{(y_1 - y_0) + (y_2 - y_1) + \cdots + (Y - y_{n-1})}{(x_1 - x_0) + (x_2 - x_1) + \cdots + (X - x_{n-1})} = \frac{k_1 + k_2 + \cdots + k_n}{h_1 + h_2 + \cdots + h_n}$$

Le rapport $[(Y - y_0) : (X - x_0)]$ a donc une valeur intermédiaire entre le plus grand et le plus petit des rapports $(k : h)$, à moins qu'il ne soient tous égaux. Autrement dit : Si les rapports $(k : h)$ ne sont pas tous égaux, il y en a un plus grand et un plus petit que $[(Y - y_0) : (X - x_0)]$.

102. LEMME III. Subdivisons $X - x_0$ en n parties égales : soit $X_1 - x_1$ celle des n parties où $(k : h)$ a la valeur la plus grande $(k_1 : h_1)$. Subdivisons $X_1 - x_1$ en n parties égales : soit $X_2 - x_2$ celle des n parties où $(k : h)$ a la valeur la plus grande $(k_2 : h_2)$; et ainsi de suite. Si la fonction a une dérivée unique dans l'intervalle $X - x_0$, la série de quantités croissantes $(k_1 : h_1)$, $(k_2 : h_2)$, ..., a une limite qui est la dérivée $F'\xi$ pour une certaine valeur ξ de x intermédiaire entre x_0 et X. Nécessairement $F'\xi \overline{>} [(Y - y) : (X - x_0)]$. De même, $F'\zeta \overline{<} [(Y - y_0) : (X - x_0)]$, pour une autre valeur ζ de x. Dans le cas où le rapport $(k : h)$ est constant, x étant quelconque, par exemple pour $y = ax + b$, $F'x = (k : h)$.

103. THÉORÈME I. *Si une fonction a une dérivée unique et égale à une constante* a, *cette fonction est de la forme* ax + b. En effet, si l'on n'a pas $[(y - y_0) : (x - x_0)] = a$, une valeur de la dérivée serait plus grande ou plus petite que a. Donc $y = ax + y_0 - ax_0 = ax + b$. *Si la dérivée est nulle, la fonction est constante.* Géométriquement : la droite est la seule ligne dont la tangente ait une direction constante. Si la droite est parallèle à l'axe des y, le coefficient angulaire y' est constamment ∞; et réciproquement, car, dans ce cas, $\lim \Delta x : \Delta y = D_y x = 0$, ou $x =$ constante.

104. THÉORÈME II. *Deux fonctions qui diffèrent par une constante ont même dérivée; et réciproquement.* Si $Fx = fx + C$, $F(x + \Delta x) - Fx = f(x + \Delta x) - fx$, $(\Delta Fx : \Delta x) = (\Delta fx : \Delta x)$, et, à la limite, $F'x = f'x$. Réciproquement, si $F'x = f'x$, soit $\varphi x = Fx - fx$, on aura $\varphi(x + \Delta x) - \varphi(x) = F(x + \Delta x) - f(x + \Delta x) - Fx + fx$, $(\Delta\varphi x : \Delta x) = (\Delta Fx : \Delta x) - (\Delta fx : \Delta x)$, et, à la limite, $\varphi' x = F'x - f'x = 0$. Donc (103), $\varphi x = Fx - fx = C$, $Fx = fx + C$.

105. THÉORÈME III. Si $F'x$ est continue de x_0 à X, elle passe par toutes les valeurs comprises entre F'_M, valeur plus grande, et F'_m, valeur plus petite que $[(Y - y_0) : (X - x_0)]$. Donc (92), pour une valeur $x_1 = x_0 + \theta(X - x_0)$ $(0 < \theta < 1)$, intermédiaire entre x_0 et X,

$$\frac{Y - y_0}{X - x_0} = F'[x_0 + \theta(X - x_0)].$$

Ce théorème subsiste, même si $F'x$ devient infini entre x_0 et X, sans sauter de $-\infty$ à $+\infty$. Géométriquement : *Si une courbe* AIB, *continue entre les points* A (x_0, y_0) *et* B (X, Y), *et dont la tangente s'infléchit d'une manière continue entre ces points, est coupée par la sécante* AB, *il y a un point intermédiaire* I (x_1, y_1) *où la tangente est parallèle à* AB (théorème de ROLLE). On peut déduire les théorèmes I, II de celui-ci (SCHAAR, C. D, n°s 9-10) (Comp. n° 110, II), quand on le prouve directement.

CHAPITRE II. DÉFINITION ET PROPRIÉTÉS FONDAMENTALES DES INTÉGRALES.

I. Limite de somme. 106. LEMME I (d'après CAUCHY; voir MOIGNO, *Statique*, leç. IX). Divisons $X - x_0$, représenté géométriquement, en n_1 parties, égales ou non; puis chacune d'elles en n_2 parties; et ainsi de suite indéfiniment, de manière que l'intervalle δ entre deux subdivisions ait pour limite zéro. Soit dans chaque intervalle δ, f_m la plus petite des valeurs de la fonction fx, continue entre x_0 et X, f_M la valeur la plus grande. Les sommes $Sf_m\delta$, $Sf_M\delta$ de x_0 à X, mesurent une somme de rectangles inscrits ou circonscrits à la courbe $y = fx$. Cela posé : 1° $Sf_m\delta < M(X - x_0)$, M étant la valeur la plus grande de fx de x_0 à X. 2° Quand on subdivise chaque δ en parties $\delta_1, \delta_2, \ldots, \delta_k$ auxquelles correspondent les valeurs minima $f_{1m}, f_{2m}, \ldots, f_{km}$, égales ou plus grandes que f_m, $f_m\delta$ est remplacé, dans la somme, par la quantité plus grande $f_{1m}\delta_1 + f_{2m}\delta_2 + \cdots + f_{km}\delta_k$. 3° $Sf_m\delta$ a donc (26), une limite finie S. 4° $Sf_M\delta$ a la même limite S (53), car $\lim (f_M\delta : f_m\delta) = 1$. 5° Si f est valeur de fx correspondant à une valeur $x^{(r)}$ de x, infiniment voisine de δ, ou comprise dans δ, $\lim (f : f_m) = 1$ et, par suite, $\lim Sf\delta = S$. En résumé, $Sf\delta$, dans ce premier mode de subdivision, a une limite unique bien déterminée. Ce lemme est vrai encore si fx saute brusquement d'une valeur à une autre, pourvu que la somme des produits $f\delta$, correspondant aux valeurs de x où cela arrive, ait pour limite 0; p. ex., si f restant fini, cette circonstance n'a lieu que pour un nombre fini de valeurs de x.

107. LEMME II. $\lim Sf\delta = S$, pour un autre mode de subdivision quelconque en n parties, n croissant indéfiniment (p. ex., les parties étant égales, et n successivement égal à chaque nombre premier, de manière que les subdivisions, à deux instants différents, ne coincident jamais). Appelons $(Sf_m\delta)_2$, $(Sf_M\delta)_2$, dans ce second mode, les sommes de rectangles analogues à celles du premier mode, que nous désignons par $(Sf_m\delta)_1$,

$(Sf_M\delta)_1$. On a, comme on le voit géométriquement et par le n° 54,

$$S(f_M\delta)_2 = (Sf_m\delta)_2 + \varepsilon, \quad \lim \varepsilon = 0, \quad \text{pour} \quad n = \infty,$$

$$(Sf_m\delta)_2 < (Sf_M\delta)_1, (Sf_M\delta)_2 > (Sf_m\delta)_1, \quad (Sf_m\delta)_1 - \varepsilon < (Sf_m\delta)_2 < (Sf_M\delta)_1.$$

Donc (24), $\lim (Sf_m\delta)_2 = \lim (Sf_m\delta)_1 = \lim (Sf_M\delta)_1 = S$; et par suite, $\lim (Sf_m\delta)_2 = \lim (Sf_M\delta)_2 = \lim (Sf\delta)_2 = S$.

108. Théorème I. *Limite $Sf\delta$ est une quantité parfaitement déterminée.* On l'écrit, x' étant infiniment voisin de x_1, x'' de x_2, $x^{(r)}$ de x_r

$$\lim \overset{x}{\underset{x_0}{S}} fx\Delta x, \ \lim [(x_1 - x_0) fx' + (x_2 - x_1) fx'' + \cdots + (X - x_{n-1}) fx^{(n)}]$$

Géométriquement, *par définition*, $\lim Sf\delta$ est l'aire de la partie de la courbe $y = fx$ située au-dessus de l'axe des x, moins l'aire de la partie située au-dessous. Cette aire est égale à la limite de celle d'un polygone inscrit quelconque, dont le nombre de côtés croit indéfiniment, chaque côté décroissant indéfiniment; car ce polygone est compris entre une somme $Sf_m\delta$ et une somme $Sf_M\delta$ (24).

109. Théorème. II. Si $S = \lim \overset{x}{\underset{x_0}{S}} fx\Delta x$, $\Delta_x S$ est compris entre $f_m\Delta x$, $f_M\Delta x$, *f_m et f_M* étant les valeurs minima et maxima de fx, de x à $x + \Delta x$; donc $\Delta S : \Delta x$ est compris entre f_m et f_M, et $D_x S = f$. Géométriquement : *la dérivée d'une aire, par rapport à la dernière abcisse, est la dernière ordonnée.* Si, pour la valeur x, f saute brusquement de A à B, on a $\lim (\Delta S : \Delta x) = DS = A$ ou B selon que Δx est négatif ou positif.

110. Corollaires I. *Si $dFx = fxdx$*, $S = \lim \overset{x}{\underset{x_0}{S}} fx\Delta x = Fx - Fx_0$. En effet, S et Fx ayant même différentielle, $S + C = Fx$ (104). Fesons $x = x_0$ dans cette égalité, il viendra $C = Fx_0$; donc, etc.

II. L'aire S est égale à $(x - x_0) fx_1$, x_1, intermédiaire entre x_0 et x, étant convenablement choisi. On déduit de là le théorème du n° 105 :

$$Fx - Fx_0 = (x - x_0) fx_1 = (x - x_0) F'x_1.$$

111. Remarque. Soient, dans une aire plane (ou un volume), une portion δ dont un point intérieur ou infiniment voisin est x, y (ou x,y,z), f la valeur, en ce point, d'une fonction continue : $\lim Sf\delta$ dans cette aire (ou ce volume) est une quantité déterminée, qui, par définition, mesure un certain volume (ou le moment d'un volume), et s'appelle limite de somme double (ou triple).

II. ***Intégrale.*** **112.** *Intégrale.* On appelle intégrale d'une différentielle $fxdx$, et on représente par $\int fxdx$ une fonction Fx qui a pour différentielle $fxdx$. Par suite, $d\int fxdx = fxdx$, $D\int fxdx = fx$, $\int dFx = Fx$. Ex. : $ax + b$, x^2 sont des intégrales de adx, $3x^2dx$.

113. Théorème I. *Toute différentielle $fxdx$ a une intégrale, savoir* $\lim \overset{x}{\underset{x_0}{S}} fx\Delta x$ (109); *elle en a même une infinité représentées par* $\lim \overset{x}{\underset{x_0}{S}} fx\Delta x + C$, *C étant arbitraire* (104).

114. *Intégrale indéfinie; intégrale définie.* L'intégrale $\int fxdx = Fx + C$ de $fxdx$ qui contient une constante arbitraire est dite *intégrale indéfinie;* l'intégrale $Fx - Fx_0$, où C a une valeur telle que cette intégrale s'annule pour $x = x_0$, s'appelle *intégrale définie* et est représentée par $\int_{x_0}^{x} fxdx$, qui se prononce : intégrale de x_0 à x de $fxdx$. D'après le n° 110, $\int$ peut se prononcer *limite de somme.* On conclut immédiatement de là que

$$\int(u + v - w)\,dx = \int udx + \int vdx - \int wdx.$$

115. Remarque. Par définition, si la limite supérieure, ou la limite inférieure est infinie, ou si fx pour une valeur ξ de x est infinie ou indéterminée, on pose

$$\int_{x_0}^{\infty} = \lim \int_{x_0}^{x}, \quad \int_{-\infty}^{x} = \lim \int_{x_0}^{x}, \quad \int_{x_0}^{x} = \lim \left[\int_{x_0}^{\xi-\varepsilon} + \int_{\xi+\eta}^{x}\right]$$

x dans la première égalité, $-x_0$ dans la seconde, tendant vers ∞, et ε, η, dans la troisième, vers 0.

116. Théorème II. *En général,* $D_\alpha \int_{x_0}^{X} f(x, \alpha)\,dx = \int_{x_0}^{X} D_\alpha f(x, \alpha)\,dx.$

Posons, en effet, $F\alpha = \int_{x_0}^{X} f(x, \alpha)$, on aura (98, 114) :

$$\frac{\Delta_\alpha F\alpha}{\Delta\alpha} = \int_{x_0}^{X} \frac{\Delta_\alpha f(x, \alpha)}{\Delta\alpha}\,dx = \int_{x_0}^{X} D_\alpha f(x, \alpha)\,dx + \int_{x_0}^{X} \varepsilon dx = S' + R$$

ε étant infiniment petit en même temps que $\Delta\alpha$, pour toute valeur de x, si $D_\alpha f(x, \alpha)$ est fini, ce que nous supposons. Il viendra, à la limite,

$$D_\alpha F\alpha = D_\alpha \int_{x^0}^{X} f(x, \alpha)\,dx = \int_{x_0}^{X} D_\alpha f(x, \alpha)\,dx = S'$$

chaque fois, que pour $\Delta\alpha = 0$, $\lim R = 0$. Cela arrivera, les valeurs maxima et minima ε_m, ε_M, de ε, de x_0 à X, convergeant vers 0, en même temps que $\Delta\alpha$: 1° quand x_0 et X sont finis; car, l'aire R est comprise entre $\varepsilon_m(X-x_0)$ et $\varepsilon_M(X-x_0)$. 2° Quand l'une des limites x_0, X, ou toutes deux étant infinies, l'intégrale S' est la limite finie d'une somme d'infiniment petits, tous positifs, ou tous négatifs, ou la différence de la limite finie d'une somme d'infiniment petits positifs et de la limite finie d'une somme d'infiniment petits négatifs. Dans ce cas, en effet, on peut, au moyen d'un raisonnement analogue à celui des nos 54, 55, I, prouver que R a pour limite 0.

CHAPITRE III. Définition et propriétés fondamentales des séries.

I. Définitions et conséquences immédiates. 117. *Série convergente, divergente, indéterminée.* On appelle *série* une suite indéfinie $u_1, u_2, u_3, \ldots$, de termes formés d'après une loi déterminée, de manière que u_n, *terme général* de la série, est une fonction connue de son indice n. La série est *convergente*, *divergente*, ou *indéterminée* selon que la somme S_n de ses n premiers termes, a, pour $n=\infty$, une limite S, finie, infinie ou indéterminée. La limite S est dite la *somme* de la série, et on écrit, par convention, $S=u_1+u_2+u_3+$ etc., ou Su_n, au lieu de $S=\lim S_n$. Ex. : Voir n° 20, I; 29, II, III. La série $S[1:n(n+1)]$ a pour somme l'unité, car $S_n=1-(n+1)^{-1}$, puisque

$$\frac{1}{1.2}+\frac{1}{2.3}+\cdots+\frac{1}{n(n+1)}=\left(1-\frac{1}{2}\right)+\left(\frac{1}{2}-\frac{1}{3}\right)+\cdots+\left(\frac{1}{n}-\frac{1}{n+1}\right).$$

118. *Conséquences immédiates de la définition.* I. Une série à termes tous de même signe est convergente ou divergente, jamais indéterminée (26).

119. II. Soient $U_n=u_1+u_2+\cdots+u_n$, $V_n=v_1+v_2+\cdots+v_n$, $W_n=w_1+w_2+\cdots+w_n$; puis $\lim U_n=U$, $\lim V_n=V$, $\lim W_n=W$. On aura $U_n+V_n-W_n=(u_1+v_1-w_1)+(u_2+v_2-w_2)+\cdots+(u_n+v_n-w_n)$; $U+V-W=\lim[(u_1+v_1-w_1)+(u_2+v_2-w_2)+\cdots+(u_n+v_n-w_n)]=(u_1+v_1-w_1)+(u_2+v_2-w_2)+$ etc. *On peut donc ajouter terme à terme des séries convergentes, en nombre fini, comme des polynômes algébriques.*

120. Remarque. On ne peut opérer, avec sécurité, ni sur les séries divergentes, ni sur un nombre indéfiniment croissant de séries convergentes, comme sur des polynômes algébriques. En retranchant L de H (29), on trouve pour reste H; ce résultat singulier est obtenu, au fond, en faisant $n = \infty$, sans en avoir le droit (31, I), dans $H_n = H_{2n} - L_{2n}$. En ajoutant les séries, en nombre indéfini,

$$\frac{1}{1.2} + \frac{1}{2.3} + \frac{1}{3.4} + \cdots = 1, \quad \frac{1}{2.3} + \frac{1}{3.4} + \cdots = \frac{1}{2}, \quad \frac{1}{3.4} + \cdots = \frac{1}{3}, \quad \text{etc.}$$

on trouve $H - 1 = H$. On s'explique l'origine de ce résultat bizarre, en ajoutant les n suites finies formées respectivement par les n, $n - 1$, $n - 2$, ... premiers termes de ces séries, puis faisant $n = \infty$ (32).

121. III. *Une série à termes positifs et négatifs est convergente, si la série des valeurs absolues des termes est convergente.* Soient S_p la somme des p termes positifs, $-S_q$ la somme des $q = n - p$ termes négatifs, compris dans la somme S_n des n premiers termes de la série. Par hypothèse, $S_p + S_q$ a une limite finie; il en est donc de même de S_p, S_q, $S_n = S_p - S_q$, et $\lim S_n = \lim S_p - \lim S_q$. La réciproque de ce théorème n'est pas vraie : L est convergente, sans que H le soit (29, II, III).

122. IV. *La série* T, *obtenue en multipliant les termes d'une série convergente* S, *à termes positifs, par des quantités positives ou négatives, comprises entre m et* M, *est convergente.* En effet, la série obtenue en rendant positifs tous les termes de T est comprise entre $\pm mS$, $\pm MS$. Donc, etc. (118, 121). Une série à termes imaginaires de la forme $\rho_n \cos \varphi_n + i\rho_n \sin \varphi_n$ est convergente, comme somme de deux séries convergentes, si la série des modules ρ_n des termes est convergente.

II. Propriétés diverses des séries convergentes.

123. I. *Dans une série convergente, la limite du terme général u_n, est zéro, pour $n = \infty$.* En effet, $\lim S_n = S$, $\lim S_{n-1} = S$ (8); donc $\lim (S_n - S_{n-1}) = \lim u_n = 0$. La réciproque n'est pas vraie : dans la série divergente H (29, II), le terme général n^{-1} a pour limite zéro, quand $n = \infty$. Mais on est sûr qu'une série où l'on n'a pas $\lim u_n = 0$, p. ex., $S \cos nx$, est divergente ou indéterminée. II. On a encore, dans une série convergente, $\lim (S_{n+p} - S_n) = \lim (u_{n+1} + \cdots + u_{n+p}) = 0$, pour $n = \infty$, p étant quelconque, fonction de n, p. ex., et même croissant indéfiniment *avec n*. La réciproque n'est pas vraie : dans la série divergente H (29, II), $S_{n+p} - S_n$ est plus petit que $(1 : \sqrt{n})$, si $p = E(\sqrt{n})$ et a pour limite zéro. Si $p = n$, $S_{n+p} - S_n$ a pour limite L (29, III).

124. *Si l'on change l'ordre des termes dans une série convergente* S, *à termes positifs, on obtient une autre série convergente* T, *de même* *somme que la première.* Si $(n+p)$ est assez grand pour que les n premiers termes de S soient parmi les $(n+p)$ de T, on a $S_n < T_{n+p}$; par suite, pour $n=\infty$, $S=T$ ou $S<T$ (25). On prouve de même que $T=S$ ou $T<S$. Donc $S=T$. On déduit de là, par les n°s 121, 122, que l'on peut changer, comme on le veut, l'ordre des termes, 1° dans une série à termes positifs et négatifs, qui reste convergente quand on rend tous les termes positifs; 2° dans une série à termes imaginaires, si la série des modules des termes est convergente.

125. Théorème de Riemann (*Werke*, p. 221). *On peut changer l'ordre des termes dans une série convergente* S *à termes positifs et négatifs, qui cesse de l'être quand on rend tous les termes positifs, de manière que la nouvelle série obtenue 1° soit convergente et ait une somme quelconque* A; *2° soit divergente; ou bien 3° indéterminée.* I. Les termes positifs et les termes négatifs de S, pris séparément, forment deux séries divergentes P, — Q. En effet P + Q étant, par hypothèse, une série divergente, P et Q ne peuvent être convergentes (119); une seule des séries P et Q ne peut être divergente, car, dans ce cas, $S=P-Q$ serait aussi divergente, comme on le voit sans peine. II. Prenons, dans la série divergente P, la somme P_p des p premiers termes, p étant choisi de manière que $P_{p-1}<A$, $P_p>A$; retranchons-en la somme Q_q des q premiers termes de la série divergente Q, q étant tel que $P_p-Q_{q-1}>A$, $P_p-Q_q<A$. Ajoutons à P_p-Q_q les p' termes suivants de P, p' étant tel que $P_{p+p'-1}-Q_q<A$, $P_{p+p'}-Q_q>A$; retranchons de $P_{p+p'}-Q_q$ les q' termes suivants de Q, q' étant tel que $P_{p+p'}-Q_{q+q'-1}>A$, $P_{p+p'}-Q_{q+q'}<A$; et ainsi de suite, indéfiniment. La série T, ainsi formée, s'approchera indéfiniment de A, car, à chaque instant, la somme des termes de T diffère de A, de moins qu'un terme de S, lequel a zéro pour limite, puisque la série S est convergente (123). Ex. : L, L′, L″ (29, 44). III. Démonstration analogue dans les autres cas.

III. Caractères élémentaires de convergence, et de non convergence. 126. *Reste d'une série.* On appelle *reste* d'une série convergente et l'on représente par R, R_n, r, r_n, etc., la différence $S-S_n$ entre $S_n=u_1+u_2+\cdots+u_n$ et sa limite S. On a donc $\lim R_n=0$, pour $n=\infty$. Ex.: voir n° 117. Comme $S=\lim S_{n+p}$ pour $p=\infty$, n étant fixe, $R=\lim S_{n+p}-S_n=\lim[u_{n+1}+u_{n+2}+\cdots+u_{n+p}]$, pour $p=\infty$, ou (117), $R_n=u_{n+1}+u_{n+2}+$ etc. Ces dernières expressions sont aussi appelées *reste*, dans les séries non convergentes. On remarquera que le caractère $\lim R_n=0$, nécessaire et suffisant pour qu'une série soit convergente, peut s'écrire lim $[\lim (u_{n+1} + \cdots + u_{n+p})_{p=\infty}]_{n=\infty}$, la limite pour $p = \infty$ étant prise *avant* la limite pour $n = \infty$. Le caractère analogue du n° 123, II, nécessaire, non suffisant, suppose que p tende vers l'infini, *en même temps* que n, ou bien reste fini.

127. I. *Une série est convergente (non convergente), si, à partir d'un certain terme, on a constamment $k < q$ (ou $> q$), q désignant une quantité plus petite (grande) que l'unité, k la valeur absolue du rapport d'un terme au précédent, ou la racine $n^{ième}$ de ce terme, pris positivement, n étant le rang de ce terme.* I. Soit, p. ex., dans une série à termes positifs, $(u_{n+1} : u_n) < q < 1$, $(u_{n+2} : u_{n+1}) < q$, $(u_{n+3} : u_{n+2} < q)$, etc. On déduit de là : $u_{n+1} < u_n q$, $u_{n+2} < u_n q^2$, $u_{n+3} < u_n q^3$, etc.; $(u_{n+1} + u_{n+2} + \cdots + u_{n+p}) < [u_n : (1 - q)]$; donc (126), R_n et, par suite, $S = S_n + R_n$ sont finis. Si lim $k = l < 1$, pour $n = \infty$, on a $k = l + \varepsilon$, ε étant aussi petit qu'on le veut, et, par suite, on peut trouver une quantité q telle que $l + \varepsilon$ ou $k < q < 1$. Si les termes de la série sont alternativement positifs, et négatifs, il suffit de considérer les valeurs absolues des termes (121). Démonstrations analogues quand $k = \sqrt[n]{u_n} < q < 1$. II. Si $k > q > 1$, les termes de la série vont sans cesse en croissant en valeur absolue ; elle est donc divergente s'ils sont tous de même signe (118, 123) ; divergente ou indéterminée, dans le cas contraire (123). III. Ex. : S $[x^n : (1.2 \ldots n)]$ est convergente pour toute valeur de x; S $[(-1)^{n-1} x^n : n]$, convergente pour $x^2 < 1$; divergente pour $x^2 > 1$; S $[m(m-1) \ldots (m-1) x^n : (1.2 \ldots n)]$ convergente pour $x^2 < 1$, divergente pour $x < -1$; divergente aussi pour $x > 1$, comme on le voit, en réunissant les termes deux à deux.

128. II. *La série à termes positifs décroissants* $S = u_1 + u_2 + u_3 +$ etc. *est convergente ou divergente en même temps que* $T = u_1 + 2u_2 + 4u_4 +$ etc. *et réciproquement.* En effet, on a $T > S$, $T - u_1 < 2S$; donc, si T est (in)fini, S est (in)fini et réciproquement. Application : Sn^{-m} n'est convergente que pour $m > 1$ (Comp. 29, II).

129. III. *Une série à termes alternativement positifs et négatifs et décroissant indéfiniment en valeur absolue (à partir d'un certain terme), est convergente.* La suite $S_n = (u_1 - u_2) + (u_3 - u_4) + \cdots + (u_{2n-1} - u_{2n})$ $= u_1 - (u_2 - u_3) - (u_4 - u_5) - \cdots - (u_{2n-2} - u_{2n-1}) - u_{2n}$, où $u_p < u_{p-1}$, est composée de termes tous positifs, et est comprise entre 0 et u_1 ; donc elle a une limite finie (26). $S_n + u_{2n+1}$ a la même limite, car, pour $n = \infty$, lim $u_{2n+1} = 0$ (123, I). Donc $u_1 - u_2 - u_3 - u_4 +$ etc. est une série convergente. Un raisonnement analogue prouve que

$R_n = \pm (u_{n+1} - u_{n+2} + \cdots)$ est plus petit que u_{n+1} en valeur absolue. Ex. : L, L', L'' (29, III); $1 - \frac{1}{3} + \frac{1}{5} - \frac{1}{7} +$ etc., est une série convergente.

IV. **Intégration des séries. 130.** Si $S = u_1 + u_2 + \cdots + u_{n-1} + r_n$ est une série convergente, dont la somme et les termes sont des fonctions de x, susceptibles d'intégration entre x_0 et X (108, 114), on a (114) :

$$T = \int_{x_0}^{X} S dx = \int_{x_0}^{X} u_1 dx + \cdots + \int_{x_0}^{X} u_{n-1} dx + R_n;\ R_n = \int_{x_0}^{X} r_n dx = \int_{x_0}^{X} (S - S_n) dx$$

La série des intégrales des termes de S est égale à l'intégrale de S, si $\lim R_n = 0$. Si les valeurs maxima et minima r_{nM}, r_{nm}, de r_n convergent vers 0, pour $n = \infty$ (ou si la série S est *également* convergente de x_0 à X comme on dit), il y a deux cas où $\lim R_n = 0$: 1° Si $X - x_0$ est fini, car R_n est compris entre $(X - x) r_{nM}$ et $(X - x) r_{nm}$ qui ont pour limite 0. 2° Si R_n est une partie de T, supposé fini, indéfiniment décroissante avec n^{-1} (Comp. n° 116). Une série est la dérivée d'une autre, si elle l'a pour intégrale de x_0 à x (112). Si la dérivée est finie, l'intégrale est une fonction continue de x (99).

Note sur l'aire de l'hyperbole équilatère $xy = 1$.

131. I. Soient $(1, x, x^2, \ldots, x^n = X)$, $(1, y_1, y_2, \ldots, y_n = Y)$ les coordonnées de $(n+1)$ points de l'hyperbole $xy = 1$. L'aire v des n rectangles ayant pour bases $x - 1$, $x^2 - x, \ldots, x^n - x^{n-1}$, et pour hauteurs, respectivement $1, y_1, \ldots, y_{n-1}$ est égale à $n(x-1)$. La somme des n rectangles ayant les mêmes bases et pour hauteurs respectivement $y_1, y_2, \ldots, y_n$ est $(v : x)$. Si l'on intercale indéfiniment, entre chaque couple de termes de la progression $1, x, x^2, \ldots$, un même nombre de nouveaux moyens géométriques, n croit indéfiniment, v décroit, sans devenir nul et tend vers une limite finie u (25, 26; comp. n° 106); $lx = (lX : n)$ tend vers 0, x vers 1 (34, E), $(v : x)$ vers u (33, C). L'aire v tend vers la même limite u, quand n croit indéfiniment, $X - 1$ étant subdivisé d'après une autre loi quelconque (Comp. n° 107). *Par définition*, cette limite u est l'aire de l'hyperbole. II. Puisque $v = n(x-1)$, $X = x^n$, $v = \text{Log } X$, dans un système à base inconnue B, et $u = \text{Log } X$ dans le système à base lim B, comme on le voit, en passant à la limite dans la relation $v = lX : lB$ (43). Soit $B = x^m$, on aura $\text{Log } B = 1 = m(x-1)$, m pouvant être fractionnaire. Par suite, $x = 1 + m^{-1}$, $B = P_m$ (38, 39), et, pour $n = \infty$, $x = 1$, $m = \infty$, $\lim B = e$ (39). Donc $u = lX$.

Gand, imp. C. Annoot-Braeckman.

CHAPITRE I. Dérivées et différentielles premières des fonctions d'une seule variable.

I. **Dérivées et différentielles fondamentales. 132.** *Variables réelles.* 1° On a

$$\mathrm{D}\sin x = \lim \frac{\sin(x+\Delta x)-\sin x}{\Delta x} = \lim \frac{2\sin\frac{1}{2}\Delta x\cos(x+\frac{1}{2}\Delta x)}{\Delta x}.$$

Or (36), si Δx tend vers zéro,

$$\lim \frac{2\sin\frac{1}{2}\Delta x}{\Delta x} = \lim \frac{\sin\frac{1}{2}\Delta x}{\frac{1}{2}\Delta x} = 1;$$

donc

$$\mathrm{D}\sin x = \cos x, \qquad d\sin x = \cos x\, dx.$$

2° En posant $\Delta x = \alpha x$, il vient, d'après le n° 42,

$$\mathrm{D}\,\mathrm{l}x = \lim \frac{\mathrm{l}(x+\Delta x)-\mathrm{l}x}{\Delta x} = \lim \frac{\mathrm{l}\left(1+\frac{\Delta x}{x}\right)}{\Delta x} = \frac{1}{x}\lim\frac{\mathrm{l}(1+\alpha)}{\alpha},$$

$$\mathrm{D}\,\mathrm{l}x = \frac{1}{x}, \qquad d\,\mathrm{l}x = \frac{dx}{x}.$$

Cette dernière dérivée est infinie pour $x = 0$, nulle pour $x = \infty$.

3° On peut trouver de même, au moyen des nos 36, 37, 43, les dérivées de $\cos x$, $\operatorname{tang} x$, $\cot x$, $\operatorname{séc} x$, $\operatorname{coséc} x$, a^x, e^x, que nous obtiendrons plus loin autrement.

133. *Variables imaginaires.* 1° Si $z = x + yi$, il vient (73)

$$\mathrm{D}\,e^z = \lim \frac{e^{z+\Delta z}-e^z}{\Delta z} = e^z \lim \frac{e^{\Delta z}-1}{\Delta z} = e^z.$$

2° En suivant la même marche qu'au n° 132 et s'appuyant sur le n° 74, on peut trouver aussi les dérivées de $\mathrm{l}((z))$, $\sin z$, etc. Mais nous déduirons plus loin (137) ces dérivées de la relation $\mathrm{D}_z\, e^z = e^z$.

II. **Fonction de fonction. 134.** *Dérivation.* 1° Soient $y = fu$, $u = \varphi x$. On aura

$$\frac{\Delta y}{\Delta x} = \frac{\Delta y}{\Delta u}\cdot\frac{\Delta u}{\Delta x}, \qquad \lim\frac{\Delta y}{\Delta x} = \lim\frac{\Delta y}{\Delta u}\cdot\frac{\Delta u}{\Delta x}.$$

On tire de là, si fu, φx ont une dérivée unique (96, I),

$$D_x y = D_u y \,.\, D_x u.$$

On déduit de cette formule

$$\frac{D_x y \,\Delta x}{\Delta x} = \frac{D_u y \,\Delta u}{\Delta u} \cdot \frac{D_x u \,\Delta x}{\Delta x},$$

ou, d'après la définition de la différentielle (97)

$$\frac{d_x y}{\Delta x} = \frac{d_u y}{\Delta u} \cdot \frac{d_x u}{\Delta x},$$

ce que l'on écrit souvent

$$\frac{dy}{dx} = \frac{dy}{du}\,\frac{du}{dx}.$$

Evidemment, dy a un sens différent dans le premier ou dans le second membre, et les deux du désignent aussi, en général, des quantités différentes (et même, si on le veut, les deux dx sont inégaux). Ainsi, le $du = \Delta u$ du dénominateur est l'accroissement arbitraire indéfiniment décroissant, de u, accroissement dont la considération est nécessaire pour définir la dérivée $D_u y$ ou $f'u$; $du = d_x u$ du numérateur est la différentielle $\varphi' x \Delta x$, indéfiniment décroissante aussi, mais dont la valeur est déterminée quand on se donne Δx.

2° Soient $y = fu$, $u = \psi v$, $v = \chi x$. On a, d'après le 1°,

$$D_x y = D_u y \,.\, D_x u, \qquad D_x u = D_v u \,.\, D_x v;$$

d'où

$$D_x y = D_u y \,.\, D_v u \,.\, D_x v,$$

formule que l'on obtient directement, par passage à la limite, de

$$\frac{\Delta y}{\Delta x} = \frac{\Delta y}{\Delta u} \cdot \frac{\Delta u}{\Delta v} \cdot \frac{\Delta v}{\Delta x}.$$

4° Une formule analogue subsiste pour toute fonction de fonction. On peut d'ailleurs y supposer les variables imaginaires. Donc *la dérivée d'une fonction de fonction est égale au produit des dérivées des fonctions composantes, prises chacune par rapport à la variable qu'elle contient.*

135. *Différentiation.* Multipliant les égalités du n° 134, 2° par Δx, et joignant aux résultats la valeur de dv, il vient

$$d_x y = f'u \, d_x u, \qquad d_x u = \psi' v \, d_x v, \qquad d_x v = \chi' x \, \Delta x,$$

formules qui donnent $d_x y$. On peut les écrire

$$dy = f'u\,du, \qquad du = \psi'v\,dv, \qquad dv = \chi'x\,dx.$$

La valeur de dy a alors la même forme que u, v ou x soit la variable indépendante. Ainsi, p. ex., si u est la variable indépendante $d_u y = f'u\,\Delta u$, ou $dy = f'u\,du$.

136. *Applications. Variable réelle.* 1° Si $y = \sin u$, $u = \varphi x$,

$$Dy = \cos u \,.\, \varphi' x, \qquad dy = \cos u\,du, \qquad du = \varphi' x dx.$$

Par exemple, pour $\varphi x = lx$,

$$D \sin lx = \cos lx \,.\, x^{-1}, \qquad d \sin lx = \cos lx \,.\, x^{-1} dx.$$

2° Soient $y = lu$, $u = \varphi x$, u positif. Il viendra

$$D lu = \frac{Du}{u}, \qquad dlu = \frac{du}{u}.$$

Soient encore $y = l(-u)$, $u = \varphi x = -v$, v positif. On trouvera, en empiétant quelque peu sur le paragraphe suivant,

$$Dl(-u) = Dlv = \frac{Dv}{v} = \frac{D(-u)}{-u}, \quad dl(-u) = dlv = \frac{dv}{v} = \frac{d(-u)}{-u}.$$

Or

$$D(-u) = \lim \frac{\Delta(-u)}{\Delta x} = \lim \frac{-(u + \Delta u) - (-u)}{\Delta x} = \lim \frac{-\Delta u}{\Delta x} =$$

$$-\lim \frac{\Delta u}{\Delta x} = -Du.$$

Donc, u étant négatif,

$$D\,l(-u) = \frac{D(-u)}{-u} = \frac{-Du}{-u} = \frac{Du}{u}, \quad d\,l(-u) = \frac{du}{u}.$$

Comme exemple, supposons $u = \pm \sin x$. Il viendra,

$$D\,l(\pm \sin x) = \frac{D(\pm \sin x)}{\pm \sin x} = \frac{\pm \cos x}{\pm \sin x} = \cot x, \quad d\,l(\pm \sin x) = \cot x dx.$$

Variable imaginaire. Si $y = e^u$, $u = \varphi z$, $D_z y = e^u D_z u = e^u \varphi' z$.

137. *Fonctions inverses.* Si l'on déduit $x = fy$ de $y = Fx$, on a $x = f(Fx)$, c'est-à-dire, x *fonction de fonction* de x. On a donc, en dérivant,

$$1 = f'y \times F'x, \quad Fx = 1 : f'y,$$

formule qui se tire immédiatement de

$$\frac{\Delta y}{\Delta x} = 1 : \frac{\Delta x}{\Delta y},$$

par passage à la limite. Elle subsiste si les variables sont imaginaires.

138. *Applications. Variables réelles.* 1° Soit $y = \text{Arcsin}\, x$, de sorte que $x = \sin y$. On aura

$$1 = \cos y \,\text{D}y, \quad \text{D}y = \frac{1}{\cos y} = \pm \frac{1}{\sqrt{1-x^2}}, \quad dy = \pm \frac{dx}{\sqrt{1-x^2}},$$

(+, si y a son extrémité dans le premier ou le quatrième quadrant, —, dans le cas contraire). Dy est infini pour $x = 1$.

2° Si $y = e^x$, on a $x = \text{l}\, y$, $1 = y^{-1}\text{D}y$, $\text{D}y = y = e^x$, $d.e^x = e^x dx$.

Variables imaginaires. Soit $u = \text{l}\,((z))$, ou $z = e^u$. Il viendra (n° 136)

$$1 = e^u \text{D}u = z\text{D}u, \qquad \text{D}u = \text{D}\,\text{l}\,((z)) = z^{-1}.$$

On trouve de même (134), si $u = \varphi z$,

$$\text{D}\,\text{l}\, u = \frac{\text{D}u}{u}, \qquad \text{D}\,\text{l}\,((\varphi z)) = \frac{\varphi' z}{\varphi z}.$$

Tous les logarithmes analytiques d'une même quantité z, ou φz, ont des dérivées égales, parce qu'ils ne diffèrent que par des constantes (69,104, prop. directe).

139. *Dérivée, différentielle logarithmique.* Les expressions (Du : u), (du : u) égales respectivement à D l u, d l u, si u est positif, à D l (— u), d l (— u), si u est négatif (136, 2°), ou à D l ((u)), d l ((u)), en général, (138, fin), s'appellent *dérivée, différentielle logarithmique, de u.*

III. Dérivées et différentielles de fonctions composées.

140. *Somme.* Soient u, v, w des fonctions de x, $y = u + v - w$. On a

$$\Delta y = (u + \Delta u) + (v + \Delta v) - (w + \Delta w) - (u + v - w) = \Delta u + \Delta v - \Delta w,$$

$$\frac{\Delta y}{\Delta x} = \frac{\Delta u}{\Delta x} + \frac{\Delta v}{\Delta x} - \frac{\Delta w}{\Delta x}, \qquad \lim \frac{\Delta y}{\Delta x} = \lim\left(\frac{\Delta u}{\Delta x} + \frac{\Delta v}{\Delta x} - \frac{\Delta w}{\Delta x}\right),$$

et, par suite, en général,

$$\text{D}y = \text{D}u + \text{D}v - \text{D}w, \qquad dy = du + dv - dw.$$

Mêmes formules si la variable est imaginaire. Donc *la dérivée (différentielle) de la somme algébrique de plusieurs fonctions est égale à la somme algébrique de leurs dérivées (différentielles).* Ainsi, en particulier, $D(a \pm u) = \pm Du$.

141. *Produit.* 1° Si $y = au$, il vient

$$Dy = D(au) = \lim \frac{a(u + \Delta u) - au}{\Delta x} = a \lim \frac{\Delta u}{\Delta x} = a\,Du.$$

De même, $d(au) = adu$. Si $a = -1$, on trouve $D(-u) = -Du$, $d(-u) = -du$.

2° Soit $y = uv$, on trouve

$$\Delta(uv) = (u + \Delta u)(v + \Delta v) - uv = v\Delta u + u\Delta v + \Delta u \Delta v,$$

$$\frac{\Delta(uv)}{\Delta x} = v\frac{\Delta u}{\Delta x} + u\frac{\Delta v}{\Delta x} + \Delta u \frac{\Delta v}{\Delta x},$$

$$D(uv) = vDu + uDv, \qquad d(uv) = vdu + udv.$$

3° Soit $y = uvw$. Posons $uv = t$, ce qui donne $y = tw$. On a

$$Dy = wDt + tDw, \qquad Dt = vDu + uDv,$$

$$Dy = w(vDu + uDv) + uvDw = vwDu + uwDv + uvDw,$$

$$d(uvw) = vwdu + uwdv + uvdw.$$

4° Et ainsi de suite, pour plus de trois facteurs. Mêmes formules si la variable est imaginaire. Donc *la dérivée (différentielle) d'un produit de plusieurs facteurs est égale à la somme des produits des dérivées (différentielles) de chaque facteur par tous les autres facteurs.*

Dérivée et différentielle logarithmique d'un produit. 1° On a immédiatement

$$\frac{D(uvw)}{uvw} = \frac{Du}{u} + \frac{Dv}{v} + \frac{Dw}{w}, \qquad \frac{d(uvw)}{uvw} = \frac{du}{u} + \frac{dv}{v} + \frac{dw}{w}.$$

La dérivée (différentielle) logarithmique d'un produit de plusieurs facteurs est égale à la somme des dérivées (différentielles) logarithmiques des facteurs.

2° On obtient directement cette règle (et l'on peut en déduire la précédente) en dérivant (différentiant) l'égalité

$$l(\pm uvw) = l(\pm u) + l(\pm v) + l(\pm w),$$

on choisit le signe + ou le signe —, de manière que la quantité dont on prend le logarithme arithmétique soit positive.

3° Si la variable est imaginaire, on arrive au même résultat, en dérivant la relation $l((uvw)) = l((u)) + l((v)) + l((w))$.

142. *Quotient.* 1° Si $y = 1 : v$, v n'étant pas nul pour la valeur de x considérée, on a

$$\Delta\left(\frac{1}{v}\right) : \Delta x = \left(\frac{1}{v + \Delta v} - \frac{1}{v}\right) : \Delta x = \frac{-\frac{\Delta v}{\Delta x}}{v(v + \Delta v)},$$

$$D\left(\frac{1}{v}\right) = -\frac{Dv}{v^2}, \qquad d\left(\frac{1}{v}\right) = \frac{-dv}{v^2}.$$

Autrement : De $vy = 1$, on tire $D(vy) = 0$, ou $vDy + yDv = 0$,

$$Dy = -\frac{yDv}{v} = -\frac{Dv}{v^2}.$$

2° Soit $y = \frac{u}{v} = u.v^{-1}$. En dérivant ce produit, il vient

$$D\left(\frac{u}{v}\right) = \frac{Du}{v} + u\frac{-Dv}{v^2} = \frac{vDu - uDv}{v^2}; \quad d\left(\frac{u}{v}\right) = \frac{vdu - udv}{v^2}.$$

Autrement : dériver la relation $vy = u$, etc. Autrement encore :

$$\frac{\Delta y}{\Delta x} = \left(\frac{u + \Delta u}{v + \Delta v} - \frac{u}{v}\right) = \frac{v\frac{\Delta u}{\Delta x} - u\frac{\Delta v}{\Delta x}}{v(v + \Delta v)},$$

d'où la valeur de Dy, en passant à la limite.

Les formules précédentes subsistent si la variable est imaginaire. Donc *la dérivée (différentielle) d'une fraction est égale au produit du dénominateur par la dérivée (différentielle) du numérateur, moins le produit du numérateur par la dérivée (différentielle) du dénominateur, le tout divisé par le carré du dénominateur.*

Dérivée et différentielle logarithmique d'un quotient. On déduit des formules précédentes :

$$D\frac{u}{v} : \frac{u}{v} = \frac{Du}{u} - \frac{Dv}{v}, \qquad d\frac{u}{v} : \frac{u}{v} = \frac{du}{u} - \frac{dv}{v}.$$

On trouve directement ces formules en dérivant ou différentiant

$$1\left(\pm\frac{u}{v}\right) = 1(\pm u) - 1(\pm v), \qquad 1\left(\left(\frac{u}{v}\right)\right) = 1((u)) - 1((v)).$$

La dérivée (différentielle) logarithmique d'une fraction est égale à la différence des dérivées (différentielles) logarithmiques du numérateur et du dénominateur.

143. *Puissances réelles de quantités réelles.* Soit $y = u^m$, et 1° m entier positif. On a alors $y = u.u\ldots u$, produit de m facteurs égaux et, par suite, Dy est la somme des produits de la dérivée de chacun d'eux par les $(m - 1)$ autres, ou la somme de m expressions égales à $u^{m-1}\mathrm{D}u$. Donc

$$\mathrm{D}.u^m = mu^{m-1}\mathrm{D}u, \qquad d.u^m = mu^{m-1}du.$$

On arrive encore à cette formule en posant $\mathrm{U} = u + \Delta u$ et observant que

$$\lim \frac{\Delta(u^m)}{\Delta x} = \lim \frac{\mathrm{U}^m - u^m}{\mathrm{U} - u} \times \frac{\Delta u}{\Delta x}$$

$$= \lim (\mathrm{U}^{m-1} + \mathrm{U}^{m-2}u + \mathrm{U}^{m-3}u^2 + \cdots + \mathrm{U}u^{m-2} + u^{m-1})\frac{\Delta u}{\Delta x} = mu^{m-1}\mathrm{D}u.$$

2° $m = -n$, n entier positif. On a

$$\mathrm{D}.u^m = \mathrm{D}\frac{1}{u^n} = \frac{-\mathrm{D}(u^n)}{u^{2n}} = \frac{-nu^{n-1}\,\mathrm{D}u}{u^{2n}} = -nu^{-n-1}\,\mathrm{D}u = mu^{m-1}\,\mathrm{D}u.$$

3° $m = \frac{p}{n}$, p et n entiers. Alors $y^n = u^p$, $\mathrm{D}(y^n) = \mathrm{D}(u^p)$ ou

$$ny^{n-1}\,\mathrm{D}y = pu^{p-1}\,\mathrm{D}u, \quad \mathrm{D}y = \frac{p\,u^{p-1}}{n\,y^{n-1}}\mathrm{D}u = mu^{m-1}\,\mathrm{D}u.$$

4° Si m est incommensurable, on a, par définition, $u^m = e^{m\mathrm{l}u}$, ou $u^m = e^{m\mathrm{l}(-u)}$, selon que u est positif ou négatif. La même formule est vraie pour m commensurable, puisque $\mathrm{l}u^m = m\mathrm{l}(\pm u)$. Donc, dans tous les cas

$$\mathrm{D}.u^m = \mathrm{D}e^{m\mathrm{l}(\pm u)} = e^{m\mathrm{l}(\pm u)}\,\mathrm{D}m\mathrm{l}(\pm u) = u^m\, m\frac{\mathrm{D}u}{u} = mu^{m-1}\,\mathrm{D}u,$$

$$d.u^m = mu^{m-1}\,du.$$

Puissances quelconques. Si u est imaginaire, m réel ou non, commensurable ou non, on a, par démonstration (si m est réel et commensurable) ou, par définition, $u^m = e^{m\mathrm{l}((u))}$. On tire de là, en dérivant,

$$\mathrm{D}.u^m = \mathrm{D}.e^{m\mathrm{l}((u))} = e^{m\mathrm{l}((u))}\,\mathrm{D}m\mathrm{l}((u)) = u^m m\frac{\mathrm{D}u}{u} = mu^{m-1}\,\mathrm{D}u;$$

$$d.u^m = mu^{m-1}\,du.$$

Donc *la dérivée (différentielle) de la puissance $m^{\text{ième}}$ d'une fonction s'obtient en multipliant cette puissance par son exposant, diminuant celui-ci d'une unité et multipliant encore le résultat par la dérivée (différentielle) de la fonction.*

144. *Exponentielles quelconques.* 1° *Réelles.* Soit $y = u^v$, u étant positif. On aura $ly = vlu$, $y = e^{vlu}$. Donc

$$D.u^v = De^{vlu} = e^{vlu}\,D(vlu) = u^v\left(v\frac{Du}{u} + lu\,Dv\right) = vu^{v-1}\,Du + u^v lu\,Dv,$$

$$du^v = vu^{v-1}\,du + u^v\,lu\,du.$$

En particulier, si $u = a$, a étant constant,

$$Da^v = a^v\,la\,Dv, \quad da^v = a^v\,la\,dv.$$

2° *Imaginaires.* Si $y = u^v$, on a, $y = e^{vl((u))}$. Donc

$$Du^v = De^{vl((u))} = e^{vl((u))}\,Dvl((u)) = u^v\left(v\frac{Du}{u} + l((u))\,Dv\right)$$
$$= vu^{v-1}Du + u^v\,l((u))\,Dv.$$

IV. Dérivées des fonctions élémentaires explicites.

145. *Fonctions algébriques.* 1° Fonctions entières (140, 141, 1°, 143) :

$$D(a + bx + cx^2 + gx^3 + \cdots) = b + 2cx + 3gx^2 + \cdots$$

Ainsi, par exemple,

$$D(1 + x + x^2 + \cdots + x^n) = 1 + 2x + 3x^2 + \cdots + nx^{n-1}.$$

2° Fractions rationnelles (Ib. et 142, 2°) :

$$D\frac{A + Bx + Cx^2 + \cdots}{a + bx + cx^2 + \cdots}$$

$$= \frac{(A + Bx + Cx^2 + \cdots)(b + 2cx + \cdots) - (a + bx + cx^2 + \cdots)(B + 2Cx + \cdots)}{(A + Bx + Cx^2 + \cdots)^2}$$

Ainsi

$$D\frac{1 - x^{n+1}}{1 - x} = \frac{(1-x)(-n-1)x^n - (1 - x^{n+1})(-1)}{(1-x)^2} = \frac{1 - (n+1)x^n + nx^{n+1}}{(1-x)^2}.$$

On déduit des deux derniers exemples

$$\frac{1 - (n+1)x^n + nx^{n+1}}{(1-x)^2} = 1 + 2x + 3x^2 + \cdots + nx^{n-1}.$$

Remarque. Étant donnée l'égalité $Ex = fx$, on en déduit une autre $F'x = f'x$, par dérivation, les limites des quantités égales $(\Delta F : \Delta x)$, $(\Delta f : \Delta x)$ étant égales.

3° Racine carrée (143) :

$$D\sqrt{u} = D.u^{\frac{1}{2}} = \frac{1}{2}u^{-\frac{1}{2}}Du = \frac{Du}{2\sqrt{u}}, \qquad d\sqrt{u} = \frac{du}{2\sqrt{u}}.$$

Donc *la dérivée (différentielle) de la racine carrée d'une fonction est égale à la dérivée (différentielle) de cette fonction, divisée par le double du radical.* Ainsi

$$D\sqrt{1 \pm x^2} = \frac{\pm x}{\sqrt{1 \pm x^2}}, \qquad D\sqrt{a + bx + cx^2} = \frac{b + 2cx}{2\sqrt{a + bx + cx^2}},$$

$$d\sqrt{\frac{1+x}{1-x}} = \frac{d\frac{1+x}{1-x}}{2\sqrt{\frac{1+x}{1-x}}} = \frac{dx}{(1-x)\sqrt{1-x^2}}.$$

4° Les règles des n°s précédents donnent de même la dérivée de toute expression algébrique explicite. Exemples :

$$D\sqrt[3]{x^3 - a^3}\,(a + bx + cx^2) = (a + bx + cx^2)\,D\,(x^3 - a^3)^{\frac{1}{3}} +$$

$$(x^3 - a^3)^{\frac{1}{3}} D(a + bx + cx^2) = (a + bx + cx^2)\frac{x^2}{\sqrt[3]{(x^3 - a^3)^2}} + \sqrt[3]{x^3 - a^3}\,(b + 2cx);$$

$$D\left[\left(\frac{2m+x}{x} - \frac{m+2x}{m} - \frac{x-m}{x+m}\right)\left(\frac{x}{2m+x} - \frac{m}{m+2x} - \frac{x+m}{x-m}\right)\right] = 0.$$

Remarque. D'après le n° 103, la dernière expression, toutes réductions faites, doit être une constante. Cette constante est 9.

146. *Fonctions exponentielles et logarithmiques.* 1° Logarithmes (132, 136, 138) :

$$Dlx = \frac{1}{x}, \quad dlx = \frac{dx}{x}, \quad Dlu = \frac{Du}{u}, \quad dlu = \frac{du}{u}.$$

En appliquant ces dernières formules, on trouve

$$Dl\sqrt{\frac{1+x}{1-x}} = \sqrt{\frac{1-x}{1+x}}\,D\sqrt{\frac{1+x}{1-x}} = \frac{1}{1-x^2}, \quad x^2 < 1;$$

$$Dl\sqrt{\frac{x+1}{x-1}} = \frac{1}{1-x^2}, \qquad x^2 > 1;$$

$$dl\,(x+\sqrt{x^2\pm p})=\frac{d\,(x+\sqrt{x^2\pm p})}{x+\sqrt{x^2\pm p}}=\frac{1+\dfrac{x}{\sqrt{x^2\pm p}}}{x+\sqrt{x^2\pm p}}dx=\frac{dx}{\sqrt{x^2\pm p}};$$

$$dl\left(x+\frac{b}{2}+\sqrt{a+bx+x^2}\right)=\frac{dx}{\sqrt{a+bx+x^2}};$$

$$dl\sqrt{(\sqrt{1+x^2}+x):(\sqrt{1+x^2}-x)}=\frac{dx}{\sqrt{1+x^2}}.$$

Si Log_B désigne un logarithme de base B ou de module $M=(l\,B)^{-1}$ (43), il vient

$$\mathrm{D\,Log}_B\,x=\mathrm{D}\frac{l\,x}{l\,B}\quad\text{ou}\quad \mathrm{DM}\,l\,x=\frac{1}{x\,l\,B}\quad\text{ou}\quad\frac{M}{x},$$

$$\mathrm{D\,Log}_B\,u=\mathrm{D}\frac{l\,u}{l\,B}\quad\text{ou}\quad \mathrm{DM}\,l\,u=\frac{\mathrm{D}u}{u\,l\,B}\quad\text{ou}\quad\frac{\mathrm{MD}u}{u},$$

$$\mathrm{D\,Log}_v\,u=\mathrm{D}\frac{l\,u}{l\,v}=\frac{1}{(l\,v)^2}\left(\frac{l\,v.\mathrm{D}u}{u}-\frac{l\,u\,\mathrm{D}v}{v}\right).$$

2° Exponentielles. La formule $\mathrm{D}e^x=e^x$ (138, 2°) donne (134) $\mathrm{D}e^u=e^u\mathrm{D}u$. Si $u=x\,l\,a$, on a $\mathrm{D}u=l\,a$, $e^u=e^{x\,l\,a}=a^x$, $\mathrm{D}a^x=a^x\,l\,a$; puis, comme au n° 144, $\mathrm{D}a^v=a^v\,l\,a\mathrm{D}v$, par le n° 134 encore. En particulier,

$$\mathrm{D}e^{-x}=-e^{-x},\qquad \mathrm{D}e^{kx}=ke^{kx},\qquad \mathrm{D}a^{-x}=-a^{-x}\,l\,a,\qquad \mathrm{D}a^{kx}=ka^{kx}\,l\,a,$$

Exemple. De la progression géométrique

$$e^x+e^{2x}+e^{3x}+\cdots+e^{nx}=\frac{e^{(n+1)x}-e^x}{e^x-1},$$

on tire par dérivation

$$e^x+2e^{2x}+3e^{3x}+\cdots+ne^{nx}=e^x\frac{1-(n+1)\,e^{nx}+ne^{(n+1)x}}{(e^x-1)^2},$$

formule que l'on peut déduire de la dernière du n° 145, 2°.

3° Fonctions hyperboliques directes. On a

$$\mathrm{D\,Ch}\,x=\mathrm{D}\tfrac{1}{2}(e^x+e^{-x})=\tfrac{1}{2}(e^x-e^{-x})=\mathrm{Sh}\,x,\quad \mathrm{D\,Ch}\,u=\mathrm{Sh}\,u\,\mathrm{D}u;$$

$$\mathrm{D\,Sh}\,x=\mathrm{D}\tfrac{1}{2}(e^x-e^{-x})=\tfrac{1}{2}(e^x+e^{-x})=\mathrm{Ch}\,x,\quad \mathrm{D\,Sh}\,u=\mathrm{Ch}\,u\,\mathrm{D}u;$$

$$\mathrm{D\,Th}\,x=\mathrm{D}\frac{\mathrm{Sh}\,x}{\mathrm{Ch}\,x}=\frac{\mathrm{Ch}\,x\,\mathrm{Ch}\,x-\mathrm{Sh}\,x\,\mathrm{Sh}\,x}{\mathrm{Ch}^2\,x}=\frac{1}{\mathrm{Ch}^2\,x},\quad \mathrm{D\,Th}^2\,u=\frac{\mathrm{D}u}{\mathrm{Ch}^2\,u}.$$

4° Fonctions hyperboliques inverses. Par le procédé qui a donné la formule du n° 137, ou par cette formule même, on trouve

$$\mathrm{D\,ArgCh}\,x = \frac{1}{\pm\sqrt{x^2-1}}, \quad \mathrm{D\,ArgSh}\,x = \frac{1}{\sqrt{1+x^2}}, \quad \mathrm{D\,ArgTh}\,x = \frac{1}{1-x^2},$$

que l'on peut aussi conclure des nos 62 et 146,1° (La notation $y = \mathrm{Arg\,Ch}x$ se prononce y égale l'argument dont le cosinus hyperbolique est x. Elle vaut mieux que celle du n° 79).

5° Exponentielles composées. On a vu (144) que

$$\mathrm{D}.u^v = vu^{v-1}\mathrm{D}u + u^v\mathrm{l}u\mathrm{D}v, \quad d.u^v = vu^{v-1}du + u^v\mathrm{l}udv.$$

Ainsi, $d.x^x = x^{x-1}dx + x^x\mathrm{l}xdx = x^x(1+\mathrm{l}x)dx$. On ne doit pas confondre la formule donnant $\mathrm{D}.u^v$ avec celles-ci qui en sont des cas particuliers :

$$\mathrm{D}.u^m = mu^{m-1}\mathrm{D}u, \quad \mathrm{D}.a^v = a^v\mathrm{l}a\mathrm{D}v.$$

148. *Fonctions circulaires.* 1° Directes. On a (132, 136, 1°, 142)

$$\mathrm{D}\sin x = \cos x,$$

$$\mathrm{D}\cos x = \mathrm{D}\sin(\tfrac{1}{2}\pi - x) = \cos(\tfrac{1}{2}\pi - x)\,\mathrm{D}(\tfrac{1}{2}\pi - x) = -\cos(\tfrac{1}{2}\pi - x)$$
$$= -\sin x,$$

$$\mathrm{D}\,\mathrm{tang}\,x = \mathrm{D}\frac{\sin x}{\cos x} = \frac{\cos x\cos x - \sin x(-\sin x)}{\cos^2 x} = \frac{1}{\cos^2 x} = \mathrm{séc}^2 x,$$

$$\mathrm{D}\cot x = \mathrm{D}\,\mathrm{tang}^{-1}x = -\mathrm{tang}^{-2}x\,\mathrm{D}\,\mathrm{tang}\,x = -\frac{1}{\sin^2 x} = -\mathrm{coséc}^2 x,$$

$$\mathrm{D}\,\mathrm{séc}\,x = \mathrm{D}\cos^{-1}x = -\cos^{-2}x\,\mathrm{D}\cos x = \frac{\sin x}{\cos^2 x} = \mathrm{tang}\,x\,\mathrm{séc}\,x,$$

$$\mathrm{D}\,\mathrm{coséc}\,x = \mathrm{D}\sin^{-1}x = -\sin^{-2}x\,\mathrm{D}\sin x = -\frac{\cos x}{\sin^2 x} = -\cot x\,\mathrm{coséc}\,x.$$

De même (134),

$$\mathrm{D}\sin u = \cos u\,\mathrm{D}u, \quad \mathrm{D}\cos u = -\sin u\,\mathrm{D}u,$$

$$\mathrm{D}\,\mathrm{tang}\,u = \frac{\mathrm{D}u}{\cos^2 u}, \quad \mathrm{D}\cot u = -\frac{\mathrm{D}u}{\sin^2 u},$$

Remarque. De toute formule trigonométrique, on peut déduire une autre par dérivation des deux membres. Ainsi, en remplaçant les sinus par leurs valeurs exponentielles imaginaires (65 et 71), on trouve aisément

$$\sin x + \sin(x+h) + \sin(x+2h) + \cdots + \sin(x+nh)$$
$$= \sin\left(x + \frac{nh}{2}\right) \frac{\sin\left(\frac{n+1}{2}h\right)}{\sin\frac{h}{2}}.$$

Par dérivation, on en déduit

$$\cos x + \cos(x+h) + \cos(x+2h) + \cdots + \cos(x+nh)$$
$$= \cos\left(x + \frac{nh}{2}\right) \frac{\sin\left(\frac{n+1}{2}h\right)}{\sin\frac{h}{2}}.$$

Si l'on fait dans ces formules $x = 0$, puis qu'on remplace h par x et qu'on dérive, on trouve les sommes

$$\cos x + 2\cos 2x + \cdots + n\cos nx = \frac{(n+1)\cos nx - n\cos(n+1)x - 1}{4\sin^2\frac{1}{2}x},$$
$$\sin x + 2\sin 2x + \cdots + n\sin nx = \frac{(n+1)\sin nx - n\sin(n+1)x}{4\sin^2\frac{1}{2}x},$$

faciles à déduire de la dernière formule du n° 147, 2°, en remplaçant x par xi et $-xi$, etc.

2° Inverses. On a déjà vu (138) que

$$Dy = D\,\text{Arc}\sin x = \frac{1}{\sqrt{1-x^2}}, \qquad DY = D\,\text{Arc}\sin x = -\frac{1}{\sqrt{1-x^2}},$$

y ayant son extrémité dans le premier ou le quatrième quadrant, Y dans le deuxième ou le troisième.

Soient de même $z = \text{Arc}\cos x$, $Z = \text{Arc}\cos x$, z ayant son extrémité dans le premier ou le deuxième quadrant, Z, dans le troisième ou le quatrième. Il viendra

$$x = \cos z, \quad +\sqrt{1-x^2} = \sin z, \quad 1 = -\sin z Dz = -\sqrt{1-x^2}\,Dz,$$
$$x = \cos Z, \quad -\sqrt{1-x^2} = \sin Z, \quad 1 = -\sin Z DZ = \sqrt{1-x^2}\,DZ.$$

On a donc

$$Dz = D\,\text{Arc}\cos x = \frac{-1}{\sqrt{1-x^2}}, \qquad d\,\text{Arc}\cos x = \frac{-dx}{\sqrt{1-x^2}},$$

ou

$$DZ = D\,\text{Arc}\cos x = \frac{+1}{\sqrt{1-x^2}}, \qquad d\,\text{Arc}\cos x = \frac{dx}{\sqrt{1-x^2}}.$$

selon que l'arc a son extrémité dans les deux premiers ou dans les deux derniers quadrants.

Soient enfin

$$v = \text{Arc tang}\, x, \quad x = \text{tang}\, v; \quad w = \text{Arc}\cot x, \quad x = \cot w.$$

Il viendra

$$1 = \frac{Dv}{\cos^2 v}, \qquad Dv = \cos^2 v = \frac{1}{1+x^2};$$

$$1 = -\frac{Dw}{\sin^2 w}, \qquad Dw = -\sin^2 w = -\frac{1}{1+x^2}.$$

Si u est une fonction de x, on a, évidemment,

$$D\,\text{Arc}\sin u = \frac{\pm Du}{\sqrt{1-u^2}}, \qquad D\,\text{Arc}\cos u = \frac{\mp Du}{\sqrt{1-u^2}},$$

$$D\,\text{Arc tang}\, u = \frac{Du}{1+u^2}, \qquad D\,\text{Arc}\cot u = \frac{-Du}{1+u^2}.$$

Ainsi, par exemple, tous calculs faits, on trouve

$$D\,\text{arc}\sin \frac{x}{\sqrt{1+x^2}} = \frac{1}{1+x^2}, \qquad D\,\text{arc tang}\,\frac{x}{\sqrt{1-x^2}} = \frac{1}{\sqrt{1-x^2}}.$$

Remarque. Si x est positif, y a son extrémité dans le premier quadrant, Y dans le deuxième, z dans le premier, Z dans le quatrième. Si x est négatif, y a son extrémité dans le quatrième quadrant, Y dans le troisième, z dans le second, Z dans le troisième. On trouve

$$D(y+Y) = 0, \quad D(y+z) = 0, \quad D(z+Z) = 0;$$

ce qui s'accorde avec les nos 81 et 104, puisque l'on a, k étant entier,

$$y + Y = k\pi, \quad y + z = 2k\pi + \tfrac{1}{2}\pi, \quad z + Z = 2k\pi.$$

De même $D(v+w) = 0$, ce qui provient de ce que $v + w = \frac{1}{2}\pi + 2k\pi$.

149. *Dérivées des fonctions paires, impaires, périodiques,* etc. 1° Les dérivées des fonctions transcendantes inverses sont algébriques; au contraire, les dérivées des fonctions algébriques ou des transcendantes directes sont de même espèce que les fonctions dont elles sont déduites.

2° Soit $Fx = F(-x)$. Posons $u = -x$, d'où $Du = -1$. Il viendra

$$F'x = D_x Fu = F'uDu = -F(-x).$$

Soit ensuite $fx = -f(-x)$. On trouve de même, par dérivation, $f'x = f'(-x)$. Donc *la dérivée d'une fonction paire (impaire) est impaire (paire).* Exemples : $a + bx^2$, $\mathrm{Ch}\, x$, $\cos x$; $cx + gx^3$, $\mathrm{Sh}\, x$, $\mathrm{Th}\, x$, $\sin x$, $\mathrm{tang}\, x$.

3° Si $Fx = F(x + P)$, on trouve, en posant $x + P = u$, $F'x = F'u\,Du = F'(x + P)$. *La dérivée d'une fonction périodique est une fonction périodique de même période.*

150. *Cas des variables imaginaires.* Les résultats précédents s'étendent au cas où les variables sont imaginaires, puisque les formules des §§ I, II, III, d'où ils sont déduits sont démontrées aussi bien dans ce cas que dans celui où les variables sont réelles.

V. Formule générale de dérivation (différentiation) des fonctions composées. 151. *Règle générale.* On peut résumer les quatre formules

$$D(u + v - w) = Du + Dv - Dw, \qquad d(u + v - w) = du + dv - dw,$$
$$D.uvw = vwDu + uwDv + uvDw, \qquad d.uvw = vwdu + uwdv + uvdw,$$
$$D\frac{u}{v} = \frac{vDu - uDv}{v^2}, \qquad d\frac{u}{v} = \frac{vdu - udv}{v^2},$$
$$D.u^v = vu^{v-1}Du + u^v\, \mathrm{l}\, u\, Dv, \qquad d.u^v = vu^{v-1}du + u^v\, \mathrm{l}\, dv,$$

dans les règles suivantes : *La dérivée (différentielle) d'une fonction composée y de plusieurs variables u, v, ..., fonctions de x, est égale à la somme des dérivées (différentielles) de y, prises successivement comme si chacune de ces fonctions composantes u, v, ..., était seule variable avec x.* Ainsi, par exemple, si $y = v + v - w$, les dérivées de y, quand on suppose successivement u, v, w seules fonctions de x, sont Du, Dv, $-Dw$; leur somme est précisément égale à Dy. Si $y = u^v$, la dérivée de y, quand on suppose u seule fonction de x est $vu^{v-1}Du$ (145); quand on suppose v seule fonction de x, $u^v\, \mathrm{l}\, u\, Du$ (144); somme : $vu^{v-1}Du + u^v\, \mathrm{l}\, u\, Du$, c'est-à-dire Dy.

152. *Formules générales.* D'après le n° 134, les dérivées de $y = F(u, v, w)$, par rapport à x, en supposant successivement u, v, w seule fonction de x, sont

$$\frac{dy}{du}\frac{du}{dx}, \quad \frac{dy}{dv}\frac{dv}{dx}, \quad \frac{dy}{dw}\frac{dw}{dx}.$$

La règle du n° 151 donne donc, pour la dérivée de y,

$$\frac{dy}{dx} = \frac{dy}{du}\frac{du}{dx} + \frac{dy}{dv}\frac{dv}{dx} + \frac{dy}{dw}\frac{dw}{dx},$$

ou explicitement,

$$\frac{d_x y}{\Delta x} = \frac{d_u y}{\Delta u}\frac{d_x u}{\Delta x} + \frac{d_v y}{\Delta v}\frac{d_x v}{\Delta x} + \frac{d_w y}{\Delta w}\frac{d_x w}{\Delta x},$$

et, pour la différentielle,

$$dy = \frac{dy}{du}du + \frac{dy}{dv}dv + \frac{dw}{dy}dw,$$

$$d_x y = \frac{d_u y}{\Delta u}d_x u + \frac{d_v y}{\Delta v}d_x v + \frac{d_w y}{\Delta w}d_x w.$$

Le dernier terme du second membre doit être supprimé si y ne contient pas une troisième fonction w.

Les formules précédentes s'appliquent évidemment au cas où les variables sont imaginaires.

153. *Première extension des règles et des formules.* Si les formules du n° 152, ou les règles du n° 151 sont vraies pour une fonction $s = F(u, v, w)$, elles sont vraies aussi pour une fonction $y = fs$ de s. En effet, on a (134), en se bornant aux dérivées,

$$\frac{dy}{dx} = \frac{dy}{ds}\frac{ds}{dx},$$

puis, par hypothèse (152),

$$\frac{ds}{dx} = \frac{ds}{du}\frac{du}{dx} + \frac{ds}{dv}\frac{dv}{dx} + \frac{ds}{dw}\frac{dw}{dx}.$$

Donc

$$\frac{dy}{dx} = \frac{dy}{ds}\frac{ds}{du}\frac{du}{dx} + \frac{dy}{ds}\frac{ds}{dv}\frac{dv}{dx} + \frac{dy}{ds}\frac{ds}{dw}\frac{dw}{ds},$$

ou, par le n° 134 encore, la formule à démontrer

$$\frac{dy}{dx}=\frac{dy}{du}\frac{du}{dx}+\frac{dy}{dv}\frac{dv}{dx}+\frac{dy}{dw}\frac{dw}{dx}.$$

154. *Seconde extension des règles et des formules.* Si la formule de dérivation du n° 152 est vraie : 1° Pour deux fonctions s, t, de u, v, fonctions de x, de manière que

$$\frac{ds}{dx}=\frac{ds}{du}\frac{du}{dx}+\frac{ds}{dv}\frac{dv}{dx},\qquad \frac{dt}{dx}=\frac{dt}{dv}\frac{du}{dx}+\frac{dt}{dv}\frac{dv}{dx}; \tag{a}$$

2° Pour y considéré comme fonction de s et de t, s et t étant fonctions de x, de manière que

$$\frac{dy}{dx}=\frac{dy}{ds}\frac{ds}{dx}+\frac{dy}{dt}\frac{dt}{dx}, \tag{b}$$

3° Pour y considéré comme fonction de s et de t, s et t étant fonctions de u, de manière que

$$\frac{dy}{du}=\frac{dy}{ds}\frac{ds}{du}+\frac{dy}{dt}\frac{dt}{du}, \tag{c}$$

ou de v, de manière que

$$\frac{dy}{dv}=\frac{dy}{ds}\frac{ds}{dv}+\frac{dy}{dt}\frac{dt}{dv}, \tag{d}$$

si toutes ces conditions sont remplies, dis-je, la formule de dérivation du n° 152 existera aussi pour y considéré comme fonction de u, v, fonctions de x.

En effet, en combinant les formules (a), (b), il vient

$$\frac{dy}{dx}=\frac{dy}{ds}\frac{ds}{du}\frac{du}{dx}+\frac{dy}{ds}\frac{ds}{dv}\frac{dv}{dx}+\frac{dy}{dt}\frac{dt}{du}\frac{du}{dx}+\frac{dy}{dt}\frac{dt}{dv}\frac{dv}{dx};$$

ou, en rapprochant, dans le second membre, le premier et troisième terme, le deuxième et le quatrième,

$$\frac{dy}{dx}=\left(\frac{dy}{ds}\frac{ds}{du}+\frac{dy}{dt}\frac{dt}{du}\right)\frac{du}{dx}+\left(\frac{dy}{ds}\frac{ds}{dv}+\frac{dy}{dt}\frac{dt}{dv}\right)\frac{dv}{dx};$$

c'est-à-dire, à cause de (c) et (d),

$$\frac{dy}{dx}=\frac{dy}{du}\frac{du}{dx}+\frac{dy}{dv}\frac{dv}{dx},$$

et, par conséquent, pour la différentielle,

$$dy=\frac{dy}{du}du+\frac{dy}{dv}dv.$$

155. *Conclusion.* Les raisonnements précédents s'appliquent au cas où les variables sont imaginaires. De proche en proche, par les procédés des n°s 153, 154, on peut étendre les règles et les formules des n°s 151, 152, à toutes les combinaisons des fonctions élémentaires. Ces règles et ces formules sont donc générales.

Comme exemple de l'usage que l'on peut faire de ces formules générales, cherchons la différentielle de $y = (u + v)\,u^v$. On peut remplacer cette relation par les suivantes :

$$y = st, \qquad s = u + v, \qquad t = u^v.$$

D'après (151), la règle générale de la différentiation des fonctions composées est applicable à la somme s, à l'exponentielle t, au produit y, fonctions composées de fonctions de x; elle existe aussi pour y considéré comme produit de deux fonctions de u, ou comme produit de deux fonctions de v. Donc (154), la règle générale subsiste pour y considéré comme fonction composée de u, v, fonctions de x. On a donc

$$dy = [u^v du + (u + v)\, v u^{v-1} du] + [u^v dv + (u + v)\, u^v \,\mathrm{l} u\, dv].$$

Il importe de remarquer que les règles et les formules du n° 151, dont la généralité est démontrée dans les n°s suivants, sont surtout utiles dans des recherches théoriques. Au point de vue pratique, les règles des §§ I, II, III, IV suffisent à tous les besoins. Ainsi, dans le cas de l'exemple précédent, elles donnent immédiatement

$$dy = (du + dv)\, u^v + (u + v)\,(v u^{v-1} du + u^v \,\mathrm{l} u\, dv).$$

Cependant, comme on le verra au n° suivant, dans certains cas, on trouve la dérivée ou la différentielle d'une fonction composée plus rapidement par la règle du n° 151 que par tout autre moyen.

156. *Dérivée (différentielle) d'un déterminant.* Considérons, par exemple, le déterminant

$$\Delta = \begin{vmatrix} p & q & r \\ s & t & u \\ v & w & f \end{vmatrix} = p\mathrm{P} + q\mathrm{Q} + r\mathrm{R} = s\mathrm{S} + t\mathrm{T} + u\mathrm{U} = v\mathrm{V} + w\mathrm{W} + f\mathrm{F},$$

$p, q, \ldots, f$ étant des fonctions de la variable indépendante, auxquelles correspondent les mineurs P, Q, ..., F. Si $p, q, \ldots, f$ sont successivement considérées chacune comme seule fonction de cette variable, les dérivées de Δ sont

$$\mathrm{P}Dp, \quad \mathrm{Q}Dq, \quad \mathrm{R}Dr, \quad \mathrm{S}Ds, \quad \mathrm{T}Dt, \quad \mathrm{U}Du, \quad \mathrm{V}Dv, \quad \mathrm{W}Dw, \quad \mathrm{F}Df.$$

Donc, en faisant la somme de ces expressions, nous obtenons

$$D\Delta = \begin{vmatrix} Dp & Dq & Dr \\ s & t & u \\ v & w & f \end{vmatrix} + \begin{vmatrix} p & q & r \\ Ds & Dt & Du \\ v & w & f \end{vmatrix} + \begin{vmatrix} p & q & r \\ s & t & u \\ Dv & Dw & Df \end{vmatrix},$$

ou encore

$$D\Delta = \begin{vmatrix} Dp & q & r \\ Ds & t & u \\ Dv & w & f \end{vmatrix} + \begin{vmatrix} p & Dq & r \\ s & Dt & u \\ v & Dw & f \end{vmatrix} + \begin{vmatrix} p & q & Dr \\ s & t & Du \\ v & w & Df \end{vmatrix}.$$

Formule analogue pour $d\Delta$, ou pour un déterminant quelconque.

157. *Dérivées partielles.* Si l'on considère une fonction F (x, y, z) de plusieurs variables indépendantes x, y, z, on appelle *dérivées partielles de* F *par rapport* AUX VARIABLES x, y, z, les dérivées obtenues en regardant successivement x, y ou z, comme seule variable indépendante. On les représente par les notations suivantes

$$D_xF = \frac{dF}{dx}, \qquad D_yF = \frac{dF}{dy}, \qquad D_zF = \frac{dF}{dz},$$

D'après la définition générale (94), elles sont égales respectivement à

$$\lim \frac{F(x + \Delta x, y, x) - F(x, y, z)}{\Delta x} = \lim \frac{\Delta_x F}{\Delta x}, \quad \lim \frac{\Delta_y F}{\Delta y}, \quad \lim \frac{\Delta_z F}{\Delta z}$$

et, par conséquent, *ne dépendent nullement de la* FORME de la relation qui lie x, y, z et F.

Jacobi emploie, pour ces dérivées partielles, les notations

$$\frac{\partial F}{\partial x}, \quad \frac{\partial F}{\partial y}, \quad \frac{\partial F}{\partial z}$$

qui n'ont pas d'utilité réelle.

Si une fonction d'une ou de plusieurs variables indépendantes est exprimée, partiellement ou complètement, au moyen de variables auxiliaires u, v, etc., on peut dériver la fonction par rapport à chacune des *lettres* x, y, z, u, v, etc., qui entrent dans son expression, en regardant chacune d'elles comme indépendante. Les dérivées ainsi obtenues sont appelées *dérivées partielles par rapport* AUX LETTRES x, y, z, u, v, etc. On peut désigner ces dérivées par les notations précédentes, relatives au cas où toutes les variables sont indépendantes; ou bien l'on peut recourir à une notation plus expressive. Soit, par exemple,

$$F(x, y, z) = f(x, y, z, u, v);$$

f aura cinq dérivées partielles que l'on désigne par

$$f'_x(x, y, z, u, v) = f'_x = \frac{\partial f}{\partial x}, \quad f'_y = \frac{\partial f}{\partial y}, \quad f'_z = \frac{\partial f}{\partial z}, \quad f'_u = \frac{\partial f}{\partial u}, \quad f'_v = \frac{\partial f}{\partial v}.$$

A l'aide de ces notations, on déduira de $F = f$,

$$\frac{dF}{dx} = \frac{\partial f}{\partial x} + \frac{\partial f}{\partial u}\frac{du}{dx} + \frac{\partial f}{\partial v}\frac{dv}{dx},$$

$$\frac{dF}{dy} = \frac{\partial f}{\partial y} + \frac{\partial f}{\partial u}\frac{du}{dy} + \frac{\partial f}{\partial v}\frac{dv}{dy},$$

$$\frac{dF}{dz} = \frac{\partial f}{\partial z} + \frac{\partial f}{\partial u}\frac{du}{dz} + \frac{\partial f}{\partial v}\frac{dv}{dz}.$$

Une fonction d'une ou de plusieurs variables peut se mettre *sous différentes formes,* quand on l'écrit au moyen de variables auxiliaires. Par exemple, si l'on pose

$$u = xy, \qquad v = yz, \qquad F(x, y, z) = xyz + \sin xy + \mathrm{l}yz,$$

on peut écrire

$$F = f(x, y, z, u, v), \qquad f = xyz + \sin u + \mathrm{l}v,$$

$$F = \varphi(y, u, v), \qquad \varphi = \frac{uv}{y} + \sin u + \mathrm{l}v, \qquad \text{etc.}$$

Quand on parle des dérivées partielles d'une fonction *par rapport à une lettre,* il importe évidemment de faire connaître la forme donnée à la fonction, car *la valeur de ces dérivées dépend de cette forme.* Ainsi, les fonctions f, φ, quoique égales entre elles, n'ont pas même dérivée par rapport aux lettres x, y, z, u ou v.

Remarque. Souvent, dans l'expression d'une fonction $F(x, y, z)$ n'entrent que des variables indépendantes x, y, z. Alors, évidemment, on peut écrire à volonté

$$F'_x, \frac{\partial F}{\partial x} \text{ ou } \frac{dF}{dx}; \quad F'_y, \frac{\partial F}{\partial y} \text{ ou } \frac{dF}{dy}; \quad F'_z, \frac{\partial F}{\partial z} \text{ ou } \frac{dF}{dz}.$$

Dans la suite, nous n'emploierons la notation au moyen des ∂ que pour éviter des ambiguïtés. A la rigueur, il aurait déjà fallu en faire usage aux nos 152, 153 et même auparavant.

Application des notations précédentes. Soit F une fonction $f(u, v, w)$ des différences $u = y - z$, $v = z - x$, $w = x - y$ de trois variables indépendantes. On aura

$$\frac{dF}{dx} = \frac{\partial f}{\partial u}\frac{du}{dx} + \frac{\partial f}{\partial v}\frac{dv}{dx} + \frac{\partial f}{\partial w}\frac{dw}{dx} = -\frac{\partial f}{\partial v} + \frac{\partial f}{\partial w},$$

$$\frac{dF}{dy} = \frac{\partial f}{\partial u} - \frac{\partial f}{\partial w}, \qquad \frac{dF}{dz} = \frac{\partial f}{\partial v} - \frac{\partial f}{\partial u}.$$

Donc

$$\frac{dF}{dx} + \frac{dF}{dy} + \frac{dF}{dz} = 0.$$

Ainsi *la somme des dérivées partielles par rapport à diverses variables, d'une fonction des différences de ces variables, est nulle.* Par exemple, si

$$f = \begin{vmatrix} 1 & x & x^2 \\ 1 & y & y^2 \\ 1 & z & z^2 \end{vmatrix} = (y - x)(z - x)(z - y),$$

$$\varphi = \begin{vmatrix} 1 & x & x^3 \\ 1 & y & y^3 \\ 1 & z & z^3 \end{vmatrix} = (x + y + z) f$$

on trouve, en appliquant cette remarque,

$$\frac{df}{dx} + \frac{df}{dy} + \frac{df}{dz} = 0 \qquad \frac{d\varphi}{dx} + \frac{d\varphi}{dy} + \frac{d\varphi}{dz} = 3f,$$

relations qu'il est intéressant de vérifier par le n° 156.

VI. Dérivation et différentiation des fonctions implicites.

158. *Préliminaires.* Lorsqu'il existe entre deux variables x, y, une relation $f(x, y) = 0$, y peut avoir *une* ou *plusieurs* valeurs correspondant à une seule valeur de x; ces valeurs peuvent être *exprimées* ou *non* au moyen des fonctions élémentaires (13). Il en est de même dans le cas où il y a deux relations entre trois variables, trois relations entre quatre variables, etc. Dans ce qui suit, nous supposons que les fonctions implicites considérées sont des fonctions élémentaires auxquelles s'appliquent, par conséquent, les règles des paragraphes précédents. De plus, nous étudions à part les diverses valeurs de chaque variable dépendante en fonction de la variable indépendante. Ainsi, par exemple, si $y^2 - x = 0$, nos raisonnements se rapportent à $y = +\sqrt{x}$, $y = -\sqrt{x}$ séparément.

159. *Cas d'une seule relation.* 1° Soient $F(x,y)=0$, une équation entre x, y; $y = fx$, *une* quelconque des valeurs de y exprimée en x que l'on peut en déduire, f étant une fonction élémentaire. On aura identiquement $F(x, fx) = 0$. Le premier membre a la forme $F(u, v)$, u étant égal à x, v à fx ou y. On a donc, en dérivant les deux membres par rapport à x (152),

$$F'_u(u, v)\frac{du}{dx} + F'_v(u, v)\frac{dv}{dx} = 0, \qquad \text{ou} \qquad F'_x(x, fx) + F'_f(x, fx) f'x = 0,$$

ou encore, en écrivant y au lieu de fx,

$$F'_x(x, y) + F'_y(x, y) y' = 0. \tag{1}$$

On en déduit, en multipliant par Δx,

$$F'_x(x, y)\,\Delta x + F'_y(x, y)\,dy = 0,$$

que l'on écrit plus souvent

$$\frac{\partial F}{\partial x}dx + \frac{\partial F}{\partial y}dy = 0.$$

La valeur de la dérivée y' est donc donnée par la formule

$$y' = f'x = \frac{dy}{dx} = \left(-\frac{\partial f}{\partial x} : \frac{\partial f}{\partial y}\right).$$

Dans le second membre y est supposé remplacé par sa valeur fx déduite de $F(x, y) = 0$. On peut encore écrire sous forme de proportion

$$dx : dy = \frac{\partial f}{\partial y} : -\frac{\partial f}{\partial x}.$$

Par exemple, si $ax^2 + by^2 + c + 2hxy + 2gx + 2fy = 0$,

$$\frac{dy}{dx} = -\frac{ax + hy + g}{by + hx + f}, \qquad dx : dy = (by + hx + f) : -(ax + hy + g).$$

2° En prenant y pour variable indépendante, x pour variable dépendante, on trouve de même

$$\frac{\partial F}{\partial x}\frac{d_y x}{dy} + \frac{\partial F}{\partial y} = 0, \qquad \frac{\partial F}{\partial x}d_y x + \frac{\partial F}{\partial x}\Delta y = 0.$$

La dernière relation s'écrit plus souvent

$$\frac{\partial F}{\partial x} dx + \frac{\partial F}{\partial y} dy = 0.$$

3° On peut introduire dans les calculs une variable auxiliaire t. Soit, par exemple, $x = \varphi t$, ce qui donne $y = f(\varphi t) = \psi t$. On aura (134)

$$\frac{dy}{dt} = \frac{dy}{dx}\frac{dx}{dt} \qquad \text{ou} \qquad \psi' t = f' x \times \varphi' t.$$

Substituons la valeur de $f'x$ tirée de là dans la relation (1), il viendra

$$\frac{\partial F}{\partial x}\varphi' t + \frac{\partial F}{\partial y}\psi' t = 0, \qquad \text{ou} \qquad \frac{\partial F}{dx}\frac{dx}{dt} + \frac{\partial F}{\partial y}\frac{dy}{dt} = 0,$$

et en multipliant par Δt,

$$\frac{\partial F}{\partial x} d_t x + \frac{\partial F}{\partial y} d_t y = 0, \qquad \text{ou} \qquad \frac{\partial F}{\partial x} dx + \frac{\partial F}{\partial y} dy = 0.$$

On arrive directement à ces résultats en dérivant (différentiant) l'identité $F(\varphi t, \psi t) = 0$.

4° Que x, y, ou t soit variable indépendante, la relation entre dx et dy est toujours la même, savoir : $F'_x\, dx + F'_y\, dy = 0$.

160. *Cas d'un nombre quelconque de relations.* 1° Si l'on a deux relations

$$F(x, y, z) = 0, \qquad f(x, y, z) = 0,$$

on trouve, comme dans le cas précédent, que x, y, z ou t soit variable indépendante,

$$\frac{\partial F}{\partial x} dx + \frac{\partial F}{\partial y} dy + \frac{\partial F}{\partial z} dz = 0, \qquad \frac{\partial f}{\partial x} dx + \frac{\partial f}{\partial y} dy + \frac{\partial f}{\partial z} dz = 0.$$

Par suite, si l'on pose

$$X = \begin{vmatrix} \frac{\partial F}{\partial y} & \frac{\partial F}{\partial z} \\ \frac{\partial f}{\partial y} & \frac{\partial f}{\partial z} \end{vmatrix}, \quad Y = \begin{vmatrix} \frac{\partial F}{\partial x} & \frac{\partial F}{\partial z} \\ \frac{\partial f}{\partial x} & \frac{\partial f}{\partial z} \end{vmatrix}, \quad Z = \begin{vmatrix} \frac{\partial F}{\partial x} & \frac{\partial F}{\partial y} \\ \frac{\partial f}{\partial x} & \frac{\partial f}{\partial y} \end{vmatrix},$$

on obtient

$$dx : dy : dz = X : -Y : Z; \frac{dy}{dx} = -\frac{X}{Y}, \text{ etc.}$$

2° Si l'on a trois relations

$$F(x, y, z, u) = 0, \qquad f(x, y, z, u) = 0, \qquad \varphi(x, y, z, u) = 0,$$

on trouve encore, quelle que soit la variable indépendante,

$$\frac{\partial F}{\partial x}dx + \frac{\partial F}{\partial y}dy + \frac{\partial F}{\partial z}dz + \frac{\partial F}{\partial u}du = 0,$$

$$\frac{\partial f}{\partial x}dx + \frac{\partial f}{\partial y}dy + \frac{\partial f}{\partial z}dz + \frac{\partial f}{\partial u}du = 0,$$

$$\frac{\partial \varphi}{\partial x}dx + \frac{\partial \varphi}{\partial y}dy + \frac{\partial \varphi}{\partial z}dz + \frac{\partial \varphi}{\partial u}du = 0,$$

équations d'où l'on peut déduire les valeurs de trois des différentielles dx, dy, dz, du, en fonction de la quatrième, ou les dérivées de l'une quelconque des variables par rapport à une autre considérée comme indépendante.

3° Ce qui précède s'étend à autant de relations que l'on veut. Les variables peuvent être supposées imaginaires. Les formules du présent numéro contiennent d'ailleurs les formules les plus générales données précédemment; car toute fonction explicite peut être mise sous forme implicite, en faisant passer dans un seul membre tous les termes de la relation qui la définit. Par exemple, si l'on a, comme au n° 152, $y = F(u, v, w)$, $u = fx$, $v = \varphi x$, $w = \psi x$, on écrira $y - F(u, v, w) = 0$, $u - fx = 0$, $v - \varphi x = 0$, $w - \psi x = 0$, d'où l'on tirera

$$dy - \frac{\partial F}{\partial u}du - \frac{\partial F}{\partial v}dv - \frac{\partial F}{\partial w}dw = 0,$$

$$du - f'x dx = 0, \qquad dv - \varphi' x dx = 0, \qquad dw - \psi' x dx = 0,$$

relations équivalentes à celles du n° 152.

VII. **Des déterminants fonctionnels. 161.** *Définition.* On représente par

$$\frac{d(F, f, \varphi)}{d(x, y, z)}, \qquad \frac{\partial(F, f, \varphi)}{\partial(x, y, z)}$$

les déterminants

$$\begin{vmatrix} \frac{dF}{dx} & \frac{dF}{dy} & \frac{dF}{dz} \\ \frac{df}{dx} & \frac{df}{dy} & \frac{df}{dz} \\ \frac{d\varphi}{dx} & \frac{d\varphi}{dy} & \frac{d\varphi}{dz} \end{vmatrix}, \qquad \begin{vmatrix} \frac{\partial F}{\partial x} & \frac{\partial F}{\partial y} & \frac{\partial F}{\partial z} \\ \frac{\partial f}{\partial x} & \frac{\partial f}{\partial y} & \frac{\partial f}{\partial z} \\ \frac{\partial \varphi}{\partial x} & \frac{\partial \varphi}{\partial y} & \frac{\partial \varphi}{\partial z} \end{vmatrix},$$

F, f, φ désignant des fonctions de trois variables x, y, z, qui sont indépendantes l'une de l'autre dans le premier déterminant, et, indépendantes ou non, dans le second. L'un et l'autre sont appelés *déterminants fonctionnels* de F, f, φ, le premier par rapport aux *variables* x, y, z, le second par rapport aux *lettres* x, y, z. Des notations analogues s'appliquent à n fonctions et à n lettres ou variables.

Exemple. Si l'on a

$$X = x \sin y \cos z, \qquad Y = x \sin y \sin z, \qquad Z = x \cos y$$

on trouve, tous calculs faits,

$$\frac{d\,(XYZ)}{d\,(xyz)} = x^2 \sin y.$$

162. *Application à la différentiation des fonctions implicites.* Au moyen des notations du n° précédent, on peut écrire les relations différentielles du n° 160, 2°, comme il suit :

$$-\frac{\partial\,(F, f, \varphi)}{\partial\,(x, z, u)} = \frac{\partial\,(F, f, \varphi)}{\partial\,(y, z, u)}\,\frac{dy}{dx},$$

ou, en considérant à la fois toutes les variables,

$$dx : dy : dz : du$$

$$= \frac{\partial\,(F, f, \varphi)}{\partial\,(y, z, u)} : -\frac{\partial\,(F, f, \varphi)}{\partial\,(x, z, u)} : \frac{\partial\,(F, f, \varphi)}{\partial\,(x, y, u)} : -\frac{\partial\,(F, f, \varphi)}{\partial\,(x, y, z)},$$

dont l'analogie avec celles du n° 159, 1°, est évidente.

163. *Déterminant fonctionnel de fonctions composées explicites.* Soient

$$u = \psi\,(X, Y, Z) \qquad v = \chi\,(X, Y, Z), \qquad w = \pi\,(X, Y, Z),$$
$$X = F\,(x, y, z) \qquad Y = f\,(x, y, z), \qquad Z = \varphi\,(x, y, z).$$

On a

$$\frac{d\,(u, v, w)}{d\,(x, y, z)} = \frac{\partial\,(\varphi, \chi, \pi)}{\partial\,(X, Y, Z)}\,\frac{\partial\,(F, f, \varphi)}{\partial\,(x, y, z)}.$$

Pour démontrer cette formule, il suffit de décomposer le premier membre, après avoir remplacé

$$\frac{du}{dx}, \quad \frac{du}{dy}, \quad \frac{du}{dz}, \ldots, \frac{dw}{dz},$$

par leurs valeurs

$$\frac{du}{dx} = \frac{du}{dX}\,\frac{dX}{dx} + \frac{du}{dY}\,\frac{dY}{dx} + \frac{du}{dZ}\,\frac{dZ}{dx}, \text{ etc.}$$

ou bien d'effectuer le produit des déterminants du second membre.

On écrit souvent la formule précédente sous la forme un peu ambiguë :

$$\frac{d(u, v, w)}{d(x, y, z)} = \frac{d(u, v, w)}{d(X, Y, Z)} \frac{d(X, Y, Z)}{d(x, y, z)},$$

qui est plus facile à retenir à cause de l'analogie avec celle du n° 134.

164. *Déterminant fonctionnel de fonctions inverses.* Si $u = x$, $v = y$, $w = z$, auquel cas ψ, χ, π sont les *fonctions inverses* de F, f, φ, il vient

$$1 = \frac{\partial(\varphi, \chi, \pi)}{\partial(X, Y, Z)} \times \frac{\partial(F, f, \varphi)}{\partial(x, y, z)} \quad \text{ou} \quad 1 = \frac{d(x, y, z)}{d(X, Y, Z)} \times \frac{d(X, Y, Z)}{d(x, y, z)},$$

formule analogue à celle du n° 137.

165. *Généralisation.* Soient

$$u = \psi(X, Y, Z, \xi), \quad v = \chi(X, Y, Z, \xi), \quad w = \pi(X, Y, Z, \xi),$$
$$X = F(x, y, z), \quad Y = f(x, y, z), \quad Z = \varphi(x, y, z), \quad \xi = \theta(x, y, z).$$

On trouve, dans ce cas,

$$\frac{d(u, v, w)}{d(x, y, z)} = \left\{ \begin{array}{l} \dfrac{\partial(\psi, \chi, \pi)}{\partial(Y, Z, \xi)} \dfrac{\partial(f, \varphi, \theta)}{\partial(x, y, z)} + \dfrac{\partial(\psi, \chi, \pi)}{\partial(X, Z, \xi)} \dfrac{\partial(F, \varphi, \theta)}{\partial(x, y, z)} \\ + \dfrac{\partial(\psi, \chi, \pi)}{\partial(X, Y, \xi)} \dfrac{\partial(F, f, \theta)}{\partial(x, y, z)} + \dfrac{\partial(\psi, \chi, \pi)}{\partial(X, Y, Z)} \dfrac{\partial(F, f, \varphi)}{\partial(x, y, z)} \end{array} \right\}$$

comme on le prouve aisément en décomposant le premier membre. Cette formule est analogue à celle du n° 152.

166. *Déterminant fonctionnel de fonctions composées implicites.* Soient

$$F(x, y, z, u, v, w) = 0, \quad f(x, y, z, u, v, w) = 0, \quad \varphi(x, y, z, u, v, w) = 0.$$

On trouve $\dfrac{d(u, v, w)}{d(x, y, z)}$ au moyen de la relation

$$(-1)^3 \frac{\partial(F, f, \varphi)}{\partial(x, y, z)} = \frac{\partial(F, f, \varphi)}{\partial(u, v, w)} \frac{d(u, v, w)}{d(x, y, z)},$$

analogue à celle du n° 159. Pour la démontrer, il suffit d'effectuer le produit indiqué dans le second membre, puis de simplifier les éléments du déterminant ainsi obtenu au moyen des relations

$$\frac{dF}{dx} = 0, \quad \frac{dF}{dy} = 0, \quad \frac{dF}{dz} = 0, \quad \frac{df}{dx} = 0, \quad \ldots, \quad \frac{d\varphi}{dz} = 0.$$

167. *Généralisation*. Soient $F=0$, $f=0$, $\varphi=0$, $\psi=0$, $\chi=0$, cinq relations entre x, y, z, variables indépendantes, u, v, w, variables dépendantes, ξ, η variables auxiliaires. On trouve

$$(-1)^3\frac{\partial(F, f, \varphi, \psi, \chi)}{\partial(x, y, z, \xi, \eta)}=\frac{\partial(F, f, \varphi, \psi, \chi)}{\partial(u, v, w, \xi, \eta)}\,\frac{d(u, v, w)}{d(x, y, z)},$$

formule facile à vérifier, en effectuant la multiplication du second membre, après y avoir remplacé le dernier facteur par

$$\frac{d(u, v, w, \xi, \eta)}{d(x, y, z, \xi, \eta)}.$$

La formule précédente est analogue à la première du n° 162. On remarquera que l'exposant de (-1), dans le premier membre, est égal au nombre des variables indépendantes.

168. *Application*. Soit, par exemple,

$$u\xi-x=0,\quad v\xi-y=0,\quad w\xi-z=0,\quad x^2+y^2+z^2+\xi^2=1.$$

On trouvera, par la formule du n° 167,

$$\frac{d(u, v, w)}{d(x, y, z)}=\frac{1}{\xi^5}.$$

Trois des quatre relations qui lient x, y, z, u, v, w, ξ peuvent se mettre aisément sous forme explicite; mais chaque fois qu'il y a, au moins, une relation implicite, comme ici, on mettra toutes les équations données sous forme implicite afin de pouvoir appliquer la formule du n° 167.

169. Remarques. 1° Le cas des fonctions implicites de plusieurs variables (166) comprend le cas des fonctions explicites (165), puisque les relations explicites peuvent se mettre sous forme de relations implicites (160, 3°). En particulier, la formule du n° 165 peut se déduire de celle du n° 166, au moyen du théorème de Laplace sur la décomposition des déterminants en somme de produits de déterminants. 2° Les formules données plus haut s'étendent au cas où le nombre des variables est supérieur à trois. 3° Dans tout ce qui précède, les variables peuvent être supposées imaginaires.

CHAPITRE II. Dérivées et différentielles d'ordre quelconque des fonctions d'une seule variable.

I. **Fonctions explicites.** **170.** *Définitions et notations.* La dérivée seconde de Fx est la dérivée de la dérivée F'x ou DFx; on la représente par F''x ou D²Fx; la dérivée troisième de Fx est la dérivée de la dérivée seconde F''x ou D²Fx; on la représente par F'''x ou D³Fx. De même, $F^{iv}x = D^4Fx$, $F^{v}x = D^5Fx$, ..., $F^{(n)}x$ ou $F^n x = D^n Fx$ désignent les dérivées 4e, 5e, ... $n^{\text{ième}}$ de Fx, et sont respectivement les dérivées de F'''x, $F^{iv}x$, ..., $F^{(n-1)}x$. Il résulte immédiatement de là que $D^k D^l Fx = D^{k+l}Fx$.

On appelle, de même, *différentielle seconde, troisième, ..., $n^{\text{ième}}$* de Fx et on représente par d^2F, d^3F, ..., d^nF, la différentielle de dF, d^2F, ..., d^{n-1}F. On a évidemment $d^k d^l F = d^{k+l}F$.

Pour calculer d^2F, d^3F, ..., d^nF, on doit, d'après la définition (97), multiplier les dérivées D (dF), D (d^2F), ..., D (d^{n-1}F), par Δx. *Par convention*, pour simplifier, on suppose égaux les Δx employés dans ces multiplications successives. On trouve ainsi, en se souvenant que Δx est indépendant de x,

$$d^2F = D(dF)\,\Delta x = D(DF.\Delta x)\,\Delta x = D(DF)\,\Delta x^2 = D^2F.\Delta x^2 = F''x.dx^2,$$
$$d^3F = D(d^2F)\,\Delta x = D(D^2F.\Delta x^2)\,\Delta x = D(D^2F)\,\Delta x^3 = D^3F.\Delta x^3 = F'''x.dx^3,$$

et, en général,

$$d^nF = D(d^{n-1}F)\,\Delta x = D(D^{n-1}F.\,\Delta x^{n-1})\,\Delta x = D\,(D^{n-1}F)\,\Delta x^n = D^nF.\Delta x^n = F^{(n)}x.dx^n.$$

On déduit de là

$$F''x = D^2F = \frac{d^2F}{dx^2},\quad F'''x = D^3F = \frac{d^3F}{dx^3},\ldots,\quad F^n x = D^nF = \frac{d^nF}{dx^n}.$$

Par analogie, on écrit quelquefois $D^0F = F^0x = Fx$, et aussi $d^0F = F$.

Dans la suite, pour abréger, nous ne nous occuperons, le plus souvent, que des dérivées, laissant au lecteur le soin d'écrire les formules pour les différentielles.

171. *Fonctions simples.* 1° $De^x = e^x$, $D^2e^x = e^x$, ..., $D^ne^x = e^x$. De même, $D^na^x = a^x\,(la)^n$.

2° D sin x = cos x, D² sin x = — sin x, D³ sin x = — cos x, D⁴ sin x

$= \sin x$. On trouve de même les dérivées d'ordre quelconque de $\cos x$, $\mathrm{Sh}\, x$, $\mathrm{Ch}\, x$. On peut donc écrire

$$\begin{array}{lll} D^{4p} \sin x = \sin x, & D^{4p} \cos x = \cos x, & D^{2p} \mathrm{Sh}\, x = \mathrm{Sh}\, x, \\ D^{4p+1} \sin x = \cos x, & D^{4p+1} \cos x = -\sin x, & D^{2p+1} \mathrm{Sh}\, x = \mathrm{Ch}\, x, \\ D^{4p+2} \sin x = -\sin x, & D^{4p+2} \cos x = -\cos x, & D^{2p} \mathrm{Ch}\, x = \mathrm{Sh}\, x, \\ D^{4p+3} \sin x = -\cos x; & D^{4p+3} \cos x = \sin x; & D^{2p+1} \mathrm{Ch}\, x = \mathrm{Sh}\, x. \end{array}$$

Ces formules subsistent si x est remplacé par $x + a$.

Autrement. On a successivement $D\sin x = \cos x = \sin (x + \frac{1}{2}\pi)$; $D^2\sin x = D(x + \frac{1}{2}\pi) = \sin (x + \pi)$, etc. En général, $D^n\sin x = \sin (x + \frac{1}{2}n\pi)$. De même, $D^n \cos x = \cos (x + \frac{1}{2}n\pi)$.

3° $D(x^m) = mx^{m-1}$; $D^2(x^m) = m(m-1)x^{m-2}$; $D^3(x^m) = m(m-1)(m-2)x^{m-3}$; ... $D^n(x^m) = m(m-1)(m-2)\ldots(m-n+1)x^{m-n}$. De même, $D^n(x+a)^m = m(m-1)(m-2)\ldots(m-n+1)(x+a)^{m-n}$. En particulier α) $D^k(x^{-1}) = (-1)(-2)\ldots(-k)x^{-k-1} = (-1)^k 1.2.3\ldots k\, x^{-k-1}$; β) si m est entier positif, $D^m(x+a)^m = 1.2.3\ldots m$, $D^{m+1}(x+a)^m = 0$.

4° $D\mathrm{l}x = x^{-1}$, $D^n\mathrm{l}x = D^{n-1}(x^{-1}) = (-1)^{n-1} 1.2.3\ldots(n-1)x^{-n}$. De même, $D^n\mathrm{l}(x+a) = (-1)^{n-1} 1.2.3\ldots(n-1)(x+a)^{-n}$; $D^n\mathrm{L}(x+a) = (-1)^{n-1} 1.2.3\ldots(n-1)\mathrm{M}(x+a)^{-n}$.

172. *Fonction de fonction et fonctions composées.* Si $u = f(v, w)$, $v = \varphi x$, $w = \psi x$, et, par suite, $\frac{du}{dx} = \frac{df}{dv}\frac{dv}{dx} + \frac{df}{dw}\frac{dw}{dx}$, on trouve aisément les dérivées successives, en dérivant cette somme de produits, puis celle qui en provient, et ainsi de suite. De même, dans le cas d'une fonction de fonction (voir 191, 1°). Mais les formules donnant la dérivée $n^{ième}$ d'une fonction de fonction ou d'une fonction composée sont compliquées et peu utiles. Nous ne considérerons que des cas particuliers.

I. $D^n\mathrm{F}(ax+b)$. Posant $ax + b = u$, on trouve $D_x\mathrm{F}u = a\mathrm{F}'u$, $D_x^2\mathrm{F}u = aD_x\mathrm{F}'u = a^2\mathrm{F}''u$, $D_x^3\mathrm{F}u = a_3\mathrm{F}'''u$, ..., $D_x^n\mathrm{F}u = a^n\mathrm{F}^n u$, ou, explicitement, $D_x^n\mathrm{F}(ax+b) = a^n\mathrm{F}^n(ax+b)$. Exemples : $D^n(ax+b)^m$, $D^n\mathrm{l}(ax+b)$, $D^n\sin(ax+b)$, $D^n e^{ax+b} = a^n e^{ax+b}$.

II. $D^n(au) = aD^n u$, $D^n(u + v - w) = D^n u + D^n v - D^n w$.

Applications : α) $D^m(\mathrm{A}x^m + \mathrm{B}x^{m-1} + \mathrm{C}x^{m-2} + \cdots) = D^m(\mathrm{A}x^m) + D^m(\mathrm{B}x^{m-1}) + D^m(\mathrm{C}x^{m-2}) + = D^m(\mathrm{A}x^m) = \mathrm{A}D^m(x^m) = 1.2.3\ldots m.\mathrm{A}$.

$$\beta)\ D^n\frac{2x}{x^2-1} = D^n\left[\frac{1}{x-1} + \frac{1}{x+1}\right] = (-1)^n 1.2\ldots n\left[\frac{1}{(x-1)^{n+1}} + \frac{1}{(x+1)^{n+1}}\right].$$

En général, on peut trouver, de même, la dérivée $n^{ième}$ de toute fraction rationnelle, décomposée en fractions rationnelles simples $A(x - \alpha)^{-a}$.

$$\gamma)\ \text{D arc tang}\, x = \frac{1}{1+x^2} = \frac{1}{2i}\left[\frac{1}{x-i} - \frac{1}{x+i}\right];$$

$$\text{D}^n \text{arc tang}\, x = \text{D}^{n-1}\frac{1}{2i}\left[\frac{1}{x-i} - \frac{1}{x+i}\right] =$$

$$(-1)^{n-1}\frac{1}{2i}\,1.2.3\ldots(n-1)\left[(x-i)^{-n} - (x+i)^{-n}\right].$$

178. III. *Formule de Leibniz.* On a successivement

$$\text{D}(uv) = u\text{D}v + v\text{D}u, \qquad \text{D}^2(uv) = u\text{D}^2v + 2\text{D}u\text{D}v + v\text{D}u,$$
$$\text{D}^3(uv) = u\text{D}^3v + 3\text{D}u\text{D}^2v + 3\text{D}^2u\text{D}v + v\text{D}^3u, \quad \text{etc.};$$

puis, en général, n_1, n_2, n_3, etc. désignant les coefficients binomiaux,

$$\text{D}^n(uv) = u\text{D}^nv + n_1\text{D}u\text{D}^{n-1}v + n_2\text{D}^2u\text{D}^{n-2}v + n_3\text{D}^3u\text{D}^{n-3}v + \cdots + v\text{D}^nu,$$

formule vraie encore, si l'on remplace n par $n+1$; car

$$\text{D}^{n+1}(uv) = (u\text{D}^{n+1}v + n_1\text{D}u\text{D}^nv + n_2\text{D}^2u\text{D}^{n-1}v + n_3\text{D}^3u\text{D}^{n-2}v + \cdots + \text{D}^nu\text{D}v)$$
$$+ (\text{D}u\text{D}^nv + n_1\text{D}^2u\text{D}^{n-1}v + n_2\text{D}^3u\text{D}^{n-2}v + \cdots + n_{n-1}\text{D}^nu\text{D}v + v\text{D}^{n+1}u)$$
$$= u\text{D}^{n+1}v + (n_1+1)\,\text{D}u\text{D}^nv + (n_2+n_1)\,\text{D}^2u\text{D}^{n-1}v + (n_3+n_2)\,\text{D}^3u\text{D}^{n-2}v$$
$$+ \cdots + v\text{D}^{n+1}u.$$

Mais $n_1 + 1 = (n+1)_1$, $(n_2+n_1) = (n+1)_2$, $(n_3+n_2) = (n+1)_3$, etc.

Donc

$$\text{D}^{n+1}(uv) = u\text{D}^{n+1}v + (n+1)_1\,\text{D}u\text{D}^nv + (n+1)_2\,\text{D}^2u\text{D}^{n-1}v$$
$$+ (n+1)_3\,\text{D}^3u\text{D}^{n-2}v + \text{etc.}$$

Il existe des formules analogues pour $\text{D}^n(uvw)$, $\text{D}^n(uvwt)$, etc.

Exemples : 1° $\text{D}^n\left[x(1+x)^m\right] = x.\,m(m-1)\cdots(m-n+1)(1+x)^{m-n}$
$+ n.\,1.\,m(m-1)(m-2)\ldots(m-n+2)(1+x)^{m-n+1} =$
$m(m-1)\ldots(m-n+2)(1+x)^{m-n+1}(mx+x+n).$

2° $\text{D}^ne^{ax}\cos bx = e^{ax}(a^n\cos bx - n_1a^{n-1}b\sin bx - n_2a^{n-2}b^2\cos bx + \text{etc.})$

Remarque. Si $\rho\cos\alpha = a$, $\rho\sin\alpha = b$, on a aussi $\text{D}^ne^{ax}\cos bx = \rho^ne^{ax}\cos(bx + n\alpha)$. En effet, on trouve successivement :

$$\text{D}e^{ax}\cos bx = ae^{ax}\cos bx - be^{ax}\sin bx = \rho e^{ax}(\cos bx\cos\alpha - \sin bx\sin\alpha)$$
$$= \rho e^{ax}\cos(bx+\alpha).$$

$$\text{D}^2e^{ax}\cos bx = \text{D}\rho e^{ax}\cos(bx+\alpha) = \rho^2e^{ax}\cos(bx+2\alpha);\ \text{etc.}$$

En supposant a, b, x, réels, $e^{ax}\cos bx$ est la partie réelle de $e^{(a+bi)x}$. Donc $\text{D}^n(e^{ax}\cos bx)$ est la partie réelle de $\text{D}^ne^{(a+bi)x} = (a+bi)^n e^{(a+bi)x}$.

174. IV. *Quotient.* Si $y = u : v$, on a $vy = u$, $vy' + v'y = u'$, $vy'' + 2v'y' + v''y = u''$, etc., équations linéaires en y, y', y'', etc., d'où l'on peut déduire, par les déterminants, une formule générale pour $y^{(n)}$.

V. *Formules récurrentes.* Le même procédé peut donner la dérivée $n^{ième}$ d'autres fonctions. Exemples : 1° $y = \sqrt{u}$ donne $y' = u' : 2\sqrt{u} = u' : 2y$, ou $2yy' = u'$; donc $2D(yy') = u''$, $2D^2(yy') = u'''$, $2D^3(yy') = u^{IV}$, etc. Ces relations, développées par le théorème de Leibniz, donneront y', y'', y''', etc. 2° Si $y = \arcsin x$ on a $y' = (1 - x^2)^{-\frac{1}{2}}$, $y'' = x\ (1 - x^2)^{-\frac{3}{2}}$, ou $y''(1 - x^2) = y'x$. On peut trouver la dérivée $(n - 2)^{me}$ de chaque membre de cette relation par le théorème de Leibniz :

$$y^{(n)}(1 - x^2) - 2\,(n-2)_1\, x\, y^{(n-1)} - 2\,(n-2)_2\, y^{(n-2)} = y^{(n-1)}\, x + (n-2)_1\, y^{(n-2)},$$

ou

$$y^{(n)} = [(2n-3)x\, y^{(n-1)} + (n-2)^2\, y^{(n-2)}] : (1 - x^2).$$

Cette formule sert à trouver la valeur des dérivées successives pour $x = 0$. On obtient

$$y = 0,\quad y' = 1,\quad y'' = 0,\quad y''' = 1,\quad y^{IV} = 0,\quad y^{V} = 1^2.3^2,\ldots,$$
$$y^{(2n)} = 0,\quad y^{(2n+1)} = 1^2.3^2.5^2\ldots(2n-1)^2.$$

175. Remarque. D'après le n° 149, les dérivées de rang pair (impair) des fonctions paires sont paires (impaires); c'est l'inverse pour les fonctions impaires. Par suite, pour $x = 0$, celles de ces dérivées qui sont impaires et continues sont nulles comme on vient de le voir. Toutes les dérivées d'une fonction périodique ont même période que celle-ci, etc.

II. **Principe de l'interversion des dérivations.** **176.** Les dérivées partielles successives d'une fonction $f(x, y)$ de deux variables sont représentées comme il suit :

Premières (n° 157) :

$$f'_x = \frac{\partial f}{\partial x} = D_x f, \qquad f'_y = \frac{\partial f}{\partial y} = D_y f.$$

Secondes :

$$f''_{x^2} = \frac{\partial^2 f}{\partial x^2} = D_x^2 f,\ f''_{xy} = \frac{\partial^2 f}{\partial y \partial x} = D^2_{yx} f,\ f''_{yx} = \frac{\partial^2 f}{\partial x \partial y} = D^2_{xy} f,\ f''_{y^2} = \frac{\partial^2 f}{\partial y^2} = D_y^2 f.$$

$$\text{Troisièmes :}\left\{\begin{array}{llllllll} f'''_{x^3}, & f'''_{x^2y}, & f'''_{xyx}, & f'''_{xy^2}, & f'''_{yx^2}, & f'''_{yxy}, & f'''_{y^2x}, & f'''_{y^3}, \\ \dfrac{\partial^3 f}{\partial x^3}, & \dfrac{\partial^3 f}{\partial y \partial x^2}, & \dfrac{\partial^3 f}{\partial x \partial y \partial x}, & \dfrac{\partial^3 f}{\partial y^2 \partial x}, & \dfrac{\partial^3 f}{\partial x^2 \partial y}, & \dfrac{\partial^3 f}{\partial y \partial x \partial y}, & \dfrac{\partial^3 f}{\partial x \partial y^2}, & \dfrac{\partial^3 f}{\partial y^3}, \\ D^3_{x^3} f, & D^3_{yx^2} f, & D^3_{xyx} f, & D^3_{y^2x} f, & D^3_{x^2y} f, & D^3_{yxy} f, & D^3_{xy^2} f, & D^3_{y^3} f, \end{array}\right.$$

et ainsi de suite. Notations analogues pour une fonction de trois ou d'un plus grand nombre de variables. Ainsi

$$f^{VI}_{x^2yxz^2}(x, y, z) = \frac{\partial^6 f}{\partial z^2 \partial x \partial y \partial x^2} = D^6_{z^2xyx^2} f = D_z \left\{D_z \left[D_x \left(D_y D^2_{x^2} f\right)\right]\right\}.$$

177. Théorème : $D^2_{xy}u = D^2_{yx}u$. *Premier cas.* Le théorème est vrai, si u est une fonction de x seul (ou de y seul); car, alors, $D^2_{xy}u = 0$ et $D^2_{yx}u = 0$.

Deuxième cas. Le théorème est vrai pour $u = fv$, s'il est vrai pour v, c'est-à-dire si $D^2_{xy}v = D^2_{yx}v$. En effet,

$$D_x u = f'_v \,.\, D_x v, \qquad D^2_{yx} u = f''_{v^2} \,.\, D_y v \,.\, D_x v + f'_v \,.\, D^2_{yx} v,$$

$$D_y u = f'_v \,.\, D_y v, \qquad D^2_{xy} u = f''_{v^2} \,.\, D_x v \,.\, D_y v + f'_v \,.\, D^2_{xy} v,$$

et, d'après l'hypothèse, les deux dérivées secondes de v sont égales.

Troisième cas. Le théorème est vrai pour $u = v + w - t$, s'il est vrai pour v, w, t. En effet, dans cette hypothèse,

$$D^2_{xy} u = D^2_{xy} v + D^2_{xy} w - D^2_{xy} t = D^2_{yx} v + D^2_{yx} w - D^2_{yx} t = D^2_{yx} u.$$

Quatrième cas. Le théorème est vrai pour vw, vw^{-1}, v^w, s'il est vrai pour v, w. I Démonstration analogue à celle du cas précédent. II Autrement : 1° $vw = e^{l(vw)}$, $l(vw) = lv + lw$. Or, le théorème existant pour v, w, existe pour lv, lw (2° cas), donc pour $lv + lw$ (3° cas), ou $l(vw)$; par suite aussi (2° cas), pour $e^{l(vw)}$ ou vw. 2° vw^{-1}. Le théorème, vrai pour w, est vrai pour w^{-1} (2° cas); puis, pour le produit $v \times w^{-1}$ (1°). 3° $v^w = e^{w\,lv}$. Le théorème est vrai pour lv, fonction de v (2° cas) et pour w; donc pour le produit $w\,lv$ (1°), et pour $e^{w\,lv}$, fonction de ce produit (2° cas).

Cas général. Le théorème peut s'établir de proche en proche, pour une fonction élémentaire quelconque, au moyen des cas précédents. Mais il faut se garder de croire qu'il soit établi pour d'autres fonctions, ou dans des cas où les règles de la dérivation des fonctions de fonctions n'existent pas (n° 134, ligne 4, quand les fonctions n'ont pas une dérivée unique; n° 142 quand v est nul; etc.). Ainsi (comparez n° 116) il n'est pas sûr que $D^2_{X\alpha}\int_{x_0}^{X} f(x, \alpha)_{dn} = D^1_{\alpha X}\int_{x_0}^{X} f(x, \alpha)dx = D_\alpha f(X, \alpha)$, comme on l'admet souvent. Voir aussi le second exemple ci-dessous.

Exemples. 1° D^2_{xy} ou $D^2_{yx}\left(x^2 \operatorname{arc\,tang}\frac{y}{x} - y^2 \operatorname{arc\,tang}\frac{x}{y}\right) = \frac{x^2 - y^2}{x^2 + y^2}$.

2° Soit $\varphi(x, y) = xy(x^2 - y^2) : (x^2 + y^2)$. Cette fonction est telle que pour x fini, $y = 0$, $\varphi(x, 0) = 0$; pour $x = 0$, y fini, $\varphi(0, y) = 0$. Pour $x = 0$, $y = 0$, elle est indéterminée, au moins si x, y peuvent ne pas être réels; pour la déterminer, posons, par définition, $\varphi(0, 0) = 0$. On aura

$$\varphi'_x(0, y) = \lim \{[\varphi(x, y) - \varphi(0, y)] : x\} = \lim\left(xy\frac{x^2 - y^2}{x^2 + y^2} : x\right) = -y,$$

$$\varphi'_x(0, 0) = \lim \{[\varphi(x, 0) - \varphi(0, 0)] : x\} = \lim(0 : x) = 0,$$

$$\varphi''_{xy}(0, 0) = \lim \{[\varphi'_x(0, y) - \varphi'_x(0, 0)] : y\} = \lim(-y : y) = -1;$$

$$\varphi'_y(x, 0) = \lim \{[\varphi(x, y) - \varphi(x, 0)] : y\} = \lim\left(xy\frac{x^2 - y^2}{x^2 + y^2} : y\right) = x,$$

$$\varphi'_y(0, 0) = \lim \{[\varphi(0, y) - \varphi(0, 0)] : y\} = \lim(0 : y) = 0,$$

$$\varphi''_{yx}(0, 0) = \lim \{[\varphi'_y(x, 0) - \varphi'_y(0, 0)] : x\} = \lim(x : x) = 1.$$

On n'a donc pas $\varphi''_{xy}(0, 0) = \varphi''_{yx}(0, 0)$, ce qui provient de ce que l'une des règles sur la dérivation (celle du n° 142, quand $v = 0$, v étant ici $x^2 + y^2$) n'est pas applicable dans le cas actuel.

178. Théorème général. *On peut intervertir, comme on le veut, l'ordre des dérivations à effectuer sur une fonction de plusieurs variables.* On déduit ce théorème du précédent, comme on démontre en arithmétique le théorème de l'interversion des facteurs d'un produit en partant du cas particulier de deux facteurs. Un exemple suffira. On a successivement

$$\begin{aligned} D^6_{xyz^2xy}u &= D^2_{xy}(D^4_{z^2xy}u) = D^2_{yx}(D^4_{z^2xy}u) = D_y[D^2_{xz}(D_{zxy}u)] = D_y[D_{zx}(D_{zxy}u)] \\ &= D^2_{yz}[D^2_{xz}(D^2_{xy}u)] = D^2_{yz}[D^2_{zx}(D^2_{xy}u)] = D^2_{yz}[D^2_{zx}(D^2_{yx}u)] = D^3_{yz^2}[D_{xy}(D_xu)] \\ &= D^3_{yz^2}[D_{yx}(D_xu)] = D^2_{yz}(D^4_{zyx^2}u) = D^2_{zy}(D^4_{zyx^2}u) = D_z[D^2_{yz}(D^3_{yx^2}u)] \\ &= D_z[D^2_{zy}(D^3_{yx^2}u)] = D^6_{z^2yx^2}u. \end{aligned}$$

Dans ces diverses transformations, nous avons chaque fois permuté entre elles deux dérivations successives par rapport à deux lettres différentes, de manière à réunir toutes les dérivations par rapport à chaque lettre.

Remarque. Le théorème s'énonce encore ainsi : on peut, dans l'expression $D^6_{xyz^2xy}$ ou $D_x D_y D_z D_z D_x D_y$, intervertir comme on le veut les facteurs symboliques D_x, D_y, D_z.

Corollaire. Le nombre des dérivées partielles successives d'une fonction de plusieurs variables est moins élevé qu'on ne le penserait d'après le n° 176. Ainsi $f(x, y)$ n'a que quatre dérivées partielles du troisième ordre, $D^3_{x^3}f$, $D^3_{x^2y}f$, $D^3_{xy^2}f$, $D^3_{y^3}f$.

III. Fonctions implicites. 179. *Une relation.* De la relation $F(x, y) = 0$, définie au n° 159, on déduit d'abord $F'_x(x,y) + y'\, F'_y(x,y) = 0$, que l'on peut écrire $\varphi(x, y, y') = 0$. Celle-ci donne, à son tour, d'après le n° 160, l'équation

$$\varphi'_x(x, y, y') + \varphi'_y(x, y, y')\, y' + \varphi'_{y'}(x, y, y')\, y'' = 0,$$

qui fait connaître y'' et peut se mettre sous la forme $\psi(x, y, y', y'') = 0$. On déduit, de là,

$$\psi'_x + \psi'_y \cdot y' + \psi'_{y'} \cdot y'' + \psi'_{y''} \cdot y''' = 0;$$

et ainsi de suite.

Exemple. De $xy = a$, on tire successivement

$$y + xy' = 0, \qquad 2y' + x\, y'' = 0, \qquad 3y'' + x\, y''' = 0, \text{ etc.}$$

180. *Autrement.* En se servant du théorème de l'interversion des dérivations, l'on peut écrire les relations du n° précédent comme il suit :

$$\frac{\partial F}{\partial x} + \frac{\partial F}{\partial y} y' = 0, \qquad \frac{\partial^2 F}{\partial x^2} + 2\frac{\partial^2 F}{\partial x \partial y} y' + \frac{\partial^2 F}{\partial y'^2} y'^2 + \frac{\partial F}{\partial y} y'' = 0,$$

$$\frac{\partial^3 F}{\partial x^3} + 3\frac{\partial^3 F}{\partial x^2 \partial y} y' + 3\frac{\partial^3 F}{\partial x \partial y^2} y'^2 + \frac{\partial^3 F}{\partial y^3} y'^3 + 3\frac{\partial^2 F}{\partial x \partial y} y'' + 3\frac{\partial^2 F}{\partial y'^2} y' y''$$
$$+ \frac{\partial F}{\partial y} y''' = 0;$$

ou, en introduisant les différentielles,

$$\frac{\partial F}{\partial x} dx + \frac{\partial F}{\partial y} dy = 0, \qquad \frac{\partial^2 F}{\partial x^2} dx^2 + 2\frac{\partial^2 F}{\partial x \partial y} dx dy + \frac{\partial^2 F}{\partial y^2} dy^2 + \frac{\partial F}{\partial y} d^2 y = 0, \text{etc.}$$

Si l'on avait choisi une variable indépendante t, d^2x, d^3x ne seraient pas nulles et la dernière relation serait remplacée par

$$\frac{\partial^2 F}{\partial x^2} dx^2 + 2\frac{\partial^2 F}{\partial x \partial y} dx dy + \frac{\partial^2 F}{\partial y^2} dy^2 + \frac{\partial F}{\partial x} d^2 x + \frac{\partial F}{\partial y} d^2 y = 0.$$

5

181. *Plusieurs relations.* Les relations du n° 160 donnent, pour déterminer d^2y, d^2z, l'équation

$$\frac{\partial^2 F}{\partial x^2}dx^2 + \frac{\partial^2 F}{\partial y^2}dy^2 + \frac{\partial^2 F}{\partial z^2}dz^2 + 2\frac{\partial^2 F}{\partial x\partial y}dxdy + 2\frac{\partial^2 F}{\partial x\partial z}dxdz + 2\frac{\partial^2 F}{\partial y\partial z}dydz$$
$$+\frac{\partial F}{\partial y}d^2y + \frac{\partial F}{\partial z}d^2z = 0,$$

et une équation analogue en f. On procède de même pour les dérivées et les différentielles d'ordre supérieur.

CHAPITRE III. Différentielles des fonctions de plusieurs variables.

I. **Fonctions explicites.** **182.** *Définition.* La *différentielle totale* d'une fonction $u = f(x, y, z, ...)$ de plusieurs variables est la somme $d_xu + d_yu + d_zu + ...$ des *différentielles partielles* (97, 157)

$$d_xu = \frac{df}{dx}dx, \quad d_yu = \frac{df}{dy}dy, \quad d_zu = \frac{df}{dz}dz, \quad ...$$

Ex. : 1° $u = \frac{x}{y}$, $d_xu = \frac{dx}{y}$, $d_yu = -\frac{xdy}{y^2}$, $du = \frac{ydx - xdy}{y^2}$.

2° $u = xy + yz + zx$, $du = (y+z)dx + (x+z)dy + (x+y)dz$.

183. *Fonction de fonction.* Soit $u = Fv$, $v = f(x, y, z)$. On a (155)

$$d_xu = \frac{dF}{dv}d_xv, \quad d_yu = \frac{dF}{dv}d_yv, \quad d_zu = \frac{dF}{dv}d_zv,$$

$$du = d_xu + d_yu + d_zu = \frac{dF}{dv}(d_xv + d_yv + d_zv) = \frac{dF}{dv}dv,$$

c'est-à-dire que la règle est la même que dans le cas d'une seule variable (155). Par suite, comme au n° 155, si $u = Fv$, $v = \varphi w$, $w = \psi(x, y, z)$, $du = F'vdv$, $dv = \varphi' wdw$. Ex.: $d\,\mathrm{l}\sin\frac{x}{y} = \cot\frac{x}{y} \times \frac{ydx - xdy}{y^2}$.

184. *Fonction composée.* La règle est aussi la même que dans le cas d'une seule variable indépendante. En effet, soient $u = F(v, w)$, $v = \varphi(x, y, z)$, $w = \psi(x, y, z)$. On a (151)

$$d_xu = \frac{dF}{dv}d_xv + \frac{dF}{dw}d_xw, \quad d_yu = \frac{dF}{dv}d_yv + \frac{dF}{dw}d_yw, \quad d_zu = \frac{dF}{dv}d_zv + \frac{dF}{dw}d_zw;$$

et, en ajoutant,

$$du = d_x u + d_y u + d_z v = \frac{dF}{dv}(d_x v + d_y v + d_z v) + \frac{dF}{dw}(d_x w + d_y w + d_z w),$$

$$du = \frac{dF}{dv}dv + \frac{dF}{dw}dw.$$

Ex. : $d(xy + yz + zx) = (ydx + xdy) + (zdy + ydz) + (xdz + zdx).$

185. *Différentielles successives.* 1° Soient

$$u = f(x, y), \qquad du = \frac{df}{dx}dx + \frac{df}{dy}dy.$$

On trouve, en supposant les nouveaux dx, dy égaux aux anciens,

$$d_x du = \frac{d^2f}{dx^2}dx^2 + \frac{d^2f}{dxdy}dxdy, \qquad d_y du = \frac{d^2f}{dxdy}dxdy + \frac{d^2f}{dy^2}dy^2;$$

$$d^2u = d_x du + d_y du = \frac{d^2f}{dx^2}dx^2 + 2\frac{d^2f}{dxdy}dxdy + \frac{d^2f}{dy^2}dy^2.$$

On a ensuite, en procédant de même,

$$d_x d^2u = \frac{d^3f}{dx^3}dx^3 + 2\frac{d^3f}{dx^2dy}dx^2dy + \frac{d^3f}{dxdy^2}dxdy^2,$$

$$d_y d^2u = \frac{d^3f}{dx^2dy}dx^2dy + 2\frac{d^3f}{dxdy^2}dxdy^2 + \frac{d^3f}{dy^3}dy^3,$$

$$d^3u = d_x d^2u + d_y d^2u =$$

$$\frac{d^3f}{dx^3}dx^3 + 3\frac{d^3f}{dx^2dy}dx^2dy + 3\frac{d^3f}{dxdy^2}dxdy^2 + \frac{d^3f}{dy^3}dy^3.$$

La loi de formation des différentielles successives est facile à voir si l'on écrit

$$du = \left(\frac{d}{dx}dx + \frac{d}{dy}dy\right)f,$$

$$d^2u = \left(\frac{d^2}{dx^2}dx^2 + 2\frac{d^2}{dxdy}dxdy + \frac{d^2}{dy^2}dy^2\right)f, \qquad d^3u = \text{etc.},$$

ou, symboliquement,

$$d^2u = \left(\frac{d}{dx}dx + \frac{d}{dy}dy\right)^2 f, \quad d^3u = \left(\frac{d}{dx}dx + \frac{d}{dy}dy\right)^3 f,$$

l'exposant signifiant que l'on doit faire sur l'expression symbolique comprise entre parenthèses, des opérations analogues à celles de l'élévation au carré, au cube. On conclut, en passant de l'ordre n à l'ordre $n+1$, que l'on a, en général,

$$d^n u = \left(\frac{d}{dx}dx + \frac{d}{dy}dy\right)^n u,$$

ou encore, en écrivant, en abrégé, d pour $\frac{d}{dx}dx + \frac{d}{dx}dy$,

$$d^n u = (d)^n u.$$

La raison de l'analogie de cette formule avec celle du binôme est la suivante : Pour déduire $d_x du$ de du, il suffit de multiplier du, par $\frac{d}{dx}dx$; pour déduire $d_y du$ de du, il suffit de multiplier du par $\frac{d}{dx}dy$; donc on obtient $d_x du + d_y du$ ou d^2u en multipliant symboliquement du par $\frac{d}{dx}dx + \frac{d}{dy}dy$; la même propriété s'observe quand on déduit d^3u de d^2u, d^4u de d^3u, etc. Donc la loi de formation est générale (comparez n° 173).

2° Soit $u = f(x, y, z)$. On aura

$$du = \frac{df}{dx}dx + \frac{df}{dy}dy + \frac{df}{dz}dz,$$

$$d_x du = \frac{d^2f}{dx^2}dx^2 + \frac{d^2f}{dxdy}dxdy + \frac{d^2f}{dxdz}dxdz,$$

$$d_y du = \frac{d^2f}{dxdy}dxdy + \frac{d^2f}{dy^2}dy^2 + \frac{d^2f}{dydz}dydz,$$

$$d_z du = \frac{d^2f}{dxdz}dxdz + \frac{d^2f}{dydz}dydz + \frac{d^2f}{dz^2}dz^2,$$

Les opérations reviennent, comme on voit, à une multiplication symbolique par $\frac{d}{dx}dx$, $\frac{d}{dy}dy$ ou $\frac{d}{dz}dz$. On a ensuite

$$d^2u = d_x du + d_y du + d_z du =$$

$$\frac{d^2f}{dx^2}dx^2 + \frac{d^2f}{dy^2}d^2y + \frac{d^2f}{dz^2}dz^2 + 2\frac{d^2f}{dxdy}dxdy + 2\frac{d^2f}{dxdz}dxdz + 2\frac{d^2f}{dydz}dydz$$

ou, en abrégé,

$$d^2u = \left(\frac{d}{dx}dx + \frac{d}{dy}dy + \frac{d}{dz}dz\right)^2 u.$$

De même,

$$d^3u=\left(\frac{d}{dx}dx+\frac{d}{dy}dy+\frac{d}{dz}dz\right)^3u,\quad d^4u=\left(\frac{d}{dx}dx+\frac{d}{dy}dy+\frac{d}{dz}dz\right)^4u,\ \text{etc.}$$

186. *Fonction de fonction et fonctions composées.* Soient $u=f(v,w)$, et, par suite, $du=\frac{df}{dv}dv+\frac{df}{dw}dw$. On aura

$$d^2u=\left(\frac{d^2f}{dv^2}dv^2+\frac{d^2f}{dvdw}dvdw+\frac{df}{dv}d^2v\right)+\left(\frac{d^2f}{dvdw}dvdw+\frac{d^2f}{dw^2}dw^2+\frac{df}{dw}d^2w\right)$$

$$=\left(\frac{d^2f}{dv^2}dv^2+2\frac{d^2f}{dvdw}dvdw+\frac{d^2f}{dw^2}dw^2\right)+\frac{df}{dv}d^2v+\frac{df}{dw}d^2w,$$

et ainsi de suite, d'après le n° **184**, en observant que dv, dw ne sont pas indépendantes de x, y, z, ... comme dx, dy, dz, l'étaient au n° précédent.

II. **Fonctions implicites. 187**. *Première différentiation.* 1° De $F(x,y,z,u)=0$, on déduit, par le n° 159, en différentiant par rapport à x, y, z,

$$\frac{dF}{dx}dx+\frac{dF}{du}d_xu=0,\quad \frac{dF}{dy}dy+\frac{dF}{du}d_yu=0,\quad \frac{dF}{dz}dz+\frac{dF}{du}d_zu=0,\quad (1)$$

et en ajoutant, puisque $du=d_xu+d_yu+d_zu$,

$$\frac{dF}{dx}dx+\frac{dF}{dy}dy+\frac{dF}{dz}dz=\frac{dF}{du}du=0.\quad (2)$$

La relation (2), qui se déduit des relations (1), est, à elle seule, équivalente à celles-ci. Car

$$du=\frac{du}{dx}dx+\frac{du}{dy}dy+\frac{du}{dz}dz;$$

on peut donc écrire, au lieu de (2),

$$\left(\frac{dF}{dx}+\frac{dF}{du}\frac{du}{dx}\right)dx+\left(\frac{dF}{dy}+\frac{dF}{du}\frac{du}{dy}\right)dy+\left(\frac{dF}{dz}+\frac{dF}{du}\frac{du}{dz}\right)dz=0.$$

Comme dx, dy, dz sont des constantes indépendantes l'une de l'autre, on déduit de là,

$$\frac{dF}{dx}+\frac{dF}{du}\frac{du}{dx}=0,\quad \frac{dF}{dy}+\frac{dF}{du}\frac{du}{dy}=0,\quad \frac{dF}{dz}+\frac{dF}{du}\frac{du}{dz}=0,$$

qui sont identiques aux relations (1), aux facteurs dx, dy, dz près.

2° Si u, v sont des fonctions implicites de x, y, z, définies par deux relations, $F(x, y, z, u, v) = 0$, $f(x, y, z, u, v) = 0$, on trouve, de même, par le n° 160,

$$\frac{dF}{dx}dx + \frac{dF}{dy}dy + \frac{dF}{dz}dz + \frac{dF}{du}du + \frac{dF}{dv}dv = 0,$$

$$\frac{df}{dx}dx + \frac{df}{dy}dy + \frac{df}{dz}dz + \frac{df}{du}du + \frac{df}{dv}dv = 0.$$

Ces relations restent de même forme, quelles que soient les variables indépendantes.

188. *Différentiations successives.* Il suffit d'appliquer les formules du n° 187, ou les règles correspondantes aux résultats de la première, deuxième et troisième différentiation. En différentiant les produits $\frac{dF}{dx}dx$, ..., $\frac{dF}{du}du$, ... on devra observer que les différentielles secondes des variables indépendantes sont nulles. Soient, par exemple,

$$F(x, y, u) = 0, \qquad \frac{dF}{dx}dx + \frac{dF}{dy}dy + \frac{dF}{du}du = 0.$$

Alors, u étant la variable dépendante,

$$\frac{d^2F}{dx^2}dx^2 + 2\frac{d^2F}{dxdy}dxdy + 2\frac{d^2F}{dxdu}dxdu + \frac{d^2F}{dy^2}dy^2 + 2\frac{d^2F}{dydu}dydu$$
$$+ \frac{d^2F}{du^2}du^2 + \frac{dF}{du}d^2u = 0.$$

189. *Remarques générales sur la différentiation.* I. Par la pensée ou en réalité, toute relation entre des variables peut être mise sous forme implicite $F(x, y, z, \ldots u, v, \ldots) = 0$. D'après les n°s 135, 160, 183, 187, on déduit de là,

$$F'_x dx + F'_y dy + F'_z dz + \cdots + F'_u du + F'_v dv + \cdots = 0,$$

quelles que soient les variables considérées comme indépendantes et quel qu'en soit le nombre. Pour trouver des relations entre des différentielles secondes, il faut, au contraire, savoir quelles sont les variables indépendantes.

II. Les règles de différentiation sont les mêmes pour les fonctions élémentaires d'une variable réelle ou pour les fonctions d'une variable imaginaire.

CHAPITRE IV. Changement de variables.

I. Une seule variable indépendante. 190. *Problème proposé.* Étant données une ou plusieurs relations (160) qui définissent y comme fonction de x, deux ou plusieurs relations qui définissent x, y, comme fonctions de u et t, on se propose de trouver les dérivées de y par rapport à x, en fonction des dérivées de u par rapport à t. Pour cela, on exprime d'abord les dérivées de y par rapport à x, au moyen des dérivées de y et de x par rapport à t (*changement de variable indépendante*); puis les dérivées de y et de x par rapport à t, au moyen des dérivées de u par rapport à t (*changement de variable dépendante*).

191. *Changement de variable indépendante.* 1° On a successivement (172)

$$\frac{dy}{dt}=\frac{dy}{dx}\frac{dx}{dt},\qquad \frac{d^2y}{dt^2}=\frac{d^2y}{dx^2}\frac{dx^2}{dt^2}+\frac{dy}{dx}\frac{d^2x}{dt^2},\tag{1}$$

$$\frac{d^3y}{dt^3}=\frac{d^3y}{dx^3}\frac{dx^3}{dt^3}+3\frac{d^2y}{dx^2}\frac{dx}{dt}\frac{d^2x}{dt^2}+\frac{dy}{dx}\frac{d^3x}{dt^3},\text{ etc.};$$

et des formules analogues pour les différentielles. On peut en déduire les valeurs cherchées de y'_x, y''_x, y'''_x, etc.

2° Ces valeurs s'obtiennent plus facilement comme il suit. De la première des équations précédentes, l'on déduit

$$\frac{dy}{dx}=\frac{\frac{dy}{dt}}{\frac{dx}{dt}}\quad\text{ou}\quad\frac{d_xy}{\Delta x}=\frac{\frac{d_ty}{\Delta t}}{\frac{d_tx}{\Delta t}}=\frac{d_ty}{d_tx}.\tag{2}$$

On trouve les valeurs cherchées de y'_x, y''_x, y'''_x, etc., en fonction des dérivées de même ordre de x, y par rapport à t, en appliquant cette formule à y, y'_x, y''_x, etc. On obtient ainsi

$$\frac{dy}{dx}=\frac{\frac{dy}{dt}}{\frac{dx}{dt}},\qquad \frac{d^2y}{dx^2}=\frac{dy'_x}{dx}=\frac{\frac{dy'_x}{dt}}{\frac{dx}{dt}}=\frac{\frac{dx}{dt}\frac{d^2y}{dt^2}-\frac{dy}{dt}\frac{d^2x}{dt^2}}{\frac{dx^3}{dt^3}},$$

et, de même, pour y_x''', en supprimant au numérateur et au dénominateur le facteur $\frac{dx^2}{dt^2}$,

$$\frac{d^3y}{dx^3}=\frac{dy_x''}{dx}=\frac{\frac{dy_x''}{dt}}{\frac{dx}{dt}}=\frac{\frac{d^3y}{dt^3}\frac{dx^2}{dt^2}-\frac{dx}{dt}\frac{dy}{dt}\frac{d^3x}{dt^3}-3\frac{dx}{dt}\frac{d^2x}{dt^2}\frac{d^2y}{dt^2}+3\frac{dy}{dt}\frac{d^2x^2}{dt^4}}{\frac{dx^5}{dt^5}},\text{ etc.}$$

Exemples. 1° On trouve, en appliquant les deux premières formules à l'expression du rayon de courbure ρ d'une courbe,

$$\pm\rho=\frac{\left(1+\frac{dy^2}{dx^2}\right)^{\frac{3}{2}}}{\frac{d^2y}{dx^2}}=\frac{\left(\frac{dx^2}{dt^2}+\frac{dy^2}{dt^2}\right)^{\frac{3}{2}}}{\frac{dx}{dt}\frac{d^2y}{dt^2}-\frac{dy}{dt}\frac{d^2x}{dt^2}}.$$

2° Quand y et x sont donnés explicitement en fonction de t, le procédé qui a servi à trouver les formules permet d'obtenir aisément y_x', y_x'', etc., exprimées au moyen de t, sans recourir à ces formules. Soient, par exemple, $x=at-a\sin t$, $y=a-a\cos t$ (équations de la cycloïde). On trouve

$$y_x'=\frac{\sin t}{1-\cos t},\qquad y_x''=\frac{(1-\cos t)\cos t-\sin^2 t}{a(1-\cos t)^3}=-\frac{1}{a(1-\cos t)^2}.$$

De même, si $x=\cos t$, on trouve

$$(1-x^2)\frac{d^2y}{dx^2}-x\frac{dy}{dx}+y=-\frac{d^2y}{dt^2}+y.$$

3° *Cas particulier où* $y=t$. Alors $\frac{dy}{dt}=1$, $\frac{d^2y}{dt^2}=0$, $\frac{d^3y}{dt^3}=0$, etc. Donc

$$\frac{dy}{dx}=\frac{1}{\frac{dx}{dy}},\quad \frac{d^2y}{dx^2}=-\frac{\frac{d^2x}{dy^2}}{\frac{dx^2}{dy^2}},\quad \frac{d^3y}{dx^3}=\frac{3\frac{d^2x^2}{dy^4}-\frac{dx}{dy}\frac{d^3x}{dy^3}}{\frac{dx^5}{dy^5}},\text{ etc.}\qquad(3)$$

Exemple. On trouve, au moyen de ces formules,

$$\pm\rho=\frac{\left(1+\frac{dy^2}{dx^2}\right)^{\frac{3}{2}}}{\frac{d^2y}{dx^2}}=-\frac{\left(1+\frac{dx^2}{dy^2}\right)^{\frac{3}{2}}}{\frac{d^2x}{dy^2}}.$$

REMARQUE. La première formule (3), rapprochée de (2), peut s'écrire

$$\frac{d_x y}{\Delta x} = \frac{d_t y}{d_t x} = \frac{\Delta y}{d_y x}$$

Donc, *la dérivée d'une fonction y, par rapport à une variable x, est égale au quotient des dérivées ou des différentielles de la fonction y et de la variable x prises par rapport à une autre variable t ou y.* Au fond, cette proposition est identique à celle qui termine le n° 135.

La seconde des équations (1), à laquelle on peut donner la forme

$$\frac{d_x^2 y}{\Delta x^2} = -\frac{d_y^2 x}{d_y x^2},$$

prouve que $\frac{d^2 y}{dx^2}$, $\frac{d^2 x}{dy^2}$ sont de signes contraires, si $\frac{dx}{dy}$, ou $\frac{dy}{dx}$, est réel.

On peut encore déduire de (1),

$$\frac{d_t^2 y}{d_t x^2} = \frac{d_x^2 y}{\Delta x^2} + \frac{d_t^2 x}{d_t x^2} \frac{d_x y}{\Delta x},$$

et, si l'on fait $\Delta x = d_t x$,

$$d_t^2 y = d_x^2 y + d_t^2 x \frac{d_x y}{\Delta x},$$

ce qui prouve qu'il faut se garder d'étendre au second ordre, ce qui a été dit pour le premier (189, I). Ainsi, si $y = x^4$, $t = x^2$, on trouve $d_x^2 y = 12x^2 \Delta x^2$, $d_t^2 y = 2\,\Delta t^2$, et, à cause de $\Delta t = 2\,x d_t x$, $d_t^2 y = 8\,x^2 d_t x^2$. Les deux valeurs sont différentes parce que, dans une différentiation, on suppose Δt constant, et dans l'autre, Δx.

192. *Changement de variable dépendante.* Soient $F(x, y, u, t) = 0$, $f(x, y, u, t) = 0$, deux relations qui définissent x, y, en fonction de u, t. Il y a, en outre, une relation entre y et x, de manière que l'on peut regarder x, y, u comme des fonctions de t. Les équations

$$D_t F = 0, \quad D_t f = 0; \quad D_t^2 F = 0, \quad D_t^2 f = 0; \quad D_t^3 F = 0, \quad D_t^3 f = 0; \text{ etc,}$$

donneront les dérivées de x, y, par rapport à t, en fonction des dérivées *de même ordre* de u par rapport à t. On peut procéder de la même manière dans le cas où le nombre des relations est $n + 3$, ces relations contenant n fonctions auxiliaires, outre x, y, u, t. Si $y = t$ est l'une de ces relations, on peut éliminer t et effectuer directement les dérivations par rapport à y. Ex. : Soient $x = r \cos t$, $y = r \sin t$. Alors

$$\frac{dx}{dt} = \frac{dr}{dt} \cos t - r \sin t, \qquad \frac{d^2 x}{dt^2} = \frac{d^2 r}{dt^2} \cos t - 2\frac{dr}{dt} \sin t - r \cos t,$$

$$\frac{dy}{dt}=\frac{dr}{dt}\sin t+r\cos t,\qquad \frac{d^2y}{dt^2}=\frac{d^2r}{dt^2}\sin t+2\frac{dr}{dt}\cos t-r\sin t;$$

$$\pm\rho=\frac{\left(\frac{dx^2}{dt^2}+\frac{dy^2}{dt^2}\right)^{\frac{3}{2}}}{\frac{dx}{dt}\cdot\frac{d^2y}{dt^2}-\frac{dy}{dt}\frac{d^2x}{dt^2}}=\frac{\left(\frac{dr^2}{dt^2}+r^2\right)^{\frac{3}{2}}}{2\frac{dr^2}{dt^2}-r\frac{d^2r}{dt^2}+r^2}.$$

II. **Plusieurs variables indépendantes. 193.** *Problème proposé.* Étant données une ou plusieurs relations qui définissent u comme fonction de trois variables indépendantes x, y, z et quatre relations, au moins, qui définissent u, , y, z, comme fonctions de U, X, Y, Z, on se propose d'exprimer les dérivées partielles de u, par rapport à x, y, z, au moyen des dérivées partielles de U, par rapport à X, Y, Z. La solution de ce problème est contenue dans celle du problème du n° 190; il suffit de procéder comme aux n°s 191, 192, en regardant successivement chacune des quantités X, Y, Z comme étant seule variable.

194. *Changement de variables indépendantes.* On a

$$\frac{du}{dX}=\frac{du}{dx}\frac{dx}{dX}+\frac{du}{dy}\frac{dy}{dX}+\frac{du}{dz}\frac{dz}{dX};\ \frac{du}{dY}=\frac{du}{dx}\frac{dx}{dX}+\text{etc.};\ \frac{du}{dZ}=\frac{du}{dx}\frac{dx}{dZ}+\text{etc.}$$

et d'autres relations analogues à celles-ci, en les dérivant une ou plusieurs fois, et successivement, par rapport à X, Y, Z. On déduit de là les dérivées de u par rapport à x, y, z, en fonction des dérivées de u, x, y, z, par rapport à X, Y, Z.

195. *Changement de variable dépendante.* En dérivant par rapport à X, Y, Z, les relations qui définissent x, y, z, u comme fonctions de X, Y, Z, U, on obtiendra des équations donnant les dérivées de x, y, z, u par rapport à X, Y, Z, au moyen des dérivées de U par rapport à X, Y, Z.

196. *Application.* Si les relations entre x, y, z, X, Y, Z sont linéaires et telles, en outre, que $x^2+y^2+z^2=X^2+Y^2+Z^2$, on trouve, après des calculs assez longs,

$$\frac{du^2}{dx^2}+\frac{du^2}{dy^2}+\frac{du^2}{dz^2}=\frac{du^2}{dX^2}+\frac{du^2}{dY^2}+\frac{du^2}{dZ^2},$$

$$\frac{d^2u}{dx^2}+\frac{d^2u}{dy^2}+\frac{d^2u}{dz^2}=\frac{d^2u}{dX^2}+\frac{d^2u}{dY^2}+\frac{d^2u}{dZ^2}.$$

Les expressions transformées ont été appelées *paramètres différentiels* de u du premier et du second ordre. Dans le cas actuel, $U=u$.

CHAPITRE I. Théorème de Rolle.

I. **Préliminaires.** **197**. *Fonctions croissantes, fonctions décroissantes, fonctions ni croissantes ni décroissantes.* Une fonction réelle $y = Fx$ d'une variable réelle est dite *croissante* ou *décroissante* pour la valeur x de la variable, selon que l'accroissement $\Delta y = F(x + \Delta x) - Fx$ de la fonction, correspondant à un accroissement *positif* Δx de la variable x, est positif ou négatif, pour une valeur de Δx suffisamment petite et pour toutes les valeurs inférieures. Ex. : $A + x$, $10\,x$, e^x sont des fonctions croissantes, $a - x$, x^{-1}, e^{-x} des fonctions décroissantes pour toute valeur de x, $\mathrm{l}x$ est croissant pour x positif; $\sin x$ est croissant de $x = -\frac{1}{2}\pi$ inclusivement, à $x = \frac{1}{2}\pi$ exclusivement, décroissant de $\frac{1}{2}\pi$ inclusivement à $\frac{3}{2}\pi$ exclusivement. Les fonctions $x \sin x^{-1}$, $x^2 \sin x^{-1}$, supposées nulles pour $x = 0$, ne sont ni croissantes, ni décroissantes pour $x = 0$ (Comp. n° 96).

198. Théorème. *Si, pour une certaine valeur de x, une fonction $y = Fx$ est croissante et a une dérivée $F'x$, cette dérivée est positive ou nulle; si elle est décroissante et a une dérivée, cette dérivée est négative ou nulle; si elle n'est ni croissante ni décroissante et a une dérivée, cette dérivée est nulle.* Réciproquement *si, pour une certaine valeur de x, la dérivée $F'x$ est positive, la fonction est croissante; si la dérivée est négative, la fonction est décroissante; si la dérivée est nulle, la fonction peut être croissante, ou décroissante, ou n'être ni croissante ni décroissante.* Dans cet énoncé, $F'x = \lim(\Delta y : \Delta x)$, Δx étant positif. Le théorème subsiste si $\lim(\Delta y : \Delta x)$, pour Δx négatif, n'est pas égal à $\lim(\Delta y : \Delta x)$ pour Δx positif. I. Si F est croissante, ΔF et $(\Delta F : \Delta x)$ sont positifs; donc, $\lim(\Delta F : \Delta x)$ est positive (finie ou infinie) ou nulle (25). Réciproquement, soit $F'x$ positive et d'abord finie. De $\lim(\Delta y : \Delta x) = F'x$ ou $(\Delta y : \Delta x) = F'x + \varepsilon$, ε étant infiniment petit, on déduit $\Delta y = \Delta x (F'x + \varepsilon)$; $F'x$ étant positive, il en est de même de $F'x + \varepsilon$ et, par suite, de $\Delta x(F'x + \varepsilon) = \Delta y$, puisque Δx est positif. Si $F'x = +\infty$, cela signifie que $(\Delta y : \Delta x)$ est aussi grand que l'on veut et positif; donc

Δy est positif. II. Démonstration analogue, si $F'x$ ou Δy est négatif. III. Si une fonction n'est ni croissante ni décroissante, elle ne peut donc avoir une dérivée positive ou négative, mais elle peut avoir une dérivée nulle ou ne pas en avoir. Ex. : 1° La dérivée $\cos x$ de $\sin x$ est positive de $x = -\frac{1}{2}\pi$ à $x = \frac{1}{2}\pi$ exclusivement, négative de $x = \frac{1}{2}\pi$ à $\frac{3}{2}\pi$ exclusivement; elle est nulle pour $x = -\frac{1}{2}\pi$, valeur pour laquelle $\sin x$ est croissant, et pour $x = \frac{1}{2}\pi$, valeur pour laquelle $\sin x$ est décroissant. 2° $y = +\sqrt{(2px)}$, pour $x = 0$, est croissante et a une dérivée infinie positive. 3° $y = +(a^{\frac{2}{3}} - x^{\frac{2}{3}})^{\frac{3}{2}}$, pour $x = 0$, est décroissante et a une dérivée infinie négative. 4° $y = x^2 \sin x^{-1}$, ni croissante, ni décroissante pour $x = 0$, a, comme dérivée, pour cette valeur, $\lim (y : x) = \lim x \sin x^{-1} = 0$. 5° $y = x \sin x^{-1}$, ni croissante, ni décroissante pour $x = 0$, n'a pas de dérivée pour cette valeur (96).

199. Remarque. I. Énoncé faux du théorème : *La dérivée d'une fonction est positive ou négative, suivant que cette fonction est croissante ou décroissante.* La dérivée peut être nulle ou être indéterminée, pour la valeur de x considérée.

II. Ce qui précède ne permet pas de voir si une fonction est croissante ou décroissante pour une valeur de x qui annule sa dérivée. Par exemple, si

$$y = \text{arc tang}\, x - x + \frac{x^3}{3} - \frac{x^5}{5} + \cdots + \frac{x^{4p-1}}{4p-1}, \qquad z = y - \frac{x^{4p+1}}{4p+1},$$

$$u = 1(1+x) - x + \frac{x^2}{2} - \frac{x^3}{3} + \frac{x^4}{4} - \cdots + \frac{x^{2p}}{2p}, \qquad v = u - \frac{x^{2p+1}}{2p+1},$$

$$w = 1(1-x) + x + \frac{x^2}{2} + \frac{x^3}{3} + \cdots + \frac{x^{n-1}}{n-1}, \qquad t = w + \frac{x^n}{n(1-x)},$$

on a

$$y' = \frac{x^{4p}}{1+x^2}, \qquad u' = \frac{x^{2p}}{1+x}, \qquad w' = -\frac{x^{n-1}}{1-x},$$

$$z' = -\frac{x^{4p+2}}{1+x^2}, \quad v' = -\frac{x^{2p+1}}{1+x}, \quad t' = \frac{x^n}{n(1-x)^2}.$$

Les fonctions y, u, t sont croissantes, z, v, w décroissantes pour x positif, mais on ne peut rien conclure de ce qui précède, pour $x = 0$.

200. *Application.* Théorèmes de Rouquet. I. *Si pour* $x = +\infty$, $F'x = A$, A *étant fini ou nul, on a aussi lim* $(Fx : x) = A$. Par hypothèse, d'après la définition du mot limite (17) pour une certaine valeur a de x et pour toutes les valeurs plus grandes, $F'x$ est compris entre $A + \varepsilon$, $A - \varepsilon$, ε étant aussi petit qu'on le veut. On a donc $F'x - (A - \varepsilon) > 0$ et $F'x - (A + \varepsilon) < 0$. Par suite, quel que soit B, la fonction $\varphi x = Fx - (A - \varepsilon)x + B$ est croissante et $\psi x = Fx - (A + \varepsilon)\, x - B$ est décroissante. Prenons B assez grand pour que φa soit positif et ψa négatif. Alors, à partir de $x = a$, φx et $(\varphi x : x)$ sont positifs, ψx et $(\psi x : x)$ sont négatifs. Les inégalités $(\varphi x : x) > 0$, $(\psi x : x) < 0$ peuvent s'écrire

$$A + \varepsilon + \frac{B}{x} > \frac{Fx}{x} > A - \varepsilon - \frac{B}{x}.$$

Pour x suffisamment grand $(B : x)$ devient et reste inférieur à une quantité η aussi petite qu'on le veut. Donc $A + \varepsilon + \eta > (Fx : x) > A - \varepsilon - \eta$. Le rapport $(Fx : x)$ différant de A d'une quantité moindre que $\varepsilon + \eta$, qui est aussi petit qu'on le veut, a donc pour limite A.

Remarque. On étend ce théorème au cas où $x = -\infty$, en posant $x = -t$. On peut observer que *si* $A = F'(\infty)$ *est fini, la fonction* Fx *est infinie en même temps que la variable* x.

II. Si $F'(\infty) = +\infty$, ou si $F'(\infty) = -\infty$, le théorème et la remarque subsistent et prennent la forme suivante : *Une fonction devient infinie en même temps que sa dérivée pour* $x = \infty$ *ou* $x = -\infty$, *et elle est telle que* $\lim(Fx : x)$ *est infinie et de même signe que la dérivée.* Soit, par exemple, x positif et $F'(\infty) = +\infty$. A partir d'une certaine valeur a de x, $F'x$ est positive et aussi grande qu'on le veut; donc, à partir de $x = a$, $(1 : F'x)$ est compris entre 0 et ε, ε étant positif et aussi petit qu'on le veut. De $(1 : F'x) < \varepsilon$, on déduit $1 - \varepsilon F'x < 0$, et $\psi x = x - \varepsilon Fx - B$ est une fonction décroissante, à partir de $x = a$, quel que soit B. Prenons B assez grand pour que ψa soit négative; alors ψx est négative de $x = a$, à $x = \infty$ et l'on a toujours $x - \varepsilon Fx - B < 0$ ou $x < \varepsilon Fx + B$. Cette inégalité suppose évidemment Fx positive et croissant indéfiniment. On a ensuite

$$0 < \frac{x}{Fx} < \varepsilon + \frac{B}{Fx}.$$

On déduit de là, $\lim (x : Fx) = 0$, ou $\lim (Fx : x) = \infty$.

III. *Si pour* x *tendant vers* x_0, Fx *et* fx *croissent indéfiniment en valeur absolue; si, de plus, l'une de ces deux fonctions est toujours croissante ou décroissante quand* x *tend vers* x_0 *et que* $\lim(F'x : f'x) = A$ (A fini, nul,

$+\infty$, ou $-\infty$), *on a aussi* $\lim(Fx : fx) = A$. Pour fixer les idées, soient $Fx = +\infty$, $fx = +\infty$, fx toujours croissante. Posons $fx = t$, $Fx = \psi t$, on aura $F'x = \psi' t . f'x$. Par suite, pour $x = x_0$ (même si $x_0 = \infty$),

$$\lim \frac{F'x}{f'x} = \lim \psi' t = \lim \frac{\psi t}{t} = \lim \frac{Fx}{fx}.$$

IV. En résumé, *la limite du rapport des fonctions est égal*, EN GÉNÉRAL, *au rapport des dérivées, quand l'une des fonctions devient infinie* (*Règle de l'Hospital*). Cauchy a démontré un théorème inverse, rarement utile, savoir que *la limite des dérivées est*, en général, *égale à celle du rapport des fonctions* (218). Dans le théorème de Rouquet, on suppose l'existence de la limite de $(F'x : f'x)$; dans celui de Cauchy, celle de la limite du rapport $(Fx : fx)$.

201. EXEMPLES. 1° Pour $x = \infty$, $\lim(lx : x) = \lim(x^{-1} : 1) = 0$. On tire de là, en faisant $x = t^{-1}$, $\lim t l t = 0$ pour $t = 0$, résultat que l'on déduit aisément de (200, III); car $\lim(l\,t : t^{-1}) = \lim(t^{-1} : -t^{-2}) = \lim(-t) = 0$. 2° Pour $x = \infty$, $\lim(x^n : e^x) = \lim(nx^{n-1} : e^x) = \lim [n(n-1)x^{n-2} : e^x]$, etc. Que n soit entier ou non, on trouve 0 pour limite. Ce résultat contient le précédent, si l'on fait $n = 1$, $x = lt$. Au contraire, en faisant $x = -t^{-2}$, $2n = m$, on trouve, pour $t = 0$, $\lim t^{-m} e^{-t^{-2}} = 0$.

REMARQUE. On peut établir les résultats précédents, par les éléments, comme il suit : Soit $B = 1 + \alpha$, $\alpha > 0$ et, d'abord, $x = p$ nombre entier, aussi grand qu'on le veut. On a $B^x = (1 + \alpha)^p = 1 + p\alpha +$ etc. Le second membre est plus grand que son $(n+2)^{ième}$ terme

$$\frac{p(p-1)\ldots(p-n)}{1.2.3\ldots(n+1)}\alpha^{n+1} = p^{n+1}\frac{\left(1-\frac{1}{p}\right)\left(1-\frac{2}{p}\right)\cdots\left(1-\frac{n}{p}\right)}{1.2.3\ldots(n+1)}\alpha^{n+1}.$$

On a donc

$$\frac{B^x}{x^n} \text{ ou } \frac{B^p}{p^n} > p\frac{\left(1-\frac{1}{p}\right)\left(1-\frac{2}{p}\right)\cdots\left(1-\frac{n}{p}\right)}{1.2.3\ldots(n+1)}\alpha^{n+1}.$$

Par suite, pour p infini, $\lim(B^x : x^n) = \infty$, ou $\lim(x^n : B^x) = 0$. Si x est compris entre p et $p+1$, $(x^n : B^x)$ est compris entre $(p^n : B^{p+1})$ et $[(p+1)^n : B^p]$ qui ont pour limite zéro. Donc enfin, dans tous les cas, $\lim(x^n : B^n) = 0$, pour $x = \infty$.

II. Théorème de Rolle pour les fonctions d'une variable réelle. **202.** *Extension du sens du terme* CONTINUITÉ. Dans ce chapitre et le suivant, quand nous dirons qu'une fonction est continue, nous supposerons simplement qu'elle reste réelle et ne saute pas brusquement d'une valeur à une autre; mais elle pourra devenir infinie pour une valeur de x, pourvu qu'elle ne saute pas brusquement de $+\infty$ ou $-\infty$ à une autre valeur ou inversement. Ainsi, dans ce sens, x^{-2} est continu pour $x=0$, $x-\mathrm{E}(x)$, discontinue pour $x=1, 2, 3$, etc., x^{-1} pour $x=0$. Cette dernière fonction a, de plus, deux valeurs pour $x=0$.

203. THÉORÈME DE ROLLE. *Si une fonction* $\mathrm{F}x$ *est continue de* x_0 *à* X *inclusivement et s'annule pour* $x=x_0$, $x=\mathrm{X}$ $(x_0<\mathrm{X})$, *la dérivée, supposée continue de* x_0 *à* X, *inclusivement ou exclusivement, s'annule pour une valeur intermédiaire* x_1 *entre* x_0 *et* X. Autrement dit : *Entre deux racines réelles* x_0, X *de l'équation* $\mathrm{F}x=0$, *il y au moins une racine réelle* x_1 *de* $\mathrm{F}'x=0$, *si* $\mathrm{F}x$, $\mathrm{F}'x$, *sont des fonctions continues de* x_0 *à* X, $\mathrm{F}x$ *inclusivement,* $\mathrm{F}'x$ *inclusivement ou exclusivement.* En premier lieu, si $\mathrm{F}x$ est constamment nulle de x_0 à X, il en est de même de la dérivée $\mathrm{F}'x$ et le théorème est évident. Si, en second lieu, $\mathrm{F}x$ n'est pas constamment nulle, cette fonction aura, pour une valeur ξ convenablement choisie entre x_0 et X, une valeur différente de zéro, positive, par exemple. On pourra choisir h assez petit pour que ξ soit compris entre x_0+h et $\mathrm{X}-h$ et que l'on ait $\mathrm{F}\xi$, plus grand que $\mathrm{F}(x_0+h)$ et $\mathrm{F}(\mathrm{X}-h)$, puisque ces valeurs sont aussi voisines de $fx_0=0$ et $f\mathrm{X}=0$ qu'on le veut. De x_0+h à ξ, $\mathrm{F}'x$ ne peut être constamment négative, puisque, dans ce cas, la fonction $\mathrm{F}x$ serait décroissante de x_0+h à ξ (198) et l'on n'aurait pas $\mathrm{F}(x_0+h)<\mathrm{F}\xi$; donc $\mathrm{F}'x$, de x_0+h à ξ, est, au moins pour une valeur a de x, nulle ou positive. Si $\mathrm{F}'a$ est nulle, le théorème est démontré. On prouve de même que, de ξ à $\mathrm{X}-h$, $\mathrm{F}'x$ est, au moins pour une valeur b de x, nulle ou négative. Si $\mathrm{F}'b$ est nulle, le théorème est encore démontré. Si $\mathrm{F}'x$ est positive pour $x=a$, négative pour $x=b$, elle s'annule pour une valeur x_1, intermédiaire entre a et b (92), et, par suite, entre x_0 et X. Ex. : 1° $(x-\alpha)(x-\beta)$ s'annule pour $x=\alpha$, $x=\beta$; la dérivée $2x-\alpha-\beta$, pour la valeur intermédiaire $x=\frac{1}{2}(\alpha+\beta)$. 2° La fonction $\sqrt{(a^2-x^2)}$ s'annule pour $x=-a$, $x=+a$; la dérivée $[-x:\sqrt{(a^2-x^2)}]$, qui est infinie pour ces valeurs extrêmes, s'annule pour $x=0$. 3° $\sin x$ est nul pour $x=0$, $x=\pi$; la dérivée $\cos x$ pour

$x = \frac{1}{2}\pi$. 4° Le théorème ne s'applique pas à la fonction x^{-1}, nulle pour $x = -\infty$, $x = +\infty$, parce qu'elle est discontinue pour $x = 0$. Aucune valeur intermédiaire *entre* $x = -\infty$, $x = +\infty$, n'annule la dérivée x^{-2}. 5° Le théorème ne s'applique pas non plus à la fonction $(a^{\frac{2}{3}} - x^{\frac{2}{3}})^{\frac{3}{2}}$, continue de $x = -a$ à $x = +a$, valeurs pour lesquelles elle s'annule, parce que la dérivée est discontinue pour $x = 0$.

204. *Autre démonstration*. I. *Préliminaires*. Dans ce qui précède, la fonction $F'x$ est supposée continue de x_0 à X, mais est regardée uniquement comme la limite de $(\Delta F : \Delta x)$ pour Δx positif et indéfiniment décroissant. On ne s'inquiète pas de savoir si $F'x$ est aussi la limite de $(\Delta F : \Delta x)$ pour Δx négatif et tendant vers zéro. Autrement dit, on n'a pas besoin de savoir si la dérivée est *unique* pour chaque valeur de x (96). Inversement, si la dérivée est *unique*, on n'a pas besoin de supposer qu'elle soit continue, pourvu que Fx soit fini, comme le prouve la démonstration suivante, due *partiellement* à M. O. Bonnet. Mais, de même que la démonstration du n° 203 suppose le théorème de Cauchy sur la continuité des fonctions (92), la suivante s'appuie sur un lemme appelé *Théorème de Weierstrass*.

II. *Limite supérieure et limite inférieure d'une fonction*. On appelle *limite supérieure* des valeurs d'une fonction qui ne devient pas infinie positive, dans l'intervalle $[x_0, X]$, une quantité L, telle que la fonction, quand x varie de x_0 à X, ne dépasse jamais L, mais dépasse toute valeur inférieure à L. Définition analogue pour la *limite inférieure* l d'une fonction qui ne devient pas infinie négative. La fonction peut atteindre ou ne pas atteindre la limite supérieure ou la limite inférieure. Ex. : $L = 1$, pour $\sin x$, $x - E(x)$, quand x varie de 0 à ∞, $l = -1$, pour $\sin x$, $l = 0$, pour $x - E(x)$; $\sin x$ atteint la valeur 1, $x - E(x)$ ne l'atteint pas.

Une fonction qui ne croît (décroît) pas indéfiniment a une limite supérieure (inférieure), savoir le nombre (commensurable ou incommensurable) qui sépare les valeurs atteintes des valeurs non atteintes par la fonction. En effet, soit y_0 une valeur de la fonction, Y une valeur supérieure à toutes celles que prend la fonction. Formons la suite finie ou indéfinie des couples de quantités (y_1, Y_1), (y_2, Y_2), (y_3, Y_3), etc., d'après la loi suivante : l'une des deux quantités y_n, Y_n est égale à la moyenne $\frac{1}{2}(y_{n-1} + Y_{n-1})$ des deux précédentes; c'est Y_n si cette moyenne est supérieure à toutes les valeurs de la fonction et alors $y_n = y_{n-1}$; c'est y_n dans le cas contraire, et alors $Y_n = Y_{n-1}$. La limite (dans le sens du nº 17) de la suite y_0, y_1, y_2, y_3, etc., si celle-ci est illimitée, ou son dernier terme, si elle est finie, est la quantité L cherchée. D'ailleurs L est aussi le dernier terme, ou la limite, de la suite Y_0, Y_1, Y_2, Y_3, etc.

III. Théorème de Weierstrass. *Une fonction* Fx, *finie et continue de* x_0 *à* X, *atteint, au moins une fois, sa limite supérieure* L *et sa limite inférieure* l *quand* x *varie de* x_0 *à* X. 1° La fonction étant finie, elle a évidemment une limite supérieure L dans l'intervalle $[x_0, X]$. 2° Divisons cet intervalle en deux parties égales $[x_0, \frac{1}{2}(x_0 + X)]$, $[\frac{1}{2}(x_0 + X), X]$. Dans l'un, au moins, de ces intervalles partiels, la fonction aura pour limite L; dans l'autre, la limite L′ sera, au plus, égale à L; car si l'on avait $L' > L$, L′ serait la limite supérieure dans l'intervalle $[x_0, X]$. Appelons $[x_1, X_1]$, l'intervalle partiel où la limite supérieure est encore L; subdivisons-le, à son tour, en deux intervalles égaux; dans l'un $[x_2, X_2]$, au moins, la limite supérieure de la fonction sera encore L. En continuant ainsi indéfiniment, on formera une suite d'intervalles

$$[x_0, X], \quad [x_1, X_1], \quad [x_2, X_2], \quad [x_3, X_3], \quad \text{etc.}$$

dont chacun est la moitié du précédent et où la fonction aura toujours L pour limite supérieure. 3° La suite non décroissante x_0, x_1, x_2, etc. et la suite non croissante X, X_1, X_2, etc., ont une même limite ξ (comparez nº 92). 4° Dans tout intervalle $[\xi - \varepsilon, \xi + \varepsilon']$, si petit qu'il soit, qui comprend ξ, la fonction a pour limite supérieure L, car on peut trouver une valeur de n telle que

$$\xi - \varepsilon < x_n < \xi < X_n < \xi + \varepsilon',$$

puisque x_n et X_n sont aussi rapprochés de ξ que l'on veut. Dans l'intervalle $[x_n, X_n]$, la limite supérieure est L; il en est de même dans l'intervalle plus grand $[\xi - \varepsilon, \xi + \varepsilon']$, car si la limite supérieure était $L' > L$, L ne serait pas la limite supérieure de l'intervalle $[x_0, X]$. 5° Je dis que $F(\xi) = L$. En effet, quelque petit que soit ε'', à cause de la continuité de la fonction, on a $\pm [F(\xi + \lambda\Delta\xi) - F\xi] < \varepsilon''$, pour toute valeur de λ, de 0 à 1, si $\Delta\xi$ est suffisamment petit. Puisque Fx a une limite supérieure L dans tout intervalle contenant ξ, on a, pour λ convenablement choisi, $F(\xi + \lambda\Delta\xi) > L - \varepsilon'''$, quelque petit que soit ε'''. En supposant λ le même dans l'inégalité qui précède celle-ci que dans cette dernière, on peut écrire simultanément

$$F(\xi + \lambda\Delta\xi) = F\xi \pm \theta\varepsilon'', \quad F(\xi + \lambda\Delta\xi) = L - \theta'\varepsilon''',$$

θ et θ' désignant des quantités comprises entre zéro et l'unité. Donc

$$L - F\xi = \theta'\varepsilon''' \pm \theta\varepsilon''.$$

La différence constante $L - F\xi$, étant aussi petite qu'on le veut, est nulle et $F\xi = L$. 6° On démontre, de même, que Fx devient, au moins une fois égale à l.

Remarque. L'important théorème du n° 106 ne s'appuie pas sur le théorème de Weierstrass, les quantités désignées par f_m, f_M dans la démonstration, pouvant être remplacées par l et L, sans qu'il y ait à s'inquiéter si fx atteint ou non ces valeurs extrêmes.

IV. *Démonstration du théorème de Rolle* (Ossian Bonnet). Soit Fx une fonction finie et continue, de x_0 à X, ayant, entre ces limites, pour chaque valeur de x, une dérivée unique; soient, de plus, $Fx_0 = 0$, $FX = 0$. Si Fx est constante dans un intervalle si petit qu'il soit, entre x_0 et X, $F'x$ est nulle dans cet intervalle et le théorème est démontré. Si Fx n'est constante dans aucune intervalle, et a, par conséquent, au moins une valeur positive (ou une valeur négative), supérieure (ou inférieure), à $Fx_0 = FX = 0$, Fx atteindra, d'après le théorème de Weierstrass, une limite $F\xi = L$ (ou l) différente de Fx_0 et FX. Cette limite sera plus grande (ou plus petite) que les valeurs voisines, par exemple, plus grande. On aura donc, pour h suffisamment petit, $F\xi > F(\xi \pm h)$. Alors les rapports $[F(\xi + h) - F\xi] : h$ et $[F(\xi - h) - F\xi] : (-h)$, seront, l'un négatif, l'autre positif; ils doivent avoir, par hypothèse, la même limite, savoir $F'\xi$; donc on a $F'\xi = 0$ (25, 1er cas).

205. *Interprétation géométrique du théorème de Rolle.* Voir n° 105, fin.

III. **Théorème de Lagrange. 206**. *Si* Fx, $F'x$ *sont des fonctions continues, la première de* x_0 *à* X *inclusivement, la seconde de* x_0 *à* X *inclusivement ou exclusivement, on a* $FX - Fx_0 = (X - x_0)F'x_1$, x_1 *étant intermédiaire entre* x_0 *et* X. Posons

$$\frac{FX - Fx_0}{X - x_0} = A, \quad \text{ou} \quad FX - Fx_0 - A(X - x_0) = 0,$$

$$\varphi x = FX - Fx - A(X - x).$$

On trouve $\varphi x_0 = 0$, $\varphi X = 0$, $\varphi' x = A - F'x$. Le théorème de Rolle appliqué à φx donne $\varphi' x_1 = 0$ ou $A = F' x_1$, c'est-à-dire le théorème de Lagrange.

Remarques. I. Au lieu de supposer $F'x$, c'est-à-dire lim $(\Delta F : \Delta x)$ pour Δx positif, continue de x_0 à X, on peut supposer, comme au n° 204 (I, IV), Fx finie et $F'x$ unique entre ces limites.

II. Le théorème de Lagrange et celui de Rolle, qui s'en déduit en faisant $FX = Fx_0 = 0$, ont déjà été démontrés aux n°ˢ 105 et 110, en supposant Fx finie, $F'x$ *unique* ET *continue* de x_0 à X. On peut observer que le théorème subsiste, même sans supposer $F'x$ continue, pourvu que $F'x$ passe par toutes les valeurs intermédiaires entre la valeur la plus grande F'_M et la valeur la plus petite F'_m entre lesquelles oscille $F'x$, les limites F'_M, F'_m, étant des valeurs accessibles ou non pour $F'x$.

Interprétation géométrique. Comme pour le théorème de Rolle (205).

Autre forme. Si l'on écrit x au lieu de x_0 (ou X), $x + \Delta x$ au lieu de X (ou x_0), il vient $\Delta Fx = \Delta x \, F'(x + \theta \Delta x)$, $0 < \theta < 1$, Δx étant positif (ou négatif).

207. Corollaire I. *Si la dérivée* $F'x$ *d'une fonction est une constante* a, *la fonction est discontinue ou de la forme* $ax + b$. En effet, si la fonction est continue, on a évidemment $Fx - Fx_0 = (x - x_0)\,a$, puisque $F'[x_0 + \theta(x - x_0)] = a$; donc $Fx = ax + b$, si $b = Fx_0 - ax_0$. En particulier, *si la dérivée est nulle, la fonction est constante.*

Remarques I. Ce théorème a été démontré, dans l'hypothèse d'une dérivée continue et unique, au n° 103, avec la conséquence : *Deux fonctions qui ont même dérivée ne diffèrent que par une constante.* L'énoncé actuel, où $F'x = \lim(\Delta F : \Delta x)$, pour Δx positif, signale l'existence de fonctions discontinues ayant une dérivée constante, par exemple, $y = x \pm E(x)$ (n° 7).

II. On peut déduire du corollaire I les propriétés fondamentales d'une fonction homogène, d'un déterminant fonctionnel nul et d'un autre déterminant, appelé *Wronskien*, nul aussi. Nous les exposerons plus loin, quand le corollaire I aura été établi pour les fonctions d'une variable imaginaire.

208. Corollaire II. *Une fonction dont la dérivée est nulle pour une valeur* x *de la variable, est croissante* (*décroissante*) *si la dérivée est positive* (*négative*) *pour les valeurs de la variable un peu plus grandes que* x. Si $F'x$ est nulle, mais $F'(x + \theta\Delta x)$ positive, $\Delta x F'(x + \theta \Delta x) = \Delta Fx$ est positif, *moyennant les conditions d'existence du théorème de*

Lagrange (Des conditions analogues seront souvent sous-entendues dans la suite).

209. *Applications.* I. *Valeur approchée et développement en série de arc tang x.* Pour $x=0$, la fonction y du n° 199 est croissante, z décroissante; or $y=0$ et $z=0$ pour $x=0$. Donc, pour x positif, $y>0$, $z<0$; par suite $y-\theta\dfrac{x^{4p+1}}{4p+1}=0$, θ étant convenablement choisi entre 0 et 1. On a donc

$$\text{arc tang}\, x = x - \frac{x^3}{3} + \frac{x^5}{5} - \frac{x^7}{7} + \cdots + \theta\frac{x^{4p+1}}{4p+1};$$

De même,

$$\text{arc tang}\, x = x - \frac{x^3}{3} + \frac{x^5}{5} - \frac{x^7}{7} + \quad - \theta\frac{x^{4p+3}}{4p+3}.$$

On peut changer x en $-x$ dans les deux membres sans toucher à θ, autrement dit, x peut être supposé positif ou négatif. Enfin, si x est, en valeur absolue, inférieur ou égal à l'unité, pour $p=\infty$, la limite du terme en θ est nulle. On a donc, en série indéfinie,

$$\text{arc tang}\, x = x - \frac{x^3}{3} + \frac{x^5}{5} - \frac{x^7}{7} + \text{etc.} \qquad -1 \leqq x \leqq 1$$

Pour $x=1$, on trouve la série de Leibniz :

$$\frac{\pi}{4} = 1 - \frac{1}{3} + \frac{1}{5} - \frac{1}{7} + \text{etc.}$$

II. *Valeur approchée et développement en série* de $\mathrm{l}(1 \pm x)$. On déduit de même, des valeurs de u, v du n° 199,

$$\mathrm{l}(1+x) = x - \frac{x^2}{2} + \frac{x^3}{3} - \frac{x^4}{4} + \cdots + (-1)^{n-1}\theta\frac{x^n}{n}, \qquad x \geqq 0$$

$$\mathrm{l}(1+x) = x - \frac{x^2}{2} + \frac{x^3}{3} - \frac{x^4}{4} + \text{etc}, \qquad 0 \leqq x \leqq 1$$

$$\mathrm{l}\,2 = 1 - \frac{1}{2} + \frac{1}{3} - \frac{1}{7} + \text{etc.}, \qquad \text{(Comp. n° 29, III)}$$

et, des valeurs de w, t du n° 199,

$$\mathrm{l}(1-x) = -\frac{x}{1} - \frac{x^2}{2} - \frac{x^3}{3} - \frac{x^4}{4} - \cdots - \theta\frac{x^n}{n(1-x)},$$

$$\mathrm{l}(1-x) = -\frac{x}{1} - \frac{x^2}{2} - \frac{x^3}{3} - \frac{x^4}{4} - \text{etc.} \qquad 0 \leqq x \leqq 1$$

La formule donnée plus haut, pour $l(1+x)$, subsiste donc si x est négatif et inférieur à 1 en valeur absolue.

210. *Dérivation des fonctions composées.* Moyennant diverses hypothèses, on peut, au moyen du théorème de Lagrange, établir directement la règle des nos 151, 152, *pour les fonctions réelles d'une variable réelle.* Soit $f(u, v)$ une fonction composée de u, v, fonctions de x. Si x reçoit un accroissement Δx, et que Δu, Δv, Δf, soient les accroissements de u, v, f, on trouve successivement (comp. n° 83) :

$$\Delta f = f(u+\Delta u, v+\Delta v) - f(u, v) =$$

$$f(u+\Delta u, v+\Delta v) - f(u+\Delta u, v) + f(u+\Delta u, v) - f(u, v),$$

$$f(u+\Delta u, v+\Delta v) - f(u+\Delta u, v) = \Delta v f'_v(u+\Delta u, v+\theta\Delta v), \quad 0<\theta<1 \quad (1)$$

$$f(u+\Delta u, v) - f(u, v) = \Delta u\, f'_u(u+\theta_1\Delta u, v), \quad 0<\theta_1<1 \quad (2)$$

$$\frac{\Delta f}{\Delta x} = f'_u(u+\theta_1\Delta u, v)\frac{\Delta u}{\Delta x} + f'_v(u+\Delta u, v+\theta\Delta v)\frac{\Delta v}{\Delta x}, \quad (3)$$

$$\frac{df}{dx} = f'_u(u, v)\frac{du}{dx} + f'_v(u, v)\frac{dv}{dx}. \quad (4)$$

L'égalité (1) subsiste si $f(u, v)$, $f'_v(u, v)$, considérées comme fonctions de v, sont continues aux environs de la valeur initiale de v, *pour toutes les valeurs de u,* de u à $u+\Delta u$; l'égalité (2) subsiste si $f(u, v)$, $f'_u(u, v)$ considérées comme fonctions de u, sont continues aux environs de la valeur initiale de u, pour la valeur initiale de v; enfin le passage de (3) à (4) est légitime, si $\lim f'_u(u+\theta_1\Delta u, v) = f'_u(u, v)$, ce qui est la dernière condition énoncée, et si $\lim f'_v(u+\Delta u, v+\theta\Delta v) = f'_v(u, v)$ *condition qui diffère de toutes les précédentes,* parce que l'on suppose ici que Δu, Δv tendent *simultanément* vers zéro.

211. *Théorème de Lagrange, dans le cas de fonctions de plusieurs variables.* Soit $f(x, y)$ une fonction telle que le théorème de Lagrange soit applicable à $f(x+ht, y+kt) = Ft$ considérée comme fonction de t, de sorte que $Ft - F0 = tF'(\theta t)$. On aura, par la règle de dérivation des fonctions composées (151, 152), si $u = x+ht$, $v = y+kt$, $Ft = f(u, v)$,

$$F't = f'_u(u, v)\frac{du}{dt} + f'_u(u, v)\frac{dv}{dt},$$

ou, puisque $u'_t = h$, $v'_t = k$,

$$F't = f'_u(x+ht, y+kt)\,h + f^v(x+ht, y+kt)\,k$$

La relation $Ft - F0 = tF'(\theta t)$ devient

$$f(x+ht, y+kt) - f(x, y) = ht\, f'_u(x+\theta ht, y+\theta kt) + kt\, f'_v(x+\theta ht, y+\theta kt).$$

Posons $ht = \Delta x$, $kt = \Delta y$; nous obtiendrons enfin

$$f(x+\Delta x, y+\Delta y) - f(x,y) = \Delta x\, f'_x(x+\theta\Delta x, y+\theta\Delta y) + \Delta y\, f'_y(x+\theta\Delta x, y+\theta\Delta y).$$

Dans cette formule, $f'_x(x+\theta\Delta x, y+\theta\Delta y)$ désigne la même chose que $f'_u(x+\theta\Delta x, y+\theta\Delta y)$, c'est-à-dire la dérivée $f'_x(x, y)$ où x est remplacé par $x+\theta\Delta x$, y par $y+\theta\Delta y$, ou encore $f'_u(u, v)$ où u est remplacé par $x+\theta\Delta x$, v par $y+\theta\Delta y$.

Si l'on fait $x = x_0$, $x+\Delta x = X$, $x+\theta\Delta x = x_1$, $y = y_0$, $y+\Delta y = Y$, $y+\theta\Delta y = y_1$, on peut encore écrire

$$f(X, Y) - f(x_0, y_0) = (X - x_0)\, f'_x(x_1, y_1) + (Y - y_0)\, f'_y(x_1, y_1).$$

Une formule analogue subsiste pour une fonction d'autant de variables que l'on veut.

IV. **Théorème de Cauchy. 212.** *Si Fx, fx sont des fonctions continues de x_0 à X_0 inclusivement, l'une d'elles étant toujours croissante ou toujours décroissante dans cet intervalle, si de plus* $(F'x : f'x)$ *est une fonction continue de x_0 à X, inclusivement ou exclusivement, on a*

$$\frac{FX - Fx_0}{fX - fx_0} = \frac{F'x_1}{f'x_1}, \qquad x_0 < x_1 < X.$$

Soit, par exemple, fx croissante de x_0 à X. Posons $fx = t$, $fx_0 = t_0$, $fX = T$, $Fx = \psi t$. Alors $F'x = \psi' t . f'x$. Le théorème de Lagrange donne

$$\frac{\psi T - \psi t_0}{T - t_0} = \psi' t_1, \qquad t_0 < t_1 < T;$$

ou, en remarquant que $t_1 = fx_1$, x_1 étant compris entre x_0 et X,

$$\frac{FX - Fx_0}{fX - fx_0} = \frac{F'x_1}{f'x_1}.$$

On considérerait les rapports inverses, si Fx seule était croissante ou décroissante de x_0 à X.

Autre démonstration. Au lieu de supposer fx (ou Fx) croissante ou décroissante de x_0 à X, et le rapport $(F'x : f'x)$ continu entre x_0 et X, on peut supposer que $f'x$ (ou $F'x$) ne s'annule pas entre x_0 et X, et que $F'x$, $f'x$ soient continues entre x_0 et X. Dans cette hypothèse, fx est croissante ou décroissante de x_0 à X et, par suite, $fX - fx_0$ n'est pas nul. Posons

$$\frac{FX - Fx_0}{fX - fx_0} = A \quad \text{ou} \quad FX - Fx_0 - A(fX - fx_0) = 0,$$
$$\varphi x = FX - Fx - A(fX - fx).$$

On trouve $\varphi x_0 = 0$, $\varphi X = 0$, $\varphi' x = Af'x - F'x$. Le théorème de Rolle appliqué à φx, donne $\varphi' x_1 = 0$, ou $Af'x_1 = F'x_1$. Comme $f'x_1$ n'est pas nulle, on tire de là $A = (F'x_1 : f'x_1)$, c'est-à-dire le théorème de Cauchy.

213. Remarques. I. Au lieu de supposer $\psi' t = (F'x : f'x)$ continue, on peut supposer, dans la première démonstration, cette dérivée *unique* pour chaque valeur de x et Fx fini. Même remarque pour $F'x$, $f'x$, ou $\varphi' x$ dans la seconde démonstration.

II. Les conditions des démonstrations données plus haut ne sont pas équivalentes; quand fx est croissante, $f'x$ peut être nulle; quand $(F'x : f'x)$ est continu, $F'x$ et $f'x$ peuvent être discontinues et inversement.

III. Le théorème de Lagrange appliqué aux fonctions Fx et fx donne

$$FX - Fx_0 = (X - x_0)\,F'x_1, \qquad fX - fx_0 = (X - x_0)\,f'x_2,$$

x_1 et x_2 étant peut-être différents. Par suite,

$$\frac{FX - Fx_0}{fX - fx_0} = \frac{F'x_1}{f'x_2},$$

théorème moins précis que celui de Cauchy, d'où l'on ne peut pas tirer les conséquences des n°s 214 et suivants (voir 218). L'égalité précédente existe moyennant les conditions du théorème de Lagrange pour Fx, fx, lesquelles ne sont que partiellement identiques à celles de la première et de la seconde démonstration du n° 212.

Autre forme du théorème de Cauchy. Soient $x = x_0$ (ou $x = X$), $x + \Delta x = X$ (ou $x + \Delta x = x_0$); alors $x_1 = x + \theta \Delta x$ et l'on a

$$\frac{F(x + \Delta x) - Fx}{f(x + \Delta x) - fx} = \frac{F'(x + \theta \Delta x)}{f'(x + \theta \Delta x)}.$$

Interprétation géométrique (Première démonstration). Si Fx et fx ou ψt et t sont respectivement l'ordonnée et l'abscisse d'une courbe, le rapport $[(FX - Fx_0) : (FX - fx_0)]$ est le coefficient de direction d'une sécante passant par deux points (fx_0, Fx_0), (fX, FX), et $(F'x_1' : f'x_1)$ celui d'une tangente en un point intermédiaire; donc, l'interprétation géométrique est encore celle du n° 105.

V. Vraies valeurs des expressions prenant une forme indéterminée. 214. *Définition.* Dans ce qui suit, nous appliquerons une ou plusieurs fois le théorème de Cauchy à diverses fonctions; nous supposerons donc que ces fonctions vérifient les conditions de l'une ou l'autre démonstration du n° 212, mais nous n'énoncerons pas explicitement ces conditions. On appelle *vraie valeur* d'une expression χx qui devient indéterminée pour $x = a$, la limite de $\chi(a+h)$ pour $\lim h = 0$. D'après la nature des questions traitées, h est positif ou négatif, ou indifféremment positif et négatif (ou même imaginaire, comme on le verra au chapitre suivant). De même, on appelle vraie valeur d'une expression χx qui devient indéterminée pour $x = \pm\infty$, la limite de χx pour x croissant indéfiniment en valeur absolue, ou de $\chi(t^{-1})$ pour $\lim t = 0$.

215. *Formes indéterminées* (0 : 0). *Principe, ou extension du théorème de Cauchy.* Soient pour $x = a$, Fa, $F'a$, ... $F^{n-1}a$, fa, $f'a$, ..., $f^{n-1}a$ nulles, $F^n x$, $f^n x$ non nulles toutes deux pour $x = a$. On aura, d'après le théorème de Cauchy,

$$\frac{F(a+h)}{f(a+h)} = \frac{F(a+h) - Fa}{f(a+h) - fa} = \frac{F'(a+h_1)}{f'(a+h_1)} = \frac{F'(a+h_1) - F'a}{f'(a+h_1) - f'a}$$

$$= \frac{F''(a+h_2)}{f''(a+h_2)} = \dots = \frac{F^{n-1}(a+h_{n-1}) - f^{n-1}a}{f^{n-1}(a+h_{n-1}) - f^{n-1}a} = \frac{F^n(a+h_n)}{f^n(a+h_n)},$$

h_1 étant une partie θh de h, h_2 une partie de h_1, et ainsi de suite. Faisons tendre h vers 0, il viendra

$$\lim \frac{F(a+h)}{f(a+h)} = \text{vraie valeur de } \frac{Fa}{fa} = \lim \frac{F^n(a+h_n)}{f^n(a+h_n)} = \text{vraie valeur de } \frac{F^n a}{f^n a},$$

relation que l'on écrit, le plus souvent, comme il suit :

$$\lim \frac{Fx}{fx} = \lim \frac{F^n x}{f^n x},$$

x dans le premier membre représentant $a+h$, dans le second $a+h_n$, ce qui n'a pas d'inconvénient. Si $F^n a$ est fini, $f^n a$, infini, la vraie valeur est nulle; si $F^n a$ est infini, $f^n a$ fini, la limite est infinie; si $F^n a = \infty$, $f^n a = \infty$, on se trouve dans le cas du n° 200, etc. Le cas le plus simple est celui où $\lim F^n x = F^n a$, $\lim f^n x = f^n a$, $F^n a$, $f^n a$ étant finies, c'est-à-dire que $F^n x$, $f^n x$ sont continues même pour $x = a$. Alors $\lim (Fx : fx) = (F^n a : f^n a)$ (Règle de l'Hospital généralisée).

Extension au cas où $a = \infty$. Soient $F(\infty) = 0$, $f(\infty) = 0$. Posons $x = t^{-1}$; on aura

$$\frac{Fx}{fx} = \frac{F(t^{-1})}{f(t^{-1})} = \frac{F(t^{-1}) - F\left(\frac{1}{0}\right)}{f(t^{-1}) - f\left(\frac{1}{0}\right)} = \left[\frac{D_t F(t^{-1})}{D_t f(t^{-1})}\right]_{\theta t} = \left[\frac{F'_x(x)\frac{dx}{dt}}{f'_x(x)\frac{dx}{dt}}\right]_{x=\frac{1}{\theta t}} = \frac{F'\left(\frac{x}{\theta}\right)}{f'\left(\frac{x}{\theta}\right)}.$$

Lorsque x croît indéfiniment, il en sera de même de $\frac{x}{\theta} = x_1$, on a donc

$$\lim \frac{Fx}{fx} = \lim \frac{F'x_1}{f'x_1} ;$$

et l'on pourra continuer de même, si $F'\infty = 0$, $f'\infty = 0$. On doit observer ici que les conditions de continuité des fonctions doivent être vérifiées relativement à $F(t^{-1})$, $f(t^{-1})$, $[D_t F(t^{-1}) : D_t f(t^{-1})]$, etc.

Remarque. *Si pour* $x = \infty$, Fx *a une limite nulle et* $F'x$ *une limite finie* A, *celle-ci est nulle aussi*. En effet, supposons, s'il est possible, A différent de zéro. On a $Fx - Fx_0 = (x - x_0) F'x_1$. Pour x_0 suffisamment grand et $x > x_0$, $F'x_1$ est aussi voisin de A que l'on veut et, par suite, le second membre peut devenir aussi grand que l'on veut, ce qui est absurde, puisque le premier a pour limite $-Fx_0$, pour $x = \infty$.

D'après cette remarque, la règle de l'Hospital, dans le cas où $a = \infty$, ne peut jamais conduire à la limite cherchée, si les dérivées des fonctions considérées jouissent de la propriété que nous venons de signaler, à moins qu'on ne transforme l'une des expressions trouvées (Voir, plus bas, exemple sixième).

Exemples. 1° Pour $x = a$, $\lim \frac{x^m - a^m}{x^n - a^n} = \lim \frac{mx^{m-1}}{nx^{n-1}} = \frac{m}{n} a^{m-n}$.

2° Pour $x = 0$, $\lim \frac{1 - e^x}{\sin x} = \lim \frac{-e^x}{\cos x} = -1$.

3° Pour $x = \frac{1}{2}\pi$, $\lim \frac{1 - \sin x}{\cos x} = \lim \frac{\cos x}{\sin x} = 0$.

4° Pour $x = 0$, $\lim \frac{\text{Sh}\, x - x}{x - \sin x} = \lim \frac{\text{Ch}\, x - 1}{1 - \cos x} = \lim \frac{\text{Sh}\, x}{\sin x} = \lim \frac{\text{Ch}\, x}{\cos x} = 1$.

5° Pour $x = 0$, on trouve successivement

$$\lim \frac{e^x - e^{\sin x}}{x - \text{Sh}\, x} = \lim \frac{e^x - e^{\sin x}\cos x}{1 - \text{Ch}\, x} = \lim \frac{e^x - e^{\sin x}\cos^2 x + e^{\sin x}\sin x}{-\text{Sh}\, x}$$

$$= \lim \frac{e^x - e^{\sin x}\cos^3 x + 3e^{\sin x}\sin x \cos x + e^{\sin x}\cos x}{-\text{Ch}\, x} = -1.$$

6° Pour $x = \infty$,

$$\lim \frac{l\left(1+\frac{1}{x^2}\right)}{\frac{1}{x+x^2}} = \lim \frac{-\left(1+\frac{1}{x^2}\right)^{-1} 2x^{-3}}{-\frac{1+2x}{(x+x^2)^2}} \text{ ou } \lim \frac{2\left(1+\frac{1}{x^2}\right)^{-1}\left(1+\frac{1}{x}\right)^2}{2+\frac{1}{x}} = 1.$$

216. Remarques I. Le dernier exemple peut se traiter comme il suit :

$$\lim \frac{l\left(1+\frac{1}{x^2}\right)}{\frac{1}{x+x^2}} = \lim \frac{l\left(1+\frac{1}{x^2}\right)}{\frac{1}{x^2}} \times \lim\left(1+\frac{1}{x}\right) = \lim \frac{l\left(1+\frac{1}{x^2}\right)}{\frac{1}{x^2}}.$$

En faisant $x^{-2} = z$, la dernière limite devient celle de $[l(1+z):z]$ pour $z=0$, c'est-à-dire l'unité. On peut aussi poser immédiatement $t = x^{-1}$.

II. On arrive donc quelquefois plus rapidement au but par des procédés élémentaires (changement de variables, suppressions de facteurs dont la limite est connue, transformation de l'expression donnée, etc.) que par l'emploi de la formule du n° 215 seule. Celle-ci, appliquée à certaines expressions, n'en donnerait jamais la vraie valeur. Ainsi, pour $x = \infty$, on aurait

$$\lim \frac{\text{Sh } x}{\text{Ch } x} = \lim \frac{\text{Ch } x}{\text{Sh } x} = \lim \frac{\text{Sh } x}{\text{Ch } x} = \lim \frac{\text{Ch } x}{\text{Sh } x}, \text{ etc.},$$

indéfiniment, sans jamais apprendre si l'une ou l'autre de ces expressions a une limite, tandis que par l'algèbre élémentaire, on trouve immédiatement

$$\lim \frac{\text{Sh } x}{\text{Ch } x} = \lim \frac{e^x - e^{-x}}{e^x + e^{-x}} = \lim \frac{1 - e^{-2x}}{1 + e^{-2x}} = 1.$$

III. Si l'on trouve lim A = lim B = 0 ou ∞, il faut se garder de croire que lim (A : B) = 1. Ainsi, pour $x = 0$, $\lim (x^2 : \sin x) = \lim (2x : \cos x) = 0$; mais $\lim [(x^2 : \sin x) : (2x : \cos x)] = \frac{1}{2}$.

217. *Autres formes indéterminées.* I. *Formes* ($\infty : \infty$). Si $Fx = \infty$, $fx = \infty$, pour $x = a$, $(Fx : fx)$ prend une forme indéterminée ($\infty : \infty$), à laquelle la règle de l'Hospital est souvent applicable, comme on l'a vu, n° 200. On peut aussi ramener ces expressions à celles du cas précédent, en observant que

$$\frac{Fx}{fx} = \frac{1}{fx} : \frac{1}{Fx}$$

prend la forme $(0:0)$. Ainsi, pour $x = \frac{1}{2}\pi$,

$$\lim \frac{\tan x}{(\frac{1}{2}\pi - x)^{-1}} = \lim \frac{\frac{1}{2}\pi - x}{\cot x} = \lim \frac{-1}{(-1 : \sin^2 x)} = 1.$$

Remarque. *Si, pour $x = a$, a étant fini, Fx est infinie, la dérivée $F'x$, pour x tendant vers a, ne peut avoir une limite finie.* Car, on a (206) $FX - F(a+h) = (X - a - h) F'x_1$, $a + h$ étant compris entre X et a. Si, pour x tendant vers a, ou h vers 0, $F'x$ tend vers une limite finie A, $F'x_1$ ne diffèrera guère de A, si X est voisin de a; donc, $FX - Fa$ serait voisin de $A(X - a)$, ce qui est absurde, puisque $Fa = \infty$. Conséquence relative à la règle de l'Hospital, comme au n° 215, remarque.

Autre démonstration du théorème de Rouquet (Genocchi et Peano). On a identiquement, par le théorème de Cauchy, supposé applicable,

$$\frac{Fx}{fx} = \frac{Fx - Fx_0}{fx - fx_0} \frac{\left(1 - \frac{fx_0}{fx}\right)}{\left(1 - \frac{Fx_0}{Fx}\right)} = \frac{F'x_1}{f'x_1} \frac{\left(1 - \frac{fx_0}{fx}\right)}{\left(1 - \frac{Fx_0}{Fx}\right)}.$$

Soient $Fx = \infty$, $fx = \infty$, pour $x = \infty$. Si, pour $x = \infty$, le rapport $(F'x : f'x)$ a une limite finie A, on pourra prendre x_0 et par suite x_1, qui surpasse x_0, assez grand pour que $(F'x_1 : f'x_1)$ diffère de A aussi peu qu'on veut. Ensuite, *après avoir choisi ainsi x_0*, on peut prendre x suffisamment grand pour que

$$\frac{1 - \frac{fx_0}{fx}}{1 - \frac{Fx_0}{Fx}}$$

diffère de l'unité aussi peu qu'on le veut. Donc, enfin,

$$\frac{Fx}{fx} = (A \pm \varepsilon)(1 \pm \varepsilon')$$

ε et ε' étant aussi petits que l'on veut, ou encore

$$\lim \frac{Fx}{fx} = A.$$

On ramène à ce cas celui où la limite est infinie, en renversant le rapport $(Fx : fx)$, et celui où $Fx = \infty$, $fx = \infty$ pour $x = a$, en posant $x = a + t^{-1}$, et fesant croitre t indéfiniment.

II. *Formes* $0 \times \infty$. Le produit $Fx \cdot fx$ prend la forme indéterminée $0 \cdot \infty$, pour $x = a$, si $Fa = 0$, $fa = \infty$. On ramène à $(0 : 0)$ ou $(\infty : \infty)$, en observant que

$$Fx \cdot fx = \frac{Fx}{\left(\frac{1}{fx}\right)} = \frac{fx}{\left(\frac{1}{Fx}\right)}$$

Ex. Pour $x = 0$, $\lim x\,lx = 0$; pour $x = \infty$, $\lim x^n e^{-x} = 0$ (n° 201). Des transformations élémentaires donnent parfois plus facilement le résultat. On trouve, par exemple, pour $x = \frac{1}{2}\pi$,

$$\lim \left[\frac{\tang x}{\cos^n x} \times \frac{1 - \sin x}{\sin x}\right] = 0, \ \frac{1}{2}, \ \text{ou} \ \infty,$$

selon que $n = 0$, 1, ou 2; pour le voir, il suffit de multiplier et diviser cette expression par $1 + \sin x$.

III. *Formes* $\infty - \infty$. La différence $Fx - fx$ prend la forme indéterminée $\infty - \infty$, pour $x = a$, si $Fa = \infty$, $fa = \infty$. On a

$$Fx - fx = Fx \times \frac{Fx - fx}{Fx}$$

expression qui se trouve dans le cas précédent, si, pour $x = a$, la limite du second facteur est nulle. Si elle est finie, l'expression $Fx - fx$ est infinie. Ainsi, pour $x = \frac{1}{2}\pi$,

$$\lim \left(\frac{\text{séc}\, x}{\cos^n x} - \frac{\tang x}{\cos^n x}\right) = 0, \ \frac{1}{2} \ \text{ou} \ \infty, \ \text{selon que} \ n = 0, \ 1, \ 2.$$

IV. *Formes* $0^0, \infty^0, 1^\infty$. Les exponentielles $y = Fx^{fx}$ prennent les formes indéterminées $0^0, \infty^0$, ou 1^∞ pour $x = a$, si l'on a 1° $Fa = 0$, $fa = 0$; 2° $Fa = \infty$, $fa = 0$; 3° $Fa = 1$, $fa = \infty$. Dans les trois cas, on observe que

$$\lim y = \lim e^{\,ly} = e^{\lim ly}, \quad \lim ly = \lim (fx \log Fx).$$

La dernière expression rentre dans le type précédent. Ex. 1° $y = x^x$ pour $x = 0$, a pour logarithme $x\,lx$ dont la limite est nulle; donc $\lim x^x = 0$. 2° $y = x^{\frac{1}{x}}$ pour $x = \infty$, a pour logarithme $lx : x$, dont la limite est nulle. Donc $\lim y = 1$. 3° $y = (1 + ax)^{\frac{1}{x}}$, pour $x = 0$, a pour logarithme $[l(1 + ax) : x]$ dont la limite est a (n° 42). Donc, $\lim y = e^a$.

Autre méthode pour les expressions 1^∞. Posons $\varphi x = Fx - 1$. On a (41)

$$\lim Fx^{fx} = \lim (1 + \varphi x)^{fx} = \lim (1 + \varphi x)^{\frac{1}{\varphi x}(fx\varphi x)} = e^{\lim fx\varphi x}.$$

Il faut donc chercher $\lim fx\,(\mathrm{F}x - 1)$ au lieu de $\lim fx \log \mathrm{F}x$. Ces limites sont les mêmes, car

$$\lim \frac{\log \mathrm{F}x}{\mathrm{F}x - 1} = \lim \frac{\log (1 + \varphi x)}{\varphi x} = 1.$$

218. Remarques. I. *Démonstration incomplète de la règle relative aux expressions* (0 : 0). La formule particulière

$$\lim \frac{\mathrm{F}(a+h)}{f(a+h)} = \frac{\mathrm{F}'a}{f'a},$$

peut se déduire 1° de la formule du n° 213, III ; 2° de la définition des dérivées. En effet,

$$\lim \frac{\mathrm{F}(a+h)}{f(a+h)} = \lim \frac{\mathrm{F}(a+h) - \mathrm{F}a}{f(a+h) - fa}$$

$$= \lim \frac{\left[\dfrac{\mathrm{F}(a+h) - \mathrm{F}a}{h}\right]}{\left[\dfrac{f(a+h) - fa}{h}\right]} = \frac{\left[\lim \dfrac{\mathrm{F}(a+h) - \mathrm{F}a}{h}\right]}{\left[\lim \dfrac{f(a+h) - fa}{h}\right]} = \frac{\mathrm{F}'a}{f'a}.$$

Ces démonstrations supposent $\mathrm{F}'a$, $f'a$ non nuls à la fois, puisque la limite d'une fraction n'est égale au quotient des limites du numérateur et du dénominateur que si l'un, au moins, n'est pas nul. On ne peut donc pas en tirer la règle générale du n° 215. La formule du n° 213, III, ne conduit à rien si $\mathrm{F}'a = 0$, $f'a = 0$. En effet, en y faisant $x = a + h$, $x_1 = a + h_1$, $x_2 = a + h_2$, par le théorème de Lagrange,

$$\frac{\mathrm{F}(a+h)}{f(a+h)} = \frac{\mathrm{F}(a+h) - \mathrm{F}a}{f(a+h) - fa} = \frac{\mathrm{F}'(a+h_1)}{f'(a+h_2)} = \frac{\mathrm{F}'(a+h_1) - \mathrm{F}'a}{f'(a+h_2) - f'a} = \frac{h_1 \mathrm{F}''(a+\theta h_1)}{h_2 \mathrm{F}''(a+\theta_1 h_2)}.$$

La présence dans le second membre des facteurs inconnus h_1, h_2, différents peut-être, empêche qu'on déduise rien de précis de cette égalité, quand h, h_1, h_2 tendent vers zéro.

II. *Démonstration incomplète de la règle relative aux expressions* ($\infty : \infty$). Dans le cas où l'on sait, *à priori*, que $(\mathrm{F}x : fx)$ a une limite A pour $x = a$, $\mathrm{F}a$, fa étant infinis et $(\mathrm{F}x)^{-1}$, $(fx)^{-1}$ vérifiant les conditions du théorème de Cauchy, on peut établir comme il suit, la règle du n° 200. Soit, en premier lieu, A différent de 0 et de ∞. On a

$$\mathrm{A} = \lim \frac{\mathrm{F}x}{fx} = \lim \frac{(fx)^{-1}}{(\mathrm{F}x)^{-1}} = \lim \frac{\mathrm{D}(fx)^{-1}}{\mathrm{D}(\mathrm{F}x)^{-1}} = \left[\frac{-f'x}{(fx)^2} : \frac{-\mathrm{F}'x}{(\mathrm{F}x)^2}\right] =$$

$$\lim \left(\frac{\mathrm{F}x}{fx}\right)^2 \times \lim \frac{f'x}{\mathrm{F}'x} = \mathrm{A}^2 \lim \frac{f'x}{\mathrm{F}'x}.$$

On déduit de là,

$$\lim \frac{F'x}{f'x} = A.$$

En second lieu, si 0 est la limite de $(Fx : fx)$, on a, d'après ce premier cas, en ajoutant l'unité au rapport $(Fx : fx)$,

$$1 = \lim\left(\frac{Fx}{fx} + 1\right) = \lim \frac{Fx + fx}{fx} = \lim \frac{F'x + f'x}{f'x} = \lim\left(\frac{F'x}{f'x} + 1\right),$$

d'où aisément $\lim (F'x : f'x) = 0$. Enfin, en troisième lieu, si $\lim(Fx : fx) = \infty$, on a $\lim (f'x : F'x) = \lim (fx : Fx) = 0$ et, par suite, $\lim (F'x : f'x) = \infty$.

Cette démonstration ne peut servir que rarement à chercher la vraie valeur des expressions $(\infty : \infty)$, puisque, le plus souvent, on ne sait pas à priori, si $(Fx : fx)$ a une limite, comme on le suppose dans la démonstration.

III. *Cas où la règle de l'Hospital est dite en défaut.* Quand on n'a pas

$$\lim \frac{Fx}{fx} = \lim \frac{F'x}{f'x},$$

évidemment, alors, l'une au moins des conditions d'existence de la règle de l'Hospital est en défaut. Ainsi, pour $x = \infty$, on n'a pas

$$\lim \frac{2x + \sin x}{2x - \sin x} = \lim \frac{2 + \cos x}{2 - \cos x}$$

puisque la première expression est égale à 1, la seconde indéterminée. Cela provient de ce que $2x \pm \sin x$, n'est pas une fonction toujours croissante, que $2 \pm \cos x$ n'est pas continue pour $x = \infty$, ou plutôt, $2 + \cos t^{-1}$ pour $t = 0$, etc.

VI. Théorème de Rolle pour les fonctions d'une variable imaginaire. 219. *Définition d'une fonction d'une variable imaginaire.* Une expression $u = v + wi$ est appelée, d'après Riemann, une fonction Fz (ou d'après Cauchy, une fonction *monogène*, c'est-à-dire à dérivée *unique*) de $z = x + yi$, si $v = \varphi(x, y)$, $w = \varphi(x, y)$ sont des fonctions réelles de x et de y, telles que la limite de $(\Delta u : \Delta z)$ ou $[(\Delta v + i\Delta w) : (\Delta x + i\Delta y)]$ existe et soit unique, de quelque manière que Δx, Δy tendent simultanément vers zéro, même si le rapport $(\Delta y : \Delta x)$ ne tend vers aucune limite déterminée. On appelle cette limite unique de $(\Delta u : \Delta z)$, la dérivée de Fz, et on la représente par $F'z$, D_zFz, ou $\frac{du}{dz}$. Ex.: Les fonctions élémentaires (133, 138, 143).

220. *Conditions nécessaires et suffisantes, auxquelles doivent satisfaire φ et ψ.* I. Si $\lim(\Delta u : \Delta z) = F'z$, quel que soit Δz, on trouve, en faisant d'abord $\Delta z = \Delta x$,

$$F'z = \lim \frac{F(z + \Delta x) - Fz}{\Delta x}$$

$$= \lim \frac{\varphi(x + \Delta x, y) - \varphi(x, y)}{\Delta x} + i \lim \frac{\psi(x + \Delta x, y) - \psi(x, y)}{\Delta x}$$

ou encore,

$$F'z = \frac{\partial F}{\partial x} = \varphi'_x(x, y) + i\psi'(x, y).$$

On a, de même, en faisant ensuite $\Delta z = i\,\Delta y$,

$$F'z = \lim \frac{F(z + i\Delta y) - Fz}{i\Delta y} = \frac{1}{i}\frac{\partial F}{\partial y} = \frac{1}{i}[\varphi'_y(x, y) + i\psi'_y(x, y)].$$

En égalant ces deux expressions de $F'z$, on obtient les conditions cherchées, savoir :

$$\varphi'_x(x, y) = \psi'_y(x, y), \quad \psi'_x(x,y = -\varphi'_y(x, y).$$

Exemple : Si $F = e^z$, on a (67), $\varphi = e^x \cos y$, $\psi = e^x \sin y$ et l'on trouve

$$\varphi'_x = e^x \cos y = \psi'_y, \quad \psi'_x = -e^x \sin y = -\varphi'_y.$$

Corollaire. Supposons que les dérivées de φ et ψ aient elles-mêmes des dérivées. Dérivons une fois par rapport à x, une fois par rapport à y, les équations de conditions précédentes, puis éliminons entre les relations trouvées φ''_{xy}, ψ''_{xy}. Nous obtiendrons ainsi les identités

$$\varphi''_x + \varphi''_y = 0, \quad \psi''_x + \psi''_y = 0.$$

II. Les conditions nécessaires sont suffisantes, dans le cas où le théorème de Lagrange existe pour les fonctions φ et ψ de deux variables (211). On a alors

$$\Delta v = \Delta x\,\varphi'_x(x_1, y_1) + \Delta y\,\varphi'_y(x_1, y_1), \quad \Delta w = \Delta x\,\psi'_x(x_2, y_2) + \Delta y\,\psi'_y(x_2, y_2),$$

en désignant par (x_1, y_1), (x_2, y_2) des valeurs de x, y, comprises entre x et $x + \Delta x$, y et $y + \Delta y$. Par suite

$$\Delta u = \Delta v + i\,\Delta w$$

$$= \Delta x\,[\varphi'_x(x_1, y_1) + i\psi'_x(x_2, y_2)] + i\,\Delta y\,[\psi'_y(x_2, y_2) - i\,\varphi'_y(x_1, y_1)],$$

ou, en tenant compte des relations $\varphi'_y = -\psi'_x$, $\psi'_y = \varphi'_x$,

$$\Delta u = \Delta x\,[\varphi'_x(x_1, y_1) + i\psi'_x(x_2, y_2)] + i\,\Delta y\,[\varphi'_x(x_2, y_2) + i\,\psi'_x(x_1, y_1)].$$

On peut encore mettre cette expression sous la forme suivante :

$$\Delta u = (\Delta x + i\,\Delta y)\,[\varphi'_x(x_1, y_1) + i\,\psi'_x(x_1, y_1)]$$
$$+ i\,\Delta x\,[\psi'_x(x_2, y_2) - \psi'_x(x_1, y_1)] + i\,\Delta y\,[\varphi'_x(x_2, y_2) - \varphi'_x(x_1, y_1)].$$

On déduit de là, puisque $\Delta z = \Delta x + i\,\Delta y$,

$$\frac{\Delta u}{\Delta z} = \varphi'_x(x_1, y_1) + i\,\psi'_x(x_1\, y_1)$$
$$+ \frac{i\Delta x}{\Delta x + i\Delta y}[\psi'_x(x_2, y_2) - \psi'_x(x_1, y_1)] + \frac{i\Delta y}{\Delta x + i\Delta y}[\varphi'_x(x_2, y_2) - \varphi'_x(x_1, y_1)].$$

Si Δx, Δy tendent vers zéro, x_1, x_2 tendent vers x, et y_1, y_2 vers y, les rapports

$$\frac{i\,\Delta x}{\Delta x + i\,\Delta y} = \frac{\Delta x \Delta y - i\,\Delta x^2}{\Delta x^2 + \Delta y^2} = \frac{\Delta x}{\sqrt{\Delta x^2 + \Delta y^2}}\,\frac{\Delta y}{\sqrt{\Delta x^2 + \Delta y^2}} - i\,\frac{\Delta x^2}{\Delta y^2 + \Delta y^2},$$

$$\frac{i\,\Delta y}{\Delta x + i\,\Delta y} = \frac{i\,\Delta x \Delta y + \Delta y^2}{\Delta x^2 + \Delta y^2} = i\,\frac{\Delta x}{\sqrt{\Delta x^2 + \Delta y^2}}\,\frac{\Delta y}{\sqrt{\Delta x^2 + \Delta y^2}} + \frac{\Delta y^2}{\Delta x^2 + \Delta y^2},$$

n'ont pas une limite infinie. Donc

$$\lim \frac{\Delta u}{\Delta z} = \varphi'_x\,(x, y) + i\,\psi'_x\,(x, y),$$

ce qui prouve que les conditions $\varphi'_x = \psi'_y$, $\varphi'_y = -\psi'_x$ sont suffisantes pour que u ait une dérivée.

221. Théorème. *Si la dérivée* F'z *d'une fonction* Fz *de* z *est constamment nulle,* Fz *est une constante par rapport à* x *et à* y. En effet,

$$\frac{\partial F}{\partial x} = F'z = 0, \qquad \frac{\partial F}{\partial y} = iF'z = 0;$$

donc F ne dépend, ni de x, ni de y (103 ou 207).

Corollaires. I. *Deux fonctions de* z *qui ont même dérivée ne diffèrent que par une constante* (104 ou 207).

II. *Si la différentielle* $du = d_x u + d_y u + d_z u$ *d'une fonction* u *de plusieurs variables réelles ou imaginaires* x, y, z, *est constamment nulle,* u *est une constante.* Car $du = 0$ entraine $d_x u = 0$, $d_y u = 0$, $d_z u = 0$, ou $D_x u = 0$, $D_y u = 0$, $D_z u = 0$. Par suite, u est indépendant de x, y, z.

III. *Si deux fonctions* u, U *de* x, y, z, *ont même différentielle totale, elles ne diffèrent que par une constante.*

222. Théorème de Lagrange généralisé. Supposons la fonction $Fz = \varphi(x, y) + i\psi(x, y)$ continue (c'est-à-dire φ et ψ), ainsi que sa dérivée $F'z$ (c'est-à-dire $\varphi'_x = \psi'_y$, $\varphi'_y = -\psi'_x$), pour les valeurs de z correspondant aux points de la droite $y = ax + b$, passant par les points A (x_0, y_0) et D (X, Y), de sorte que

$$a = \frac{Y - y_0}{X - x_0}, \qquad b = y_0 - x_0 \frac{Y - y_0}{X - x_0}.$$

La fonction Fz est supposée continue depuis $z_0 = x_0 + y_0 i$ jusqu'à $Z = X + Yi$ inclusivement, $F'z$ depuis z_0 jusqu'à Z inclusivement ou exclusivement.

Si x_1 et $y_1 = ax_1 + b$ sont les coordonnées d'un point I_1 convenablement choisi entre A et B, on a, d'après le théorème de Lagrange (211),

$$\varphi(X, Y) - \varphi(x_0, y_0) = (X - x_0)\varphi'_x(x_1, y_1) + (Y - y_0)\varphi'_y(x_1, y_1)$$

ou encore, puisque $\varphi'_y = -\psi'_x$,

$$\Delta\varphi_0 = \Delta x_0 \varphi'_x(x_1, y_1) - \Delta y_0 \psi'_x(x_1, y_1).$$

Le second membre est *la partie réelle* du produit

$$(\Delta x_0 + i\,\Delta y_0)\,[\varphi'_x(x_1, y_1) + i\,\psi'_x(x_1, y_1)],$$

ou de $\Delta z_0 F'z_1$, si l'on pose $\Delta z = Z_0 - z_0 = \Delta x_0 + i\,\Delta y_0$, $z_1 = x_1 + y_1 i$. On écrit ce résultat de la manière suivante :

$$\Delta\varphi_0 = \mathfrak{R}\Delta z_0 F'z_1.$$

On prouve, de même, que

$$\Delta i\psi_0 = \mathfrak{I}\Delta z_0 F'z_2,$$

$\mathfrak{I}$ signifiant *la partie imaginaire de*, et $z_2 = x_2 + y_2 i$ désignant une valeur de z correspondant à un point de AB intermédiaire entre A, B.

En réunissant les deux résultats précédents et remarquant que $FZ - Fz = \Delta\varphi_0 + i\,\Delta\psi_0$, il vient

$$FZ - Fz_0 = \mathfrak{R}\Delta z_0 F'z_1 + \mathfrak{I}\Delta z_0 F'z_2.$$

223. *Autre forme du théorème de Lagrange généralisé.* Soient

$$FZ - Fz_0 = Re^{ai}, \quad \Delta z_0 = He^{ki}, \quad F'z_1 = R_1 e^{bi}, \quad F'z_2 = R_2 e^{ci}.$$

Le théorème de Lagrange généralisé peut s'écrire

$$Re^{ai} = R_1 H \cos(k + b) + i\,R_2 H \sin(k + c).$$

Par suite,

$$R^2 = R_1^2 H^2 \cos^2(k + b) + R_2^2 H^2 \sin^2(k + c).$$

Dans le second membre, remplaçons R_1 et R_2 par la plus grande de ces deux quantités, si elles sont inégales, par R_1, par exemple ; puis $\cos^2(k+b)$, $\sin^2(k+c)$ par l'unité. Il viendra

$$R \leq R_1 H \sqrt{2} \quad \text{ou} \quad R = \lambda \sqrt{2} R_1 H,$$

λ étant une quantité qui n'est ni négative, ni supérieure à l'unité. Remplaçons, dans la dernière égalité multipliée par e^{ai}, Re^{ai}, H et R_1 par leurs valeurs

$$Re^{ai} = FZ - Fz_0, \quad H = \Delta z_0 e^{-ki}, \quad R_1 = F'z_1 e^{-bi}.$$

Il viendra, en posant $\alpha = a - k - b$,

$$FZ - Fz_0 = \lambda \sqrt{2} e^{\alpha i} \Delta z F' z_1,$$

cas particulier d'un *théorème de* Darboux, que l'on peut déduire de la formule du n° 225.

224. Théorème de Rolle généralisé. Soit $Fz_0 = FZ$. Alors

$$\mathfrak{R}(Z - z_0) F'z_1 = 0, \qquad \mathfrak{I}(Z - z_0) F'z_2 = 0,$$

ou

$$\lambda \sqrt{2} e^{\alpha i} (Z - z_0) F'z_1 = 0,$$

ce qui entraîne $\lambda = 0$ ou $F'z_1 = 0$.

Remarque. On ne peut pas déduire, des théorèmes que nous venons d'établir, un théorème analogue à celui de Cauchy, mais seulement un théorème semblable à celui qui est énoncé dans la troisième remarque du n° 213.

225. *Autre forme du théorème de Lagrange.* Si Fz est la fonction dont il est question au n° 222, on a $FZ - Fz_0 = \int_{z_0}^{Z} F'z dz$, le second membre signifiant la limite de la somme de toutes les expressions $F'zdz$ correspondant aux points de subdivision indéfiniment rapprochés de la droite AB. On a, en effet,

$$F'z \Delta z = (\varphi'_x + i\psi'_x)(\Delta x + i\Delta y) = (\varphi'_x \Delta x - \psi'_x \Delta y) + i(\varphi'_x \Delta y + \psi'_x \Delta x).$$

Mais $\varphi'_x = \psi'_y$, $\varphi'_y = -\psi'_x$, $y = ax + b$ et, par suite, $\Delta y = a\,\Delta x$, $y' = a$; puis

$$\varphi'_x \Delta x - \psi'_x \Delta y = \varphi'_x \Delta x + \varphi'_y a\,\Delta x = \frac{d\varphi(x, ax+b)}{dx} \Delta x,$$

$$\varphi'_x \Delta y + \psi'_x \Delta x = \psi'_x \Delta x + \psi'_y a\,\Delta x = \frac{d\psi(x, ax+b)}{dx} \Delta x.$$

Donc, d'après le n° 110,

$$\int_{z_0}^{Z} F'z\Delta z = \int_{x_0}^{X} \frac{d\varphi(x, ax+b)}{dx} dx + i \int_{x_0}^{X} \frac{d\psi(x, ax+b)}{dx} dx$$

$$= \varphi(X, aX+b) - \varphi(x_0, ax_0+b) + i[\psi(X, aX+b) - \psi(x_0, ax_0+b)]$$
$$= \varphi(X, Y) - \varphi(x_0, y_0) + i[\psi(X, Y) - \psi(x_0, y_0)] = FZ - Fz_0.$$

VII. **Propriétés fondamentales des fonctions homogènes, des wronskiens et des déterminants fonctionnels nuls. 226.** *Propriétés fondamentales des fonctions homogènes.* I. Une fonction $F(x, y, z)$ de trois (ou d'un nombre quelconque de) variables x, y, z, réelles ou imaginaires, est dite *fonction homogène*, de degré m, de ces variables, si l'on a, quel que soit t,

$$F(tx, ty, tz) = t^m F(x, y, z). \tag{1}$$

Exemples :

$$ax^2 + by^2 + cz^2 + 2hxy + 2gxz + 2fyz, \quad \frac{1}{x}E\left(\frac{y}{z}\right) + \frac{1}{z}l\left(\frac{z}{x}\right) + \frac{1}{z}\sin\frac{x}{z},$$

$$\frac{x+y+z}{\sqrt{x^2+y^2+z^2}}, \quad \sqrt{x} + \sqrt{y} + \sqrt{z},$$

sont des fonctions homogènes de degré 2, — 1, 0, $\frac{1}{2}$.

II. *Les dérivées partielles d'une fonction homogène de degré m, sont des fonctions homogènes de degré $(m-1)$.* On déduit, en effet, de la relation (1), en dérivant par rapport à x, puis divisant par t, $F'_{tx}(tx, ty, tz) = t^{m-1}F'_x(x, y, z)$.

III. *La somme des produits des dérivées partielles d'une fonction homogène de degré m par les variables correspondantes est égale à m fois la fonction;* et réciproquement. On déduit de (1)

$$\frac{F(tx, ty, tz)}{t^m} = F(x, y, z), \tag{2}$$

puis, en dérivant, par rapport à t,

$$\frac{txF'_{tx}(tx,ty,tz) + tyF'_{ty}(tx,ty,tz) + tzF'_{tz}(tx,ty,tz) - mF(tx,ty,tz)}{t^{m+1}} = 0, \tag{3}$$

et, enfin, en faisant $t = 1$,

$$xF'_x(x, y, z) + yF'_y(x, y, z) + zF'_z(x, y, z) - mF(x, y, z) = 0, \tag{4}$$

ce qui est l'égalité à démontrer. Réciproquement, de (4), on déduit (3), en changeant x en tx, y en ty, z en tz, et divisant par t^{m+1}. Or (3), d'après le n° 221, ou 103, exprime que $[F(tx, ty, tz) : t^m]$ est indépendant de t et, par suite, égal à la valeur que prend cette expression pour $t = 1$, c'est-à-dire, à $F(x, y, z)$. On a donc l'égalité (2) ou (1) et $F(x, y, z)$ est une fonction homogène (Démonstration de GENOCCHI et PEANO).

IV. COROLLAIRE. Des théorèmes II, III, on déduit

$$x^2\frac{d^2F}{dx^2} + y^2\frac{d^2F}{dy^2} + z^2\frac{d^2F}{dz^2} + 2xy\frac{d^2F}{dxdy} + 2xz\frac{d^2F}{dxdz} + 2yz\frac{d^2F}{dydz} = m(m-1)F,$$

ou symboliquement

$$\left(x\frac{d}{dx} + y\frac{d}{dy} + z\frac{d}{dz}\right)^2 F = m(m-1)F,$$

et des relations analogues pour les dérivées d'ordre supérieur.

227. *Propriétés fondamentales des wronskiens*. I. MUIR appelle *wronskien* de plusieurs fonctions r, s, t, u d'une variable réelle ou imaginaire z, le déterminant

$$\begin{vmatrix} r & s & t & u \\ r' & s' & t' & u' \\ r'' & s'' & t'' & u'' \\ r''' & s''' & t''' & u''' \end{vmatrix}, \qquad (1)$$

que l'on représente par $W(r, s, t, u)$.

On trouve immédiatement, par des calculs élémentaires, que si $s = rS$, $t = rT$, $u = rU$, on a

$$W(r, s, t, u) = r^4 W(S', T', U'),$$

relation utile en calcul intégral.

II. On trouve ensuite (n° 156), en dérivant le wronskien,

$$D_z W(r, s, t, u) = \begin{vmatrix} r & s & t & u \\ r' & s' & t' & u' \\ r'' & s'' & t'' & u'' \\ r^{\text{IV}} & s^{\text{IV}} & t^{\text{IV}} & u^{\text{IV}} \end{vmatrix}. \qquad (2)$$

III. *Un wronskien $W(r, s, t, u)$ est identiquement nul si l'une des fonctions r, s, t, u est identiquement nulle, ou s'il existe entre elles une relation linéaire homogène; et* RÉCIPROQUEMENT. Si r, par exemple, est identiquement nul, il en est de même des dérivées r', r'', r''' et W, ayant une colonne de zéros, est aussi identiquement nul. Si l'on a $u = ar + bs$, et, par suite, $u' = ar' + bs'$, $u'' = ar'' + bs''$, $u''' = ar''' + bs'''$, W

aura une colonne de zéros, lorsque l'on retranchera de la quatrième colonne, la première multipliée par a et la seconde multipliée par b. Réciproquement, si W est identiquement nul, une des fonctions r, s, t, u est nulle, ou bien il existe entre r, s, t, u une relation linéaire. Supposons d'abord cette réciproque établie pour les wronskiens à trois lignes et prouvons qu'elle est vraie pour les wronskiens à quatre lignes. Soient k, m, n, p, les mineurs de W par rapport à r''', s''', t''', u'''. Ces mineurs sont eux-mêmes des wronskiens à trois lignes. Si l'un d'eux est identiquement nul, il existe une relation linéaire entre les fonctions qui y entrent, (d'après l'hypothèse faite sur les wronskiens à trois lignes) et le théorème est démontré. Si aucun des mineurs k, m, n, p, n'est égal à zéro, considérons les relations identiques

$$kr + ms + nt + pu = 0, \qquad (3_1)$$
$$kr' + ms' + nt' + pu' = 0, \qquad (3_2)$$
$$kr'' + ms'' + nt'' + pu'' = 0, \qquad (3_3)$$
$$kr''' + ms''' + nt''' + pu''' = 0, \qquad (3_4)$$

obtenues en exprimant les propriétés des mineurs du déterminant nul W. A cause de $D_1W = 0$, on a encore, d'après la formule (2),

$$kr^{\text{IV}} + ms^{\text{IV}} + nt^{\text{IV}} + pu^{\text{IV}} = 0. \qquad (3_5)$$

En dérivant successivement (3_1) (3_2) (3_3) (3_4), et simplifiant la dérivée de chacune de ces équations, au moyen de la suivante,

$$k'r + m's + n't + p'u = 0,$$
$$k'r' + m's' + n't' + p'u' = 0,$$
$$k'r'' + m's'' + n't'' + p'u'' = 0,$$
$$k'r''' + m's''' + n't''' + p'u''' = 0.$$

Ces quatre relations donnent immédiatement, d'après les propriétés des équations homogènes linéaires et la définition de k, m, n, p,

$$\frac{k'}{k} = \frac{m'}{m} = \frac{n'}{n} = \frac{p'}{p}, \quad \text{ou} \quad \mathrm{Dl}k = \mathrm{Dl}m = \mathrm{Dl}n = \mathrm{Dl}p.$$

Par suite, d'après les nos 221 ou 103, α, β, γ étant des constantes,

$$\mathrm{l}m = \mathrm{l}k + \mathrm{l}\alpha, \quad \mathrm{l}n = \mathrm{l}k + \mathrm{l}\beta, \quad \mathrm{l}p = \mathrm{l}k + \mathrm{l}\gamma,$$
$$m = \alpha k, \quad n = \beta k, \quad p = \gamma k.$$

Substituant ces valeurs de m, n, p, dans l'identité $kr + ms + nt + pu = 0$, elle devient, après division par k, $r + \alpha s + \beta t + \gamma u = 0$, relation qu'il fallait démontrer.

IV. Remarque. On peut évidemment établir des théorèmes analogues aux précédents sur des wronskiens où les dérivées sont remplacées par des différentielles partielles ou totales des fonctions considérées.

228. *Propriété fondamentale des déterminants fonctionnels nuls. Un déterminant fonctionnel* $\frac{d(u, v, w)}{d(x, y, z)}$ *est identiquement nul, si l'une des fonctions composantes u, v, w est constante ou fonction de une ou plusieurs des autres fonctions composantes; et* réciproquement. I. Si, en premier lieu, on a, par exemple, $w =$ une constante c, le déterminant

$$\frac{d(u, v, w)}{d(x, y, z)} = \begin{vmatrix} \frac{du}{dx} & \frac{dv}{dx} & \frac{dw}{dx} \\ \frac{du}{dy} & \frac{dv}{dy} & \frac{dw}{dy} \\ \frac{du}{dz} & \frac{dv}{dz} & \frac{dw}{dz} \end{vmatrix}$$

est nul comme ayant sa dernière colonne formée de zéros. Si, en second lieu, $w = \mathrm{F}(u, v)$, on a

$$\frac{dw}{dx} = \frac{d\mathrm{F}}{du}\frac{du}{dx} + \frac{d\mathrm{F}}{dv}\frac{dv}{dx}, \quad \frac{dw}{dy} = \frac{d\mathrm{F}}{du}\frac{du}{dy} + \frac{d\mathrm{F}}{dv}\frac{dv}{dy}, \quad \frac{dw}{dz} = \frac{d\mathrm{F}}{du}\frac{du}{dz} + \frac{d\mathrm{F}}{dv}\frac{dv}{dz}.$$

Donc, en retranchant la première colonne du déterminant multipliée par F'_u et la seconde multipliée par F'_v, de la dernière colonne, celle-ci ne contient plus que des zéros, et, par suite, le déterminant est identiquement nul.

II. Réciproquement, si le déterminant fonctionnel est identiquement nul, ou bien l'une des fonctions u, v, w est constante, ou l'une d'elles est fonction d'une ou de plusieurs des autres. En effet, soient

$$u = f(x, y, z), \quad v = \varphi(x, y, z), \quad w = \psi(x, y, z)$$

les relations qui définissent u, v, w, une ou plusieurs variables pouvant toutefois manquer dans les expressions f, φ, ψ. Supposons aussi le théorème établi pour les déterminants à deux lignes. En premier lieu, si l'une des trois relations, la dernière, par exemple, $w = \psi$, ne contient, dans le second membre, ni x, ni y, ni z, w est une constante et le théorème est démontré. En second lieu, si aucune des trois expressions f, φ, ψ ne se réduit à une constante, il faut nécessairement que l'une au moins contienne l'une des variables, par exemple, que f contienne x, de sorte que $f'_x(x, y, z)$ n'est pas identiquement nulle. Substituons la valeur de x, en u (et, peut-être, en y et z) tirée de $u = f(x, y, z)$, dans celles des autres relations $v = \varphi(x, y, z)$, $w = \psi(x, y, z)$ qui contiennent x. On pourra écrire le résultat de la substitution, *dans tous les cas*, sous la forme

$$v = \chi(u, y, z), \qquad w = \pi(u, y, z),$$

les trois variables u, y, z n'existant pas nécessairement dans les expressions χ et π. On aura ensuite, par des transformations élémentaires,

$$\frac{d(u, v, w)}{d(x, y, z)} = \begin{vmatrix} \frac{du}{dx} & \frac{d\chi}{du}\frac{du}{dx} & \frac{d\pi}{du}\frac{du}{dx} \\ \frac{du}{dy} & \frac{d\chi}{du}\frac{du}{dy} + \frac{d\chi}{dy} & \frac{d\pi}{du}\frac{du}{dy} + \frac{d\pi}{dy} \\ \frac{du}{dz} & \frac{d\chi}{du}\frac{du}{dz} + \frac{d\chi}{dz} & \frac{d\pi}{du}\frac{du}{dz} + \frac{d\pi}{dz} \end{vmatrix} = \begin{vmatrix} \frac{du}{dx} & 0 & 0 \\ \frac{du}{dy} & \frac{d\chi}{dy} & \frac{d\pi}{dy} \\ \frac{du}{dz} & \frac{d\chi}{dz} & \frac{d\pi}{dz} \end{vmatrix}$$

$$= \frac{du}{dx} \times \frac{d(\chi, \pi)}{d(y, z)} = 0;$$

d'où, puisque $\frac{du}{dx}$ n'est pas identiquement nulle, $\frac{d(\chi, \pi)}{d(y, z)} = 0$. Dans cette dernière relation, u joue le rôle d'une constante. Le théorème sur les déterminants fonctionnels étant supposé vrai, pour les déterminants fonctionnels à quatre lignes, on a donc $\pi = F(u, \chi)$ ou $w = F(u, v)$, ce qu'il fallait démontrer.

CHAPITRE II. Théorèmes de Taylor et de Newton.

I. Fonctions d'une seule variable indépendante. 229. *Fonctions entières.* Soit $fz = a_0 + a_1 z + a_2 z^2 + \cdots + a_m z^m$. On aura

$$f(z + h) = A_0 + A_1 h + A_2 h^2 + A_3 h^3 + \cdots + A_m h^m,$$

$A_0, A_1, A_2, \ldots, A_m$ étant des fonctions entières de z. Dérivant m fois cette relation par rapport à h, puis faisant $h = 0$, on trouve aisément

$$A_0 = fz, \quad A_1 = \frac{f'z}{1}, \quad A_2 = \frac{f''z}{1.2}, \quad A_3 = \frac{f'''z}{1.2.3}, \quad \ldots, \quad A_m = \frac{f^m z}{1.2\ldots m}.$$

Substituant ces valeurs dans l'expression de $f(z + h)$, on trouve la *formule de Taylor* :

$$f(z + h) = fz + \frac{h}{1}f'z + \frac{h^2}{1.2}f''z + \frac{h^3}{1.2.3}f'''z + \cdots + \frac{h^m}{1.2\ldots m}f^m z.$$

On obtient aussi directement cette formule, en ordonnant par rapport à h, l'expression $a_0 + z_1(z+h) + a_2(z+h)^2 + \cdots + a_m(z+h)^m$, développée par le binôme de Newton.

Si l'on écrit Z au lieu de $z+h$, z_0 au lieu de z, alors $h = Z - z_0$, et l'on a

$$fZ = fz_0 + \frac{Z - z_0}{1} f'z_0 + \frac{(Z - z_0)^2}{1.2} f''z_0 + \cdots + \frac{(Z - z_0)^m}{1.2\ldots m} f^m z_0.$$

Si, dans cette formule, on écrit z au lieu de Z, elle devient

$$fz = fz_0 + \frac{z - z_0}{1} f'z + \frac{(z - z_0)^2}{1.2} f''z_0 + \cdots + \frac{(z - z_0)^m}{1.2\ldots m} f^m z_0,$$

et, pour $z_0 = 0$,

$$fz = f0 + \frac{z}{1} f'0 + \frac{z^2}{1.2} f''0 + \cdots + \frac{z^m}{1.2\ldots m} f^m 0.$$

D'après un théorème connu, relatif aux équations du premier degré, le second membre de cette équation est identique à $a_0 + a_1 z + a_2 z^2 + \cdots + a_m z^m$. Donc

$$a_0 = f0, \quad a_1 = \frac{f'0}{1}, \quad a_2 = \frac{f''0}{1.2}, \quad \ldots, \quad a^m = \frac{f^m 0}{1.2\ldots m},$$

relations qu'il est facile de vérifier directement.

230. *Fonction quelconque. Formes du reste de Schlömilch.* 1° *Fonction réelle d'une variable réelle.* Soient fx une fonction continue de x_0 à X inclusivement ainsi que ses $(n-1)$ dérivées $f'x, f''x, \ldots, f^{n-1}x$; $f^n x$ sa $n^{ième}$ dérivée, continue de x_0 à X exclusivement ou inclusivement. En général, l'expression

$$\rho = fX - \left[fx_0 + \frac{X - x_0}{1} f'x_0 + \frac{(X - x_0)^2}{1.2} f''x_0 + \cdots + \frac{(X - x_0)^{n-1}}{1.2\ldots(n-1)} f^{n-1}x_0\right]$$

ne sera pas nulle, quels que soient x_0 et X, comme dans le cas d'une fonction entière de degré $m = n - 1$ (229), mais on pourra la mettre sous diverses formes remarquables, comme nous allons le montrer dans ce n° et les suivants.

Puisque ρ s'annule pour $X = x_0$, il est naturel de poser $\rho = (X - x_0)^p P$, p étant un exposant positif, de sorte que

$$fX - \left[fx_0 + \frac{X - x_0}{1} f'x_0 + \frac{(X - x)^2}{1.2} f''x_0 + \cdots + \frac{(X - x)^{n-1}}{1.2\ldots(n-1)} f^{n-1}x_0\right] - (X - x_0)^p P = 0. \quad (1)$$

Prenons une fonction auxiliaire

$$\varphi x = fX - \left[fx + \frac{X-x}{1} f'x + \frac{(X-x)^2}{1.2} f''x + \cdots + \frac{(X-x)^{n-1}}{1.2\ldots(n-1)} f^{n-1}x \right] - (X-x)^p P,$$

formée en remplaçant x_0 par x dans (1), P restant invariable et ayant, par conséquent, la même valeur que dans (1). On aura $\varphi\, x_0 = 0$, d'après (1); puis, identiquement, $\varphi X = 0$. On trouve ensuite, toutes réductions faites,

$$\varphi' x = p\,(X-x)^{p-1}\,P - \frac{(X-x)^{n-1}}{1.2\ldots(n-1)} f^n x.$$

La fonction φx est continue de x_0 à X inclusivement, d'après les hypothèses faites sur fx, $f'x$, ..., $f^{n-1}x$; la dérivée, pour la même raison, est continue de x_0 à X inclusivement ou exclusivement (elle peut être infinie pour $x = X$, si p est inférieur à l'unité, mais cela n'a aucun inconvénient). D'ailleurs $\varphi x_0 = 0$, $\varphi X = 0$. On peut donc appliquer le théorème de Rolle à φx, et l'on a, pour une valeur x_1 intermédiaire entre x_0 et X, $\varphi' x_1 = 0$. Donc

$$p\,(X-x_1)^{p-1}\,P - \frac{(X-x_1)^{n-1}}{1.2\ldots(n-1)} f^n x_1 = 0, \qquad P = \frac{(X-x_1)^{n-p}}{1.2\ldots(n-1)\,p} f^n x_1;$$

ou, en posant $x_1 = x_0 + \theta\,(X - x_0)$, θ étant compris entre 0 et 1,

$$P = \frac{(X-x_0)^{n-p}}{1.2.3\ldots(n-1)\,p} (1-\theta)^{n-p} f^n [x_0 + \theta\,(X-x_0)].$$

On trouve alors, pour $\rho = (X-x_0)^p\,P$, l'expression suivante :

$$\rho = \frac{(X-x_0)^{n}}{1.2\ldots n} \frac{n}{p} (1-\theta)^{n-p} f^n [x_0 + \theta\,(X-x_0)],$$

dite *forme du reste de Schlömilch*.

On a donc enfin *la formule* dite *de Taylor*, savoir :

$$fX = fx_0 + \frac{X-x_0}{1} f'x_0 + \frac{(X-x_0)^2}{1.2} f''x_0 + \cdots + \frac{(X-x)^{n-1}}{1.2\ldots(n-1)} f^{n-1}x_0 + \frac{(X-x_0)^n}{1.2\ldots n} \frac{n}{p} (1-\theta)^{n-p} f^n [x_0 + \theta\,(X-x_0)].$$

Remarques. 1. On écrit souvent x au lieu de x_0 dans cette formule, $x+h$, $x+\Delta x$ ou $x+dx$, au lieu de X. Alors les conditions de continuité des fonctions considérées se rapportent à x, $x+h$ et aux valeurs intermédiaires, et la formule de Taylor se met sous la forme

$$f(x+h) = fx + \frac{h}{1} f'x + \frac{h^2}{1.2} f''x + \cdots + \frac{h^{n-1}}{1.2\ldots(n-1)} f^{n-1}x$$
$$+ \frac{h^n}{1.2\ldots n} \frac{n}{p} (1-\theta)^{n-p} f^n(x+\theta h).$$

II. Une fonction est continue quand elle a une dérivée finie (99). Les conditions de continuité relatives à $fx, f'x, \ldots, f^{n-1}x$ sont donc vérifiées si $f^n x$ est fini de x_0 à X. Même remarque si x est remplacé par une variable imaginaire comme au n° suivant.

231. 2° *Fonction d'une variable imaginaire.* Soient fz une fonction continue ainsi que ses $(n-1)$ premières dérivées, de $z_0 = x_0 + y_0 i$ à $Z = X + Yi$ inclusivement, pour les valeurs de z qui correspondent aux points de la droite AB, A ayant pour coordonnées (x_0, y_0) et B, (X, Y); et $f^n z$, sa $n^{ième}$ dérivée continue de z_0 à Z, inclusivement ou exclusivement. Posons

$$\rho = fZ - \left[fz_0 + \frac{Z-z_0}{1} f'z_0 + \frac{(Z-z_0)^2}{1.2} f''z_0 + \cdots + \frac{(Z-z_0)^{n-1}}{1.2\ldots(n-1)} f^{n-1}z_0 \right],$$
$$\rho = (Z-z_0)^p P, \qquad p > 0.$$
$$\varphi z = fZ - \left[fz + \frac{Z-z}{1} f'z + \frac{(Z-z)^2}{1.2} f''z + \cdots + \frac{(Z-z)^{n-1}}{1.2\ldots(n-1)} f^{n-1}z \right].$$
$$- (Z-z)^p P.$$

On aura, comme au n° précédent,

$$\varphi z_0 = 0, \quad \varphi Z = 0 \quad \varphi' z = p(Z-z)^{p-1} P - \frac{(Z-z)^{n-1}}{1.2\ldots(n-1)} f^n z.$$

Le théorème de Rolle généralisé (224) est applicable à la fonction φz. On a donc

$$\mathfrak{R}(Z-z_0)\varphi' z_1 = 0, \quad \mathfrak{I}(Z-z_0)\varphi' z_2 = 0$$
$$z_1 = z_0 + \theta_1 (Z-z_0), \quad z_2 = z_0 + \theta_2 (Z-z_0).$$

θ_1 et θ_2 étant compris entre zéro et l'unité. La première de ces égalités devient, si l'on remplace $\varphi' z_1$ par sa valeur,

$$\mathfrak{R}\left[p(Z-z_1)^{p-1}(Z-z_0)P - \frac{(Z-z_1)^{n-1}(Z-z_0)}{1.2\ldots(n-1)} f^n z_1 \right] = 0$$

ou, puisque $Z - z_1 = (1-\theta_1)(Z-z_0)$, après la suppression du facteur $p(1-\theta_1)^{p-1}$,

$$\mathfrak{R}\left[(Z-z_0)^p P - \frac{(Z-z_0)^n (1-\theta)^{n-p}}{1.2\ldots(n-1)p} f^n z_1 \right] = 0.$$

Mais $(Z - z_0)^p P = \rho$. Donc

$$\mathfrak{R}\rho = \mathfrak{R}\frac{(Z - z_0)^n}{1.2\ldots n}\frac{n}{p}(1 - \theta_1)^{n-p} f^n [z_0 + \theta_1 (Z - z_0)].$$

De $\mathfrak{I}(Z - z_0)\varphi'\pi_0 = 0$, on déduit de même,

$$\mathfrak{I}\rho = \mathfrak{I}\frac{(Z - z_0)^n}{1.2\ldots n}\frac{n}{p}(1 - \theta_2)^{n-p} f^n [z_0 + \theta_2 (Z - z_0)].$$

On pourrait donner à p une valeur différente dans les deux formules. En réunissant $\mathfrak{R}\rho$ à $\mathfrak{I}\rho$, il vient enfin

$$\rho = \mathfrak{R}\frac{(Z - z_0)^n}{1.2\ldots n}\frac{n}{p}(1 - \theta_1)^{n-p} f^n z_1 + \mathfrak{I}\frac{(Z - z_0)^n}{1.2\ldots n}\frac{n}{p}(1 - \theta_2)^{n-p} f^n z_2$$

forme du reste de Schlömilch généralisée.

Si l'on écrit z au lieu de z_0, $z + h$, $z + \Delta z$, ou $z + dz$ au lieu de Z, auquel cas les conditions de continuité des fonctions considérées se rapportent à z, $z + h$ et aux valeurs intermédiaires, on a

$$f(z + h) = fz + \frac{h}{1}f'z + \frac{h^2}{1.2}f''z + \cdots + \frac{h^{n-1}}{1.2\ldots(n-1)}f^{n-1}z + \rho,$$

$$\rho = \mathfrak{R}\frac{h^n}{1.2\ldots n}\frac{n}{p}(1 - \theta_1)^{n-p} f(z + \theta_1 h) + \mathfrak{I}\frac{h^n}{1.2\ldots n}\frac{n}{p}(1 - \theta_2)^{n-p} f(z + \theta_2 h).$$

232. *Forme du reste de Darboux.* Soient

$$\rho = \mathrm{R}e^{ai}, \quad \frac{(Z - z_0)^n}{1.2\ldots n}\frac{n}{p} = \mathrm{H}e^{ki},$$

$$(1 - \theta_1)^{n-p} f^n z_1 = \mathrm{R}_1 e^{bi}, \quad (1 - \theta_2)^{n-p} f^n z_2 = \mathrm{R}_2 e^{ci}.$$

On aura, comme au n° 223,

$$\rho = \mathrm{R}_1\mathrm{H}\cos(k + b) + i\,\mathrm{R}_2\mathrm{H}\sin(k + c),$$

$$\mathrm{R}^2 = \mathrm{H}^2\mathrm{R}_1^2\cos^2(k + b) + \mathrm{H}^2\mathrm{R}_2^2\sin^2(k + c) \overline{\overline{<}} \mathrm{H}^2(\mathrm{R}_1^2 + \mathrm{R}_2^2).$$

Pour fixer les idées, soit R_1 égal ou supérieur à R_2. Alors

$$\mathrm{R} \overline{\overline{<}} \mathrm{H}\mathrm{R}_1\sqrt{2}, \quad \mathrm{R} = \lambda\sqrt{2}\,\mathrm{H}\mathrm{R}_1;$$

λ est une quantité qui n'est ni négative, ni supérieure à l'unité. Multiplions la dernière égalité par e^{ai}, et remplaçons $\mathrm{R}e^{ai}$ par ρ, H et R_1 par leurs valeurs

$$\mathrm{H} = \frac{(Z - z_0)^n}{1.2\ldots n}\frac{n}{p}e^{-ki}, \quad \mathrm{R}_1 = (1 - \theta_1)^{n-p} f^n z_1 e^{-bi}.$$

Il viendra, en posant $\alpha = a - k - b$, et supprimant l'indice de θ_1,

$$\rho = \lambda\sqrt{2}\, e^{\alpha i} \frac{(Z - z_0)^n}{1.2\ldots n} \frac{n}{p} (1 - \theta)^{n-p} f^n [z_0 + \theta (Z - z_0)],$$

forme du reste, due à DARBOUX. Ce géomètre y arrive autrement, et, d'après ses raisonnements, $\lambda\sqrt{2}$ peut être remplacé par λ; mais $f^n z$ doit être supposée continue même pour les valeurs extrêmes z_0 et Z. Substituant cette expression de ρ dans la valeur de fZ, il vient

$$fZ = fz_0 + \frac{Z - z_0}{1} f'z_0 + \cdots + \frac{(Z - z_0)^{n-1}}{1.2\ldots(n-1)} f^{n-1} z_0$$
$$+ \lambda\sqrt{2}\, e^{\alpha i} \frac{(Z - z_0)^n}{1.2\ldots n} \frac{n}{p} (1 - \theta)^{n-p} f^n [z_0 + \theta (Z - z_0)].$$

Si l'on écrit z au lieu de z_0, $z + h$, $z + \Delta z$, ou $z + dz$ au lieu de Z, on a la relation

$$f(z + h) = fz + \frac{h}{1} f'z + \frac{h^2}{1.2} f''z + \cdots + \frac{h^{n-1}}{1.2\ldots(n-1)} f^{n-1} z$$
$$+ \lambda\sqrt{2} e^{\alpha i} \frac{h^n}{1.2\ldots n} \frac{n}{p} (1 - \theta)^{n-p} f^n (z + \theta h).$$

233. *Forme du reste de Cauchy.* En faisant $p = 1$, dans les formules des nos 230, 231, 232, l'on obtient les expressions suivantes du reste :

$$\rho = \frac{(X - x_0)^n}{1.2\ldots(n-1)} (1 - \theta)^{n-1} f^n [x_0 + \theta (X - x_0)],$$

$$\rho = \mathfrak{R} \frac{(Z - z_0)^n}{1.2\ldots(n-1)} (1 - \theta_1)^{n-1} f^n z_1 + \mathfrak{I} \frac{(Z - z_0)^n}{1.2\ldots(n-1)} (1 - \theta_2)^{n-1} f^n z_2,$$

$$\rho = \lambda\sqrt{2} e^{\alpha i} \frac{(Z - z_0)^n}{1.2\ldots n} (1 - \theta)^{n-1} f^n [z_0 + \theta (Z - z_0)];$$

ou encore, en remplaçant, x_0 par x, X par $x + h$, z_0 par z, Z par $z + h$,

$$\rho = \frac{h^n}{1.2\ldots n-1} (1 - \theta)^{n-1} f^n (x + \theta h),$$

$$\rho = \mathfrak{R} \frac{h^n}{1.2\ldots(n-1)} (1 - \theta_1)^{n-1} f^n (x + \theta_1 h) + \mathfrak{I} \frac{h^n}{1.2\ldots(n-1)} (1 - \theta_2)^{n-1} f^n (x + \theta_2 h),$$

$$\rho = \lambda\sqrt{2} e^{\alpha i} \frac{h^n}{1.2\ldots(n-1)} (1 - \partial)^{n-1} f^n (z + \theta h).$$

La première seule de ces formules est due à CAUCHY; le nom de l'illustre géomètre est donné par analogie aux deux autres formes du reste.

234. *Forme du reste de Lagrange.* On l'obtient, en faisant $p = n$. Alors

$$\rho = \frac{(X - x_0)^n}{1.2\ldots n} f^n [x_0 + \theta (X - x_0)],$$

$$\rho = \mathfrak{R} \frac{(Z - z_0)^n}{1.2\ldots n} f^n z_1 + \mathfrak{I} \frac{(Z - z_0)^n}{1.2\ldots n} f^n z_2,$$

$$\rho = \lambda \sqrt{2} e^{\alpha i} \frac{(Z - z_0)^n}{1.2\ldots n} f^n [z_0 + \theta (Z - z_0)];$$

ou encore, en remplaçant x_0 par x, X par $x + h$, z_0 par z, Z par $z + h$,

$$\rho = \frac{h^n}{1.2\ldots n} f^n (x + \theta h),$$

$$\rho = \mathfrak{R} \frac{h^n}{1.2\ldots n} f^n (z + \theta_1 h) + \mathfrak{I} \frac{h^n}{1.2\ldots n} f^n (z + \theta_2 h),$$

$$\rho = \lambda \sqrt{2} e^{\alpha i} \frac{h^n}{1.2\ldots n} f^n (z_0 + \theta h).$$

La première seule de ces formules est due à Lagrange. C'est encore par analogie que nous donnons le même nom aux autres.

Application. I. Si la fonction $f^n x$ est toujours comprise entre m et M, alors ρ sera compris entre $[mh^n : (1.2\ldots n)]$ et $[Mh^n : (1.2\ldots n)]$. On pourra donc écrire approximativement

$$f(x + h) = fx + \frac{h}{1} f'x + \frac{h^2}{1.2} f''x + \cdots + \frac{h^{n-1}}{1.2\ldots(n-1)} f^{n-1}x + \frac{h^n}{1.2\ldots n} m,$$

l'erreur étant moindre que $E = [(M - m) h^n : (1.2\ldots n)]$, ou

$$f(x + h) = fx + \frac{h}{1} f'x + \frac{h^2}{1.2} f''x + \cdots + \frac{h^{n-1}}{1.2\ldots(n-1)} f^{n-1}x_0 + \frac{h^n}{1.2\ldots n} M,$$

avec une erreur en sens inverse, moindre encore que E. On peut aussi exprimer la même chose en mettant ρ sous la forme

$$\rho = \frac{h^n}{1.2\ldots n} [m + \theta (M - m)].$$

Exemple. En appliquant le théorème de Taylor à e^x, on trouve

$$e^{x+h} = e^x + \frac{h}{1} e^x + \frac{h^2}{1.2} e^x + \cdots + \frac{h^{n-1}}{1.2\ldots(n-1)} e^x + \frac{h^n}{1.2\ldots n} e^{x+\theta h}.$$

Divisons les deux membres de cette égalité par e^x. Il viendra

$$e^h = 1 + \frac{h}{1} + \frac{h^2}{1.2} + \cdots + \frac{h^{n-1}}{1.2\ldots(n-1)} + \frac{h^n}{1.2\ldots n} e^{\theta h}.$$

Posons, pour abréger,

$$A = 1 + \frac{h}{1} + \frac{h^2}{1.2} + \cdots + \frac{h^{n-1}}{1.2\ldots(n-1)} + \frac{h^n}{1.2\ldots n}.$$

En prenant un terme de plus dans le développement de Taylor, on trouvera

$$e^h = A + \frac{h^{n+1}}{1.2\ldots(n+1)} e^{\theta_1 h}.$$

Quand h est positif, $e^{\theta h}$ est plus grand que $e^0 = 1$ et $e^{\theta_1 h}$ plus petit que e^h. Donc

$$e^h > A, \quad e^h < A + \frac{h^{n+1}}{1.2\ldots(n+1)} e^h.$$

Si $[h^{n+1} : (1.2\ldots n)(n+1)]$ est inférieur à l'unité, on déduit de là

$$A < e^h < A : \left(1 - \frac{h^{n+1}}{1.2\ldots(n+1)}\right).$$

II. Dans le cas d'une fonction d'une variable imaginaire, ρ peut se mettre sous la forme

$$\rho = \Lambda \sqrt{2} e^{Ai} \frac{h^n}{1.2\ldots n} M, \qquad 0 \overline{\gtrless} \Lambda \leqq 1$$

si le module de fz est toujours inférieur ou au plus égal à M. Car, dans ce cas, $f(z + \theta h) = \lambda_1 e^{\alpha_1 i} M$, ce qui conduit à l'expression donnée, en faisant $\lambda\lambda_1 = \Lambda$, $A = \alpha + \alpha_1$.

235. *Forme du reste de Liouville.* I. Si $f^n x$ est continue pour la valeur initiale x, de sorte que $f^n(x + \theta h) = f^n x + \varepsilon$, ε étant aussi petit qu'on le veut quand h est suffisamment petit, on peut écrire

$$\rho = \frac{h^n}{1.2\ldots n}(f^n x + \varepsilon) = \frac{h^n}{1.2\ldots n} f^n x + r, \quad r = \frac{\varepsilon h^n}{1.2\ldots n}.$$

L'expression r est la *forme du reste de Liouville*. Si $f^n x$ n'est pas nulle, $f^n x + \varepsilon$ a toujours le signe de $f^n x$, quand h et, par suite, ε sont suffisamment petits. Donc, approximativement,

$$f(x + h) = fx + \frac{h}{1} f'x + \cdots + \frac{h^{n-1}}{(1.2\ldots(n-1)} f^{n-1}x + \frac{h^n}{1.2\ldots n} f^n x,$$

l'erreur commise r pouvant être rendue, en valeur absolue, inférieure au dernier terme du développement, dans le cas où l'on peut supposer h aussi petit qu'on le veut. Si $f^n x = 0$, la même conclusion subsiste, car l'on peut s'arrêter dans le développement à la première dérivée non nulle, antérieure à $f^n x$.

II. Dans le cas d'une fonction d'une variable imaginaire, on a de même

$$\rho = \frac{h^n}{1.2\ldots n} f^n z + r, \qquad r = \frac{h^n}{1.2\ldots n} (\mathfrak{R}\varepsilon_1 + \mathfrak{I}\varepsilon_2) = \frac{h^n}{1.2\ldots n} \lambda \sqrt{2} e^{\alpha i} \varepsilon,$$

ε_1, ε_2, ε (qui est égal à ε_1 ou ε_2) étant des quantités qui ont zéro pour limite en même temps que h. Si le module de h est suffisamment petit, l'erreur r commise en écrivant

$$f(z+h) = fz + \frac{h}{1} f'z + \cdots + \frac{h^{n-1}}{1.2\ldots(n-1)} f^{n-1} z + \frac{h^n}{1.2\ldots n} f^n z,$$

a un module inférieur à celui du dernier terme non nul du second membre.

236. Application. *Vraies valeurs des expressions indéterminées.* Soient deux fonctions fz, gz, nulles ainsi que leurs $(n-1)$ premières dérivées pour une valeur z. Si le théorème de Taylor leur est applicable avec la forme du reste de Liouville, on aura

$$f(z+h) = \frac{h^n}{1.2\ldots n} [f^n z + \mathfrak{R}\varepsilon_1 + \mathfrak{I}\varepsilon_2],$$

$$g(z+h) = \frac{h^n}{1.2\ldots n} [g^n z + \mathfrak{R}\varepsilon_3 + \mathfrak{I}\varepsilon_4],$$

ε_1, ε_2, ε_3, ε_4, ayant pour limite zéro en même temps que h. On déduit de là

$$\frac{f(z+h)}{g(z+h)} = \frac{f^n z + \mathfrak{R}\varepsilon_1 + \mathfrak{I}\varepsilon_2}{g^n z + \mathfrak{R}\varepsilon_3 + \mathfrak{I}\varepsilon_4},$$

et, pour h tendant indéfiniment vers zéro,

$$\lim \frac{f(z+h)}{g(z+h)} = \frac{f^n z}{g^n z}.$$

Dans le cas où z est réel, c'est la formule fondamentale du n° 200. On peut donc étendre aux fonctions d'une variable imaginaire la plupart des conclusions du § V du chapitre précédent.

Remarque. On applique souvent le théorème de Taylor à la recherche des vraies valeurs des expressions indéterminées, en remplaçant chacune des fonctions qui entrent dans ces expressions par son développement. Dans ce cas, suivant une remarque de NEWTON, *il est inutile d'écrire les termes de ces développements qui, à la limite, n'auront aucune influence sur le résultat final.* Voici un exemple traité de cette manière. Soit à chercher, pour $t = 0$, la vraie valeur de

$$\frac{e^t - 2 + e^{t^2} - t}{t^2}.$$

On trouve, *approximativement*, au moyen de l'exemple du n° 234, en faisant successivement $h = t$, $h = t^2$ et n'écrivant pas les restes du troisième ou du quatrième ordre en t,

$$e^t = 1 + t + \tfrac{1}{2}t^2, \quad e^{t^2} = 1 + t^2, \quad e^t - 2 + e^{t^2} - t = \tfrac{3}{2}t^2.$$

Donc la limite de l'expression considérée est $\frac{3}{2}$.

Voici un exemple traité par un autre procédé. Puisque, pour n quelconque,

$$e^t = 1 + \frac{t}{1} + \frac{t^2}{1.2} + \cdots + \frac{t^n}{1.2\ldots n}e^{\theta t},$$

on a évidemment, quelque grand que soit p, si t est positif,

$$e^t > \frac{t^p}{1.2\ldots p}.$$

Par suite, on aura

$$0 < \frac{t^k}{e^t} < \frac{t^k}{t^p : (1.2\ldots p)} \quad \text{ou} \quad \frac{1.2.3\ldots p}{t^{p-k}}.$$

Soit $p > k$, et t croissant indéfiniment. On déduira de ces inégalités, $\lim t^k e^{-t} = 0$, pour $t = \infty$, comme au n° 201.

237. AUTRE APPLICATION. *Lim* $(\Delta^n f : \Delta z^n) = f^n z$. I. Si l'on change z en $z + h$, dans l'égalité $\Delta fz = f(z + h) - fz$, qui définit Δfz, *différence première* ou accroissement de fz, il vient $\Delta f(z + h) = f(z + 2h) - f(z + h)$. Par suite, en posant $\Delta^2 fz = \Delta f(z + h) - \Delta fz$,

$$\Delta^2 fz = f(z + 2h) - 2f(z + h) + fz.$$

Remplaçant encore z par $z + h$, dans l'expression de cette *différence seconde* $\Delta^2 fz$, il vient

$$\Delta^2 f(z + h) = f(z + 3h) - 2f(z + 2h) + f(z + h).$$

On déduit de là, pour la valeur de la *différence troisième*, $\Delta^3 fz = \Delta^2 f(z+h) - \Delta^2 fz$,

$$\Delta^3 fz = f(z+3h) - 3f(z+2h) + 3f(z+h) - fz;$$

et ainsi de suite. Par induction, on trouve la formule

$$\Delta^n fz = f(z+nh) - \frac{n}{1} f[z+(n-1)h] + \frac{n(n-1)}{1.2} f[z+(n-2)h]$$
$$- \frac{n(n-1)(n-2)}{1.2.3} f[z+(n-3)h] + \cdots + (-1)^n fz. \quad (1)$$

Pour prouver qu'elle est générale, on montre qu'elle subsiste pour $\Delta^{n+1} fz$, si elle est vraie pour $\Delta^n fz$.

II. La différence première de z^n est égale à $(z+h)^n - z^n = nz^{n-1}h$ + un polynôme de degré $(n-2)$ en z. De même, on a $\Delta^2(z^n) = n(n-1)z^{n-2}h^2$ + un polynôme de degré $(n-3)$ en z, $\Delta^3(z^n) = n(n-1)(n-2)z^{n-3}h^3$ + un polynôme de degré $(n-4)$ en z, et ainsi de suite. Enfin, $\Delta^{n-1}(z^n) = n(n-1)\ldots 3.2\,zh^{n-1}$ + une constante, et $\Delta^n(z^n) = 1.2.3\ldots nh^n$.

III. Cela établi, supposons fz et ses n premières dérivées continues de z à $z+nh$, sauf $f^n z$ qui peut être discontinue pour la valeur extrême $z+nh$. Développons chacun des termes du second membre de (1) par le théorème de Taylor, en employant le reste de Liouville. Nous trouvons un résultat de la forme

$$\Delta^n fz = A_0 fz + A_1 \frac{h}{1} f'z + A_2 \frac{h^2}{1.2} f''z + \cdots + A_n \frac{h^n}{1.2\ldots n} f^n z + h^n \varepsilon. \quad (2)$$

ε étant une quantité qui a, en même temps que h, zéro pour limite; A_0, A_1, A_2, ..., A_n sont des coefficients numériques qui sont les mêmes pour toutes les fonctions. Pour les déterminer, faisons $fz = z^n$. Dans ce cas, (229), le reste du développement de Taylor est nul. Donc, on a (II)

$$1.2.3\ldots nh^n = A_0 z^n + A_1 nz^{n-1}h + A_2 \frac{n(n-1)}{1.2} z^{n-2}h^2 + \cdots + A_n h^n.$$

On conclut, de cette identité,

$$A_0 = 0, \quad A_1 = 0, \quad A_2 = 0, \quad \ldots, \quad A_{n-1} = 0, \quad A_n = 1.2.3\ldots n.$$

Par suite, la formule (2) devient, en écrivant Δz au lieu de h,

$$\Delta^n fz = \Delta z^n (f^n z + \varepsilon),$$

et l'on a

$$\frac{\Delta^n fz}{\Delta z^n} = f^n z + \varepsilon, \quad \lim \frac{\Delta^n fz}{\Delta z^n} = f^n z.$$

228. *Forme du reste de Laplace.* I. Posons

$$Fz = fZ - \left[fz + \frac{Z-z}{1} f'z + \frac{(Z-z)^2}{1.2} f''z + \cdots + \frac{(Z-z)^{n-1}}{1.2\ldots(n-1)} f^{n-1}z \right].$$

On aura

$$F'Z = 0, \quad F'z = -\frac{(Z-z)^{n-1}}{1.2\ldots(n-1)} f^n z.$$

Substituons ces valeurs dans la formule du n° 225 (ou, si z est réel, dans celle du n° 114). Il viendra, après transposition de termes,

$$fZ = fz_0 + \frac{Z-z_0}{1} f'z_0 + \frac{(Z-z_0)^2}{1.2} f''z_0 + \cdots + \frac{(Z-z_0)^{n-1}}{1.2\ldots(n-1)} f^{n-1}z_0 + \rho,$$

$$\rho = \int_{z_0}^{Z} \frac{(Z-z)^{n-1}}{1.2\ldots(n-1)} f^n z dz.$$

C'est la formule de Taylor avec la *forme du reste de Laplace*, la première qui ait été trouvée, au moins dans le cas où z est réel. On peut en déduire toutes les autres, au moyen des premières notions relatives aux intégrales définies.

Si l'on écrit z au lieu de z_0, $z+h$ au lieu de Z, t au lieu de z, elle devient

$$f(z+h) = fz + \frac{h}{1} f'z + \frac{h^2}{1.2} f''z + \cdots + \frac{h^{n-1}}{1.2\ldots(n-1)} f^{n-1}z + \rho,$$

$$\rho = \int_{z}^{z+h} \frac{(z+h-t)^{n-1}}{1.2\ldots(n-1)} f^n t dt.$$

II. Posons $t = z + u$; alors $\Delta t = \Delta u$, $z + h - t = h - u$. Quand t varie de z à $z+h$, u varie de 0 à h. On déduit de là

$$\rho = \lim \mathop{\mathrm{S}}_{z}^{z+h} \frac{(z+h-t)^{n-1}}{1.2\ldots(n-1)} f^n t \, \Delta t = \lim \mathop{\mathrm{S}}_{0}^{h} \frac{(h-u)^{n-1}}{1.2\ldots(n-1)} f^n(z+u) \Delta u,$$

ou, en employant la notation de l'intégrale définie (114 ou 225),

$$\rho = \int_0^h \frac{(h-u)^{n-1}}{1.2\ldots(n-1)} f^n(z+u) \, du.$$

Si l'on pose $u = hv$, v varie seulement de 0 à 1, quand u varie de 0 à h, et l'on trouve, par des transformations analogues aux précédentes,

$$\rho = \frac{h^n}{1.2.3\ldots(n-1)} \int_0^1 (1-v)^{n-1} f^n(z+hv)\,dv.$$

Si l'on remplace h par $Z - z$, on peut écrire cette formule comme il suit :

$$\rho = \frac{(Z-z)^n}{1.2\ldots(n-1)} \int_0^1 (1-v)^{n-1} f^n[z+v(Z-z)]\,dv.$$

239. Application. *Dérivée* $p^{\text{ième}}$ *du rapport* $\psi z = [(fZ - fz) : (Z - z)]$.

I. *Cas où z est différent de Z.* On a successivement, par le théorème de Leibniz (173),

$$D^p (fZ - fz)(Z-z)^{-1} =$$

$$(fZ - fz) \times 1.2\ldots p\,(Z-z)^{-p-1} + \frac{p}{1}(-f'z) \times 1.2\ldots(p-1)(Z-z)^{-p}$$

$$+ \frac{p(p-1)}{1.2}(-f''z) \times 1.2\ldots(p-2)(Z-z)^{-p+1} + \cdots + (-f^pz)\times(Z-z)^{-1}$$

$$= \frac{1.2\ldots p}{(Z-z)^{p+1}}\left[fZ - fz - \frac{Z-z}{1}f'z - \frac{(Z-z)^2}{1.2}f''z - \cdots - \frac{(Z-z)^p}{1.2\ldots p}f^pz\right].$$

La quantité entre parenthèses, d'après la dernière formule du n° 238, où l'on fait $n - 1 = p$, est égale à

$$\frac{(Z-z)^{p+1}}{1.2\ldots p} \int_0^1 (1-v)^p f^{p+1}[z+v(Z-z)]\,dv.$$

Donc enfin,

$$\psi^p z = \int_0^1 (1-v)^p f^{p+1}[z+v(Z-z)]\,dv. \qquad (1)$$

II. Si, au lieu du reste de Laplace, on emploie celui de Liouville, on trouve

$$\psi^p z = \frac{f^{p+1}z + \varepsilon}{p+1},$$

ε ayant pour limite zéro, en même temps que $Z - z$. Si l'on prend un terme de plus dans le développement, il vient

$$\psi^p z = \frac{f^{p+1}z}{p+1} + \frac{(Z-z)}{(p+1)(p+2)}(f^{p+2}z + \varepsilon_1),$$

ε_1 ayant encore zéro pour limite en même temps que $Z - z$.

On déduit de là,

$$\frac{\psi^p z - \dfrac{1}{p+1} f^{p+1}Z}{z - Z} = \frac{f^{p+1}z - f^{p+1}Z}{(p+1)(z-Z)} - \frac{f^{p+2}z + \varepsilon}{(p+1)(p+2)},$$

et, à la limite, pour z tendant indéfiniment vers Z,

$$\lim \frac{\psi^p z - \dfrac{1}{p+1} f^{p+1}Z}{z - Z} = \frac{f^{p+2}Z}{p+1} - \frac{f^{p+2}Z}{(p+1)(p+2)} = \frac{f^{p+2}Z}{p+2}. \quad (2)$$

III. *Cas où z est égal à Z.* Pour cette valeur particulière, le rapport ψz, supposé continu, a pour valeur $f'Z$. On ne peut évidemment en trouver les dérivées successives par les calculs de l'alinéa I. On les obtient comme il suit :

$$\psi' z = \lim \frac{\psi z - \psi Z}{z - Z} = \lim \frac{\dfrac{fZ - fz}{Z - z} - f'Z}{z - Z}$$

$$= \lim \frac{fz - fZ - (z - Z) f'Z}{(z - Z)^2} = \lim \frac{\frac{1}{2}(f''Z + \varepsilon_2)(z - Z)^2}{(z - Z)^2} = \frac{1}{2} f''Z.$$

On a ensuite, d'après la relation (2),

$$\psi'' Z = \lim \frac{\psi' z - \psi' Z}{z - Z} = \lim \frac{\psi' z - \frac{1}{2} f''Z}{z - Z} = \frac{1}{3} f'''Z,$$

$$\psi''' Z = \lim \frac{\psi'' z - \psi'' Z}{z - Z} = \lim \frac{\psi'' z - \frac{1}{3} f'''Z}{z - Z} = \frac{1}{4} f^{\text{IV}}Z,$$

et ainsi de suite.

IV. Ces résultats sont contenus dans la formule (1), quoique elle n'ait été établie que pour le cas où z est différent de Z. En effet, cette formule devient, pour $z = Z$,

$$\psi^p Z = \int_0^1 (1 - v)^p f^{p+1} Z dv = f^{p+1} Z \int_0^1 (1 - v)^p dv.$$

Or (114), puisque $d(1 - v)^{p+1} = -(p+1)(1 - v)^p dv$,

$$\int (1 - v)^p dv = -\frac{(1 - v)^{p+1}}{p+1}, \quad \int_0^1 (1 - v)^p dv = \frac{1}{p+1}.$$

Donc enfin, comme à l'alinéa III,

$$\psi^p Z = \frac{f^{p+1} Z}{p+1},$$

ce qui prouve que la formule (1) est générale. Il résulte aussi de l'alinéa II que les dérivées de ψz sont des fonctions continues pour $z = Z$, puisque $\psi^p z$ tend vers $\psi^p Z$, quand z tend vers Z.

240. *Formule de Maclaurin.* Pour abréger, nous nous bornerons aux fonctions d'une variable réelle, parce qu'il suffit d'écrire z au lieu de x et d'introduire, dans l'expression du reste, le facteur $\lambda\sqrt{2}e^{\alpha i}$ pour passer au cas d'une fonction d'une variable imaginaire.

I. Dans la formule du n° 230, écrivons x au lieu de X, de sorte que les conditions de continuité se rapportent à x_0, x et aux valeurs intermédiaires. On aura

$$fx = fx_0 + \frac{x - x_0}{1} f'x_0 + \frac{(x - x_0)^2}{1.2} f''x_0 + \cdots + \frac{(x - x_0)^{n-1}}{1.2\ldots(n-1)} f^{n-1}x_0 + \rho,$$

$$\rho = \frac{(x - x_0)^n}{1.2\ldots n} \frac{n}{p} (1 - \theta)^{n-p} f^n[x_0 + \theta(x - x_0)],$$

relation où l'on peut évidemment faire $p = 1$, $p = n$, pour déduire, du reste de Schlömilch, ceux de Cauchy et de Lagrange. En écrivant x_0, x, t, au lieu de z_0, Z, z dans la valeur de ρ donnée au n° 238, on obtient le reste de Laplace :

$$\rho = \int_{x_0}^{x} \frac{(x - t)^{n-1}}{1.2\ldots(n-1)} f^n t\,dt.$$

Sous la forme précédente, le théorème de Taylor s'appelle quelquefois *théorème de Maclaurin.*

II. Le plus souvent toutefois, on réserve ce nom à la relation que l'on obtient en supposant $x_0 = 0$. Alors

$$fx = f0 + \frac{x}{1} f'0 + \frac{x^2}{1.2} f''0 + \cdots + \frac{x^{n-1}}{1.2\ldots(n-1)} f^{n-1}0 + \rho,$$

$$\rho = \frac{x^n}{1.2\ldots n} \frac{n}{p} (1 - \theta)^{n-p} f^n(\theta x) = \int_0^x \frac{(x - t)^{n-1}}{1.2\ldots(n-1)} f^n t\,dt,$$

et les conditions de continuité des fonctions considérées se rapportent à 0, x et aux valeurs intermédiaires.

III. Contrairement à l'apparence, la dernière formule est aussi générale que celle de Taylor et peut servir à la retrouver. En effet, posons $\varphi h = f(x + h) - fx$, dérivons par rapport à h, puis faisons $h = 0$, etc. Il viendra

$$\varphi' h = f'(x + h), \quad \varphi'' h = f''(x + h), \quad \ldots, \varphi^n h = f^n(x + h);$$

$$\varphi 0 = 0, \quad \varphi' 0 = f'x, \quad \varphi'' 0 = f''x, \quad \ldots, \varphi^n(\theta h) = f^n(x + \theta h).$$

Soient $fx, f'x, \ldots, f^{n-1}x$ continues de x à $x+h$ inclusivement, $f^n x$ continue entre ces valeurs. Cela revient à dire que $\varphi h, \varphi' h, \ldots, \varphi^{n-1}h$ sont continues de 0 à h, $\varphi^n h$ entre ces valeurs. On aura donc, par le théorème de Maclaurin,

$$\varphi h = \varphi 0 + \frac{h}{1}\varphi' 0 + \cdots + \frac{h^{n-1}}{1.2\ldots(n-1)}\varphi^{n-1}0 + \rho,$$

$$\rho = \frac{h^n}{1.2\ldots n}\frac{n}{p}(1-\theta)^{n-p}\varphi^n(\theta h) = \int_0^h \frac{(h-u)^{n-1}}{1.2\ldots(n-1)}\varphi^n u\, du.$$

Remplaçant $\varphi 0, \varphi' 0, \ldots, \varphi^{n-1}0, \varphi^n(\theta h), \varphi^n u$ par leurs valeurs, nous retrouvons le théorème de Taylor :

$$f(x+h) - fx = \frac{h}{1}f'x + \frac{h^2}{1.2}f''x + \cdots + \frac{h^{n-1}}{1.2\ldots(n-1)}f^{n-1}x + \rho,$$

$$\rho = \frac{h^n}{1.2\ldots n}\frac{n}{p}(1-\theta)^{n-p}f^n(x+\theta h) = \int_0^h \frac{(h-u)^{n-1}}{1.2\ldots(n-1)}f^n(x+u)du.$$

241. *Propriété singulière de la fonction de Cauchy* $\varphi x = e^{-\frac{1}{x^2}}$. I. Si x (supposé réel) est différent de 0, on trouve, pour les dérivées successives de la fonction $\varphi x = e^{-\frac{1}{x^2}}$,

$$\varphi' x = \varphi x \,.\, 2x^{-3}, \quad \varphi'' x = \varphi x[4x^{-6} - 6x^{-4}],$$
$$\varphi''' x = \varphi x[8x^{-9} - 36x^{-7} + 24x^{-5}], \text{ etc.}$$

toutes égales à φx multipliée par une somme de puissances négatives de x.

II. Pour $x = 0$, la règle de la dérivation des fonctions de fonction est inapplicable à $\varphi x, \varphi' x, \varphi'' x$, etc., puisque x^{-2} est infini pour cette valeur de la variable. Mais on peut trouver aisément les valeurs de $\varphi 0$, $\varphi' 0$, $\varphi'' 0$, etc., au moyen du théorème : Lim $\varphi x \,.\, x^{-k} = 0$, pour $x = 0$ (201, 236). Posons, par définition, comme on le fait ordinairement pour les expressions où entre l'infini (214), $\varphi 0 = \lim \varphi x = 0$. On a, d'après la définition de la dérivée (94),

$$\varphi' 0 = \lim \frac{\varphi x - \varphi 0}{x - 0} = \lim \varphi x \,.\, x^{-1} = 0,$$

$$\varphi'' 0 = \lim \frac{\varphi' x - \varphi' 0}{x - 0} = \lim \varphi x \,.\, 2x^{-4} = 0,$$

$$\varphi''' 0 = \lim \frac{\varphi'' x - \varphi'' 0}{x - 0} = \lim \varphi x[4x^{-7} - 6x^{-5}] = 0, \text{ etc.}$$

III. La fonction φx et ses dérivées sont continues pour x différent de zéro. Elles sont continues aussi pour $x = 0$, car la valeur de φx, et celles de $\varphi' x$, $\varphi'' x$, $\varphi''' x$, etc., trouvées à l'alinéa I, quand x tend vers zéro, tendent aussi vers 0, valeur de $\varphi 0$, par définition, et de $\varphi' 0$, $\varphi'' 0$, $\varphi''' 0$, etc., d'après les calculs de l'alinéa II.

IV. On peut donc appliquer le théorème de Maclaurin à la fonction φx. Mais le développement se réduit au reste, puisque toutes les dérivées sont nulles, et l'on a, en employant la forme du reste de Lagrange,

$$\varphi x = \frac{x^n}{1.2\ldots n}\varphi^n(\theta x), \quad \varphi^n(\theta x) = \varphi x : \frac{x^n}{1.2\ldots n}.$$

Pour n croissant indéfiniment, $[x^n : (1.2.3\ldots n)]$, terme général de la série $\mathrm{S}[x^n : (1.2.3\ldots n]$, qui est convergente (127, III), tend vers zéro. Donc, pour $n = \infty$, $\lim \varphi^n(\theta x) = \infty$.

V. Si fx est une fonction à laquelle on peut appliquer le théorème de Maclaurin, $fx + \varphi x$ sera dans le même cas, et les deux développements seront, au reste près,

$$\mathrm{A} = f0 + \frac{x}{1}f'0 + \frac{x^2}{1.2}f''0 + \cdots + \frac{x^{n-1}}{1.2\ldots(n-1)}f^{n-1}0;$$

mais le reste, dans le développement de fx, sera, par exemple,

$$\mathrm{B} = \frac{x^n}{1.2\ldots n}f^n(\theta x);$$

dans celui de $fx + \varphi x = \mathrm{A} + \mathrm{B} + \varphi x$, il sera nécessairement $\mathrm{B} + \varphi x$. La connaissance d'un nombre quelconque de termes du développement A d'une fonction, sans *aucune* considération du reste, ne peut donc suffire à la détermination complète de la fonction représentée par le développement (Cauchy).

242. *Loi suprême de Wronski.* I. Le déterminant

$$\chi z = \begin{vmatrix} \mathrm{F}z & fz & \varphi z & \cdots & \psi z \\ \mathrm{F}z_0 & fz_0 & \varphi z_0 & \cdots & \psi z_0 \\ \mathrm{F}'z_0 & f'z_0 & \varphi' z_0 & \cdots & \psi' z_0 \\ \cdots & \cdots & \cdots & \cdots & \cdots \\ \mathrm{F}^{n-1}z_0 & f^{n-1}z_0 & \varphi^{n-1}z_0 & \cdots & \psi^{n-1}z_0 \end{vmatrix}$$

est nul ainsi que ses $(n-1)$ premières dérivées, pour $z = z_0$. On a donc, en employant le théorème de Taylor, supposé applicable,

$$\chi Z = \rho = \lambda\sqrt{2}\, e^{\alpha i} \frac{(Z - z_0)^n}{1.2\ldots n}(1 - \theta)^{n-p}\, \chi^n[z_0 + \theta(Z - z_0)]$$

$$= \int_{z_0}^{z} \frac{(Z - z)^{n-1}}{1.2\ldots(n-1)}\chi^n z\, dz.$$

Dans cette expression de ρ, on peut remplacer évidemment n par un nombre entier quelconque inférieur.

En développant le déterminant χZ, on trouve *la loi suprême* de Wronski, dont M. Ch. Lagrange (de l'observatoire de Bruxelles) a, le premier, déterminé la forme du reste, par un procédé au fond identique à celui que nous exposons ici (*Comptes rendus de Paris*, 1884, XCVIII, pp. 1422-1425). Cette formule peut s'écrire

$$FZ = AfZ + B\varphi Z + \cdots + L\psi Z + \rho.$$

Les coefficients A, B, ..., L sont les Wronskiens, supposés non nuls (n° 227), mineurs du déterminant χz, par rapport aux éléments de la première ligne.

La loi suprême de Wronski est une généralisation, stérile jusqu'à présent, du théorème de Taylor. On retrouve celui-ci, en posant dans la loi suprême, $fz = 1$, $\varphi z = z - z_0$, ..., $\psi z = (z - z_0)^{n-1}$.

II. **Formule de Newton. 243.** *Cas des fonctions entières.* Newton a fait connaitre, en 1711, dans la *Methodus differentialis*, puis en 1714, dans l'édition des *Principes* imprimée à Amsterdam, une formule remarquable pour déterminer une fonction algébrique entière de degré m, au moyen de $(m + 1)$ de ses valeurs correspondant à autant de valeurs de la variable. Nous allons l'exposer en prenant, pour abréger, $m = 3$.

1. Soient u_1, u_2, u_3, u_4 les valeurs d'une fonction entière $u = fz = a + bz + cz + gz^3$, du troisième degré, pour les valeurs z_1, z_2, z_3, z_4 de z. On aura

$$u_1 = a + bz_1 + cz_1^2 + gz_1^3, \quad u_2 = a + bz_2 + cz_2^2 + gz_2^3,$$
$$u_3 = a + bz_3 + cz_3^2 + gz_3^3, \quad u_4 = a + bz_4 + cz_4^2 + gz_4^3.$$

On sait, par la théorie des déterminants, que ces équations donnent pour a, b, c, g des valeurs uniques, qui substituées dans

$$u = a + bz + cz^2 + gz^3,$$

déterminent la fonction u. On obtient le résultat de la substitution des valeurs de a, b, c, g, dans u, en éliminant a, b, c, g entre les cinq relations précédentes. On trouve ainsi

$$\begin{vmatrix} u & 1 & z & z^2 & z^3 \\ u_1 & 1 & z_1 & z_1^2 & z_1^3 \\ u_2 & 1 & z_2 & z_2^2 & z_2^3 \\ u_3 & 1 & z_3 & z_3^2 & z_3^3 \\ u_4 & 1 & z_4 & z_4^2 & z_4^3 \end{vmatrix} = 0.$$

En ordonnant le déterminant du premier membre suivant les éléments de la première colonne, on obtient *la formule de Lagrange :*

$$u = \frac{(z-z_2)(z-z_3)(z-z_4)}{(z_1-z_2)(z_1-z_3)(z_1-z_4)} u_1 + \cdots + \frac{(z-z_1)(z-z_2)(z-z_3)}{(z_4-z_1)(z_4-z_2)(z_4-z_3)} u_4.$$

On vérifie aisément, à posteriori, que u prend les valeurs u_1, u_2, u_3, u_4 quand z est égal à z_1, z_2, z_3 ou z_4. L'analyse précédente prouve d'ailleurs que la question proposée n'a qu'une solution.

II. Newton met la fonction fz sous la forme suivante

$$fz = A + B(z-z_1) + C(z-z_1)(z-z_2) + G(z-z_1)(z-z_2)(z-z_3), \quad (1)$$

et trouve une valeur unique pour les coefficients A, B, C, G, en exprimant que $u_1 = fz_1$, $u_2 = fz_2$, $u_3 = fz_3$, $u_4 = fz_4$. En effet, on obtient ainsi le *premier système* :

$$\begin{aligned} u_1 &= A, \\ u_2 &= A + B(z_2-z_1), \\ u_3 &= A + B(z_3-z_1) + C(z_3-z_1)(z_3-z_2), \\ u_4 &= A + B(z_4-z_1) + C(z_4-z_1)(z_4-z_2) + G(z_4-z_1)(z_4-z_2)(z_4-z_3). \end{aligned}$$

Soustrayons la première de ces équations des suivantes, et divisons les relations obtenues, respectivement par $z_2 - z_1$, $z_3 - z_1$, $z_4 - z_1$, en posant

$$v_2 = \frac{u_2 - u_1}{z_2 - z_1}, \quad v_3 = \frac{u_3 - u_1}{z_3 - z_1}, \quad v_4 = \frac{u_4 - u_1}{z_4 - z_1}.$$

Nous obtiendrons *un second système :*

$$\begin{aligned} v_2 &= B, \\ v_3 &= B + C(z_3 - z_2), \\ v_4 &= B + C(z_4 - z_2) + G(z_4 - z_2)(z_4 - z_3). \end{aligned}$$

Opérant sur ce second système comme sur le premier, il viendra

$$w_3 = C, \quad w_4 = C + G(z_4 - z_3),$$

si l'on fait

$$w_3 = \frac{v_3 - v_2}{z_3 - z_2}, \quad w_4 = \frac{v_4 - v_2}{z_4 - z_2}.$$

Enfin, du *troisième système* en C et G, on déduit

$$s_4 = \mathrm{G}, \quad \text{si } s_4 = \frac{w_4 - w_3}{z_4 - z_3}.$$

En substituant les valeurs de A, B, C, G dans (1), il vient

$$u = u_1 + (z - z_1)v_2 + (z - z_1)(z - z_2)w_3 + (z - z_1)(z - z_2)(z - z_3)s_4. \quad (2)$$

Cette formule s'étend sans peine à une fonction entière de degré quelconque.

Exemple. Trouver une fonction entière du quatrième degré qui, pour $z = 1, 2, 4, 5, 6$ prenne les valeurs 5, 4, 3, 2, 5. Voici la disposition des calculs qui peuvent se faire mentalement :

z_1	z_2	z_3	z_4	z_5	1	2	4	5	6
u_1	u_2	u_3	u_4	u_5	5	4	3	2	5
	v_2	v_3	v_4	v_5		-1	$-\frac{2}{3}$	$-\frac{3}{4}$	0
		w_3	w_4	w_5			$\frac{1}{6}$	$\frac{1}{12}$	$\frac{1}{4}$
			s_4	s_5				$-\frac{1}{12}$	$\frac{1}{24}$
				t_5					$\frac{1}{8}$

La fonction cherchée est

$$u = 5 - (z - 1) + \tfrac{1}{6}(z - 1)(z - 2) - \tfrac{1}{12}(z - 1)(z - 2)(z - 4) + \tfrac{1}{8}(z - 1)(z - 2)(z - 4)(z - 5).$$

Remarque. Les expressions v, w, s, etc. ont été appelées *fonctions interpolaires* par Ampère. Il a observé que

$$v_2 = \frac{u_1}{z_1 - z_2} + \frac{u_2}{z_2 - z_1},$$

$$w_3 = \frac{u_1}{(z_1 - z_2)(z_1 - z_3)} + \frac{u_2}{(z_2 - z_1)(z_2 - z_3)} + \frac{u_3}{(z_3 - z_1)(z_3 - z_2)}, \text{ etc.}$$

formules qu'il est facile d'établir d'une manière générale et qui permettent de déduire la formule de Lagrange de celle de Newton.

III. Si $z_2 - z_1 = z_3 - z_2 = z_4 - z_3 = \Delta z = h$, on transforme aisément la formule (2), dans le cas d'une fonction du troisième degré, en la suivante :

$$fz = fz_1 + \frac{z - z_1}{1}\frac{\Delta fz_1}{\Delta z} + \frac{(z - z_1)(z - z_2)}{1.2}\frac{\Delta_2 fz_1}{\Delta z_2}$$
$$+ \frac{(z - z_1)(z - z_2)(z - z_3)}{1.2.3.}\frac{\Delta_3 fz_1}{\Delta z_3}, \tag{3}$$

dont l'analogie avec celle de Taylor est évidente. Mais, dans le cas d'une fonction entière de degré quelconque, il est plus facile, comme on va le voir, d'établir directement la formule semblable à (3) que de la déduire de (2). Posons pour abréger

$$(z - z_1)^{[p]} = (z - z_1)(z - z_2)\ldots(z - z_p),$$

expression qui s'appelle une *pseudopuissance* ou un *produit équidifférent*. En y changeant z en $z + \Delta z$, on obtient

$$(z + \Delta z - z_1)^{[p]} = (z + \Delta z - z_1)(z - z_1)\ldots(z - z_{p-1}).$$

Par suite, après quelques réductions,

$$\Delta(z - z_1)^{[p]} = (z + \Delta z - z_1)^{[p]} - (z - z_1)^{[p]} = p\,(z - z_1)^{[p-1]}\,\Delta z,$$

c'est-à-dire que *la différence d'une pseudopuissance s'obtient par la même règle que la différentielle d'une puissance*. On aura donc, pour les différences secondes, troisièmes, etc.

$$\Delta^2.(z - z_1)^{[p]} = p\,(p - 1)\,(z - z_1)^{[p-2]}\,\Delta z^2,$$
$$\Delta^3.(z - z_1)^{[p]} = p\,(p - 1)\,(p - 2)\,(z - z_1)^{[p-3]}\,\Delta z^3, \text{ etc.}$$

Grâce à cette propriété, de la relation (1), qui s'écrit, dans le cas actuel,

$$fz = A + B\,(z - z_1) + C\,(z - z_1)^{[2]} + G\,(z - z_1)^{[3]}, \tag{4}$$

on déduit aisément les différences successives de fz, savoir :

$$\Delta fz = B\Delta z + 2C\,(z - z_1)\,\Delta z + 3G\,(z - z_1)^{[2]}\,\Delta z,$$
$$\Delta^2 fz = 1.2\,C\,\Delta z^2 + 2.3\,G\,(z - z_1)\,\Delta z^2,$$
$$\Delta^3 fz = 1.2.3\,G\Delta z^3.$$

Faisant $z = z_1$ dans ces relations, il vient, presque immédiatement,

$$A = fz_1, \quad B = \frac{\Delta fz_1}{\Delta z}, \quad C = \frac{1}{1.2}\frac{\Delta^2 fz_1}{\Delta z^2}, \quad G = \frac{1}{1.2.3}\frac{\Delta^3 fz_1}{\Delta z^3}.$$

Substituant ces valeurs dans (4), on trouve la formule (3). La démonstration d'ailleurs s'applique aux fonctions de degré quelconque.

244. ***Formule de Newton pour les fonctions réelles non entières. Reste de Cauchy.*** **La formule de Newton permet de trouver une fonction algébrique entière de degré n,**

$$fx = A + B(x - x_1) + C(x - x_1)(x - x_2) + \cdots$$
$$+ L(x - x_1)(x - x_2)\ldots(x - x_{n-1}) + P(x - x_1)(x - x_2)\ldots(x - x_n),$$

qui, pour x successivement égal à $x_1, x_2, x_3, \ldots, x_n$, X, a les valeurs $y_1, y_2, y_3, \ldots, y_n$, Y, que prend une fonction quelconque $y = Fx$, pour ces mêmes valeurs de x. Dans cette hypothèse, on a, en particulier,

$$FX = A + B(X - x_1) + C(X - x_1)(X - x_2) + \cdots$$
$$+ L(X - x_1)(X - x_2)\ldots(X - x_{n-1}) + P(X - x_1)(X - x_2)\ldots(X - x_n), \quad (1)$$

et P est une fonction interpolaire dépendant des $(2n + 2)$ quantités $(x_1, \ldots, X, y_1, \ldots, Y)$, par le moyen de relations simples analogues à celles qui, au n° 243, II, définissent v_2, w_3, s_4.

On peut exprimer P au moyen de la $n^{ième}$ dérivée de Fx, si les conditions de continuité suivantes sont vérifiées : La fonction Fx et ses n premières dérivées sont continues pour $x = x_1, x_2, \ldots, x_n$, X et pour les valeurs intermédiaires; toutefois $F^n x$ peut être discontinu pour la plus grande x_M et la plus petite x_m de ces valeurs.

Pour le prouver, posons $\chi x = Fx - fx$. Par hypothèse, χx s'annule pour les $n + 1$ valeurs $(x_1, x_2, \ldots x_n, X)$ qui rendent fx égal à Fx. D'après le théorème de Rolle, $\chi' x$ s'annulera pour n valeurs intermédiaires; puis, $\chi'' x$ pour $(n - 1)$ intermédiaires entre ces dernières, et ainsi de suite, jusqu'à $\chi^n x$ qui s'annulera pour une valeur ξ intermédiaire entre x_m et x_M. On aura donc

$$F^n\xi - f^n\xi = 0.$$

Or, la dérivée $n^{ième}$ de fx est constante et égale à $1.2.3\ldots nP$. Donc

$$P = \frac{F^n\xi}{1.2\ldots n}.$$

Par suite, en substituant dans la relation (1),

$$FX = A + B(X - x_1) + C(X - x_1)(X - x_2) + \cdots$$
$$+ L(X - x_1)(X - x_2)\ldots(X - x_{n-1}) + \frac{(X - x_1)(X - x_2)\ldots(X - x_n)}{1.2.3\ldots n} F^n\xi,$$

ce qui est la formule de Newton, complétée par un reste. L'expression

de ce reste a été trouvée par Cauchy (*Comptes rendus de Paris*, 1840, t. XI, p. 787; *Œuvres*, t. V, p. 422).

Corollaire. Si les quantités $x_1, x_2 \cdots x_n$, tendent vers X, il en est de même de ξ et lim P = $[F^n X : (1.2\ldots n)]$ théorème qui est la généralisation de celui du n° 237.

Remarque. Il ne semble pas possible d'obtenir, *d'une manière élémentaire*, une forme simple du reste, pour la formule de Newton, dans le cas d'une fonction d'une variable imaginaire.

245. Application. *Règle de fausse position double.* Si $n=2$, la formule de Newton, peut s'écrire

$$FX = Fx_1 + (X - x_1)\frac{Fx_2 - Fx_1}{x_2 - x_1} + E, \quad E = \frac{(X-x_1)(X-x_2)}{2}F''\xi.$$

En laissant E de côté, on a l'égalité approximative

$$\frac{FX - Fx_1}{X - x_1} = \frac{Fx_2 - Fx_1}{x_2 - x_1},$$

correspondant, pour le calcul de FX, à la règle dite *de fausse position double*. L'erreur E commise en employant cette proportion est moindre que $\frac{1}{8}(x_2 - x_1)^2(-F''\xi)$, si X est compris entre x_1 et x_2; car le maximum du produit $(x_2 - X)(X - x_1)$ où la somme des facteurs est constante, est $\frac{1}{4}(x_2 - x_1)^2$ (n° 4).

En particulier : 1° Soit $Fx = lx$, $x_1 = N$, $x_2 = N'$. Si $N < N'$, on trouve

$$lX = lN + (X - N)\frac{lN' - lN}{N' - N} + E, \quad E = \frac{\theta}{8}\left(\frac{N' - N}{N}\right)^2,$$

θ étant compris entre 0 et 1. Lorsque $N' = N + 1$, $E = \frac{1}{8}\theta N^{-2}$.

En multipliant la formule précédente par le module $M = 0{,}4343$ des logarithmes à base 10, et observant que M est inférieur à $\frac{1}{2}$, on trouve

$$LX = LN + (X - N)\frac{LN' - LN}{N' - N} + E_1, \quad E_1 = \frac{\theta}{16}\left(\frac{N' - N}{N}\right)^2,$$

et, si $N' - N = 1$, $E_1 = \frac{1}{16}N^{-2}$.

2° Soient $Fx = x^{-1}$, et N inférieur à N'. Alors

$$\frac{1}{X} = \frac{1}{N} + (X - N)\frac{\frac{1}{N'} - \frac{1}{N}}{N' - N} + E, \quad E = -\frac{\theta}{4}\frac{(N' - N)^2}{N},$$

et, si $N' = N + 1$, $E = \frac{1}{4}\theta N^{-3}$; θ est compris entre zéro et l'unité.

3° Soient $Fx = \sqrt{x}$, et N inférieur à N'. Alors

$$\sqrt{X} = \sqrt{N} + (X - N)\frac{\sqrt{N'} - \sqrt{N}}{N' - N} + E, \quad E = \frac{\theta}{32}\frac{(N' - N)^2}{(\sqrt{N})^3},$$

et, si $N' = N + 1$, $E = \frac{1}{32}\theta N^{-\frac{3}{2}}$; θ est compris entre 0 et 1.

4° Soit encore $Fx = \sqrt[3]{x}$, N étant plus petit que N'. Alors

$$\sqrt[3]{X} = \sqrt[3]{N} + (X - N)\frac{\sqrt[3]{N'} - \sqrt[3]{N}}{N' - N} + E, \quad E = \frac{\theta}{36}\frac{(N' - N)^2}{(\sqrt[3]{N})^5}$$

et, si $N' = N + 1$, $E = \frac{1}{36}\theta N^{-\frac{5}{3}}$, θ étant encore compris entre 0 et 1.

Les formules précédentes permettent de voir dans quel cas on peut se servir avec sécurité de la *méthode des parties proportionnelles* pour le calcul du logarithme, de l'inverse, de la racine carrée et de la racine cubique d'un nombre compris entre deux autres insérés dans les tables.

246. *Loi suprême de Wronski aux différences.* Le déterminant

$$\chi x = \begin{vmatrix} Fx & fx & \varphi x & \dots & \psi x \\ Fx_1 & fx_1 & \varphi x_1 & \dots & \psi x_1 \\ Fx_2 & fx_2 & \varphi x_2 & \dots & \psi x_2 \\ Fx_3 & fx_3 & \varphi x_3 & \dots & \psi x_3 \\ \dots & \dots & \dots & \dots & \dots \\ Fx_n & fx_n & \varphi x_n & \dots & \psi x_n \end{vmatrix}$$

est nul pour $x = x_1, x_2, \dots, x_n$. Posons

$$\chi X - (X - x_1)(X - x_2)\dots(X - x_n)P = 0. \tag{1}$$

La fonction

$$\chi x - (x - x_1)(x - x_2)\cdots(x - x_n)P,$$

où P a la même valeur que dans l'égalité (1), s'annulera pour $x = x_1, x_2, \dots, x_n$, X. Par suite, d'après un raisonnement analogue à celui du n° 244, la dérivée $n^{\text{ième}}$ de cette fonction est nulle pour une valeur ξ intermédiaire entre la plus grande et la plus petite des valeurs $x_1, x_2, \dots, x_n$, X, moyennant des conditions de continuité faciles à énoncer. On a donc

$$\chi^n\xi - 1.2.3\dots n.P = 0, \quad P = \frac{\chi^n\xi}{1.2.3\dots n},$$

et la formule (1) peut s'écrire

$$\chi X = \frac{(X - x_1)(X - x_2)\ldots(X - x_n)}{1.2.3\ldots n}\chi^n\xi.$$

En développant le déterminant χX, on trouve la *loi suprême* de Wronski, en calcul des différences. On peut l'écrire

$$FX = afX + b\varphi X + \cdots + l\psi X + \frac{(X - x_1)(X - x_2)\ldots(X - x_n)}{1.2.3\ldots n}\chi^n\xi.$$

Les coefficients a, b, ..., l, sont indépendants de X et sont les mineurs de χx par rapport aux éléments de la première ligne de ce déterminant. On peut appeler ces mineurs des *wronskiens aux différences*, par opposition à ceux qui contiennent des dérivées ou des différentielles (227).

La loi suprême de Wronski aux différences est une généralisation de la formule de Newton. On retrouve celle-ci en posant $fx = 1$, $\varphi x = (x - x_1)$, ..., $\psi x = (x - x_1)(x - x_2)\ldots(x - x_{n-1})$.

III. **Formule de quadrature de Gauss. 247.** *Dérivée d'ordre quelconque d'une fonction interpolaire.* Lemme I. On a, pour toute valeur entière et positive de p et de n,

$$\int_0^1 (1 - v)^p v^{n-1} dv = \frac{1.2.3\ldots p}{n(n + 1)\ldots(n + p)}.$$

En effet, on a identiquement

$$(1 - v)^p v^{n-1} = (1 - v)^p v^{n-2} - (1 - v)^{p+1} v^{n-2},$$

$$\int_0^1 (1 - v)^p v^{n-1} dv = \int_0^1 (1 - v)^p v^{n-2} dv - \int_0^1 (1 - v)^{p+1} v^{n-2} dv.$$

Si le lemme est vrai pour l'exposant $(n - 2)$ de v, le second membre sera égal à

$$\frac{1.2.3\ldots p}{(n - 1)\ldots(n + p - 1)} - \frac{1.2.3\ldots(p + 1)}{(n - 1)\ldots(n + p)} = \frac{1.2.3\ldots p}{n(n + 1)\ldots(n + p)}.$$

Donc le lemme est vrai aussi pour l'exposant $(n - 1)$. Or, il est vrai, pour $n = 1$, d'après la dernière formule du n° 239; par suite, il est vrai d'une manière générale.

Lemme II. La fonction interpolaire $u = F(x, x_1, x_2, x_n, \ldots, x_n)$ formée au moyen des valeurs Fx, Fx_1, Fx_2, ..., Fx_n d'une fonction Fx pour les valeurs $x, x_1, x_2, \ldots, x_n$ de la variable peut s'écrire (n° 243, II, remarque)

$$u = \frac{Fx}{(x-x_1)(x-x_2)\ldots(x-x_n)}$$

$$+ \frac{Fx_1}{(x_1-x)(x_1-x_2)\ldots(x_1-x_n)} + \cdots + \frac{Fx_n}{(x_n-x)(x_n-x_1)\ldots(x_n-x_{n-1})}.$$

On peut remplacer le premier terme de cette expression par n autres fractions analogues, contenant, au dénominateur, x au premier degré seulement. On a, en effet, identiquement,

$$\frac{1}{(x-x_1)(x-x_2)\ldots(x-x_n)} =$$

$$\frac{1}{(x-x_1)(x_1-x_2)\ldots(x_1-x_n)} + \cdots + \frac{1}{(x-x_n)(x_n-x_1)\ldots(x_n-x_{n-1})},$$

ou

$$0 = -1 + \frac{(x-x_2)\ldots(x-x_n)}{(x_1-x_2)\ldots(x_1-x_n)} + \cdots + \frac{(x-x_1)\ldots(x-x_{n-1})}{(x_n-x_1)\ldots(x_n-x_{n-1})}.$$

Car le polynôme du second membre, qui est du degré $(n-1)$ en x, s'annule pour n valeurs de x, savoir $x_1, x_2, \ldots x_n$; donc, il est égal à zéro, quel que soit x.

Il résulte de l'identité précédente que l'on peut écrire

$$u = \frac{Fx_1 - Fx}{(x_1-x)(x_1-x_2)\ldots(x_1-x_n)} + \cdots + \frac{Fx_n - Fx}{(x_n-x)(x_n-x_1)\ldots(x_n-x_{n-1})},$$

ou encore

$$u = \frac{\dfrac{Fx_1 - Fx}{x_1 - x}}{(x_1-x_2)\ldots(x_1-x_n)} + \cdots + \frac{\dfrac{Fx_n - Fx}{x_n - x}}{(x_n-x_1)\ldots(x_n-x_{n-1})}.$$

III. *Dérivée $p^{\text{ième}}$ d'une fonction interpolaire.* Nous obtenons immédiatement la dérivée $p^{\text{ième}}$ de u par rapport à x, au moyen de la formule (1) du n° 239, savoir :

$$\frac{d^pu}{dx^p} = \int_0^1 (1-v)^p \left\{ \frac{F^{p+1}[x+v(x_1-x)]}{(x_1-x_2)\ldots(x_1-x_n)} + \cdots + \frac{F^{p+1}[x+v(x_n-x)]}{(x_n-x_1)\ldots(x_n-x_{n-1})} \right\} dv.$$

Posons, pour abréger,

$$\varphi y = F^{p+1}[x + v(y-x)],$$

d'où l'on déduit immédiatement

$$\varphi^{n-1} y = F^{p+n}[x + v(y-x)]\, v^{n-1}.$$

La quantité entre parenthèses, sous le signe intégral, pourra s'écrire

$$\frac{\varphi x_1}{(x_1 - x_2)\dots(x_1 - x_n)} + \dots + \frac{\varphi x_n}{(x_n - x_1)\dots(x_n - x_{n-1})},$$

et sera la fonction interpolaire formée au moyen de la fonction φ et des valeurs $x_1, x_2, \dots, x_n$ de y. D'après un théorème connu (244), elle sera égale à

$$\frac{\varphi^{n-1}\eta}{1.2\dots(n-1)} = \frac{F^{p+n}[x + v(\eta - x)]\, v^{n-1}}{1.2.3\dots(n-1)},$$

η étant une valeur comprise entre la plus grande et la plus petite des valeurs $x_1, x_2, \dots, x_n$ et, à fortiori, entre la plus grande x_M et la plus petite x_m des valeurs $x, x_1, \dots x_n$. On a donc enfin

$$\frac{d^p u}{dx^p} = \frac{1}{1.2\dots(n-1)} \int_0^1 (1 - v)^p v^{n-1} F^{n+p}[x + v(\eta - x)]\, dv.$$

Cette intégrale, ou limite de somme, est comprise entre les sommes analogues que l'on obtient en remplaçant $F^{n+p}[x + v(\eta - x)]$ par la valeur la plus grande F_M^{n+p} et la valeur la plus petite F_m^{n+p} que prend $F^{n+p}x$ quand x varie de x_m à x_M. Par suite, $D^p u$ est compris entre

$$\frac{F_M^{n+p}}{1.2\dots(n-1)} \int_0^1 (1 - v)^p v^{n-1} dv = \frac{1.2.3\dots p}{1.2.3\dots(n+p)} F_M^{n+p},$$

$$\frac{F_m^{n+p}}{1.2\dots(n-1)} \int_0^1 (1 - v)^p v^{n-1} dv = \frac{1.2.3\dots p}{1.2.3\dots(n+p)} F_m^{n+p}.$$

La fonction $F^{n+p}(x)$, étant supposée continue, passera entre x_m et x_M par une valeur intermédiaire $F^{n+p}\xi$ telle que l'on aura

$$\frac{d^p u}{dx^p} = \frac{1.2.3\dots p}{1.2.3\dots(n+p)} F^{n+p}\xi = \frac{F^{n+p}\xi}{(p+1)(p+2)\dots(n+p)}.$$

248. *Formule de quadrature de Gauss.* Lemme I. Si n est entier et positif,

$$I_n = \int_{-1}^{+1} (1 - x^2)^n dx = 2.\frac{2.4.6\dots 2n}{3.5.7\dots(2n+1)}.$$

On a, en effet, identiquement,

$$\begin{aligned}(1 - x^2)^n dx &= d[x(1 - x^2)^n] - 2nx^2(1 - x^2)^{n-1} dx \\ &= d[x(1 - x^2)^n] + 2n(1 - x^2)^{n-1} dx - 2n(1 - x^2)^n dx,\end{aligned}$$

ou, en faisant passer le dernier terme du second membre dans le premier et intégrant,

$$(2n+1)\,I_n = \int_{-1}^{+1} d\,[x\,(1-x^2)^n] + 2n \int_{-1}^{+1} (1-x^2)^{n-1} dx.$$

L'intégrale indéfinie formant le premier terme du second membre est $x\,(1-x^2)^n$, qui s'annule pour $x=-1$, $x=+1$. Donc $(2n+1)\,I_n = 2n I_{n-1}$. De même, $(2n-1)\,I_{n-1} = (2n-2)\,I_{n-2}$, $(2n-3)\,I_{n-2} = (2n-4)\,I_{n-3}$, etc. Donc enfin, de proche en proche,

$$I_n = \frac{2n}{2n+1} \cdot \frac{2n-2}{2n-1} \cdots \frac{2}{3} \int_{-1}^{+1} dx = 2 \cdot \frac{2.4.6\ldots 2n}{3.5.7\ldots(2n+1)}.$$

Lemme II. *L'équation* $D_x^n\,(x^2-1)^n = 0$ *a* n *racines réelles, inégales et comprises entre* $+1$ *et* -1. Considérons les dérivées successives de la fonction $P\,(x) = (x^2-1)^n = (x-1)^n\,(x+1)^n$. On trouvera, par la formule de Leibniz (173),

$$DP\,(x) = (x-1)^n \,.\, n\,(x+1)^{n-1} + n\,(x-1)^{n-1}\,(x+1)^n;$$

$$D^2P\,(x) = (x-1)^n \,.\, n\,(n-1)\,(x+1)^{n-2} + 2n\,(x-1)^{n-1} \,.\, n\,(x+1)^{n-1}$$
$$+\, n\,(n-1)\,(x-1)^{n-2} \,.\, (x+1)^n;$$

et ainsi de suite. La fonction DP contient le facteur $(x^2-1)^{n-1}$; de plus, puisque P s'annule pour $x=-1$ et $x=+1$, DP, d'après le théorème de Rolle, s'annule pour une valeur intermédiaire x_{11}. De même, D^2P contient le facteur $(x^2-1)^{n-2}$; en outre, puisque DP s'annule pour $x=-1$, x_{11}, $+1$, D^2P s'annule pour $x=x_{12}$, valeur comprise entre -1 et x_{11}, et pour $x=x_{22}$, valeur comprise entre x_{11} et 1. On prouve, d'une manière analogue, que D^3P est divisible par $(x^2-1)^{n-3}$ et s'annule encore pour trois valeurs x_{13}, x_{23}, x_{33} intermédiaires respectivement entre -1 et x_{12}, x_{12} et x_{22}, x_{22} et 1. De proche en proche, on arrive à ce résultat que D^nP s'annule pour n valeurs distinctes, x_1, x_2, ..., x_n, comprises entre -1 et $+1$. Le premier terme de D^nP ayant pour coefficient $2n\,(2n-1)\ldots(n+1)$, on a

$$D^nP\,(x) = (n+1)\,(n+2)\ldots 2n\,(x-x_1)\,(x-x_2)\ldots(x-x_n).$$

Remarque. L'expression $[D^nP\,(x) : 2.4.6\ldots 2n]$ a été appelée *polynôme* X_n *de Legendre*, parce que ce géomètre en a, le premier, étudié les propriétés. On peut encore énoncer le lemme précédent, en disant que *l'équation* $X_n = 0$ *a* n *racines réelles et inégales comprises entre* $+1$ *et* -1.

Formule de Gauss. Soient Fx, $F'x$, $F''x$, ..., $F^{2n}x$ une fonction et ses $2n$ premières dérivées continues de -1 à $+1$; Gx une fonction entière de degré $(n-1)$

$$A + B(x-x_1) + C(x-x_1)(x-x_2) + \ldots + L(x-x_1)(x-x_2)\ldots(x-x_{n-1})$$

égale à Fx pour les valeurs $x_1, x_2, \ldots, x_n$, racines de l'équation $D^nP = 0$. On aura, par la formule de Newton (244),

$$Fx = Gx + (x-x_1)(x-x_2)\ldots(x-x_n)\,F(x, x_1, x_2, \ldots, x_n)$$

ou, en abrégé, et en posant la fonction interpolaire $F(x, x_1, \ldots, x_n) = u$,

$$Fx = Gx + \frac{u\,D^nP(x)}{(n+1)(n+2)\ldots 2n}.$$

On déduit de là, en intégrant de -1 à $+1$,

$$\int_{-1}^{+1} Fx\,dx = \int_{-1}^{+1} Gx\,dx + \frac{1}{(n+1)(n+2)\ldots 2n}\int_{-1}^{+1} u\,D^nP\,dx.$$

Mais on a identiquement

$$uD^nP = D[uD^{n-1}P] - DuD^{n-1}P,\quad DuD^{n-1}P = D[Du.D^{n-2}P] - D^2u.D^{n-2}P,$$

et ainsi de suite. Par conséquent,

$$u\,D^nP = D[uD^{n-1}P - DuD^{n-2}P + D^2uD^{n-3}P - \cdots + (-1)^{n-1}D^{n-1}uDP] + (-1)^nPD^nu.$$

Intégrant, il vient

$$\int_{-1}^{+1} uD^nPdx = (-1)^n\int_{-1}^{+1} PD^nudx + \int_{-1}^{+1} D[uD^{n-1}P - DuD^{n-2}P + \cdots + (-1)^{n-1}D^{n-1}uDP]dx.$$

La dernière intégrale est nulle, parce la quantité entre crochets, qui est l'intégrale indéfinie correspondante, s'annule pour $x=1$ et $x=-1$, d'après la démonstration du lemme II. Donc

$$\int_{-1}^{+1} uD^nPdx = (-1)^n\int_{-1}^{+1} PD^nudx = \int_{-1}^{+1} (1-x^2)^nD^nudx,$$

ou, en remplaçant D^nu par sa valeur (246),

$$\int_{-1}^{+1} uD^nPdx = \int_{-1}^{+1} (1-x^2)^n\frac{F^{2n}\xi}{(n+1)(n+2)\ldots 2n}dx.$$

Soient F_M^{2n}, F_m^{2n} la plus grande et la plus petite valeur de $F^{2n}x$ depuis $x = -1$ jusqu'à $x = +1$. On aura

$$F_m^{2n}\int_{-1}^{+1}(1-x^2)^n < \int_{-1}^{+1}(1-x^2)^n F^{2n}\xi dx < F_M^{2n}\int_{-1}^{+1}(1-x^2)^n dx,$$

et, si $F^{2n}x_\mu$ est une valeur convenablement choisie de $F^{2n}x$ entre F_m^{2n} et F_M^{2n}, on pourra écrire

$$\int_{-1}^{+1}(1-x^2)^n F^{2n}\xi dx = F^{2n}x_\mu \int_{-1}^{+1}(1-x^2)^n dx.$$

Donc

$$\int_{-1}^{+1}Fxdx = \int_{-1}^{+1}Gxdx + \frac{F^{2n}x_\mu}{[(n+1)(n+2)\ldots 2n]^2}\int_{-1}^{+1}(1-x^2)^n dx.$$

Remplaçant l'intégrale définie par sa valeur, il vient, après quelques transformations,

$$\int_{-1}^{+1}Fxdx = \int_{-1}^{+1}Gxdx + \frac{2}{2n+1}\left[\frac{1.2.3\ldots n}{1.3.5\ldots 2n-1}\right]^2 \frac{F^{2n}x_\mu}{1.2.3\ldots 2n},$$

formule de Gauss, avec un reste donné ici pour la première fois.

IV. La fonction Gx, peut, au moyen de la formule de Lagrange (243, I), se mettre sous la forme

$$Fx_1.G_1x + Fx_2.G_2x + \cdots + Fx_n.G_nx,$$

où G_1x, G_2x, ..., G_nx sont des polynômes de degré $(n-1)$ en x, dépendant uniquement de x_1, x_2, ..., x_n et nullement de la forme de la fonction Fx. On a donc

$$\int_{-1}^{+1}Gxdx = Fx_1\int_{-1}^{+1}G_1xdx + \cdots + Fx_n\int_{-1}^{+1}G_nxdx.$$

Gauss a calculé, pour $n = 1,2,3,4,5,6,7$, la valeur des intégrales qui entrent dans le second membre. En les appelant g_1, g_2, ... g_n et désignant par ρ le terme complémentaire, la formule prend la forme

$$\int_{-1}^{+1}Fxdx = g_1Fx_1 + g_2Fx_2 + \cdots + g_nFx_n + \rho.$$

Voici ces valeurs pour $n=1$, $n=2$, $n=3$. 1° Si $n=1$, $D(x^2-1)=0$ a pour racines $x_1=0$ et l'on a $g_1=2$. 2° Si $n=2$, $D^2(x^2-1)^2=0$ a pour racines $x_2=-x_1=\sqrt{\frac{1}{3}}=0,577\,350\,269\,189\,625\,8$, $g_1=g_2=1$. 3° Si $n=3$, $D^3(x^2-1)^3=0$ a pour racines $x_3=-x_1=\sqrt{\frac{3}{5}}=0,774\,596\,669\,241\,483\,4$, $x_2=0$, $g_1=g_3=\frac{5}{9}$, $g_2=\frac{8}{9}$.

V. Application. La fonction χx considérée dans la loi suprême de Wronski aux différences (246), est telle que $\chi x_1=0$, $\chi x_2=0$, ... $\chi x_n=0$. On a donc

$$\int_{-1}^{+1}\chi x dx=\frac{2}{2n+1}\left[\frac{1.2.3\dots n}{1.3.5\dots(2n-1)}\right]^2\frac{\chi^{2n}x_\mu}{1.2.3\dots 2n},$$

formule nouvelle de quadrature d'une grande généralité.

IV. Théorème de Taylor pour les fonctions de plusieurs variables. 249. *Dérivées successives d'une certaine fonction.* Soient $Ft=f(x+\Delta x,\, y+\Delta y)$, $\Delta x=ht$, $\Delta y=kt$, $u=x+ht$, $v=y+kt$, de sorte que $D_t u=h$, $D_t v=k$. On trouve successivement :

$$F't=D_t f(u,v)=\frac{df}{du}\frac{du}{dt}+\frac{df}{dv}\frac{dv}{dt}=hf'_u(u,v)+kf'_v(u,v);$$

$$\begin{aligned}F''t&=hD_t f'_u(u,v)+kD_t f'_v(u,v)\\&=h\left[hf''_{u^2}(u,v)+kf''_{uv}(u,v)\right]+k\left[hf''_{uv}(u,v)+kf''_{v^2}(u,v)\right]\\&=h^2f''_{u^2}(u,v)+2hkf''_{uv}(u,v)+k^2f''_{v^2}(u,v).\end{aligned}$$

De même, en supprimant, pour abréger, la parenthèse (u, v),

$$\begin{aligned}F'''t&=h^2(hf'''_{u^3}+kf'''_{u^2v})+2hk(hf'''_{u^2v}+kf'''_{uv^2})+k^2(hf'''_{uv^2}+kf'''_{v^3})\\&=h^3f'''_{u^3}+3h^2kf'''_{u^2v}+3hk^2f'''_{uv^2}+k^3f'''_{v^3},\end{aligned}$$

formule que l'on peut écrire symboliquement :

$$F'''t=\left(h\frac{d}{du}+k\frac{d}{dv}\right)^3 f.$$

En passant de n à $n+1$ (comp. n°s 173 et 185), on peut établir la formule générale :

$$F^n t=h^n f^n_{u^n}(u,v)+\frac{n}{1}h^{n-1}kf^n_{u^{n-1}v}(u,v)+\frac{n(n-1)}{1-2}f^n_{u^{n-2}v^2}(u,v)+\text{etc.},\ (1)$$

ou, symboliquement, $F^n t=(hD_u+kD_v)^n f$.

Valeur de ces dérivées pour $t=0$. Si $t=0$, u, v, $f^p_{u^{p-q}v^q}(u,v)$ deviennent respectivement $x, y, f^p_{x^{p-q}y^q}(x,y)$. On aura donc

$$F0=f(x,y);\quad F'0=hf'_x(x,y)+kf'_y(x,y);$$
$$F''0=h^2f''_{x^2}(x,y)+2hkf''_{xy}(x,y)+k^2f''(x,y);$$

et, en général,

$$F^n0=h^nf^n_{x^n}(x,y)+\frac{n}{1}h^{n-1}kf^n_{x^{n-1}y}(x,y)+\cdots+k^nf^n_{y^n}(x,y). \quad (2)$$

Multipliant ces relations respectivement par $1, t, t^2, \ldots, t^n$, il vient, d'après le n° 185, en observant que $ht=\Delta x$, $kt=\Delta y$,

$$F0=f(x,y),\quad tF'0=df,\quad t^2F''0=d^2f,\quad \ldots,\quad t^nF^n0=d^nf.$$

Autre substitution. Si, dans F^nt, on remplace t par θt, ou $u=x+ht$, $v=y+kt$, respectivement par $x+h\theta t=x+\theta\Delta x$, $y+k\theta t=y+\theta\Delta y$, on trouve, pour la valeur de $t^nF^n(\theta t)$, l'expression

$$\Delta x^nf^n_{u^n}(x+\theta\Delta y, y+\theta\Delta y)+\frac{n}{1}\Delta x^{n-1}\Delta yf^n_{u^{n-1}v}(x+\theta\Delta x, y+\theta\Delta y)+\text{etc.},$$

que l'on peut écrire aussi bien

$$\Delta x^nf^n_{x^n}(x+\theta\Delta x, y+\theta\Delta y)+\frac{n}{1}\Delta x^{n-1}\Delta yf^n_{x^{n-1}y}(x+\theta\Delta y, y+\theta\Delta y)+\text{etc.}$$

Il est indifférent, en effet, de remplacer, dans F^nt, u par $x+\theta\Delta x$, v par $y+\theta\Delta y$, ou dans F^n0, x par $x+\theta\Delta x$, y par $y+\theta\Delta y$.

Le résultat obtenu, dans les deux cas, peut s'écrire

$$t^nF^n(\theta t)=[d^nf(x,y)]_{x+\theta\Delta x,\, y+\theta\Delta y}.$$

250. *Formule de Taylor*. Pour abréger, dans ce qui suit, nous ne nous occuperons que d'une fonction $f(x,y)$ de *deux* variables *réelles* et nous n'employerons que les formes du reste de Lagrange et de Liouville.

Soient, comme au n° précédent, $Ft=f(x+\Delta x, y+\Delta y)$, $\Delta x=ht$, $\Delta y=kt$, et supposons $Ft, F't, F''t, \ldots, F^{n-1}t$ continues de 0 à t, F^nt entre 0 et t. On aura (n° 240)

$$Ft=F0+\frac{t}{1}F'0+\frac{t^2}{1.2}F''0+\cdots+\frac{t^{n-1}}{1.2\ldots(n^{-1})}F^{n-1}0+\frac{t^n}{1.2\ldots n}F^n(\theta t).$$

Si, de plus, F^nt est continue pour $t=0$,

$$Ft=F0+\frac{t}{1}F'0+\frac{t^2}{1.2}F''0+\cdots+\frac{t^{n-1}}{1.2\ldots(n-1)}F^{n-1}0+\frac{t^n}{1.2\ldots n}(F^n0+\varepsilon),$$

ε étant aussi petit qu'on le veut, quand t est suffisamment petit.

Remplaçons Ft, $F0$, $tF'0$, $t^2F''0$, $\cdots$, t^nF^n0, $t^nF^n(\theta t)$, par les valeurs trouvées au n° précédent; nous obtiendrons, en observant que $Ft - F0 = f(x + \Delta x, y + \Delta y) - f(x,y) = \Delta f$,

$$\Delta f = \frac{df}{1} + \frac{d^2f}{1.2} + \cdots + \frac{d^{n-1}f}{1.2\ldots(n-1)} + \left[\frac{d^nf}{1.2\ldots n}\right]_{x+\theta\Delta x, y+\theta\Delta y},$$

$$\Delta f = \frac{df}{1} + \frac{d^2f}{1.2} + \cdots + \frac{d^{n-1}f}{1.2\ldots(n-1)} + \frac{d^nf}{1.2\ldots n} + \frac{\varepsilon t^n}{1.2\ldots n}.$$

C'est la formule de Taylor étendue au cas de deux variables. Evidemment, elle convient aussi au cas où il y en a une seulement, ou bien plus de deux.

251. Remarques. I. Pour que les fonctions Ft, $F't$, ..., F^nt soient continues de 0 à t (ou entre 0 et t), il suffit que les dérivées de $F(x, y)$ qui entrent dans la formule finale, soient continues de x à $x + \Delta x$, et de y à $y + \Delta y$ (ou entre ces limites), non pour tous les modes imaginables de variation de x et de y, mais seulement pour ceux où ces variables reçoivent des accroissements proportionnels à h et k, ou aux différences entre les valeurs de x et de y considérées.

II. Si les dérivées $n^{\text{ièmes}}$ de $f(x, y)$ sont inférieures en valeur absolue à une quantité positive M, pour toutes les valeurs de x et de y comprises entre x et $x + \Delta x$, entre y et $y + \Delta y$, on a

$$\left[\frac{d^nf}{1.2\ldots n}\right]_{x+\theta\Delta x,\, y+\theta\Delta y}$$
$$< \frac{M}{1.2\ldots n}\left[\Delta_1^n + \frac{n}{1}\Delta_1^{n-1}\Delta^2 + \frac{n(n-1)}{1.2}\Delta_1^{n-2}\Delta_2^2 + \cdots\right],$$

ou

$$\left[\frac{d^nf}{1.2\ldots n}\right]_{x+\theta\Delta x,\, y+\theta\Delta y} < \frac{M}{1.2\ldots n}(\Delta_1 + \Delta_2)^n,$$

Δ_1, Δ_2 désignant les valeurs absolues de Δx, Δy.

III. On appelle *formule de Maclaurin*, dans le cas de deux ou plusieurs variables, celle que l'on déduit de la relation du n° 250, en remplaçant x par x_0, $x + \Delta x$ par x, y par y_0, $y + \Delta y$ par y, particulièrement quand $x_0 = 0$, $y_0 = 0$.

IV. Les formules de Taylor et de Maclaurin, dans le cas de plusieurs variables, s'appliquent surtout aux *fonctions entières*. Pour ces fonctions, le reste est nul, si l'on pousse le développement assez loin, puisque les dérivées d'ordre $n = m + 1$ d'une fonction entière de degré m sont nulles; de plus, le développement peut s'obtenir, par l'algèbre élémentaire, comme au n° 229. On peut aussi, sans peine, étendre la formule de Newton (243) aux fonctions entières de plusieurs variables; mais il semble difficile de trouver, d'une manière simple, une forme du reste, analogue à celle du n° 244, qui la rende applicable aux autres fonctions.

V. La détermination des vraies valeurs des expressions indéterminées dépendant de plusieurs variables présente, en général, de grandes difficultés. On ne peut, le plus souvent, leur étendre le procédé du n° 236, en appliquant la formule du n° 250, parce que celle-ci est établie en supposant le rapport $(\Delta x : \Delta y)$ constant (Voir au n° 73, un exemple où $\Delta x = x$, $\Delta y = y$, tendent simultanément vers zéro, d'une manière absolument indépendante).

CHAPITRE III. Développements en série.

I. Formule générale. 252. *Principe général.* Considérons la formule de Maclaurin (240)

$$fz = f0 + \frac{z}{1} f'0 + \frac{z^2}{1.2} f''0 + \cdots + \frac{z^{n-1}}{1.2\ldots(n-1)} f^{n-1}0 + \rho,$$

où z est réel ou imaginaire et où ρ a l'une des formes indiquées au chapitre précédent. Supposons ρ (ou, si z est imaginaire, le module de ρ) inférieur, pour toute valeur de 0 à 1, à une quantité M_n, indépendante de z, mais fonction de n. Si, pour $n = \infty$, $\lim M_n = 0$, on a, de même, $\lim \rho = 0$, pour $n = \infty$, et, par suite,

$$fz = \lim \left[f0 + \frac{z}{1} f'0 + \frac{z^2}{1.2} f''0 + \cdots + \frac{z^{n-1}}{1.2\ldots(n-1)} f^{n-1}0 \right],$$

ou, en employant la notation habituelle,

$$fz = f0 + \frac{z}{1} f'0 + \frac{z^2}{1.2} f''0 + \frac{z^3}{1.2.3} f'''0 + \text{etc.}$$

C'est la *série* dite *de Maclaurin*.

Remarque. D'après le n° 175, dans le cas d'une fonction paire, cette formule deviendra

$$fz = f0 + \frac{z^2}{1.2} f''0 + \frac{z^4}{1.2.3.4} f^{\text{IV}}0 + \text{etc.};$$

et dans le cas d'une fonction impaire,

$$fz = zf'0 + \frac{z^3}{1.2.3}f'''0 + \frac{z^5}{1.2.3.4.5}f^{v}0 + \text{etc.}$$

253. *Principe spécial.* I. Lemme. *Pour n croissant indéfiniment, $[a^n : (1.2 \ldots n)]$ a pour limite zéro (a positif).* En effet, comme nous l'avons remarqué incidemment au n° **241**, cette expression est le terme général de la série convergente $1 + a + \frac{1}{2}a^2 + \frac{1}{6}a^3 +$ etc. (127, III), et, par suite (123, I), a pour limite zéro. *Autrement* : Prenons n assez grand pour qu'il soit supérieur à a. On aura, si $k + 1$ est le premier nombre entier qui surpasse a,

$$0 < \frac{a}{1}\cdot\frac{a}{2}\cdot \ldots \frac{a}{k}\cdot\frac{a}{k+1}\cdot \ldots \frac{a}{n} < \frac{a}{1}\cdot\frac{a}{2}\cdot \ldots \frac{a}{k}\left(\frac{a}{k+1}\right)^{n-k}.$$

Or, pour $n = \infty$, $[a : (k + 1)]^{n-k}$ a pour limite zéro (29, I); donc, il en est de même de $[a^n : (1.2 \ldots n)]$.

II. *Si la dérivée $n^{ième}$ de la fonction fz (ou son module, si elle est imaginaire) pour les valeurs de z, de 0 à z, est, en valeur absolue, quel que soit n, inférieure à une quantité finie A, $\lim \rho = 0$ et la fonction est développable par la série de Maclaurin.*

1° En effet, si z est réel, on a, en valeur absolue,

$$\rho \text{ ou } \frac{z^n}{1.2 \ldots n} f^n(\theta z) < \frac{z^n}{1.2 \ldots n} \text{A}.$$

Le second membre de cette inégalité, d'après le lemme, a pour limite zéro, quand n croît indéfiniment. Donc on a aussi $\lim \rho = 0$.

2° Si z est imaginaire et a pour module a, puisque

$$\rho = \lambda\sqrt{2}\, e^{\alpha i} \frac{z^n}{1.2 \ldots n} f^n(\theta z),$$

on a

$$\text{mod}\, \rho < \lambda\sqrt{2} \frac{a^n}{1.2 \ldots n} \text{A}$$

et, par suite, pour $n = \infty$, $\lim \textit{mod}\, \rho = 0$, $\lim \rho = 0$.

254. *Dérivation et intégration de la série de Maclaurin.* I. On a, d'après le théorème de Maclaurin, si z est réel, pour la fonction fz du n° 252,

$$f'z = f'0 + \frac{z}{1}f''0 + \frac{z^2}{1.2}f'''0 + \cdots + \frac{z^{n-2}}{1.2 \ldots (n-2)}f^{n-1}0 + \rho_1,$$

$$\rho_1 = \frac{z^{n-1}}{1.2 \ldots (n-1)} f^n(\theta_1 z) = \frac{n}{z}\cdot\frac{z^n}{1.2 \ldots n} f^n(\theta_1 z).$$

Soit, comme au n° précédent, en valeur absolue,

$$\frac{z^n}{1.2\ldots n} f^n(\theta_1 z) < \mathrm{M}_n.$$

Alors, on aura,

$$\text{val. abs. de } \rho_1 < \frac{1}{z} n\mathrm{M}_n.$$

Si, pour $n = \infty$, lim $n\mathrm{M}_n = 0$, on pourra donc écrire

$$f'z = f'0 + \frac{z}{1} f''0 + \frac{z^2}{1.2} f'''0 + \text{etc.},$$

c'est-à-dire que l'*on peut dériver terme à terme la relation*

$$fz = f0 + \frac{z}{1} f'0 + \frac{z^2}{1.2} f''0 + \text{etc.}$$

comme si le second membre était un polynôme. — Même conclusion, si z est imaginaire, pourvu que *mod* ρ soit inférieur à M_n (même si $\lambda = 1$), et si *lim* $n\mathrm{M}_n = 0$ pour $n = \infty$.

II. Dans le cas spécial considéré au n° 253, on a

$$\rho_1 = \frac{z^{n-1}}{1.2\ldots(n-1)} f^n(\theta z) \text{ ou } \rho_1 = \lambda\sqrt{2}\, e^{\alpha i} \frac{z^{n-1}}{1.2\ldots(n-1)} f^n(\theta z),$$

quantités qui ont pour limite zéro, puisque, dans le lemme, on peut désigner le nombre indéfiniment croissant, aussi bien par $(n-1)$ que par n. Par conséquent, dans ce cas, *on peut encore dériver la relation* $fz = f0 + zf'0 + \text{etc.}$, *comme si le second membre était un polynôme.*

III. On déduit, de la formule de Maclaurin, par intégration (114, 225),

$$\int_0^z fzdz = \int_0^z \left(f0 + \frac{z}{1} f'0 + \frac{z^2}{1.2} f''0 + \cdots + \frac{z^{n-1}}{1.2\ldots n^{-1}} f^{n-1}0\right)dz + \int_0^z \rho dz.$$

$$= zf0 + \frac{z^2}{1.2} f'0 + \cdots + \frac{z^n}{1.2\ldots n} f^{n-1}0 + \int_0^z \rho dz.$$

1° Soit d'abord z réel. Si ρ est inférieur à la quantité M_n, pour toutes les valeurs de z, de 0 à z, la limite de somme $\int_0^z \rho dz$ est, en valeur absolue, inférieure à $\int_0^z \mathrm{M}_n dz = \mathrm{M}_n \int_0^z dz = \mathrm{M}_n z$. Par suite, si *lim* $\mathrm{M}_n = 0$, pour $n = \infty$, on a aussi $lim \int_0^z \rho dz = 0$, et l'on peut écrire, en série indéfinie,

$$\int_0^z fzdz = \frac{z}{1} f0 + \frac{z^2}{1.2} f'0 + \frac{z^3}{1.2.3} f''0 + \text{etc.}$$

Autrement dit, *la série de Maclaurin est intégrable terme à terme, dans le cas considéré ici*, ce que l'on pouvait aussi conclure immédiatement d'un théorème général (130, 1°).

2° Si z est imaginaire, soient $z = x + yi$, $\rho = P + Qi$. On aura $\rho dz = Pdx - Qdy + i(Pdy + Qdx)$,

$$\int_0^z \rho dz = \int_0^x Pdx - \int_0^y Qdy + i\int_0^y Pdy + i\int_0^x Qdx.$$

Si le module $\sqrt{P^2 + Q^2}$ de ρ est, pour toutes les valeurs de z de 0 à z, inférieur à M_n, il en sera de même de P, Q, en valeur absolue, quand x et y varieront de 0 à leurs valeurs extrêmes. Les quatre intégrales qui entrent dans l'expression de ρ seront, en valeur absolue, inférieures à $M_n x, M_n y, M_n y, M_n x$ et par suite, auront zéro pour limite, lorsque $n = \infty$, ainsi que $\int_0^z \rho dz$, si $\lim M_n = 0$. Par conséquent, la série de Maclaurin sera encore intégrable terme à terme.

II. **Fonctions transcendantes directes. 255.** *Exponentielles.* I. Les dérivées successives de e^z sont égales à e^z; elles sont continues pour toutes les valeurs de 0 à z; cette fonction est donc développable par la série de Maclaurin (240, 253). On trouve ainsi

$$e^z = 1 + \frac{z}{1} + \frac{z^2}{1.2} + \frac{z^3}{1.2.3} + \text{etc.} \tag{1}$$

II. Si z est réel et positif, on a vu, au n° 234, comment on peut estimer l'erreur commise en prenant pour e^z un nombre suffisant de termes du développement. On peut aussi procéder comme il suit. Si $n + 1$ est supérieur à z,

$$\rho = \frac{z^n}{1.2\ldots n} + \frac{z^{n+1}}{1.2\ldots(n+1)} + \frac{z^{n+2}}{1.2\ldots(n+2)} + \text{etc.},$$

est plus petit que

$$\frac{z^n}{1.2\ldots n}\left[1 + \frac{z}{n+1} + \frac{z^2}{(n+1)^2} + \frac{z^3}{(n+1)^3} + \text{etc.}\right] = \frac{z^n}{1.2\ldots n}\,\frac{n+1}{n+1-z}.$$

Si z est négatif, les termes du développement de e^z sont alternativement positifs et négatifs; par suite, si $n+1$ est supérieur à z, l'erreur commise, en s'arrêtant à un terme quelconque après le $n^{ième}$, est une partie du premier terme négligé (129).

III. Si z est imaginaire et égal à $r(\cos\omega + i\sin\omega)$, on trouve, en séparant, dans la relation (1), la partie réelle et la partie imaginaire,

$$e^{r\cos\omega}\cos(r\sin\omega) = 1 + \frac{r\cos\omega}{1} + \frac{r^2\cos 2\omega}{1.2} + \frac{r^3\cos 3\omega}{1.2.3} + \text{etc.};$$

$$e^{r\cos\omega}\sin(r\sin\omega) = \frac{r\sin\omega}{1} + \frac{r^2\sin 2\omega}{1.2} + \frac{r^3\sin 3\omega}{1.2.3} + \text{etc.}$$

IV. En remplaçant z par z^2, $-z^2$, zla, etc., on peut déduire de (1) le développement de e^{z^2}, e^{-z^2}, $e^{zla} = a^z$, etc. On trouve ainsi, par exemple,

$$e^{-z^2} = 1 - \frac{z^2}{1} + \frac{z^4}{1.2} - \frac{z^6}{1.2.3} + \frac{z^8}{1.2.3.4} - \text{etc.};$$

$$a^z = 1 + \frac{zla}{1} + \frac{z^2(la)^2}{1.2} + \frac{z^3(la)^3}{1.2.3} + \text{etc.}$$

L'on peut d'ailleurs obtenir directement ces développements, en cherchant les dérivées successives de e^{-z^2}, a^z et appliquant la formule de Maclaurin.

On a encore

$$a^{z+h} = a^z.a^h = a^z\left[1 + \frac{hla}{1} + \frac{h^2(la)^2}{1.2} + \frac{h^3(la)^3}{1.2.3} + \text{etc.}\right],$$

$$= a^z + \frac{h}{1}a^z la + \frac{h^2}{1.2}a^z(la)^2 + \frac{h^3}{1.2.3}a^z(la)^3 + \text{etc.}$$

que l'on peut aussi déduire du théorème de Taylor, en prouvant que le reste, dans celui-ci, pour la fonction a^z, a zéro pour limite, si $n=\infty$; ou, plus simplement, en observant (comme au n° 240, III) que la *série générale de Taylor* (c'est-à-dire, la série ordonnée suivant les puissances croissantes de h) peut se déduire de celle de Maclaurin.

256. *Fonctions circulaires et fonctions hyperboliques*. I. Les dérivées des fonctions Ch z, Sh z, $\cos z$, $\sin z$ sont continues pour toutes les valeurs de z. On peut donc développer ces fonctions par la série de Maclaurin. On trouve ainsi (comp. 252, Rem.) :

$$\text{Ch}\, z = 1 + \frac{z^2}{1.2} + \frac{z^4}{1.2.3.4} + \frac{z^6}{1.2.3.4.5.6} + \text{etc.}; \tag{2}$$

$$\text{Sh}\, z = \frac{z}{1} + \frac{z^3}{1.2.3} + \frac{z^5}{1.2.3.4.5} + \frac{z^7}{1.2.3.4.5.6.7} + \text{etc.}; \tag{3}$$

$$\cos z = 1 - \frac{z^2}{1.2} + \frac{z^4}{1.2.3.4} - \frac{z^6}{1.2.3.4.5.6} + \text{etc.}; \qquad (4)$$

$$\sin z = z - \frac{z^3}{1.2.3} + \frac{z^5}{1.2.3.4.5} - \frac{z^7}{1.2.3.4.5.6.7} + \text{etc.} \qquad (5)$$

Ces relations mettent bien en évidence le caractère pair ou impair des fonctions développées et permettent d'établir, par une voie nouvelle, les dernières formules du n° 71, savoir :

$$\text{Ch}\, zi = \cos z, \quad \cos zi = \text{Ch}\, z, \quad \text{Sh}\, zi = i \sin z, \quad \sin zi = i\, \text{Sh}\, z.$$

II. On peut déduire les quatre développements précédents de la formule (1) du n° précédent. On y écrit successivement, pour la variable, z, $-z$, zi, $-zi$. Il vient ainsi :

$$e^z = 1 + \frac{z}{1} + \frac{z^2}{1.2} + \frac{z^3}{1.2.3} + \text{etc.};$$

$$e^{-z} = 1 - \frac{z}{1} + \frac{z^2}{1.2} - \frac{z^3}{1.2.3} + \text{etc.};$$

$$e^{zi} = 1 + \frac{zi}{1} - \frac{z^2}{1.2} - \frac{z^3 i}{1.2.3} + \text{etc.};$$

$$e^{-zi} = 1 - \frac{zi}{1} - \frac{z^2}{1.2} + \frac{z^3 i}{1.2.3} + \text{etc.}$$

On tire ensuite de là, par addition et soustraction, les développements (2), (3), (4), (5) des fonctions

$$\text{Ch}\, z = \frac{1}{2}(e^z + e^{-z}), \quad \text{Sh}\, z = \frac{1}{2}(e^z - e^{-z}),$$

$$\cos z = \frac{1}{2}(e^{zi} + e^{-zi}), \quad \sin z = \frac{1}{2i}(e^{zi} - e^{-zi}).$$

III. Si z est réel, on peut calculer, comme au n° précédent, l'erreur commise en s'arrêtant à un terme quelconque dans les développements (2), (3), (4), (5), pourvu que les termes suivants aillent en décroissant. On trouvera ainsi,

$$\rho < \frac{z^{2n}}{1.2\ldots 2n}\left[1 + \frac{z^2}{(2n+1)(2n+2)} + \frac{z^4}{[(2n+1)(2n+2)]^2} + \text{etc.}\right],$$

$$\rho < \frac{z^{2n-1}}{1.2.3\ldots(2n-1)}\left[1 + \frac{z^2}{2n(2n+1)} + \frac{z^4}{[2n(2n+1)]^2} + \text{etc.}\right],$$

pour les deux premières, si dans (2), z^2 est inférieur à $(2n+1)(2n+2)$, dans (3) à $2n(2n+1)$. L'erreur commise, en s'arrêtant à un terme de rang $n+1$ pour (4), ou n pour (5), est une partie du premier terme négligé, pourvu que z^2 soit encore inférieur à $(2n+1)(2n+2)$ dans (4), à $2n(2n+1)$ dans (5).

IV. Si z est imaginaire et égal à $r(\cos\omega + i\sin\omega)$, on peut séparer la partie réelle et la partie imaginaire, dans les relations (2), (4), (3), (5). On trouve ainsi des séries représentant

$$\begin{array}{ll} \mathrm{Ch}(r\cos\omega)\cos(r\sin\omega), & \mathrm{Sh}(r\cos\omega)\sin(r\sin\omega), \\ \cos(r\cos\omega)\,\mathrm{Ch}(r\sin\omega), & \sin(r\cos\omega)\,\mathrm{Sh}(r\sin\omega), \\ \mathrm{Sh}(r\cos\omega)\cos(r\sin\omega), & \mathrm{Ch}(r\cos\omega)\sin(r\sin\omega), \\ \sin(r\cos\omega)\,\mathrm{Ch}(r\sin\omega), & \cos(r\cos\omega)\,\mathrm{Sh}(r\sin\omega), \end{array}$$

que nous croyons inutile de transcrire.

V. Il est aisé de déduire diverses formules de (2), (3), (4), (5), en remplaçant z par diverses expressions. Voici quelques exemples :

$$\cos(z^3) = 1 - \frac{z^6}{1.2} + \frac{z^{12}}{1.2.3.4} - \frac{z^{18}}{1.2.3.4.5.6} + \text{etc.};$$

$$\sin m\alpha = m\alpha - \frac{m^3\alpha^3}{1.2.3} + \frac{m^5\alpha^5}{1.2.3.4.5} - \text{etc.};$$

$$\sin(x+h) = \sin x\cos h + \cos x \sin h =$$

$$\sin x\left(1 - \frac{h^2}{1.2} + \frac{h^4}{1.2.3.4} - \text{etc.}\right) + \cos x\left(h - \frac{h^3}{1.2.3} + \frac{h^5}{1.2.3.4.5} - \text{etc.}\right)$$

$$= \sin x + \frac{h}{1}\cos x - \frac{h^2}{1.2}\sin x - \frac{h^3}{1.2.3}\cos x + \text{etc.}$$

VI. On trouve encore, en combinant les quatre formules

$$\frac{1}{2}(\mathrm{Ch}\,z + \cos z) = 1 + \frac{z^4}{1.2.3.4} + \frac{z^8}{1.2...8} + \text{etc.};$$

$$\frac{1}{2}(\mathrm{Sh}\,z + \sin z) = \frac{z}{1} + \frac{z^5}{1.2.3.4.5} + \frac{z^9}{1.2...9} + \text{etc.};$$

$$\frac{1}{2}(\mathrm{Ch}\,z - \cos z) = \frac{z^2}{1.2} + \frac{z^6}{1.2...6} + \frac{z^{10}}{1.2...10} + \text{etc.};$$

$$\frac{1}{2}(\mathrm{Sh}\,z - \sin z) = \frac{z^3}{1.2.3} + \frac{z^7}{1.2...7} + \frac{z^{11}}{1.2...11} + \text{etc.}$$

VII. Remarque. D'après les principes du n° 254, ou directement, on reconnaît que les séries (1), (2), (3), (4), (5) peuvent être dérivées et intégrées terme à terme comme des polynômes.

III. **Logarithmes. 257.** *Variable réelle.* La fonction $l(1+z)$ et ses dérivées

$$(1+z)^{-1},\ -(1+z)^{-2},\ (-1)^2 1.2(1+z)^{-3},\ (-1)^{-3}1.2.3(1+2)^{-4}, \text{etc.}$$

sont continues de -1 exclusivement jusque $+\infty$ exclusivement. Entre ces valeurs, on peut appliquer à $l(1+z)$ la formule de Maclaurin. Pour $z=0$, les dérivées successives deviennent

$$1,\quad -1,\quad (-1)^2 1.2,\quad (-1)^3 1.2.3,\quad \text{etc.};$$

la $n^{ième}$, où z est remplacé par θz, est $(-1)^{n-1} 1.2.3 \dots (n-1)(1+\theta z)^{-n}$. La formule de Maclaurin donne donc, puisque $f0 = l1 = 0$,

$$l(1+z) = \frac{z}{1} - \frac{z^2}{2} + \frac{z^3}{3} - \frac{z^4}{4} + \dots + (-1)^{n-2}\frac{z^{n-1}}{n} + \rho,$$

ρ ayant, par exemple, l'une des deux expressions suivantes :

$$\rho_l = (-1)^{n-1}\frac{z^n}{n}\left(\frac{1}{1+\theta z}\right)^n,\quad \rho_c = (-1)^{n-1} z^n \left(\frac{1-\theta}{1+\theta z}\right)^{n-1} \frac{1}{1+\theta z},$$

suivant que l'on prend le reste de Lagrange ou celui de Cauchy.

Soit z positif et, au plus, égal à l'unité. Alors, on a

$$\text{valeur absolue de } \rho_l < \frac{z^n}{n},$$

et, par suite, pour $n=\infty$, $\lim \rho = 0$.

Soit z négatif et égal à $-z_1$, z_1 étant inférieur à l'unité. Alors

$$-\rho_c = z_1^n \left(\frac{1-\theta}{1-\theta z_1}\right)^{n-1} \frac{1}{1-\theta z_1} < \frac{z_1^n}{1-z_1},$$

car $1-\theta$ est inférieur à $1-\theta z_1$. Pour $n=\infty$, on a encore (29, I), *lim* $\rho = 0$.

Il résulte de là, que, *pour les valeurs de* z, *de* -1 *exclusivement à* $+1$ *inclusivement*, on a le développement en série

$$l(1+z) = \frac{z}{1} - \frac{z^2}{2} + \frac{z^3}{3} - \frac{z^4}{4} + \text{etc.} \tag{1}$$

Remarques. I. Ce développement a déjà été obtenu autrement (n° 209, II), avec une expression approchée du reste, quand on s'arrête au $(n-1)^{me}$ terme. On peut retrouver cette valeur du reste, quand z est positif et au plus égal à 1, au moyen du n° 129; quand z est négatif et supérieur à -1, en observant que

$$\frac{z^n}{n}-\frac{z^{n+1}}{n+1}+\frac{z^{n+2}}{n+2}-\text{etc.}<\frac{z^n}{n}(1-z+z^2-z^3+\text{etc.})$$

II. La série (1) pour $z^2>1$ n'est pas convergente (127, III, 2e exemple); elle ne peut donc pas représenter le premier membre. Pour $z=-1$, le second membre devient la série *harmonique* changée de signe, laquelle est divergente (29, II) et le premier $\mathrm{l}(1-1)=-\infty$, de sorte que la formule (1) n'a plus aucun sens. *Elle ne subsiste donc, si z est réel, que pour les valeurs de z, de -1 exclusivement à 1 inclusivement.*

258. *Variable imaginaire.* La fonction $\mathrm{l}((1+z))$ et ses dérivées sont continues de 0 à z, pourvu que -1 ne soit pas l'une des valeurs de z considérées. On peut donc, avec cette restriction, lui appliquer le théorème de Maclaurin. Désignons par $\mathrm{l}((1))$ la valeur de $\mathrm{l}((1+z))$ pour $z=0$. Posons $z=re^{\omega i}$, et supposons, pour fixer les idées, ω compris entre $-\pi$ et $+\pi$. Soit ensuite, $1+z=r'e^{\omega' i}$, ω' étant aussi compris entre $-\pi$ et $+\pi$. On aura

$$1+r\cos\omega=r'\cos\omega',\quad r\sin\omega=r'\sin\omega',\quad r'=\sqrt{1+r^2+2r\cos\omega},$$
$$\mathrm{l}((1+z))=\text{log. arithmétique de } r'+\omega' i+2k\pi i.$$

Il résulte de ces formules, ou des constructions géométriques correspondantes, que ω et ω' sont tous deux positifs, ou tous deux négatifs; de plus, ω' est, en valeur absolue, plus petit que ω. Si z tend vers zéro, c'est-à-dire si r tend vers zéro, ω restant fixe, r' tend vers l'unité, ω' vers zéro, et, par suite, on a $\mathrm{l}((1))=2k\pi i$. Le développement de $\mathrm{l}((1+z))$ devient donc, en faisant passer $\mathrm{l}((1))$ dans le premier membre et posant $\mathrm{l}(1+z)=\mathrm{l}((1+z))-\mathrm{l}((1))=\mathrm{l}r'+\omega' i$,

$$\mathrm{l}(1+z)=\frac{z}{1}-\frac{z^2}{2}+\frac{z^3}{3}-\frac{z^4}{4}+\cdots+(-1)^{n-2}\frac{z^{n-1}}{n-1}+\rho_l \text{ ou } \rho_c,$$

$$\rho_l=(-1)^{n-1}\lambda\sqrt{2}\,e^{\alpha i}\frac{1}{n}\left(\frac{z}{1+\theta z}\right)^n,$$

$$\rho_c=(-1)^{n-1}\lambda\sqrt{2}\,e^{\alpha i}z^n\left(\frac{1-\theta}{1+\theta z}\right)^{n-1}\frac{1}{1+\theta z}.$$

Discussion. Pour voir dans quels cas ρ tend vers zéro, quand $n=\infty$, posons $1+\theta z=\mathrm{R}e^{\Omega i}$, c'est-à-dire, sous forme explicite,

$$1+\theta r\cos\omega=\mathrm{R}\cos\Omega,\quad \theta r\sin\omega=\mathrm{R}\sin\Omega,\quad \mathrm{R}=\sqrt{1+2\theta r\cos\omega+\theta^2 r^2}.$$

1° *r est égal ou inférieur à l'unité, cos ω nul ou positif.* Dans ce cas, R est égal ou supérieur à l'unité et, par suite, égal ou supérieur à r. Donc

$$\text{mod}\ \rho_1 = \lambda\sqrt{2}\,\frac{1}{n}\left(\frac{r}{\text{R}}\right)^n < \frac{\sqrt{2}\,r^n}{n},$$

et a pour limite zéro, si $n = \infty$.

2° *r est inférieur à l'unité, cos ω négatif.* On trouve alors

$$\text{mod}\ \rho = \lambda\sqrt{2}\,z^n\left(\frac{1-\theta}{\text{R}}\right)^{n-1}\frac{1}{\text{R}},$$

$$\text{R} = \sqrt{1 + 2\theta r\cos\omega + \theta^2 r^2} = \sqrt{(1-\theta r)^2 + 4\theta r\cos^2\tfrac{1}{2}\omega};$$

R est égal ou supérieur à $1 - \theta r$ et, par suite, à $1 - r$ et à $1 - \theta$. Donc *mod* ρ est inférieur à $[\sqrt{2}\,r^n : (1 - r)]$ et a pour limite zéro, si $n = \infty$.

3° $r = 1$, *cos ω négatif, mais différent de* -1. Pour obtenir le développement, quand $z = e^{\omega i}$, cos ω étant différent de -1, nous chercherons d'abord celui de $fz = (1 + z)\,l\,(1 + z)$. Les dérivées successives de ce produit, jusqu'à la $n^{ième}$, sont

$$1 + l(1+z),\quad \frac{1}{1+z},\quad -\frac{1}{(1+z)^2},\quad \frac{1.2}{(1+z)^3},\quad \ldots,$$

$$(-1)^{n-2}\frac{1.2.3\ldots(n-2)}{(1+z)^{n-1}}.$$

En appliquant la formule de Maclaurin, il vient

$$(1 + z)\,l\,(1 + z) = \text{G} + \rho_1,$$

où

$$\text{G} = z + \frac{z^2}{1.2} - \frac{z^3}{2.3} + \frac{z^4}{3.4} - \cdots + (-1)^{n-3}\frac{z^{n-1}}{(n-2)(n-1)}$$

$$= \left(\frac{z}{1} + \frac{z^2}{1}\right) - \left(\frac{z^2}{2} + \frac{z^3}{2}\right) + \left(\frac{z^3}{3} + \frac{z^4}{3}\right) - \cdots (-1)^{n-3}\left(\frac{z^{n-2}}{n-2} + \frac{z^{n-1}}{n-2}\right)$$

$$+ (-1)^{n-1}\frac{z^{n-1}}{n-1}$$

$$= (1 + z)\left[\frac{z}{1} - \frac{z^2}{2} + \frac{z^3}{3} - \cdots + (-1)^{n-3}\frac{z^{n-2}}{n-2}\right] + (-1)^{n-1}\frac{z^{n-1}}{n-1};$$

$$\rho_1 = (-1)^n\lambda\sqrt{2}\,e^{\alpha i}\frac{z^n}{n-1}\left(\frac{1-\theta}{1+\theta z}\right)^{n-1}.$$

En divisant par $(1 + z)$, il vient

$$l(1+z) = \frac{z}{1} - \frac{z^2}{2} + \cdots + (-1)^{n-3}\frac{z^{n-2}}{n-2} + \rho;$$

$$\rho = \frac{1}{1+z}\left[(-1)^{n-1}\frac{z^{n-1}}{n-1} + \rho_1\right].$$

On trouve aisément

$$\mathrm{mod}\frac{1}{1+z} = \frac{1}{\sqrt{(1+\cos\omega)^2 + \sin^2\omega}} = \frac{1}{2\cos\frac{1}{2}\omega}; \quad \mathrm{mod}(-1)^{n-1}\frac{z^{n-1}}{n-1} = \frac{1}{n-1};$$

$$\mathrm{mod}\,\rho_1 = \frac{\lambda\sqrt{2}}{n-1}\left(\frac{1-\theta}{\sqrt{(1-\theta)^2 + 4\theta\cos^2\frac{1}{2}\omega}}\right)^{n-1} < \frac{\sqrt{2}}{n-1};$$

$$\mathrm{mod}\,\rho < \frac{1}{2\cos\frac{1}{2}\omega}\,\frac{1+\sqrt{2}}{n-1}.$$

Par suite, pour $n = \infty$, *lim mod* $\rho = 0$, *lim* $\rho = 0$.

Conclusion. Il résulte de la discussion précédente que l'on a

$$l(1+z) = \frac{z}{1} - \frac{z^2}{2} + \frac{z^3}{3} - \frac{z^4}{4} + \text{etc.}, \tag{1}$$

pour toutes les valeurs de z dont le module n'est pas supérieur à l'unité, sauf si $z = -1$. Ce dernier cas est exclu, parce que l'on sait, à priori, que la formule correspondante

$$l(1-1) = -1 - \frac{1}{2} - \frac{1}{3} - \frac{1}{4} - \frac{1}{5} - \text{etc.},$$

n'a aucun sens.

Si l'on écrit $re^{\omega i}$ au lieu de z, $lr' + \omega' i$ au lieu de $l(1+z)$, la formule (1) devient

$$l(1+z) = lr' + \omega' i = \frac{re^{\omega i}}{1} - \frac{r^2e^{2\omega i}}{2} + \frac{r^3e^{3\omega i}}{3} - \text{etc.} \tag{2}$$

ou, en séparant la partie réelle et la partie imaginaire,

$$lr' = \frac{r\cos\omega}{1} - \frac{r^2\cos 2\omega}{2} + \frac{r^3\cos 3\omega}{3} - \text{etc.};$$

$$\omega' = \frac{r\sin\omega}{1} - \frac{r^2\sin 2\omega}{2} + \frac{r^3\sin 3\omega}{3} - \text{etc.}$$

Cas particuliers. I. Soit $\omega = \frac{1}{2}\pi$. Alors on a

$$r' \cos \omega' = 1, \quad r' \sin \omega' = r, \quad r' = \sqrt{1 + r^2}, \quad \omega' = \text{arc tang}\, r;$$

$$\text{l}\sqrt{1 + r^2} = \frac{1}{2}\text{l}\,(1 + r^2) = \frac{r^2}{2} - \frac{r^4}{4} + \frac{r^6}{6} - \frac{r^8}{8} + \text{etc.};$$

$$\text{arc tang}\, r = \frac{r}{1} - \frac{r^3}{3} + \frac{r^5}{5} - \frac{r^7}{7} + \text{etc.}$$

La première de ces séries ne diffère pas de celle du n° 257, où l'on ferait $z = r^2$; la seconde a été trouvée autrement au n° 209.

II. Si $r = 1$, on trouve $r' = \sqrt{(2 + 2 \cos \omega)} = 2 \cos \frac{1}{2}\omega$, sans ambiguité de signe, puisque $\cos \frac{1}{2}\omega$ n'est jamais négatif. On a ensuite

$$r' \cos \omega' = 1 + \cos \omega = 2 \cos^2 \tfrac{1}{2}\omega, \quad r' \sin \omega' = \sin \omega = 2 \sin \tfrac{1}{2}\omega \cos \tfrac{1}{2}\omega,$$

$$r' = 2 \cos \tfrac{1}{2}\omega, \quad \cos \omega' = \cos \tfrac{1}{2}\omega, \quad \sin \omega' = \sin \tfrac{1}{2}\omega, \quad \omega' = \tfrac{1}{2}\omega.$$

La relation (2), dans ce cas, donne les deux séries réelles :

$$\text{l}\left(2 \cos \frac{1}{2}\omega\right) = \frac{\cos \omega}{1} - \frac{\cos 2\omega}{2} + \frac{\cos 3\omega}{3} - \frac{\cos 4\omega}{4} + \text{etc.}, \quad -\pi < \omega < \pi;$$

$$\frac{1}{2}\omega = \frac{\sin \omega}{1} - \frac{\sin 2\omega}{2} + \frac{\sin 3\omega}{3} - \frac{\sin 4\omega}{4} + \text{etc.}, \quad -\pi < \omega < \pi.$$

En faisant $\omega = u - \pi$, elles deviennent

$$-\text{l}\left(2 \sin \frac{1}{2}u\right) = \frac{\cos u}{1} + \frac{\cos 2u}{2} + \frac{\cos 3u}{3} + \frac{\cos 4u}{4} + \text{etc.}, \quad 0 < u < 2\pi,$$

$$\frac{1}{2}\pi - \frac{1}{2}u = \frac{\sin u}{1} + \frac{\sin 2u}{2} + \frac{\sin 3u}{3} + \frac{\sin 4u}{4} + \text{etc.}, \quad 0 < u < 2\pi.$$

III. En faisant $r = 1$ dans le premier cas particulier, ou $\omega = \frac{1}{2}\pi$ dans le second, on obtient les deux séries numériques déjà trouvées (n° 209) :

$$\log 2 = 1 - \frac{1}{2} + \frac{1}{3} - \frac{1}{4} + \text{etc.}, \quad \frac{\pi}{4} = 1 - \frac{1}{3} + \frac{1}{5} - \frac{1}{7} + \text{etc.}$$

Supposons ω et u positifs plus petits que π et égaux à t; ajoutons les deux séries donnant $\frac{1}{2}t$, $\frac{1}{2}\pi - \frac{1}{2}t$, et divisons par 2; il viendra

$$\frac{\pi}{4} = \frac{\sin t}{1} + \frac{\sin 3t}{3} + \frac{\sin 5t}{5} + \text{etc.} \qquad 0 < t < \pi.$$

Remarque. On déduit de la dernière relation, en changeant les signes des deux membres et posant $-t = v$,

$$-\frac{\pi}{4} = \frac{\sin v}{1} + \frac{\sin 3v}{3} + \frac{\sin 5v}{5} + \text{etc.} \qquad 0 > v > -\pi.$$

On peut évidemment, dans les deux dernières séries, augmenter ou diminuer t et v de une ou plusieurs fois 2π. Ces séries d'ailleurs, pour $t = -v = 0, \pi, 2\pi$, etc., ont une valeur nulle. On peut donc dire que la série $\sin t + \frac{1}{3}\sin 3t + \frac{1}{5}\sin 5t +$ etc. est une fonction discontinue susceptible de trois valeurs seulement, savoir $0, \frac{1}{4}\pi, -\frac{1}{4}\pi$. Les séries égales à $\frac{1}{2}\omega$, $1(2\cos\frac{1}{2}\omega)$ sont aussi des fonctions discontinues de ω, comme il est aisé de le voir.

259. *Dérivation et intégration de la série logarithmique.* I. Si z est réel, on a

$$\pm \rho_l < \frac{z^n}{n}, \quad -\rho_c < \frac{z_1^n}{1 - z_1}.$$

Si z est imaginaire, suivant les trois cas considérés,

$$\text{mod}\,\rho < \frac{\sqrt{2}\,r^n}{n}, \quad \text{mod}\,\rho < \frac{\sqrt{2}\,r^n}{1-r}, \quad \text{mod}\,\rho < \frac{1+\sqrt{2}}{n-1}\frac{1}{2\cos\frac{1}{2}\omega}.$$

Par conséquent, d'après le n° 254, III, la série logarithmique est intégrable terme à terme de 0 à z, z ou *mod* z étant au plus égal à 1. On a d'ailleurs $D_z[(1+z)1(1+z)-z] = 1(1+z)$, comme on l'a vu incidemment au n° 258, 3°. Donc (225),

$$\int 1(1+z)\,dz = (1+z)1(1+z) - z, \quad \int_0^z 1(1+z)dz = (1+z)1(1+z) - z.$$

On a, par conséquent,

$$(1+z)1(1+z) - z = \int_0^z \left[\frac{z}{1} - \frac{z^2}{2} + \frac{z^3}{3} - \frac{z^4}{4} + \text{etc.}\right] dz,$$

ou, en effectuant les opérations et transposant z,

$$(1+z)1(1+z) = z + \frac{z^2}{1.2} - \frac{z^3}{2.3} + \frac{z^4}{3.4} - \frac{z^5}{4.5} + \text{etc.}$$

Cette formule, déjà trouvée au n° précédent, quand *mod* $z = 1$, peut s'établir aussi par le procédé indiqué dans ce n°, lorsque *mod* z est inférieur à l'unité.

II. Si *mod* z est au plus égal à l'unité, ρ ou *mod* ρ, est inférieur à une quantité M_n, savoir, suivant les cas,

$$\frac{z^n}{n}, \quad \frac{z_1^n}{1-z_1}, \quad \frac{\sqrt{2}\,r^n}{n}, \quad \frac{\sqrt{2}\,r^n}{1-r}, \quad \frac{1+\sqrt{2}}{n-1}\frac{1}{2\cos\frac{1}{2}\omega}.$$

On a donc nM_n égal à l'une des quantités

$$z^n,\quad \frac{1}{1-z_1} n z_1^n,\quad \sqrt{2}\, r^n,\quad \frac{\sqrt{2}}{1-r} n r^n,\quad \frac{1+\sqrt{2}}{2\cos\frac{1}{2}\omega}\,\frac{n}{n-1}.$$

Si z^2 ou r est inférieur à l'unité (ce qui exclut la dernière expression), $\lim nM_n = 0$, pour $n = \infty$, d'après le n° 29, I, pour la première et la troisième; d'après le n° 201, pour la seconde et la quatrième. En effet, posons z_1 ou r égal à $(1 : B)$. On aura nz_1^n ou $nr^n = (n : B^n)$, quantité qui a zéro pour limite, quand n croît indéfiniment.

D'après le n° 254, la série logarithmique peut donc être dérivée terme à terme, si *mod* z est inférieur à l'unité. On trouve ainsi

$$\frac{1}{1+z} = 1 - z + z^2 - z^3 + z^4 - \text{etc.},$$

c'est-à-dire, la formule connue qui donne la somme d'une progression géométrique illimitée de raison $-z$, le premier terme étant l'unité.

III. Réciproquement, de la formule

$$\frac{1}{1+t} = 1 - t + t^2 - t^3 + \cdots + (-1)^{n-2} t^{n-2} + (-1)^{n-1} \frac{t^{n-1}}{1+t},$$

on déduit, en intégrant de 0 à z, supposé différent de -1,

$$\mathrm{l}(1+z) = \frac{z}{1} - \frac{z^2}{2} + \frac{z^3}{3} - \frac{z^4}{4} + \cdots + (-1)^{n-2}\frac{z^{n-1}}{n-1} + (-1)^{n-1}\int_0^z \frac{t^{n-1}dt}{1+t},$$

ce qui donne le reste de la série logarithmique, sous une forme nouvelle. On peut montrer que, pour n infini, la limite de cette expression est égale à zéro, si *mod* r est inférieur ou égal à l'unité. Pour abréger, considérons seulement le cas où t est réel. Dans cette hypothèse, $1 + t$ est compris entre 1 et $1 + z$, $[t^{n-1} : (1 + t)]$ entre t^{n-1} et $[t^{n-1} : (1 + z)]$. Donc la limite de somme, ou intégrale, $\int_0^z \frac{t^{n-1}dt}{1+t}$, est comprise entre les deux valeurs

$$\int_0^z t^{n-1}dt = \frac{z^n}{n},\quad \frac{1}{1+z}\int_0^z t^{n-1}dt = \frac{1}{1+z}\,\frac{z^n}{n}.$$

Or z étant compris entre -1 exclusivement et 1 inclusivement, z^n est, en valeur absolue, au plus, égal à l'unité. Pour $n = \infty$, les deux expressions précédentes ont donc zéro pour limite; par suite, il en est de même du reste de la série écrite plus haut.

Remarques. I. De même, par intégration, on déduit de

$$\frac{1}{1+t^2} = 1 - t^2 + t^4 - t^6 + \cdots + (-1)^{n-1} t^{2n-2} + (-1)^n \frac{t^{2n}}{1+t^2},$$

la formule

$$\text{arc tang } z = \frac{z}{1} - \frac{z^3}{3} + \frac{z^5}{5} - \cdots + (-1)^{n-1} \frac{z^{2n-1}}{2n-1} + (-1)^n \int_0^z \frac{t^{2n}dt}{1+t^2},$$

qui conduit aisément, quand z est réel et tout au plus égal à l'unité, à la série pour arc tang z trouvée antérieurement (209, 258). On peut observer que arc tang $z =$ arc cot z^{-1}. Si z est supérieur à l'unité, soit $zu = 1$. Alors arc cot $z^{-1} =$ arc cot $u = \frac{1}{2}\pi -$ arc tang u, expression développable en série.

Si l'on fait $z = \text{tang } v$, la série qui donne arc tang $z = v$, devient

$$v = \frac{\text{tang } v}{1} - \frac{\text{tang}^3 v}{3} + \frac{\text{tang}^5 v}{5} - \text{etc.}$$

II. Si z^2 est inférieur à l'unité, on tire, de même, de la relation

$$\frac{1}{1-t^2} = 1 + t^2 + t^4 + \cdots + t^{2n-2} + \frac{t^{2n}}{1-t^2},$$

intégrée entre 0 et z, une série (comp. n° 62, 79, 146, 4°) que nous retrouverons autrement au n° suivant, savoir :

$$\text{Arg Th } z = \frac{1}{2}\,\text{l}\left(\frac{1+z}{1-z}\right) = \frac{z}{1} + \frac{z^3}{3} + \frac{z^5}{5} + \text{etc.}$$

On peut aussi écrire Arg Th $z =$ Arg Coth u, si $zu = 1$. Alors, pour $u^2 > 1$,

$$\text{Arg Coth } u = \frac{1}{2}\,\text{l}\left(\frac{u+1}{u-1}\right) = \frac{1}{u} + \frac{1}{3u^3} + \frac{1}{5u^5} + \text{etc.}$$

260. *Séries logarithmiques déduites de la série principale.* I. Si z ou le mod de z est supérieur à l'unité, on obtient un développement pour $\text{l}(1+z)$, en observant que z^{-1} ayant un module inférieur à l'unité, on a

$$\text{l}(1+z) = \text{l}z + \text{l}\left(1 + \frac{1}{z}\right) = \text{l}z + \frac{1}{z} - \frac{1}{2z^2} + \frac{1}{3z^3} - \frac{1}{4z^4} + \text{etc.}$$

On trouve, de même, si le module de h est inférieur ou égal à celui de z, z étant différent de $-h$,

$$\mathrm{l}(z+h)=\mathrm{l}z+\mathrm{l}\left(1+\frac{h}{z}\right)=\mathrm{l}z+\frac{h}{z}-\frac{h^2}{2z^2}+\frac{h^3}{3z^3}-\frac{h^4}{4z^4}+\text{etc.}$$

et s'il est égal ou supérieur (z étant encore différent de $-h$)

$$\mathrm{l}(z+h)=\mathrm{l}h+\mathrm{l}\left(1+\frac{z}{h}\right)=\mathrm{l}h+\frac{z}{h}-\frac{z^2}{2h^2}+\frac{z^3}{3h^3}-\frac{z^4}{4h^4}+\text{etc.}$$

II. Si z n'est pas égal à l'unité, des séries

$$\mathrm{l}(1+z)=+\frac{z}{1}-\frac{z^2}{2}+\frac{z^3}{3}-\frac{z^4}{4}+\text{etc.},$$

$$\mathrm{l}(1-z)=-\frac{z}{1}-\frac{z^2}{2}-\frac{z^3}{3}-\frac{z^4}{4}-\text{etc.},$$

dont la seconde se déduit de la première, en écrivant $-z$ à la place de z, on tire, par soustraction,

$$\mathrm{l}\left(\frac{1+z}{1-z}\right)=2\left[\frac{z}{1}+\frac{z^3}{3}+\frac{z^5}{5}+\frac{z^7}{7}+\text{etc.}\right]. \qquad (1)$$

III. Si l'on fait, dans celle-ci,

$$\frac{1+z}{1-z}=\frac{N+\Delta}{N}, \quad \text{ou} \quad z=\frac{\Delta}{2N+\Delta},$$

elle devient

$$\mathrm{l}(N+\Delta)-\mathrm{l}N=2\left[\frac{\Delta}{2N+\Delta}+\frac{\Delta^3}{3(2N+\Delta)^3}+\frac{\Delta^5}{5(2N+\Delta)^5}-\text{etc.}\right]; \qquad (2)$$

et, pour $\Delta=1$,

$$\mathrm{l}(N+1)-\mathrm{l}N=2\left[\frac{1}{2N+1}+\frac{1}{3(2N+1)^3}+\frac{1}{5(2N+1)^5}-\text{etc.}\right]; \qquad (3)$$

que l'on écrit parfois, en remplaçant N par N — 1,

$$\mathrm{l}N=\mathrm{l}(N-1)+2\left[\frac{1}{2N-1}+\frac{1}{3(2N-1)^3}+\frac{1}{5(2N-1)^5}+\text{etc.}\right]. \qquad (4)$$

La formule (2) peut aussi se déduire de (3) en remplaçant N par $(N:\Delta)$.

IV. Si, dans la formule (3), on remplace N par N^2-1, c'est-à-dire, si l'on fait, dans (1),

$$\frac{1+z}{1-z}=\frac{N^2}{N^2-1}, \quad \text{ou} \quad z=\frac{1}{2N^2-1},$$

elle devient, après quelques transpositions,

$$2\mathrm{l}N = \mathrm{l}(N+1) + \mathrm{l}(N-1)$$
$$+ 2\left[\frac{1}{2N^2-1} + \frac{1}{3(2N^2-1)^3} + \frac{1}{5(2N^2-1)^5} - \text{etc.}\right]; \quad (5)$$

$$[\mathrm{l}(N+1) - \mathrm{l}N] - [\mathrm{l}N - \mathrm{l}(N-1)]$$
$$= -2\left[\frac{1}{2N^2-1} + \frac{1}{3(2N^2-1)^3} + \frac{1}{5(2N^2-1)^5} - \text{etc.}\right]. \quad (6)$$

Remarques. I. L'erreur commise en s'arrêtant à un terme quelconque de l'une des séries (1), (2), (3), (4), (5), (6) s'obtient par comparaison avec une progression géométrique, si z est réel. Ainsi

$$\frac{z^{2n+1}}{2n+1} + \frac{z^{2n+3}}{2n+3} + \frac{z^{2n+5}}{2n+5} + \text{etc.}$$

$$< \frac{z^{2n+1}}{2n+1}(1 + z^2 + z^4 + \cdots) \quad \text{ou} \quad \frac{z^{2n+1}}{(2n+1)(1-z^2)}.$$

II. Les développements des logarithmes de Briggs $L(1+z)$, $L(z+h)$, $L(N+1)$, etc., s'obtiennent en multipliant les précédents par le module M (nº 43, 261, IV). On trouve ainsi, par exemple, à la place de (3), la formule suivante :

$$L(N+1) - LN = 2M\left[\frac{1}{2N+1} + \frac{1}{3(2N+1)^3} + \frac{1}{5(2N+1)^5} + \text{etc.}\right]$$

261. *Calcul pratique des logarithmes.* I. La formule (3), à elle seule, suffit pour le calcul des logarithmes népériens de tous les nombres, puisqu'elle donne les différences logarithmiques successives. On trouve, par exemple, en faisant dans (3), $N+1 = 2, 3, 5, 7$,

$$\log 2 = \frac{2}{3}\left[1 + \frac{1}{3}\cdot\frac{1}{3^2} + \frac{1}{5}\cdot\frac{1}{3^4} + \text{etc.}\right]; \quad (7)$$

$$\log 3 = \log 2 + \frac{2}{5}\left[1 + \frac{1}{3}\cdot\frac{1}{5^2} + \frac{1}{5}\cdot\frac{1}{5^4} + \text{etc.}\right]; \quad (8)$$

$$\log 5 = 2\log 2 + \frac{2}{9}\left[1 + \frac{1}{3}\cdot\frac{1}{9^2} + \frac{1}{5}\cdot\frac{1}{9^4} + \text{etc.}\right]; \quad (9)$$

$$\log 7 = \log 2 + \log 3 + \frac{2}{13}\left[1 + \frac{1}{3}\cdot\frac{1}{13^2} + \frac{1}{5}\cdot\frac{1}{13^4} + \text{etc.}\right]. \quad (10)$$

Il est facile de calculer l'erreur commise en s'arrêtant à un terme quelconque (260). « Par exemple, si l'on se borne aux quatre premiers termes dans la formule qui donne log 2, on commet une erreur moindre que $\frac{1}{78732}$. Pour avoir la même approximation au moyen du développement $\log 2 = 1 - \frac{1}{2} + \frac{1}{3} - \text{etc.}$, on devrait employer 78731 termes » (CATALAN).

II. La formule (5) ou (6), qui donne les différences secondes (237) des logarithmes successifs, peut aussi servir à trouver ceux-ci, par des séries plus convergentes que les précédentes. Car, tout nombre premier impair est compris entre deux nombres pairs, produits de nombres premiers plus petits. Ainsi, en faisant dans (5), N = 2, 3, 5, 7, on trouve

$$2\log 2 = \log 3 + \frac{2}{7}\left[1 + \frac{1}{3}\cdot\frac{1}{7^2} + \frac{1}{5}\cdot\frac{1}{7^4} + \text{etc.}\right]; \quad (11)$$

$$2\log 3 = 3\log 2 + \frac{2}{17}\left[1 + \frac{1}{3}\cdot\frac{1}{17^2} + \frac{1}{5}\cdot\frac{1}{17^4} + \text{etc.}\right]; \quad (12)$$

$$2\log 5 = 3\log 2 + \log 3 + \frac{2}{49}\left[1 + \frac{1}{3}\cdot\frac{1}{49^2} + \frac{1}{5}\cdot\frac{1}{49^4} + \text{etc.}\right]; \quad (13)$$

$$2\log 7 = 4\log 2 + \log 3 + \frac{2}{97}\left[1 + \frac{1}{3}\cdot\frac{1}{97^2} + \frac{1}{5}\cdot\frac{1}{97^4} + \text{etc.}\right]. \quad (14)$$

Des deux premières séries, on déduit, en éliminant log 3,

$$\log 2 = \frac{4}{7}\left[1 + \frac{1}{3}\frac{1}{7^2} + \frac{1}{5}\cdot\frac{1}{7^4} + \text{etc.}\right] + \frac{2}{17}\left[1 + \frac{1}{3}\cdot\frac{1}{17^2} + \frac{1}{5}\cdot\frac{1}{17^4} + \text{etc.}\right] \quad (15)$$

III. Mais on peut trouver des combinaisons donnant les logarithmes des nombres premiers 2, 3, 5, 7 par des séries plus convergentes encore que les précédentes. Faisons, par exemple, N = 9 dans la formule (5), il vient

$$4\log 3 = 4\log 2 + \log 5 + \frac{2}{161}\left[1 + \frac{1}{3}\cdot\frac{1}{161^2} + \frac{1}{5}\cdot\frac{1}{161^4} + \text{etc.}\right], \quad (16)$$

qui peut remplacer (11) et servir, avec (12) et (13), à calculer log 2, log 3, log 5. On peut aussi employer pour calculer log 2, log 3, log 5, log 7, les formules (13), (14), (16), avec la suivante :

$$4\log 7 = 5\log 2 + \log 3 + 2\log 5 + \frac{1}{4801}\left[1 + \frac{1}{3}\cdot\frac{1}{4801^2} + \frac{1}{5}\cdot\frac{1}{4801^4} + \text{etc.}\right], (17)$$

obtenue en faisant, dans (3), $N + 1 = 2401 = 7^4 = 2^5.3.5^2 + 1$.

Voici encore des formules pouvant servir à calculer log 2, log 3, log 5, log 19; elles sont fondées sur les égalités suivantes :

$$2^2.19=3.5^2+1,\quad 2^5.3=5.19+1,\quad 19^2=2^3.3^2.5+1,\quad 19.3^3=2^9+1.$$

$$2\log 2+\log 19=\log 3+2\log 5+\frac{2}{151}\left[1+\frac{1}{3}\cdot\frac{1}{151^2}+\frac{1}{5}\cdot\frac{1}{151^4}+\text{etc.}\right];$$

$$5\log 2+\log 3=\log 5+\log 19+\frac{2}{191}\left[1+\frac{1}{3}\cdot\frac{1}{191^2}+\frac{1}{5}\cdot\frac{1}{191^4}+\text{etc.}\right];$$

$$2\log 19=3\log 2+\log 3+\log 5+\frac{2}{721}\left[1+\frac{1}{3}\cdot\frac{1}{721^2}+\frac{1}{5}\cdot\frac{1}{721^4}+\text{etc.}\right];$$

$$3\log 3+\log 19=9\log 2+\frac{1}{1025}\left[1+\frac{1}{3}\cdot\frac{1}{1025^2}+\frac{1}{5}\cdot\frac{1}{1025^4}+\text{etc.}\right].$$

On peut aussi trouver log 7 au moyen de log 19, en observant que $19^3+1=2^2.5.7^3$.

IV. Le module M des logarithmes de Briggs est égal à [1 : log 10] (43). On peut calculer M ou log 10, en même temps que log 2 et log 41, au moyen des formules suivantes :

$$\log 10=3\log 2+\frac{2}{9}\left[1+\frac{1}{3}\cdot\frac{1}{9^2}+\frac{1}{5}\cdot\frac{1}{9^4}+\text{etc.}\right],$$

$$\log 41=2\log 2+\log 10+\frac{2}{81}\left[1+\frac{1}{3}\cdot\frac{1}{81^2}+\frac{1}{5}\cdot\frac{1}{81^4}+\text{etc.}\right],$$

$$\log 41+2\log 10=12\log 2+\frac{1}{2049}\left[1+\frac{1}{3}\cdot\frac{1}{2049^2}+\frac{1}{5}\cdot\frac{1}{2049^4}+\text{etc.}\right].$$

La première est déduite de (9), en ajoutant log 2 aux deux membres, et dont les autres sont tirées de (3) en y faisant N = 40, N = 1024 et observant que $4100=4\,(2^{10}+1)$. On a trouvé

$$\log 10=2{,}30258\ 50929\ 94045\ 7,\qquad M=0{,}43429\ 44819\ 03251\ 8.$$

Une fois M connu, on calcule les logarithmes à base 10 par le moyen des séries du numéro précédent. On trouve ainsi, par exemple, en faisant N = 10000 dans la dernière formule du n° 260,

$$L\,(10001)=4+2M\left[\frac{1}{20001}+\frac{1}{3}\cdot\frac{1}{(20001)^3}+\text{etc.}\right].$$

IV. **Binôme.** **262.** *Limite du terme général.* Considérons l'expression

$$u_n = \frac{m(m-1)\ldots(m-n+1)}{1.2\ldots n} z^n,$$

où m est réel et cherchons-en la limite pour $n = \infty$. I. Si z, en valeur absolue (ou *mod* z, si z est imaginaire), est inférieur à l'unité, lim $u_n = 0$. En effet, si z est réel, u_n est le terme général d'une série convergente (127, III, dernier exemple) et, par suite (123), a pour limite zéro; si z est imaginaire, il en est de même du module de u_n. *Autrement.* Soit r le module de z; posons

$$F_l = \text{mod}\,\frac{m-l+1}{l}\,z = \pm\left(1 - \frac{m+1}{l}\right)r.$$

On aura

$$\text{mod}\,u_n = F_1F_2\ldots F_n.$$

Pour l croissant indéfiniment, lim $F_l = r$, quantité inférieure à l'unité. Donc, si n est suffisamment grand, à partir d'une certaine valeur $k+1$ de l, tous les facteurs F_{k+1}, F_{k+2}, ..., F_n, aussi voisins de r qu'on le veut, sont inférieurs à une quantité t, inférieure à l'unité. On aura donc

$$0 < \text{mod}\,u_n < F_1F_2\ldots F_k t^{n-k},$$

et, pour $n = \infty$, *lim mod* $u_n = 0$ (29, I).

II. Si z est plus grand que l'unité, on a

$$\text{mod}\,u_n > F_1F_2\ldots F_k T^{n-k},$$

T étant une quantité inférieure à r, mais supérieure à l'unité. Donc (29, I), pour $n = \infty$, lim $T^{n-k} = \infty$, *lim mod* $u_n = \infty$.

III. Si $r = 1$, on a

$$\pm u_n = \left(1 - \frac{m+1}{1}\right)\left(1 - \frac{m+1}{2}\right)\cdots\left(1 - \frac{m+1}{n}\right).$$

1° Si $m+1 = 0$, u_n est égal à plus ou moins l'unité suivant que n est pair ou impair. 2° Si $m+1$ est négatif et égal à $-$P, soit $k+1$ le premier nombre entier supérieur à P. L'expression

$$\left(1 - \frac{m+1}{k+1}\right)\left(1 - \frac{m+1}{k+2}\right)\cdots\left(1 - \frac{m+1}{n}\right)$$
$$= \left(1 + \frac{P}{k+1}\right)\left(1 + \frac{P}{k+2}\right)\cdots\left(1 + \frac{P}{n}\right)$$

est supérieure à

$$\frac{P}{k+1}+\frac{P}{k+2}+\cdots+\frac{P}{n}=P\left[\frac{1}{k+1}+\frac{1}{k+2}+\cdots+\frac{1}{n}\right],$$

quantité égale à $P(H_n - H_k)$, si H_n et H_k désignent respectivement les n et les k premiers termes de la série harmonique. Or, pour $n=\infty$, $\lim H_n=\infty$ (29, II); donc aussi $\lim u_n=\infty$. 3° Si $m+1$ est positif et égal à P, soit encore $k+1$ le premier nombre entier supérieur à P. On aura, si l est plus grand que k,

$$1-\frac{P}{l}=\frac{1-\frac{P^2}{l^2}}{1+\frac{P}{l}}<\frac{1}{1+\frac{P}{l}}.$$

Par suite,

$$0<\left(1-\frac{P}{k+1}\right)\left(1-\frac{P}{k+2}\right)\cdots\left(1-\frac{P}{n}\right)$$
$$<1:\left[\left(1+\frac{P}{k+1}\right)\left(1+\frac{P}{k+2}\right)\cdots\left(1+\frac{P}{n}\right)\right],$$

et, pour $n=\infty$, d'après le 2°,

$$\lim\left(1-\frac{P}{k+1}\right)\left(1-\frac{P}{k+2}\right)\cdots\left(1-\frac{P}{n}\right)=0,\quad \lim u_n=0.$$

IV. En résumé, *u_n n'a pour limite zéro, que si le module de z est inférieur à l'unité, ou si, étant égal à l'unité, $m+1$ est positif.*

263. *Cas d'une variable réelle.* I. Les dérivées successives de $(1+z)^m$ sont

$$m(1+z)^{m-1},\ m(m-1)(1+z)^{m-2},\ \ldots,\ m(m-1)\ldots(m-n+1)(1+z)^{m-n}.$$

Pour n suffisamment grand, une ou plusieurs de ces dérivées contiendront $(1+z)$ avec un exposant négatif, et ne seront pas finies pour $z=-1$. Par conséquent, on ne pourra appliquer la formule de Maclaurin, avec un reste, pour n quelconque, que de $z=-1$ exclusivement à $z=\infty$ exclusivement. On trouve ainsi

$$(1+z)^m=1+\frac{m}{1}z+\frac{m(m-1)}{1.2}z^2+\cdots+\frac{m(m-1)\ldots(m-n+2)}{1.2\ldots(n-1)}z^{n-1}+\rho,$$

ρ étant, par exemple, l'une des expressions suivantes :

$$\rho_l = \frac{m(m-1)\dots(m-n+1)}{1.2\dots n} z^n \frac{1}{(1+\theta z)^{n-m}},$$

$$\rho_c = \frac{m(m-1)\dots(m-n+1)}{1.2\dots(n-1)} z^n \frac{(1-\theta)^{n-1}}{(1+\theta z)^{n-m}},$$

suivant que l'on prend le reste de Lagrange ou celui de Cauchy.

II. *Cas où z est inférieur à l'unité en valeur absolue.* Soit z positif et inférieur à l'unité. Alors ρ_l est le produit de deux facteurs dont le second, $(1+\theta z)^{m-n}$, est inférieur à l'unité et dont le premier a pour limite zéro, si $n=\infty$ (262, I). Donc aussi, $\lim \rho_l = 0$.

Si z est négatif et égal à $-z_1$, et z_1 étant inférieur à l'unité, considérons le reste ρ_c. Dans

$$\frac{(1-\theta)^{n-1}}{(1+\theta z)^{n-m}} = \left(\frac{1-\theta}{1-\theta z_1}\right)^{n-1} \frac{1}{(1-\theta z_1)^{1-m}},$$

le second facteur du second membre est compris entre 1 et $(1-z_1)^{m-1}$, quantités finies ; le premier est inférieur à l'unité. On a ensuite

$$\frac{m(m-1)\dots(m-n+1)}{1.2\dots n-1} z^n =$$

$$mz . \frac{(m-1)(m-2)\dots[m-1-(n-1)+1]}{1.2\dots(n-1)} z^{n-1}.$$

Pour n et, par suite, $n-1$ croissant indéfiniment, le second facteur du second membre a pour limite zéro, d'après 262, I, où l'on remplace m par $m-1$, n par $n-1$. Donc enfin, $\lim \rho_c = 0$.

Il résulte de là que, pour les valeurs de z, de -1 exclusivement à $+1$ exclusivement, on a, en série convergente,

$$(1+z)^m = 1 + \frac{m}{1} z + \frac{m(m-1)}{1.2} z^2 + \frac{m(m-1)(m-2)}{1.2.3} z^3 + \text{etc.} \quad (1)$$

Remarque. Pour z supérieur à l'unité en valeur absolue, le terme général u_n de la série (1) n'a pas pour limite zéro (262, II, ou 127, III, dernier exemple) ; elle n'est donc pas convergente et ne peut représenter $(1+z)^m$.

III. *Cas où $z = \pm 1$.* Si $z = 1$

$$\rho_l = \frac{m(m-1)\dots(m-n+1)}{1.2\dots n} \frac{1}{(1+\theta)^{n-m}}$$

a pour limite zéro, si $m+1$ est positif (262, III). Donc, dans cette hypothèse,

$$(1+1)^m = 2^m = 1 + \frac{m}{1} + \frac{m(m-1)}{1.2} + \frac{m(m-1)(m-2)}{1.2.3} + \text{etc.} \quad (2)$$

Si $m+1$ est négatif ou nul, le terme général de la série (2) n'a pas pour limite zéro (262, III), et cette série n'est pas convergente (123, I). La relation (2) ne subsiste donc que pour $(m+1)$ positif.

Soit $z=-1$. Ce cas singulier se traite directement. On a

$$(1-1)^m = 1 - \frac{m}{1} + \frac{m(m-1)}{1.2} - \frac{m(m-1)(m-2)}{1.2.3} + \text{etc.}, \quad (3)$$

seulement dans le cas où m est positif. En effet,

$$1 - \frac{m}{1} = -\frac{m-1}{1}, \quad 1 - \frac{m}{1} + \frac{m(m-1)}{1.2} = \frac{(m-1)(m-2)}{1.2},$$

et, de proche en proche, en posant $m-1=m'$,

$$1 - \frac{m}{1} + \frac{m(m-1)}{1.2} - \dots + (-1)^n \frac{m(m-1)\dots(m-n+1)}{1.2\dots n}$$
$$= (-1)^n \frac{m'(m'-1)\dots(m'-n+1)}{1.2\dots n}.$$

D'après 262, III, la dernière expression a, pour $n=\infty$, une limite infinie, si $m'+1=m$ est négatif, une limite nulle, si $m'+1=m$ est positif. Donc la formule (3) ne subsiste que si m est plus grand que zéro. Il est inutile d'examiner le cas où $m=0$, parce que, dans ce cas, la formule (3) prend la forme illusoire $0^0=1$.

IV. *Valeur approchée du reste.* Le rapport $(u_{n+1} : u_n)$ de deux termes successifs est égal à $\frac{m-n}{n+1} z = \left(1 - \frac{m+1}{n+1}\right)(-z)$. 1° Soit z positif et au plus égal à l'unité. Si $m+1$ est positif, les termes seront alternativement positifs et négatifs et iront en décroissant, en valeur absolue, à partir de la première valeur de n supérieure à m. Si $m+1$ est négatif ou nul, les termes sont alternativement positifs et négatifs à partir du premier, mais ils ne décroitront, en valeur absolue, que pour une valeur de n vérifiant l'inégalité

$$-\frac{m-n}{n+1} z < 1 \quad \text{ou} \quad (n+1) > (m+1)\frac{-z}{1-z}.$$

L'erreur commise en s'arrêtant à un terme quelconque, à partir de ceux qui vont en décroissant en valeur absolue et sont alternativement positifs et négatifs, est inférieure au premier terme négligé (129). 2° Soit z négatif, et égal à $-z_1$, z_1 étant inférieur à l'unité. Si $(m+1)$ est positif, le rapport $(u_{n+1} : u_n)$ est positif et inférieur à z_1, à partir de la première valeur de n supérieure à m. On aura donc (comp. 127, I)

$$u_{n+1} + u_{n+2} + u_{n+3} + \text{etc.} < u_{n+1}(1 + z_1 + z_1^2 + z_1^3 + \text{etc.}) \text{ ou } \frac{u_{n+1}}{1 - z_1}.$$

Si $m+1$ est nul ou négatif, tous les termes seront positifs à partir du premier; $(u_{n+1} : u_n)$ deviendra et restera inférieur à l'unité, à partir d'une valeur de n telle que l'on ait la relation

$$q = \frac{m-n}{n+1} z < 1 \quad \text{ou} \quad (n+1) > (m+1)\frac{z}{1+z}.$$

On aura ensuite

$$u_{n+1} + u_{n+2} + u_{n+3} + \text{etc.} < u_{n+1}(1 + q + q^2 + q^3 + \cdots) \quad \text{ou} \quad \frac{u_{n+1}}{1-q}.$$

3° Si $z = -1$, la valeur exacte de la somme de n termes de la série est donnée par la démonstration même de la formule.

265. *Cas d'une variable imaginaire. Préliminaires.* I. Nous représentons par $((1+z))^m$ la fonction multiforme $e^{m\,l((1+z))}$ (comp. nos 81 et 143). Soient, comme au n° 258, ω et ω' des angles compris entre $-\pi$ et $+\pi$ et tels que $z = re^{\omega i}$, $1 + z = r'e^{\omega' i}$ et, par suite,

$$1 + r\cos\omega = r'\cos\omega', \quad r\sin\omega = r'\sin\omega', \quad r' = \sqrt{1 + r^2 + 2r\cos\omega}.$$

On aura

$$m\,l((1+z))^m = m\,(lr' + \omega' i + 2k\pi i),$$

$$((1+z))^m = e^{m\,l((1+z))} = e^{m\,lr' + m\omega' i + 2k\pi m i}$$
$$= r'^m[\cos(m\omega' + 2k\pi m) + i\sin(m\omega' + 2k\pi m)].$$

Si, ω restant fixe, z tend vers zéro, l'on sait que ω' tend vers zéro et r' vers l'unité (258). On a donc

$$((1))^m = \cos 2k\pi m + i\sin 2k\pi m.$$

Représentons par $(1+z)^m$ celle des valeurs de $((1+z))^m$ qui correspond à $k = 0$. On aura

$$(1+z)^m = r'^m(\cos m\omega' + i\sin m\omega'), \quad (1)^m = 1.$$

Par suite, pour $z=0$, on a $(1+z)^m=1$. De plus, d'après les propriétés des exponentielles imaginaires (67),

$$((1+z))^m=((1))^m(1+z)^m.$$

Par suite, il suffit de chercher le développement de $(1+z)^m$, celui de $((1+z))^m$ s'en déduisant immédiatement.

II. On trouve, comme au n° 263, en supposant que z ne passe pas par la valeur -1,

$$(1+z)^m=1+\frac{m}{1}z+\frac{m(m-1)}{1.2}z^2+\dots+\frac{m(m-1)\dots(m-n+2)}{1.2\dots(n-1)}z^{n-1}+\rho,$$

$$\rho_l=\lambda\sqrt{2}\,e^{\alpha i}\frac{m(m-1)\dots(m-n+1)}{1.2\dots n}z^n\frac{1}{(1+\theta z)^{n-m}},$$

$$\rho_c=\lambda\sqrt{2}\,e^{\alpha i}\frac{m(m-1)\dots(m-n+1)}{1.2\dots(n-1)}z^n\frac{(1-\theta)^{n-1}}{(1+\theta z)^{n-m}}.$$

Chaque fois que $lim\ \rho=0$, pour $n=\infty$, on a en série convergente :

$$(1+z)^m=1+\frac{m}{1}z+\frac{m(m-1)}{1.2}z^2+\frac{m(m-1)(m-2)}{1.2.3}z^3+\text{etc.}$$

Pour que cette série soit convergente, *il faut* que, pour $n=\infty$, *lim* $u_n=0$, u_n désignant le terme général de la série, ou celui qui en a n avant lui. D'après le n° 262, cela n'a lieu que si le module de z est inférieur à l'unité, m étant quelconque ; ou si le module de z est égal à l'unité, $m+1$ étant positif. Ces conditions nécessaires sont aussi suffisantes, comme on va le voir, pour que lim $\rho=0$, ou pour que la série convergente ait pour somme $(1+z)^m$.

266. *Discussion.* Posons, comme au n° 258, $1+\theta r=\mathrm{R}e^{\Omega i}$. Alors

$$1+\theta r\cos\omega=\mathrm{R}\cos\Omega,\quad \theta\sin\omega=\mathrm{R}\sin\Omega,$$

$$\mathrm{R}=\sqrt{1+\theta^2r^2+2\theta r\cos\omega}=\sqrt{(1-\theta r)^2+4\theta r\cos^2\tfrac{1}{2}\omega}.$$

Premier cas : r inférieur à l'unité, cos ω nul ou positif. Dans ce cas, R est plus grand que l'unité, et

$$\text{mod}\,\rho_l=\lambda\sqrt{2}\,(\text{mod}\,u_n)\frac{1}{\mathrm{R}^{n-m}}$$

a pour limite zéro, puisque *lim mod* $u_n=0$ (262, I).

Deuxième cas : $r=1$, cos ω ***nul ou positif***. Même conclusion, d'après 262, III, pourvu que $(m+1)$ soit positif.

Troisième cas : r inférieur à l'unité, cos ω négatif. Dans ce cas, observons que R est plus grand que $1-\theta r$, $1-\theta$, $1-r$ et que

$$\text{mod}\,\rho_c$$
$$=\lambda\sqrt{2}\,mr\times\text{mod}\,\frac{(m-1)(m-2)\ldots(m-n+1)}{1.2\ldots(n-1)}z^{n-1}\times\left(\frac{1-\theta}{R}\right)^{n-1}\times R^{m-1}.$$

Le second facteur du module de ρ_c, qui est le module du terme général de la série

$$1+\frac{m-1}{1}z+\frac{(m-1)(m-2)}{1.2}z^2+\text{etc.},$$

a pour limite zéro, pour $n=\infty$, car on peut remplacer, dans 262, I, m par $m-1$. Le premier facteur ne dépend pas de n, le troisième est inférieur à l'unité et le quatrième est compris entre 1 et $(1-r)^{m-1}$. Donc *lim mod* $\rho_c=0$, et *lim* $\rho_c=0$, pour $n=\infty$.

Quatrième cas : r $=1$, cos ω *négatif, mais différent de* -1 (Le cas où $\cos\omega=-1$ correspond à $z=-1$ et a été traité au n° 264, II). On a, dans le cas actuel, $R=\sqrt{[1-\theta)^2+4\theta\cos^2\frac{1}{2}\omega]}$, quantité supérieure à $1-\theta$, puis

$$\text{mod}\,\rho_c=\lambda\sqrt{2}\,m\times\frac{(m-1)(m-2)\ldots(m-n+1)}{1.2\ldots(n-1)}\times\left(\frac{1-\theta}{R}\right)^{n-1}\times R^{m-1}.$$

Pour n croissant indéfiniment, cette expression a pour limite zéro, si le second facteur a pour limite zéro, car les trois autres sont ou restent finis. Or, d'après 262, III, le second facteur a pour limite zéro si $(m-1)+1$ ou m est positif. Mais cette condition suffisante n'est pas nécessaire, comme nous allons le voir.

D'après ce qui vient d'être démontré, on a

$$(1+z)^{m+1}$$
$$=1+\frac{m+1}{1}z+\frac{(m+1)m}{1.2}z^2+\cdots+\frac{(m+1)\ldots(m-n+2)}{1.2\ldots n}z^n+\rho',$$

et *lim* $\rho'=0$, pour $n=\infty$, si $m+1$ est positif. Or, d'après les propriétés connues des coefficients du binôme,

$$\frac{m+1}{1}=\frac{m}{1}+1,\quad\frac{(m+1)m}{1.2}=\frac{m(m-1)}{1.2}+\frac{m}{1},$$
$$\frac{(m+1)\ldots(m-n+2)}{1.2\ldots n}=\frac{m(m-1)\ldots(m-n+1)}{1.2\ldots n}+\frac{m(m-1)\ldots(m-n+2)}{1.2\ldots(n-1)}.$$

On peut donc écrire la valeur de $(1+z)^{m+1}$, comme il suit :

$$(1+z)^{m+1}$$
$$=(1+z)\left[1+\frac{m}{1}z+\frac{m(m-1)}{1\,.\,2}z^2+\cdots+\frac{m(m-1)\ldots(m-n+2)}{1\,.\,2\ldots(n-1)}z^{n-1}\right]$$
$$+\frac{m(m-1)\ldots(m-n+1)}{1\,.\,2\ldots n}z^n+\rho',$$

ou, en divisant par $(1+z)$,

$$(1+z)^m=\left[1+\frac{m}{1}z+\cdots+\frac{m(m-1)\ldots(m-n+2)}{1\,.\,2\ldots(n-1)}z^{n-1}\right]+\rho$$
$$\rho=\frac{m(m-1)\ldots(m-n+1)}{1\,.\,2\ldots n}\,\frac{z^n}{1+z}+\frac{\rho'}{1+z}.$$

Si $m+1$ est positif, le premier facteur du premier terme de ρ a pour limite zéro, quand n croît indéfiniment; le second facteur reste fini; le second terme a aussi pour limite zéro, puisque $lim\ \rho'=0$. Donc enfin,

$$(1+z)^m=1+\frac{m}{1}z+\frac{m(m-1)}{1\,.\,2}z^2+\text{etc.},$$

si $(m+1)$ est positif, $mod\ z=1$, $\cos\omega$ négatif.

267. *Résumé. Dérivation, intégration.* On peut réunir tous les résultats précédents en disant que la formule

$$(1+z)^m=1+\frac{m}{1}z+\frac{m(m-1)}{1\,.\,2}z^2+\frac{m(m-1)(m-2)}{1\,.\,2\,.\,3}z^3+\text{etc.},$$

subsiste chaque fois que la série du second membre est convergente, ce qui arrive, quand le module de z est inférieur à l'unité, ou quand ce module est égal à l'unité, mais que $m+1$ est positif, sauf toutefois si $z=-1$, auquel cas, il faut, de plus, que m soit positif.

On peut écrire la formule du binôme sous la forme

$$r'^m(\cos m\omega'+i\sin m\omega')$$
$$=1+\frac{m}{1}r(\cos\omega+i\sin\omega)+\frac{m(m-1)}{1\,.\,2}r^2(\cos 2\omega+\sin 2\omega)+\text{etc};$$

ou encore, en multipliant par $(\cos m\omega'-i\sin m\omega')$,

$$r'^m=(\cos m\omega'-i\sin m\omega')+\frac{m}{1}r\left[\cos(m\omega'-\omega)-i\sin(m\omega'-\omega)\right]$$
$$+\frac{m(m-1)}{1\,.\,2}r^2\left[\cos(m\omega'-2\omega)-i\sin(m\omega'-2\omega)\right]+\text{etc.}$$

En dérivant les deux membres de la formule du binôme terme à terme, on trouve la même formule où l'exposant m est diminué d'une unité. L'intégration reproduit aussi cette formule, où l'exposant est augmenté d'une unité. Ces deux opérations sont légitimes si le module de z est inférieur à l'unité, ou si le module de z est égal à l'unité et si le nouvel exposant est supérieur à -1, ou même à zéro, quand $z=-1$.

268. *Cas particuliers.* I. Soit $z = i \tang x$, x étant inférieur à $\frac{1}{4}\pi$, ou égal à $\frac{1}{4}\pi$, et, dans ce cas, $m+1$ étant positif. On aura

$$(1 + i \tang x)^m =$$
$$1 + \frac{m}{1} i \tang x - \frac{m(m-1)}{1.2} \tang^2 x - \frac{m(m-1)(m-2)}{1.2} i \tang^3 x + \text{etc.}$$

Multiplions les deux membres par $\cos^m x$ et observons que

$$\cos^m x (1 + i \tang x)^m = (\cos x + i \sin x)^m = \cos mx + i \sin mx.$$

Il viendra, en séparant la partie réelle et la partie imaginaire,

$$\cos mx = \cos^m x - \frac{m(m-1)}{1.2} \cos^{m-2} x \sin^2 x$$
$$+ \frac{m(m-1)(m-2)(m-3)}{1.2.3.4} \cos^{m-4} x \sin^4 x + \text{etc.},$$

$$\sin mx = \frac{m}{1} \cos^{m-1} x \sin x - \frac{m(m-1)(m-2)}{1.2.3} \cos^{m-3} x \sin^3 x + \text{etc.},$$

formules trouvées en trigonométrie, pour des angles quelconques (n° 64), quand m est entier et positif.

II. Si $mod\, z = 1$, on a $\omega' = \frac{1}{2}\omega$, $r' = 2\cos\frac{1}{2}\omega$. Supposons $m+1>0$, et faisons $\frac{1}{2}\omega = x$, ce qui suppose x compris entre $-\frac{1}{2}\pi$ et $+\frac{1}{2}\pi$. Il viendra

$$2^m \cos^m x = (\cos mx - i \sin mx) + \frac{m}{1}[\cos(m-2)x - i \sin(m-2)x]$$
$$+ \frac{m(m-1)}{1.2}[\cos(m-4)x - i\sin(m-4)x] + \text{etc.},$$

ou, en séparant la partie réelle et la partie imaginaire,

$$2^m \cos^m x = \cos mx + \frac{m}{1}\cos(m-2)x + \frac{m(m-1)}{1.2}\cos(m-4)x + \text{etc.}, \quad (1)$$

$$0 = \sin mx + \frac{m}{1}\sin(m-2)x + \frac{m(m-1)}{1.2}\sin(m-4)x + \text{etc.}$$

Multiplions la première de ces relations par $\cos\alpha$, la seconde par $\sin\alpha$ et retranchons le second résultat du premier, il viendra

$$2^m \cos^m x \cos\alpha = \cos(mx+\alpha)$$
$$+\frac{m}{1}\cos[(m-2)x+\alpha] + \frac{m(m-1)}{1.2}\cos[(m-4)x+\alpha] + \text{etc.}$$

Faisons $x = y - \frac{1}{2}\pi$ (ce qui suppose y compris entre 0 et π), puis, pour abréger, $\frac{1}{2}m\pi = \beta$. Nous aurons

$$2^m \sin^m y\cos\alpha = \cos(my+\alpha-\beta) + \frac{m}{1}\cos(my-2y+\alpha-\beta+\pi)$$
$$+\frac{m(m-1)}{1.2}\cos(my-4y+\alpha-\beta+2\pi) + \text{etc.}$$
$$=\cos(my+\alpha-\beta) - \frac{m}{1}\cos(my-2y+\alpha-\beta)$$
$$+\frac{m(m-1)}{1.2}\cos(my-4y+\alpha-\beta) + \text{etc.}$$

Faisons successivement $\alpha = \beta$, $\alpha = \beta - \frac{1}{2}\pi$; nous obtiendrons

$$2^m \sin^m y \cos\tfrac{1}{2}m\pi$$
$$= \cos my - \frac{m}{1}\cos(m-2)y + \frac{m(m-1)}{1.2}\cos(m-4)y - \text{etc.}; \quad (2)$$
$$2^m \sin^m y\cos\tfrac{1}{2}(m-1)\pi$$
$$= \sin my - \frac{m}{1}\sin(m-2)y + \frac{m(m-1)}{1.2}\sin(m-4)y - \text{etc.} \quad (3)$$

Les formules (1) (2) (3) ont été trouvées en trigonométrie pour des angles quelconques, quand m est entier et positif (n° 64).

269. *Séries diverses déduites du binôme.* I. On trouve immédiatement, suivant que le module de a est supérieur ou inférieur à celui de b,

$$(a+b)^m = a^m\left(1+\frac{b}{a}\right)^m = a^m\left[1+\frac{m}{1}\frac{b}{a}+\frac{m(m-1)}{1.2}\frac{b^2}{a^2}+\text{etc.}\right]$$
$$= a^m + \frac{m}{1}a^{m-1}b + \frac{m(m-1)}{1.2}a^{m-2}b^2 + \text{etc.};$$

$$(a+b)^m = b^m\left(1+\frac{b}{a}\right)^m = b^m\left[1+\frac{m}{1}\frac{a}{b}+\frac{m(m-1)}{1.2}\frac{a^2}{b^2}+\text{etc.}\right]$$
$$= b^m + \frac{m}{1}b^{m-1}a + \frac{m(m-1)}{1.2}b^{m-2}a^2 + \text{etc.}$$

Si $mod\, a = mod\, b$, les deux développements ne subsistent que si $(m+1)$ est positif, et même, de plus, si $a+b=0$, m doit être positif. A part ce cas, où $mod\, a = mod\, b$, la formule du binôme subsiste donc toujours, pourvu que l'on commence le développement par celui des termes a^m ou b^m dont le module est le plus grand. Autrefois, on a cru la formule absolument générale, mais les résultats inexacts auxquels on a été conduit ont fait reconnaître le cas d'exception que nous venons de signaler. Ainsi, par exemple, en faisant $a=1$, $b=1$, $m=-1$ et $m=-2$, on a trouvé les relations évidemment absurdes :

$$\frac{1}{2}=1-1+1-1+1-1+\text{etc.};\quad \frac{1}{4}=1-2+3-4+5-6+\text{etc.}$$

II. En écrivant $-z$ au lieu de $+z$, $-m$ au lieu de m, et reproduisant le développement primitif, on trouve les formules suivantes :

$$(1+z)^m=1+\frac{m}{1}z+\frac{m(m-1)}{1.2}z^2+\frac{m(m-1)(m-2)}{1.2.3}z^3+\text{etc.};$$

$$(1-z)^m=1-\frac{m}{1}z+\frac{m(m-1)}{1.2}z^2-\frac{m(m-1)(m-2)}{1.2.3}z^3+\text{etc.};$$

$$(1+z)^{-m}=1-\frac{m}{1}z+\frac{m(m+1)}{1.2}z^2-\frac{m(m+1)(m+2)}{1.2.3}z^3+\text{etc.};$$

$$(1-z)^{-m}=1+\frac{m}{1}z+\frac{m(m+1)}{1.2}z^2+\frac{m(m+1)(m+2)}{1.2.3}z^3+\text{etc.}$$

Ainsi, par exemple, on déduit de la dernière série, en faisant $m=1, 2, \frac{1}{2}$,

$$\frac{1}{1-z}=1+z+z^2+z^3+z^4+\text{etc.};$$

$$\frac{1}{(1-z)^2}=1+2z+3z^2+4z^3+5z^4+\text{etc.};$$

$$\frac{1}{\sqrt{1-z}}=1+\frac{1}{2}z+\frac{1}{2}\cdot\frac{3}{4}z^2+\frac{1}{2}\cdot\frac{3}{4}\cdot\frac{5}{6}z^3+\text{etc.}$$

La première donne la somme des termes d'une progression géométrique illimitée ; la seconde est à la fois le carré et la dérivée de la première. On ne peut supposer $z=1$ dans aucune. Au contraire, même pour $z=1$, on a, d'après la troisième formule générale où l'on fait $m=\frac{1}{2}$,

$$\frac{1}{\sqrt{1+z}}=1-\frac{1}{2}z+\frac{1}{2}\cdot\frac{3}{4}z^2-\frac{1}{2}\cdot\frac{3}{4}\cdot\frac{5}{6}z^3+\text{etc.}$$

III. On peut remplacer z par une autre expression satisfaisant aux mêmes conditions que z. Ainsi, par exemple, en faisant $z = t^2$, dans les deux dernières formules, il vient

$$\frac{1}{\sqrt{1-t^2}} = 1 + \frac{1}{2}t^2 + \frac{1}{2}\cdot\frac{3}{4}t^4 + \frac{1}{2}\cdot\frac{3}{4}\cdot\frac{5}{6}t^6 + \text{etc.};\quad 0 \gtreqless t^2 < 1.$$

$$\frac{1}{\sqrt{1+t^2}} = 1 - \frac{1}{2}t^2 + \frac{1}{2}\cdot\frac{3}{4}t^4 - \frac{1}{2}\cdot\frac{3}{4}\cdot\frac{5}{6}t^6 + \text{etc.}\quad 0 \gtreqless t^2 \gtreqless 1.$$

270. *Séries pour arc sin x, Arg Sh x, x étant réel.* On a, d'après la formule du binôme,

$$(1+z)^{-\frac{1}{2}} = 1 - \frac{1}{2}z + \frac{1}{2}\cdot\frac{3}{4}z^2 - \cdots + (-1)^{n-1} g z^{n-1} + \rho_1$$

$$\rho_1 = (-1)^n g \frac{2n-1}{2} z^n \frac{(1-\theta)^{n-1}}{(1+\theta z)^{n+\frac{1}{2}}}.$$

On a posé, pour abréger

$$g = \frac{1}{2}\cdot\frac{3}{4}\cdots\frac{2n-3}{2n-2}.$$

I. Soit, en premier lieu, $z = t^2$, t^2 étant au plus égal à l'unité. Nous aurons, en observant que le reste de la série est une partie θ du $(n+1)^{\text{ième}}$ terme,

$$\frac{1}{\sqrt{1+t^2}} = 1 - \frac{1}{2}t^2 + \frac{1}{2}\cdot\frac{3}{4}t^4 - \cdots + (-1)^{n-1} g t^{2n-2} + (-1)^n g \frac{2n-1}{2n}\theta t^{2n}.$$

Intégrons entre les limites 0 et x. Il viendra (62, 79, 146, 4°)

$$l(x+\sqrt{1+x^2}) = \text{Arg Sh}\, x = x - \frac{1}{2}\cdot\frac{x^3}{3} + \frac{1}{2}\cdot\frac{3}{4}\cdot\frac{x^5}{5} - \cdots (-1)^{n-1} g \frac{x^{2n-1}}{2n-1} + \rho_2,$$

$$\rho_2 = (-1)^n g \frac{2n-1}{2n}\int_0^x \theta t^{2n} dt.$$

Évidemment

$$0 < \int_0^x \theta t^{2n} dt < \int_0^x t^{2n} dt \quad \text{ou} \quad \frac{x^{2n+1}}{2n+1}.$$

Or, pour $n = \infty$, la dernière expression a pour limite zéro; donc aussi $\lim \rho_2 = 0$, et l'on a, en série convergente, si x^2 est inférieur ou égal à l'unité,

$$l(x+\sqrt{1+x^2}) = \text{Arg Sh}\, x = x - \frac{1}{2}\frac{x^3}{3} + \frac{1}{2}\cdot\frac{3}{4}\frac{x^5}{5} + \text{etc.}$$

II. Soit, en second lieu, $z = -t^2$, t^2 étant inférieur à l'unité. Nous trouverons, en intégrant entre les limites 0 et x,

$$\text{arc sin}\, x = x + \frac{1}{2}\cdot\frac{x^3}{3} + \frac{1}{2}\cdot\frac{3}{4}\cdot\frac{x^5}{5} + \cdots + g\frac{x^{2n-1}}{2n-1} + \rho_3,$$

$$\rho_3 = g\frac{2n-1}{2}\int_0^x t^{2n}\,dt\left(\frac{1-\theta}{1-\theta t^2}\right)^{n-1}\frac{1}{(1-\theta t^2)^{\frac{3}{2}}} < g\frac{2n-1}{2}\frac{1}{(1-x^2)^{\frac{3}{2}}}\int_0^x t^{2n}\,dt,$$

ou

$$\rho_3 < \frac{g}{2}\frac{2n-1}{2n+1}\frac{x^{2n+1}}{(1-x^2)^{\frac{3}{2}}}.$$

Pour $n = \infty$, ρ_3 a évidemment pour limite zéro. Donc, pour $x^2 < 1$,

$$\text{arc sin}\, x = x + \frac{1}{2}\frac{x^3}{3} + \frac{1}{2}\cdot\frac{3}{4}\frac{x^5}{5} + \frac{1}{2}\cdot\frac{3}{4}\cdot\frac{5}{6}\frac{x^7}{7} + \text{etc.}$$

Si $x = \frac{1}{2}$, arc sin $x = \frac{1}{6}\pi$; on trouve ainsi la série assez convergente

$$\frac{\pi}{6} = \frac{1}{2} + \frac{1}{2}\frac{1}{3.2^3} + \frac{1}{2}\cdot\frac{3}{4}\frac{1}{5.2^5} + \frac{1}{2}\cdot\frac{3}{4}\cdot\frac{5}{6}\frac{1}{7.2^7} + \text{etc.}$$

Le développement de arc sin x en série est vrai encore pour $x = 1$ ou arc sin $x = \frac{1}{2}\pi$, mais il semble difficile de le démontrer d'une manière élémentaire.

III. Si l'on pose ArgSh x ou arcsin x égal à y, les séries précédentes s'écrivent

$$y = \text{Sh}\, y - \frac{1}{2}\frac{\text{Sh}^3 y}{3} + \frac{1}{2}\cdot\frac{3}{4}\frac{\text{Sh}^5 y}{5} - \text{etc.};$$

$$y = \sin y + \frac{1}{2}\frac{\sin^3 y}{3} + \frac{1}{2}\cdot\frac{3}{4}\frac{\sin^5 y}{5} - \text{etc.}$$

271. *Usage du binôme et des autres développements en série dans les calculs numériques.* La formule du binôme, habilement maniée, peut servir à trouver rapidement les racines des nombres. Voici quelques exemples, empruntés partiellement au *Cours d'Analyse* de M. Catalan :

$$\sqrt{103} = 10\left(1 + \frac{3}{100}\right)^{\frac{1}{2}} = 10 + \frac{3}{20} - \frac{9}{8000} + \frac{27}{1600000} - \frac{405}{1280000000} + \text{etc.};$$

$$\sqrt{3}=\frac{1}{7}\sqrt{3.49}=\frac{1}{7}\sqrt{147}$$

$$=\frac{1}{7}\left[12+\frac{1}{8}-\frac{1}{1536}+\frac{1}{147456}-\text{etc.}\right]=1.7320497;$$

$$\sqrt[3]{2}=\frac{1}{8}\sqrt[3]{2.512}=\frac{1}{8}\sqrt[3]{1024}$$

$$=\frac{5}{4}\left[1+\frac{1}{3}\cdot\frac{24}{1000}-\frac{1}{9}\frac{24^2}{1000000}+\text{etc.}\right]=1.2599210.$$

On peut aussi procéder par approximations successives, en réduisant la formule à ses deux ou trois premiers termes et appliquant plusieurs fois la relation obtenue. On aura ainsi, pour chercher $\sqrt[3]{N}=\sqrt[3]{(a^3+b)}$,

$$N=a^3+b=a'^3+b'=a''^3+b''=\text{etc.},$$

$$a'=a+\frac{b}{3a^2}-\frac{b^2}{9a^5};\quad a''=a'+\frac{b'}{3a'^2}-\frac{b'^2}{9a'^5},\quad \text{etc.},$$

et a, a', a'', etc. seront, le plus souvent, des valeurs de plus en plus approchées de $\sqrt[3]{N}$.

En général, les développements en série établis dans ce chapitre donnent le moyen de calculer la valeur approchée de toute fonction élémentaire. Considérons, par exemple, l'expression

$$a=e^{\text{arc tang log}\left[\frac{3}{2}+\sin\left(7\frac{1}{3}\right)^{\frac{3}{11}}\right]}.$$

Nous poserons

$$a=e^b,\quad b=\text{arc tang}\, c,\quad c=\log g,\quad g=\frac{3}{2}+\sin k,\quad k=\left(7\frac{1}{3}\right)^{\frac{3}{11}}.$$

Chacune de ces expressions peut être obtenue au moyen des développements trouvés plus haut (255, 259, 257, 256, 269, I, etc.) Si l'on avait $c<1$, on observerait que arc tang c = arc cot $c^{-1}=\frac{1}{2}\pi-$ arc tang c^{-1}. On peut aussi ramener arc tang c, dans tous les cas, à arc sin$(c:\sqrt{1+c^2})$.

Remarque. Pour apprécier l'erreur commise en s'arrêtant à un certain terme dans le calcul d'une fonction Ft au moyen du développement de Maclaurin ou de Taylor, on doit pouvoir estimer les plus grandes et les plus petites valeurs par lesquelles passe la dérivée $n^{\text{ième}}$ d'une fonction, quand t varie de 0 à sa valeur extrême. La théorie exposée dans le chapitre suivant, comme on va le voir, permet de faire cette estimation.

CHAPITRE IV. Maxima et minima.

1. Fonction explicite d'une seule variable. 272. *Valeur maxima ou minima.* Une fonction Fx est dite avoir une valeur *maxima* (ou *minima*) Fx_μ, pour une valeur x_μ de la variable, si $Fx - Fx_\mu$ est négatif (ou positif) pour toutes les valeurs de x suffisamment voisines de x_μ. Autrement dit, Fx_μ est une valeur *maxima* (ou *minima*) de Fx, si elle est supérieure (ou inférieure) aux valeurs de cette fonction correspondant aux valeurs de x, plus grandes et plus petites que x_μ et infiniment voisines de x_μ. On dit encore, en abrégé (mais cet énoncé ne s'applique, à la lettre, qu'aux fonctions continues), que Fx_μ est une valeur maxima (ou minima) de Fx, si elle est supérieure (ou inférieure) à toutes les valeurs infiniment voisines de cette fonction. Exemples : I. Le produit de deux quantités x, $s - x$ dont la somme s est constante est maximum, si $x = y = \frac{1}{2}s$ (n° 4). II. La somme de deux quantités positives x, $(p : x)$ dont le produit p est constant, est minima, si $x = y = \sqrt{p}$ (n° 4). III. La fonction

$$Fx = \frac{1}{5}x^5 - \frac{39}{4}x^4 + \frac{398x^3}{3} - 180x^2 + 1,$$

a pour dérivée

$$F'x = x^4 - 39x^3 + 398x^2 - 360x = x(x-1)(x-18)(x-20).$$

Étudions les variations de Fx, depuis $x = -1$ jusque $x = 20\frac{1}{2}$. De $x = -1$ à $x = 0$, la dérivée est positive et la fonction est croissante (198, 208); de $x = 0$ à $x = 1$, la dérivée est négative et la fonction est décroissante; de $x = 1$ à $x = 18$, la dérivée est positive et la fonction est croissante; de $x = 18$ à $x = 20$, la dérivée est négative et la fonction est décroissante; enfin, de $x = 20$ à $x = 20\frac{1}{2}$ (et au delà), la dérivée est positive et la fonction est croissante. D'après cette discussion, Fx a deux valeurs minima, l'une pour $x = 0$, l'autre pour $x = 18$, deux valeurs maxima, l'une pour $x = 1$, l'autre pour $x = 20$. D'ailleurs,

$$F(-1) = -321\tfrac{37}{60}, \quad F(1) = -55\tfrac{53}{60}, \quad F(20) = 69334\tfrac{1}{3},$$
$$F(0) = 1, \quad F(18) = 69790\tfrac{4}{5}, \quad F(20\tfrac{1}{2}) = 69448\tfrac{61}{960}.$$

273. *Plus grande ou plus petite valeur absolue.* On observera, à propos de l'exemple précédent, 1° qu'un maximum $F(0) = 1$, peut être inférieur à un minimum, $F(20) = 69334\frac{1}{3}$; 2° que le plus petit des minima peut ne pas en être *la plus petite valeur absolue*, dans un intervalle considéré. Ainsi, F (1), qui est le plus petit des minima, n'est pas inférieur à la valeur initiale F (— 1); 3° On voit, de même, sur d'autres exemples, ou sur celui-ci, si l'on donne à x une valeur suffisamment grande, 100 par exemple, que le plus grand des maxima d'une fonction, dans un certain intervalle, peut ne pas en être *la plus grande valeur absolue*. On trouve, en effet, pour F (100), la valeur

$$100^4\left(20-\frac{39}{4}\right)+100^2\left(\frac{39800}{3}-180\right)+1>10\tfrac{1}{4}\cdot 100000000>F(18).$$

Si la plus grande valeur absolue d'une fonction, quand x varie de x_0 à X, correspond à une valeur x_μ comprise entre x_0 et X, Fx_μ est, *à fortiori*, plus grand que les valeurs voisines de Fx; donc Fx_μ est un maximum et c'est le plus grand de tous ceux que présente la fonction. Mais il peut arriver aussi, comme on vient de le voir, que la valeur la plus grande absolue soit Fx_0 ou FX. Pour déterminer la plus grande valeur absolue d'une fonction, il faut donc comparer entre elles les valeurs extrêmes Fx_0, FX et la plus grande des valeurs maxima.

De même, pour trouver la plus petite valeur absolue, il faut comparer entre elles les valeurs extrêmes Fx_0, FX et la plus petite des valeurs minima.

Remarque I. Les fonctions discontinues peuvent ne point avoir de plus grande ou plus petite valeur absolue (204). Ainsi, $x - E(x)$ (n° 7) est une fonction qui n'a ni valeur maxima, ni valeur plus grande que toutes les autres (204, II). II. On peut appeler *semi-maximum* (ou *semi-minimum*) d'une fonction une valeur de cette fonction, plus grande (ou plus petite) que les valeurs précédentes *ou* les valeurs suivantes de la fonction. Ainsi, la fonction Fx du n° 272 considérée seulement entre $x = -1$ et $x = 20\frac{1}{2}$, présente un *semi-minimum* pour $x = -1$, un *semi-maximum* pour $x = 20\frac{1}{2}$.

274. *Transformation et simplification des questions relatives aux maxima et minima.* I. Les fonctions mu (m étant positif), $u + C$, e^u, lu, u^3, u^5, etc. croissent ou décroissent en même temps que u. Par suite, elles passent par des valeurs maxima et minima en même temps que u. Au contraire, $-u$, $-mu$, $C-u$, e^{-u}, $l(1:u)=-lu$, u^{-1}, u^{-3}, u^{-5}, etc. varient en sens inverse de u; leurs maxima correspondent aux minima de u, et leurs minima aux maxima de u. Ces remarques s'appliquent aussi aux plus grandes valeurs et aux plus petites valeurs absolues. En général, u et fu varient dans le même sens ou en sens inverse suivant que $f'u$ est positive ou négative (198). Exemple : Quand x varie de 0 à l'infini, la fonction $u = (1 + x)^{\frac{1}{x}}$ croît ou décroît en même temps que

$$lu = w = [l(1 + x) : x].$$

Or

$$w' = \frac{v}{x^2(1+x)}, \quad v = x - (1+x)\,l(1+x), \quad v' = -\,l(1+x).$$

Pour $x = 0$, $w' = -\frac{1}{2}$, $v = 0$, $v' = 0$; pour x positif, v' est négative, v est une fonction décroissante et, par suite, négative; w' est aussi négative et w est une fonction qui décroît sans cesse à partir de sa valeur initiale 1. D'après le n° 201, pour $x = \infty$,

$$\lim \frac{l(1+x)}{x} = \lim \frac{l(1+x)}{1+x}\left(1 + \frac{1}{x}\right) = \lim \frac{l(1+x)}{1+x} = 0.$$

Puisque $w = lu$ décroît de 1 à 0, u décroît de e à 1, quand x varie de 0 à ∞.

II. Une fonction paire prend les mêmes valeurs pour les valeurs positives de la variable et pour les valeurs négatives égales aux premières en valeur absolue (78). Donc, si elle est maxima ou minima pour $x = x_\mu$, elle est aussi maxima ou minima pour $x = -x_\mu$. Si elle est croissante (décroissante) pour $x = 0$, $Fh - F0$, $F(-h) - F0$ sont positifs (négatifs) et F0 est une valeur minima (maxima) (Voir Ex. 1°, 275, III). Une fonction impaire prend des valeurs égales et de signes contraires pour des valeurs positives de la variable et pour des valeurs égales et de signes contraires (78). Si donc elle est maxima (ou minima) pour $x = x_\mu$, elle est minima (ou maxima) pour $x = -x_\mu$. Évidemment, elle n'a ni maximum ni minimum pour $x = 0$. Ces remarques permettent de n'étudier les variations des fonctions paires et des fonctions impaires que pour les valeurs positives de la variable.

275. *Première méthode de détermination des maxima et minima.* I. *Une fonction* Fx *n'a ni maximum ni minimum pour une valeur* x_μ *de* x *telle que* $F'x_\mu$ *a une valeur unique positive ou négative.* En effet : 1° Si $F'x_\mu$ est finie, on a (98) $\Delta F x_\mu = \Delta x\,(F'x_\mu + \varepsilon)$, ε étant aussi petit qu'on le veut, en valeur absolue, quand Δx est suffisamment petit en valeur absolue. Le signe de $F'x_\mu + \varepsilon$ étant celui de $F'x_\mu$, $\Delta x\,(F'x_\mu + \varepsilon)$ ou

ΔFx_μ change de signe avec Δx et, par suite, Fx_μ n'est ni un maximum ni un minimum de Fx (272). 2° Si $F'x_\mu$ est infinie, positive ou négative, $(\Delta Fx_\mu : \Delta x)$ est aussi grand qu'on le veut, en valeur absolue, mais positif ou négatif; ΔFx_μ change donc encore de signe avec Δx et Fx_μ n'est ni maxima ni minima.

Corollaire. Les valeurs de x qui rendent Fx maxima ou minima sont parmi celles qui rendent $F'x$ nulle ou discontinue par saut brusque d'une valeur à une autre.

II. *Une fonction* Fx *passe par un maximum, pour une valeur* x_μ *de* x, *si la dérivée* $F'x$, *supposée continue entre* 0 *et* $-h$ *et entre* 0 *et* h, *est positive pour les valeurs* $x_\mu - h$ *plus petites que* x_μ, *négatives pour les valeurs* $x_\mu + h$ *plus grandes que* x_μ, h *étant suffisamment petit. La fonction* Fx *passe par un minimum, si* $F'x$ *est négative pour les valeurs* $x_\mu - h$, *positive pour les valeurs* $x_\mu + h$. Autrement dit, Fx_μ est maxima ou minima, suivant que $F'x$, en passant par $F'x_\mu$, passe du positif au négatif ou du négatif au positif. En effet (206), les différences

$$F(x_\mu - h) - Fx_\mu = -hF'(x_\mu - \theta h), \quad F(x_\mu + h) - Fx_\mu = hF'(x_\mu + \theta_1 h),$$

sont de même signe, toutes deux négatives dans le premier cas, toutes deux positives dans le second.

III. Exemples. 1° Le produit $x(s-x)$, déjà considéré (n° 4), a une dérivée $s - 2x$, qui s'annule en passant du positif au négatif pour $x = \frac{1}{2}s$; donc ce produit est maximum pour cette valeur de x. 2° La fonction $y = b + \sqrt[3]{(x-a)^2}$ a pour dérivée $y' = \frac{2}{3}\sqrt[3]{(x-a)^{-1}}$; y' est négative pour $x < a$, positive pour $x > a$; elle saute brusquement de $-\infty$ à $+\infty$ pour $x = a$; donc y, pour $x = a$, prend la valeur minima $y = b$. L'équation précédente représente une *cubique* ou courbe du troisième ordre ayant au point $(x = a, y = b)$ un *point de rebroussement*. 3° La fonction $y = b + \sqrt[3]{(x-a)}$ a pour dérivée $y' = \frac{1}{3}\sqrt[3]{(x-a)^{-2}}$, quantité toujours positive, même pour $x = a$, auquel cas elle est infinie; y, fonction toujours croissante (198) n'a donc ni maximum, ni minimum. La cubique $y = b + \sqrt[3]{(x-a)}$ a au point $(x = a, y = b)$ une tangente verticale qui traverse la courbe; ce point est un *point d'inflexion*. 4° La fonction $y = x \operatorname{Th} x^{-1}$, pour $x = 0$, a (96) pour dérivée $lim\,(y : x) = lim \operatorname{Th} x^{-1} = \pm 1$ suivant que x est positif ou négatif. La fonction y est paire; elle est croissante à partir de $x = 0$; elle a donc (274, II) un minimum quand $x = 0$, valeur pour laquelle y' saute du négatif au positif. Elle n'a d'ailleurs aucun autre maximum ou minimum; car, pour x positif, $y' = [(\mathrm{Sh}\, x^{-1}.\ \mathrm{Ch}\, x^{-1} - x^{-1}) : \mathrm{Ch}^2\, x^{-1}]$, quantité positive, puisque $\mathrm{Ch}\, x^{-1}$, est supérieur à 1 et $\mathrm{Sh}\, x^{-1}$, à x^{-1}, d'après le développement de $\mathrm{Sh}\, z$ (256). La fonction paire y décroît donc depuis $x = -\infty$ jusqu'à $x = 0$ et croît depuis $x = 0$ jusqu'à $x = \infty$.

IV. Remarque. Les trois derniers exemples prouvent bien que si le maximum ou le minimum d'une fonction correspond à une valeur de la dérivée qui n'est pas nulle, cette dérivée doit être discontinue par saut brusque (ex. 2°, 4°); il ne suffit pas qu'elle soit infinie, comme on le dit quelquefois (ex. 3°).

276. *Seconde méthode.* On emploie cette seconde méthode, quand il est difficile de déterminer directement le signe de $F'(x_\mu - h)$, $F'(x_\mu + h)$.

I. Théorème fondamental. *Si les fonctions* Fx, $F'x$, $F''x, \ldots$ $F^n x_\mu$ *sont continues depuis* $x_\mu - h$ *jusqu'à* $x_\mu + h$, h *étant suffisamment petit; si, de plus,* $F'x_\mu = 0$, $F''x_\mu = 0, \ldots$, $F^{n-1}x_\mu = 0$, *sans que* $F^n x_\mu$ *soit nulle, le signe de* $F(x_\mu \pm h) - Fx_\mu$ *est celui de* $(\pm h)^n F^n x_\mu$. *Par suite, si* n *est pair,* Fx_μ *sera une valeur maxima ou minima de* Fx, *suivant que* $F^n x_\mu$ *sera négative ou positive; si* n *est impair,* Fx_μ *n'est ni un maximum, ni un minimum de* Fx. En effet : 1° En appliquant n fois le théorème de Lagrange (206), θ_1, θ_2, ..., θ_{n-1} désignant des quantités comprises entre zéro et l'unité, il vient

$$F(x_\mu + \Delta x) - Fx_\mu = \Delta x F'(x_\mu + \theta_1 \Delta x) = \Delta x\,[F'(x_\mu + \theta_1 \Delta x) - F'x_\mu],$$

$$\begin{aligned} F'(x_\mu + \theta_1\Delta x) - F'x_\mu &= \theta_1 \Delta x F''(x_\mu + \theta_2\theta_1\Delta x) \\ &= \theta_1 \Delta x\,[F''(x_\mu + \theta_2\theta_1\Delta x) - F''x_\mu], \end{aligned}$$

$$\begin{aligned} F''(x_\mu + \theta_2\theta_1\Delta x) - F''x_\mu &= \theta_2\theta_1 \Delta x F'''(x_\mu + \theta_3\theta_2\theta_1\Delta x) \\ &= \theta_2\theta_1 \Delta x\,[F'''(x_\mu + \theta_3\theta_2\theta_1\Delta x) - F'''x_\mu], \end{aligned}$$

. . . .

$$F^{n-1}(x_\mu + \theta_{n-1}\theta_{n-2}\ldots\theta_2\theta_1\Delta x) - F^{n-1}x_\mu = \theta_{n-1}\theta_{n-2}\ldots\theta_2\theta_1\,(F^n x_\mu + \varepsilon).$$

Multipliant ces relations entre elles et posant $\theta_1\theta_2\ldots\theta_{n-1} = \theta$, nous trouvons

$$F(x_\mu \pm h) - Fx_\mu = \theta \Delta x^n\,(F^n x_\mu + \varepsilon).$$

2° En appliquant le théorème de Taylor, avec la forme du reste de Liouville (235), on obtient la formule précédente sous la forme

$$F(x_\mu + \Delta x) - Fx_\mu = \frac{\Delta x^n}{1.2.3\ldots n}(F^n x_\mu + \varepsilon_1).$$

3° Puisque ε et ε_1 sont aussi petits qu'on le veut, le signe de $\Delta F x_\mu$ est celui de $\Delta x^n F^n x_\mu = (\pm h)^n F^n x_\mu$. Quand n est pair et $F^n x_\mu < 0$, $\Delta F x_\mu$ est toujours négatif, que Δx soit égal à $+h$ ou à $-h$, donc, $F x_\mu$ est une valeur maxima de Fx; si $F^n x_\mu$ est > 0, $\Delta F x_\mu$ est positif pour $\Delta x = h$ et $\Delta x = -h$ et $F x_\mu$ est une valeur minima de Fx. Quand n est impair, $\Delta F x_\mu$, qui est encore du signe de $\Delta x^n F^n x_\mu$, change de signe avec Δx; Fx est croissante ou décroissante pour $x = x_\mu$ suivant que $F^n x_\mu$ est positive ou négative; dans le premier cas, $F(x_\mu - h) < F x_\mu < F(x_\mu + h)$, dans le second $F(x_\mu - h) > F x_\mu > F(x_\mu + h)$. Si n est plus grand que 1, $F'x = 0$, et, par suite, la courbe $y = Fx$ est traversée au point $(x_\mu, F x_\mu)$ par une tangente parallèle à l'axe des x. Ce point est donc un *point d'inflexion*. Au point de vue géométrique, les points d'inflexion d'une courbe $y = Fx$ sont plus remarquables que les points d'ordonnée maxima ou minima, puisque la propriété dont ils jouissent subsiste si l'on change les axes des coordonnées.

Remarque. On peut encore énoncer le théorème précédent en disant que F passe par un maximum (ou un minimum), si l'on a $dF = 0$, $d^2F = 0$, $d^3F = 0$, ..., $d^{n-1}F = 0$, d^nF négative (ou d^nF positive), quel que soit le signe de Δx, ce qui suppose n pair.

II. Exemples. 1° $y = x^2 - 2ax\cos\varphi + a^2$, $y' = 2x - 2a\cos\varphi$, $y'' = 2$. La dérivée y' s'annule pour $x = a\cos\varphi$, y'' est positive; donc y est minima pour $x = a\cos\varphi$. Ce résultat est évident géométriquement, si l'on observe que a, x, φ, y peuvent représenter, dans un triangle ABC, respectivement, le côté fixe BC, le côté variable CA, l'angle fixe BCA et le carré du troisième côté AB; AB est le plus petit possible quand ce côté est perpendiculaire à AC.

2° $y = \dfrac{x^2}{x-a}$, $y' = \dfrac{x(x-2a)}{(x-a)^2}$. La dérivée y' s'annule pour $x = 0$ et $x = 2a$; elle ne saute d'ailleurs pas brusquement de $-\infty$ à $+\infty$ pour la valeur $x = a$ qui la rend infinie. Les seules valeurs qui puissent correspondre à un maximum ou à un minimum sont donc $x = 0$ et $x = 2a$. On a

$$y'' = \frac{x-2a}{(x-a)^2} + x\,D_x\frac{x-2a}{(x-a)^2} \quad \text{ou} \quad y'' = \frac{x}{(x-a)^2} + (x-2a)\,D_x\frac{x}{(x-a)^2}.$$

D'après la première formule, pour $x = 0$, y'' est égale à $-2a^{-1}$; d'après la seconde, pour $x = 2a$, y'' est égale à $+2a^{-1}$. La fonction y est donc maxima pour $x = 0$ et est égale à 0 : elle est minima et égale à

$4a$ pour $x = 2a$. Elle a d'ailleurs un semi-minimum pour $x = -\infty$, un semi-maximum pour $x = +\infty$. Selon qu'on suppose $y = -\infty$ ou $y = +\infty$, pour $x = a$, valeur pour laquelle la fonction est discontinue, elle y est minima ou maxima; mais un pareil maximum ou minimum échappe évidemment aux théories précédentes qui ne s'appliquent qu'aux valeurs finies des fonctions. Géométriquement, $y = [x^2 : (x - a)]$ représente une hyperbole ayant la droite $x = a$ pour une de ses asymptotes. On observera le procédé employé ici pour éviter de calculer complètement la dérivée y''.

3° Pour $x = 0$, les sept premières dérivées de $\mathrm{Ch}\, x + \cos x - \frac{1}{12} x^4$ s'annulent, mais $y^{\mathrm{VIII}} = \mathrm{Ch}\, x + \cos x = 2$; donc y a une valeur minima, savoir 2, pour $x = 0$. On trouve d'ailleurs, par le n° 256, VI, les développements

$$y = 2\left[1 + \frac{x^8}{1.2\ldots8} + \frac{x^{12}}{1.2\ldots12} + \text{etc.}\right],\ y' = 2\left[\frac{x^7}{1.2\ldots7} + \frac{x^{11}}{1.2\ldots11} + \text{etc.}\right],$$

qui conduisent à la même conclusion, si l'on applique la première méthode ou la remarque du n° 274, et permettent de voir, en outre, que y' ne s'annule que pour $x = 0$; par suite, il n'y a pas d'autre maximum ou d'autre minimum que celui qu'on vient de trouver.

4° Soit $y = (x - a)^n \varphi x$, φx étant une fonction entière qui ne s'annule pas pour $x = a$. La dérivée $n^{ième}$ de y, d'après le théorème de Leibniz (173), est la première qui n'est pas nulle pour $x = a$ et elle est égale à $1.2\ldots n\varphi a$. La valeur $y = 0$, correspondant à $x = a$ sera donc maxima, si n est pair et φa négative; minima, si n est pair et φa positive; elle ne sera ni maxima ni minima, si n est impair.

277. Autre exemple. *Trouver le triangle rectangle d'aire $\frac{1}{2} u$ la plus grande possible parmi ceux où la somme $x + y$ de la hauteur x et de l'hypoténuse y est une constante s.* On a $u = xy = x(s - x)$. La valeur la plus grande (n° 4 ou n° 275, III, 1°) de la fonction $x(s - x)$ correspond à $x = s - x$ ou $x = y = \frac{1}{2} s$. Mais ces valeurs de x et de y ne donnent pas la solution de la question géométrique, parce que l'on n'a pas exprimé, par la relation $u = x(s - x)$ seule, la condition que le triangle est rectangle. Dans un pareil triangle, la hauteur x, tout au plus égale à la médiane (ou à la moitié $\frac{1}{2} y$ de l'hypoténuse), ne peut devenir égale à cette hypoténuse y. La fonction analytique $u = x(s - x)$ varie donc dans des limites plus étendues que l'aire du triangle rectangle. Pour résoudre la question géométrique, il faut étudier l'expression $x(s-x)$ en donnant à x seulement les valeurs que la géométrie permet de lui attribuer. Or, x pouvant au plus devenir égal à $\frac{1}{2}y$, de l'égalité $x+y=s$, résulte que x ne peut varier que de 0 à $\frac{1}{3}s$; dans ces limites, $u'=s-2x$ est positive; u croît donc depuis la valeur 0, correspondant à $x=0$, jusqu'à $\frac{1}{3}s\cdot\frac{2}{3}s=\frac{2}{9}s^2$, correspondant à $x=\frac{1}{3}s$; 0 est un semi-minimum, $\frac{2}{9}s^2$ un semi-maximum de u, donnant la valeur la plus grande de l'aire étudiée; cette dernière valeur correspond au cas où le triangle rectangle est isoscèle.

Remarque I. L'exemple précédent montre bien qu'il y a lieu de tenir compte, dans la mise en équation des problèmes relatifs aux maxima et aux minima, des conditions imposées aux variations de la variable indépendante; ces conditions sont souvent exprimées par des inégalités. Ainsi, dans le cas actuel, en exprimant la condition que le triangle est rectangle, on trouve : $0 \overline{\gtrless} x \overline{\gtrless} \frac{1}{2}(s-x)$. En laissant cette condition de côté, on traitait un problème plus général, par exemple, celui-ci, qui est d'ailleurs indéterminé : *Trouver le triangle (rectangle ou non) d'aire* $\frac{1}{2}$ u *la plus grande possible où la somme* x + y *de la hauteur* x *et de la base correspondante* y *est une constante* s. La solution est ici $x=y=\frac{1}{2}s$ (triangle, isoscèle ou non, de hauteur égale à la base).

II. En choisissant une autre variable, on peut trouver directement la solution de la question primitive, sans employer d'inégalités, parce que l'on exprime, dans l'équation même du problème, que le triangle est rectangle. Appelons t l'angle de la médiane z avec la hauteur x. On aura

$$y=2z,\quad x=z\cos t,\quad x+y=(2+\cos t)z=s,\quad z=\frac{s}{2+\cos t},$$

$$u=xy=\frac{2s^2\cos t}{(2+\cos t)^2},\quad \frac{du}{dt}=-2s^2\frac{\sin t(2-\cos t)}{(2+\cos t)^3}.$$

La dérivée u'_t passe du positif au négatif seulement pour $t=0$, ce qui donne $z=\frac{1}{3}s$, $x=\frac{1}{3}s$, $y=\frac{2}{3}s$.

II. **Fonctions explicites de plusieurs variables. 278.** *Définitions.* Considérons, pour plus de simplicité, une fonction de trois variables seulement, $u=F(x,y,z)$, et supposons que x, y, z puissent recevoir toutes les valeurs correspondant aux coordonnées des points situés dans un volume V limité par une certaine surface S, ou situés sur cette surface. La fonction F est dite avoir une valeur *maxima* (ou *minima*) F (x_μ, y_μ, z_μ), si la différence $F(x, y, z) - F(x_\mu, y_\mu, z_\mu)$ est négative (ou positive), pour toutes les valeurs de x, depuis $x_\mu - h$ jusque $x_\mu + h$, pour toutes les valeurs de y, depuis $y_\mu - k$ jusque $y_\mu + k$, et pour celles de z depuis $z_\mu - l$ jusque $z_\mu + l$, h, k, l étant suffisamment petits. Autrement dit, F (x_μ, y_μ, z_μ) est une valeur maxima (ou minima) de F si elle est supérieure (ou inférieure) aux valeurs de cette fonction qui correspondent aux valeurs des variables infiniment voisines de x_μ, y_μ, z_μ, plus grandes ou plus petites; ou encore, en abrégé, F (x_μ, y_μ, z_μ) est une valeur maxima ou minima de F suivant qu'elle est supérieure ou inférieure à toutes les valeurs infiniment voisines. Ce dernier énoncé, pris à la lettre, ne convient toutefois qu'aux fonctions continues. Exemple. A l'intérieur de la sphère $x^2 + y^2 + z^2 = R^2$, la fonction $u = (ax + by + cz)^2 + (my + nz)^2 + p^2z^2$ a la valeur 0, pour $x = 0$, $y = 0$, $z = 0$; cette valeur est un minimum, puisque, pour toute autre valeur des variables, u est positive.

Aucun point s de la paroi S qui limite V ne peut correspondre à un maximum ou à un minimum, puisque l'on ne peut attribuer à x, y, z toutes les valeurs infiniment voisines des coordonnées de s, sans sortir du volume V. Si nous comparons la valeur de F, au point s dont les coordonnées sont x_s, y_s, z_s, à toutes les valeurs de cette fonction, aux points infiniment voisins situés dans V ou sur S, F (x_s, y_s, z_s) est un *semi-maximum* de F, si $\Delta F (x_s, y_s, z_s)$ est toujours négatif, un *semi-minimum*, si $\Delta F (x_s, y_s, z_s)$ est toujours positif. Exemple. Dans le volume limité par la sphère $x^2 + y^2 + z^2 = R^2$, la fonction $(ax + by)^2 + m^2y^2 - p^2z^2$ a deux semi-minima, savoir, pour $x = 0$, $y = 0$, $z = \pm R$.

Quand une fonction a, à l'intérieur de V, une valeur plus grande (ou plus petite) que toutes les autres, elle est *à fortiori*, plus grande (ou plus petite) que les valeurs infiniment voisines; donc cette valeur de F est un maximum ou un minimum. Si la plus grande (ou la plus petite) valeur absolue correspond à un point de la paroi S, cette valeur est en même temps un semi-maximum (ou un semi-minimum). On trouve donc la plus grande (ou la plus petite) valeur absolue des fonctions, en comparant entre eux tous les maxima et semi-maxima (ou tous les minima et semi-minima). Une fonction peut ne pas avoir de plus grande (ou plus petite) valeur absolue. Ainsi $u = [x - E(x)]\,[y - E(y)]\,[z - E(z)]$, où x, y, z varient de 0 à 1 inclusivement, est une fonction qui varie de 0 à 1 exclusivement; la valeur 1 n'est jamais atteinte, quoique u puisse en

12

approcher autant qu'on le veut; u n'a pas de plus grande valeur absolue.

Remarque. La recherche du semi-maximum ou du semi-minimum de F revient à celle du maximum ou du minimum de F, pour les valeurs de x, y, z vérifiant l'équation de la surface S. C'est un problème de *maximum* ou de *minimum relatif* à traiter par les méthodes du paragraphe suivant (285).

279. *Première méthode.* I. *Une fonction* F (x, y, z) *n'a ni maximum ni minimum pour un système des valeurs* (x_μ, y_μ, z_μ) *tel que l'une au moins des trois dérivées partielles* $F'_x(x_\mu, y_\mu, z_\mu)$, $F'_y(x_\mu, y_\mu, z_\mu)$, $F'_z(x_\mu, y_\mu, z_\mu)$ *ait une valeur unique, positive ou négative.* En effet, soit, par exemple, $F'_x(x_\mu, y_\mu, z_\mu)$ positive ou négative. Alors, en laissant y et z invariables, on trouve que $F(x_\mu + \Delta x, y, z) - F(x, y, z)$ change de signe avec Δx (275). Donc $F(x_\mu, y_\mu, z_\mu)$ n'est ni maxima ni minima.

Corollaire. Les systèmes de valeurs de x, y, z qui peuvent rendre F maxima ou minima se trouvent seulement parmi ceux qui rendent les dérivées partielles de la fonction nulles ou discontinues par saut brusque.

II. Soit (x_μ, y_μ, z_μ) un système de valeurs de x, y, z pour lesquelles F'_x, F'_y, F'_z, sont nulles ou discontinues. Moyennant certaines conditions de continuité (211), on a

$$\begin{aligned}\Delta F = &\Delta x\, F'_x(x_\mu + \theta\Delta x, y_\mu + \theta\Delta y, z_\mu + \theta\Delta z)\\ &+ \Delta y\, F'_y(x_\mu + \theta\Delta x, y_\mu + \theta\Delta y, z_\mu + \theta\Delta z)\\ &+ \Delta z\, F'_z(x_\mu + \theta\Delta x, y_\mu + \theta\Delta y, z_\mu + \theta\Delta z).\end{aligned}$$

Si la somme des trois produits du second membre est toujours positive (ou toujours négative) pour des valeurs suffisamment petites de $\Delta x, \Delta y, \Delta z$, et quel que soit le signe de ces accroissements, ΔF sera aussi toujours positif (ou toujours négatif) et, par suite, $F(x_\mu, y_\mu, z_\mu)$ sera une valeur minima (ou maxima) de F.

III. Exemple. $u = (x - a)^2 + (y - b)^2 + (x - y)^2$. Les dérivées partielles

$$u'_x = 2(2x + y - a), \quad u'_y = 2(2y + x - b),$$

ne sont discontinues par saut brusque, pour aucune valeur des variables, mais elles s'annulent pour $x_\mu = \frac{1}{3}(2a + b)$, $y_\mu = \frac{1}{3}(a + 2b)$. Si $x = x_\mu + \theta\Delta x$, $y = y_\mu + \theta\Delta y$, on trouve $u'_x = 2\theta(2\Delta x + \Delta y)$, $u'_y = 2\theta(\Delta x + 2\Delta y)$. Donc

$$\Delta u = 4\theta(\Delta x^2 + \Delta y^2 + \Delta x\Delta y) = \theta[(\Delta x + 2\Delta y)^2 + 3\Delta x^2],$$

quantité toujours positive, que Δx et Δy soient de même signe ou non, ou que l'un de ces accroissements soit nul. La fonction u passe donc par un minimum pour les valeurs $x = x_\mu$, $y = y_\mu$. Un calcul direct permet de voir que, dans le cas actuel, $\theta = \frac{1}{2}$. On trouve, en effet, aisément,

$$\Delta u = 2\,(\Delta x^2 + \Delta y^2 + \Delta x \Delta y).$$

280. *Seconde méthode.* Il est souvent difficile de voir si ΔF reste toujours de même signe, quand on emploie l'expression de cet accroissement au moyen des premières dérivées partielles de u. Dans ce cas, on introduit, dans l'expression de ΔF, les dérivées partielles de F d'ordre supérieur, en employant plusieurs fois le théorème de Lagrange, ou en recourant directement au théorème de Taylor, qui conduit plus rapidement à des résultats équivalents.

I. Théorème. *Si le théorème de Taylor est applicable à la fonction* F *pour les valeurs* x_μ, y_μ, z_μ, *des variables considérées; si, de plus,* dF, d^2F, ..., $d^{n-1}F$ *sont nulles pour* $x = x_\mu$, $y = y_\mu$, $z = z_\mu$, *quels que soient* Δx, Δy, Δz (c'est-à-dire si toutes les dérivées partielles de F jusqu'à celles d'ordre $n - 1$ sont nulles) *sans qu'il en soit de même de* d^nF, *le signe de* ΔF *sera celui de* d^nF. Par suite, *si* n *est impair*, ΔF changera de signe en même temps que d^nF quand Δx, Δy, Δz changeront simultanément de signe, et $F(x_\mu, y_\mu, z_\mu)$ *ne sera ni maxima, ni minima. Si* n *est pair et si* d^nF *est une fonction de* Δx, Δy, Δz *toujours positive* (*ou toujours négative*), il en sera de même de ΔF et $F(x_\mu, y_\mu, z_\mu)$ *sera une valeur minima* (*ou maxima*) *de* F; *si* d^nF et, par suite, ΔF *peut changer de signe*, $F(x_\mu, y_\mu, z_\mu)$ *n'est ni maxima ni minima; enfin, si* d^nF *peut s'annuler sans changer de signe, on ne peut rien conclure.* Ce théorème résulte évidemment de celui de Taylor, qui, dans le cas actuel, se réduit à l'égalité

$$\Delta F = \frac{d^nF}{1.2\ldots n} + r,$$

où r désigne le reste de Liouville et où

$$d^nF = \frac{d^nF}{dx^n}\Delta x^n + \frac{n}{1}\frac{d^nF}{dx^{n-1}dy}\Delta x^{n-1}\Delta y + \frac{n}{1}\frac{d^nF}{dx^{n-1}dz}\Delta x^{n-1}\Delta z + \text{etc.}$$

On sait, en effet, que si d^nF n'est pas nulle, on peut (250) faire en sorte que d^nF donne son signe à ΔF, pourvu que l'on rende simultanément Δx, Δy, Δz suffisamment petits, les rapports de ces accroissements restant d'ailleurs invariables.

II. EXEMPLE. $u = x^4 + y^4 - x^2 + xy - y^2$. On trouve

$$u'_x = 4x^3 - 2x + y, \quad u'_y = 4y^3 - 2y + x,$$
$$u''_x = 12x^2 - 2, \quad u''_{xy} = -1, \quad u''_y = 12y^2 - 2,$$
$$u'''_x = 24x, \quad u'''_y = 24y, \quad u^{IV}_x = 24, \quad u^{IV}_y = 24.$$

Les équations $u'_x = 0$, $u'_y = 0$, peuvent être remplacées par $u'_x + u'_y = 0$, $u'_x - u'_y = 0$, ou, en décomposant en facteurs,

$$(x + y)(4x^2 - 4xy + 4y^2 - 1) = 0, \quad (x - y)(4x^2 + 4xy + 4y^2 - 3) = 0.$$

Ces relations donnent les systèmes de valeurs suivants : 1° $x = 0$, $y = 0$; 2° $x = -y = \pm \frac{1}{2}\sqrt{3}$; 3° $x = y = \pm \frac{1}{2}$. On a, d'ailleurs, en posant $\Delta x = h$, $\Delta y = k$,

$$\Delta u = \tfrac{1}{2}[h^2(12x^2 - 2) + 2hk + k^2(12y^2 - 2)] + (4h^3x + 4k^3y) + (h^4 + k^4).$$

Pour le premier système, $d^2u = -2(h^2 - hk + k^2) = -2[(h - \frac{1}{2}k)^2 + \frac{3}{4}k^2]$, quantité toujours négative; la valeur correspondante, $u = 0$, est maxima. Pour le second système, $d^2u = 7h^2 + 2hk + 7k^2 = 7(h + \frac{1}{7}k)^2 + 6\frac{48}{49}k^2$, quantité toujours positive. La valeur correspondante $u = -1\frac{1}{8}$ est minima. Pour le troisième système, $d^2u = \frac{1}{2}(h + k)^2$, quantité positive, sauf si $h = -k$, auquel cas elle est nulle. On ne peut donc rien décider au moyen des principes généraux. Mais on a

$$\Delta u = \tfrac{1}{2}(h + k)^2 \pm 2(h^3 + k^3) + (h^4 + k^4),$$

quantité qui peut changer de signe, pour h et k de signes contraires. En effet, posons $h + k = s$, $hk = p$. On aura

$$\Delta u = \tfrac{1}{2}s^2 \pm 2(s^3 - 3ps) + s^4 - 4ps^2 + 2p^2$$
$$= \tfrac{1}{2}[(s \mp 6p)^2 - 32p^2] \pm 2s^3 - 4ps^2 + s^4.$$

Si $s = 0$, $\Delta u = 2p^2 = h^4 + k^4$, quantité positive; si $s = \pm 6p$ (p étant négatif, pour que h et k soient, en tout cas, réels), $\Delta u = -16p^2(1 - 18p - 81p^2)$, quantité négative, si p est suffisamment petit. Puisque Δu peut changer de signe, u n'a ni maximum ni minimum pour $x = y = \pm \frac{1}{2}$.

AUTRE EXEMPLE. $u = y^4 - 4y^2x + 3x^2$. On trouve $u'_x = 6x - 4y^2$, $u'_y = 4y^3 - 8yx$, quantités nulles seulement pour $x = 0$, $y = 0$. Pour ces valeurs, $\Delta u = 3h^2 - 4hk^2 + k^4$, $d^2u = 6h^2$, $d^3u = -8hk^2$, $d^4u = 24k^4$. Si h est différent de 0, on peut toujours choisir k assez petit pour que d^2u, qui est positif, donne son signe à Δu; mais si $h = 0$, $d^2u = 0$, et les principes généraux n'apprennent plus rien. Cependant $\Delta u = (3h - k^2)(h - k^2)$ peut changer de signe. En effet, pour $k^2 = 4h$, $\Delta u = 3h^2$, pour $k^2 = 2h$, $\Delta u = -h^2$. Donc, u n'a ni maximum ni minimum. Cet exemple est emprunté à PEANO comme la remarque générale suivante.

Remarque. Dans les deux exemples précédents, les valeurs de h et k qui annulent d^2u, annulent aussi d^3u et rendent d^4u positif, ce qui, au premier abord, peut faire croire à l'existence d'un minimum. Il n'en est rien, comme on vient de le voir. Cette singularité inattendue provient de ce que la propriété fondamentale (250) du reste de Liouville ne subsiste plus quand la différentielle à laquelle on le compare peut devenir nulle, pour certaines valeurs de Δx, Δy, etc. Dans ce cas, pour des valeurs de ces accroissements des variables, infiniment voisines de celles qui annulent d^2u, cette différentielle peut devenir aussi petite qu'on le veut et, par suite, devenir inférieure au reste de Liouville.

281. *Cas où l'existence du maximum ou du minimum dépend de d^2u seulement.* On peut souvent déterminer, par une discussion simple, les cas où d^2u conserve ou non toujours le même signe, comme il suit :

Fonctions $u = F(x, y)$ de deux variables. Soient x_μ, y_μ des valeurs telles que $F'_x(x_\mu, y_\mu) = 0$, $F'_y(x_\mu, y_\mu) = 0$. On aura $d^2u = ah^2 + 2bhk + ck^2$, si l'on pose

$$\Delta x = h,\ \Delta y = k,\ F''_{x^2}(x_\mu, y_\mu) = a,\ F''_{xy}(x_\mu, y_\mu) = b,\ F''_{y^2}(x_\mu, y_\mu) = c.$$

Premier cas. $a = 0$, $c = 0$. Alors $d^2u = 2bhk$; cette différentielle change de signe avec h, si on laisse k invariable; donc $F(x_\mu, y_\mu)$ n'est ni une valeur maxima, ni une valeur minima de F. Toutefois, si l'on avait $b = 0$, d^2u serait identiquement nulle et n'apprendrait rien sur l'existence du maximum ou du minimum de F.

Second cas. Si a ou c est différent de 0, a par exemple, on a

$$d^2u = \frac{1}{a}(a^2h^2 + 2abhk + ack^2) = \frac{1}{a}[(ah + bk)^2 + (ac - b^2)k^2].$$

Si $ac - b^2$ est positif, d^2u est toujours du signe de a, sauf si $h = 0$, $k = 0$, cas évidemment exclu; car, dans une question de maximum ou de minimum, une des variables, au moins, doit recevoir un accroissement. Si a est positif, u est minima, si a est négatif, u est maxima, pour les valeurs $x = x_\mu$, $y = y_\mu$. De l'inégalité $ac - b^2 > 0$ résulte d'ailleurs que a et c sont tous deux positifs ou tous deux négatifs. *Si $ac - b^2$ est nul*, $d^2u = [(ah + bk)^2 : a]$ et est encore du signe de a, sauf si h et k sont choisis de manière que $ah + bk = 0$; alors, $d^2u = 0$, et l'on ne peut rien conclure touchant l'existence du maximum ou du minimum. *Si $ac - b^2$ est négatif*, pour $k = 0$, $d^2u = ah^2$ et est du signe de a; pour k quelconque et h tel que $ah + bk = 0$, $d^2u = [(ac - b^2)k^2 : a]$ et est de signe contraire à a. La fonction u n'a donc ni maximum ni minimum pour les valeurs considérées des variables.

Remarque. Le dernier cas comprend celui où $a = c = 0$, puisque alors $ac - b^2$ se réduit à l'expression négative $-b^2$; l'avant-dernier comprend de même celui où $a = b = c = 0$. On peut donc résumer la discussion précédente comme il suit : *Si, pour* $x = x_\mu$, $y = y_\mu$, *le* HESSIEN, ou *déterminant fonctionnel* (161) *des dérivées partielles de la fonction considérée*,

$$\begin{vmatrix} \dfrac{d^2u}{dx^2} & \dfrac{d^2u}{dxdy} \\[2ex] \dfrac{d^2u}{dxdy} & \dfrac{d^2u}{dy^2} \end{vmatrix}$$

(lequel est égal à $ac - b^2$), *est positif,* u *est minima ou maxima pour ces valeurs des variables, suivant que les dérivées* $u''_x = a$, $u''_y = c$ *sont toutes deux positives ou toutes deux négatives; si le hessien est négatif,* u *n'est ni maxima ni minima; si le hessien est nul, on ne peut rien conclure.*

Exemple. Si $u = xy\sqrt{(r^2 - x^2 - y^2)}$, on a

$$u'_x = \frac{y(r^2 - 2x^2 - y^2)}{\sqrt{(r^2 - x^2 - y^2)}}, \quad u'_y = \frac{x(r^2 - 2y^2 - x^2)}{\sqrt{(r^2 - x^2 - y^2)}}.$$

Ces dérivées s'annulent pour les systèmes de valeurs suivants :

$$(x = 0,\ y = 0);\ (x = 0,\ y = \pm r);\ (y = 0,\ x = \pm r);\ \left(x = \pm y = \pm \frac{r}{\sqrt{3}}\right).$$

Aucun des trois premiers systèmes ne conduit à un maximum ou un minimum pour u. En effet, par exemple, pour $x = 0$, $y = r$, on a $u = 0$; pour $x = h$, $y = r - k$, $u = h(r - k)\sqrt{[r^2 - (r - k)^2 - h^2]}$; pour $x = -h$, $y = r - k$, $u = -h(r - k)\sqrt{[r^2 - (r - k)^2 - h^2]}$, valeur de signe contraire à la précédente. Les quatrièmes systèmes conduisent, au contraire, à un maximum ou à un minimum. On trouve, en effet, pour $x = \pm y = \pm (r : \sqrt{3})$,

$$u''_{xx} = \frac{-4xy}{\sqrt{r^2 - x^2 - y^2}} + (r^2 - 2x^2 - y^2)\,D_x \frac{y}{\sqrt{r^2 - x^2 - y^2}} = \mp 4 \frac{r}{\sqrt{3}},$$

$$u''_{xy} = \frac{-2y^2}{\sqrt{r^2 - x^2 - y^2}} + (r^2 - 2x^2 - y^2)\,D_y \frac{y}{\sqrt{r^2 - x^2 - y^2}} = -2 \frac{r}{\sqrt{3}},$$

$$u''_{yy} = \frac{-4xy}{\sqrt{r^2 - x^2 - y^2}} + (r^2 - x^2 - 2y^2)\,D_y \frac{x}{\sqrt{r^2 - x^2 - y^2}} = \mp 4 \frac{r}{\sqrt{3}}.$$

Les signes — de u''_{xx}, u''_{yy} correspondent au cas où $x = y$, les signes +, à celui où $x = -y$. Le hessien est $4r^2$; u a donc une valeur maxima pour $x = y = \pm(r : \sqrt{3})$, une valeur minima pour $x = -y = \pm(r : \sqrt{3})$.

282. *Fonctions $u = f(x, y, z)$ de trois variables.* Soient x_μ, y_μ, z_μ, des valeurs annulant $f'_x(x, y, z)$, $f'_y(x, y, z)$, $f'_z(x, y, z)$. Posons $\Delta x = h$, $\Delta y = k$, $\Delta z = l$, et soient pour $x = x_\mu$, $y = y_\mu$, $z = z_\mu$,

$$u''_x = \mathrm{A}, \quad u''_y = \mathrm{B}, \quad u''_z = \mathrm{C}, \quad u''_{yz} = \mathrm{F}, \quad u''_{zx} = \mathrm{G}, \quad u''_{xy} = \mathrm{H}.$$

En général, le signe de Δu dépendra de celui de

$$d^2u = \mathrm{A}h^2 + \mathrm{B}k^2 + \mathrm{C}l^2 + 2\mathrm{H}hk + 2\mathrm{G}hl + 2\mathrm{F}kl.$$

Premier cas principal. 1° Si A = B = C = 0, sans que F, G, H soient nuls simultanément, $d^2u = 2\mathrm{F}kl + 2\mathrm{G}lh + 2\mathrm{H}hk$. Pour fixer les idées, soit, au moins, H différent de zéro. Alors, pour $h = \alpha^2$, $k = \beta^2$, $l = 0$, $d^2u = 2\mathrm{H}\alpha^2\beta^2$; pour $h = \alpha^2$, $k = -\beta^2$, $l = 0$, $d^2u = -2\mathrm{H}\alpha^2\beta^2$. Puisque d^2u peut changer de signe, u n'a ni maximum ni minimum pour les valeurs $x = x_\mu$, $y = y_\mu$, $z = z_\mu$ des variables. 2° Si, outre A, B, C, on a aussi F, G, H nuls, d^2u est identiquement nulle et l'on ne peut rien conclure.

Second cas principal. Si A, B, ou C est différent de zéro, A par exemple, on a

$$\mathrm{A}d^2u = (\mathrm{A}h + \mathrm{H}k + \mathrm{G}l)^2 + \varphi(k, l), \quad \varphi(k, l) = ak^2 + 2bkl + cl^2,$$
$$a = \mathrm{AB} - \mathrm{H}^2, \quad b = \mathrm{AF} - \mathrm{GH}, \quad c = \mathrm{AC} - \mathrm{G}^2.$$

On doit considérer cinq cas particuliers : 1° $\varphi(k, l)$ est une fonction toujours positive, quand k et l ne sont pas nuls à la fois. Cela a lieu, d'après la discussion relative aux fonctions de deux variables seulement, si a et $ac - b^2$ sont positifs. Alors $\mathrm{A}d^2u$ est aussi toujours positive quand h, k, l ne sont pas nuls simultanément; car, si $k = 0$, $l = 0$, $\mathrm{A}d^2u = \mathrm{A}^2h^2$ et si k et l ne sont pas nuls tous deux, $\varphi(k, l)$ est positive et $(\mathrm{A}h + \mathrm{H}k + \mathrm{G}l)^2$ est positif ou nul. Dans cette hypothèse, d^2u ayant toujours le signe de A, u est minima ou maxima suivant que A est positif ou négatif. 2° $\varphi(k, l)$ est une fonction toujours négative, quand k et l ne sont pas nuls à la fois. Cela suppose $a < 0$, $ac - b^2 > 0$. Alors $\mathrm{A}d^2u$ peut changer de signe; car, si $k = 0$, $l = 0$, $\mathrm{A}d^2u = \mathrm{A}^2h^2$, et, si k et l sont différents de zéro et h tel que $\mathrm{A}h + \mathrm{H}k + \mathrm{G}l = 0$, $\mathrm{A}d^2u = \varphi(k, l)$, quantité négative. Puisque d^2u change de signe, $f(x_\mu, y_\mu, z_\mu)$ n'est ni une valeur maxima, ni une valeur minima de $f(x, y, z)$. 3° $\varphi(k, l)$ est une fonction positive ou nulle (même identiquement) quand k et l ne sont pas nuls à la fois. Cela suppose a positif (ou nul, quand φ est identiquement nulle), et $ac - b^2 = 0$. Alors, Ad^2u est nulle pour toutes les valeurs de k et de l qui annulent $\varphi(k, l)$ et pour h tel que $Ah + Hk + Gl = 0$, positive pour toute valeur autre de h combinée avec n'importe quelles valeurs de k et de l, et pour toutes les valeurs de k et l, qui n'annulent pas φ, combinée avec n'importe quelle valeur de h. Dans ce cas, puisque d^2u peut être nulle, on ne peut rien conclure. 4° $\varphi(k, l)$ est une fonction négative ou nulle (non identiquement) quand k et l ne sont pas nuls à la fois. Cela suppose a négatif, $ac - b^2 = 0$. Alors Ad^2u peut changer de signe et u n'a ni maximum ni minimum pour les valeurs considérées des variables. En effet, si $k = 0$, $l = 0$, $Ad^2u = A^2h^2$, et, si k et l ont des valeurs telles que $\varphi(k, l)$ soit négative, en posant $Ah + Hk + Gl = 0$, Ad^2u est égale à cette quantité négative $\varphi(k, l)$. 5° $\varphi(k, l)$ est une fonction qui peut être positive ou négative à volonté. Cela suppose $ac - b^2 < 0$. Alors, en prenant $Ah + Hk + Gl = 0$, Ad^2u se réduit à $\varphi(k, l)$ et peut aussi changer de signe; donc u n'a ni maximum ni minimum.

Remarques. I. Dans le 1° du premier cas principal, on a $a = -H^2$, $b = -GH$, $c = -G^2$; par suite, a est négatif et $ac - b^2 = 0$, comme dans le 4° du second cas principal. Dans le 2° du premier cas principal, on a $a = 0$, $b = 0$, $c = 0$, $ac - b^2 = 0$, comme dans le 3° du second cas principal. Pratiquement, on peut donc fondre le premier cas principal avec le second.

II. On peut résumer plus facilement la discussion précédente, en y introduisant quelques expressions empruntées à l'algèbre ou à la théorie des nombres, que nous allons faire connaître. 1° On appelle *forme algébrique* une fonction algébrique entière et homogène de deux ou plusieurs variables h, k, l. 2° Une forme est dite *définie*, si, comme $h^2 + k^2 + l^2$, elle ne peut changer de signe et ne s'annule que pour des valeurs nulles des variables; *indéfinie*, si comme $h^2 + k^2 - l^2$, elle peut prendre des valeurs positives et des valeurs négatives; *mixte*, si elle ne peut changer de signe, mais peut s'annuler pour des valeurs des variables différentes de zéro. Ainsi $(h - k + l)^2 + l^2$ est une forme mixte s'annulant pour $h = k = r$, $l = 0$, quel que soit r.

III. Cela posé, la discussion précédente se résume comme il suit : La forme $d^2u = Ah^2 + Bk^2 + Cl^2 + 2Fkl + 2Glh + 2Hhk$ est une *forme définie* seulement dans le cas où a et $ac - b^2$ sont positifs; elle est *positive* et u est minima si A est positif; elle est *négative* et u est maxima si A est négatif. Cette forme d^2u est *indéfinie* et u n'est ni maxima ni minima, si $ac - b^2$ est négatif, ou si $ac - b^2$ est nul, a étant négatif.

Dans tous les autres cas, d^2u est une forme mixte (positive ou négative) ou identiquement nulle; et l'on ne peut rien conclure touchant l'existence d'un maximum ou d'un minimum pour u.

IV. On trouve aisément

$$ac - b^2 = \begin{vmatrix} AB - H^2, & AF - GH \\ AF - GH, & AC - G^2 \end{vmatrix} = A \begin{vmatrix} A & H & G \\ H & B & F \\ G & F & C \end{vmatrix} = A\Delta.$$

Le déterminant Δ qui multiplie A, est la valeur, pour $x = x_\mu$, $y = y_\mu$, $z = z_\mu$ du *hessien* de f, ou du *déterminant fonctionnel de ses dérivées partielles*, savoir :

$$\begin{vmatrix} u''_{xx} & u''_{xy} & u''_{xz} \\ u''_{yx} & u''_{yy} & u''_{yz} \\ u''_{zx} & u''_{zy} & u''_{zz} \end{vmatrix}.$$

La quantité $a = AB - H^2$ est le mineur Δ_1 de Δ obtenu quand on en efface la dernière ligne et la dernière colonne, A est le mineur Δ_2 de Δ_1, obtenu en opérant sur Δ_1 de la même manière. La différentielle d^2u est donc une *forme positive* et u minima, si Δ_2, Δ_1, Δ sont positifs, une *forme négative* et u maxima, si $-\Delta_2$, Δ_1, $-\Delta$ sont positifs.

V. On peut observer que si a est positif ainsi que $ac - b^2$, c l'est aussi; ensuite, $a = AB - H^2$, $c = AC - G^2$ étant positifs, A, B, C sont de même signe. L'expression $BC - F^2$ analogue à a et à c est aussi positive; car, des relations $AB = a + H^2$, $AC = c + G^2$, $AF = b + GH$, on déduit

$$\begin{aligned} A^2(BC - F^2) &= (a + H^2)(c + G^2) - (b + GH)^2 \\ &= ac - b^2 + \frac{1}{a}[(aG + bH)^2 + (ac - b^2)H^2]. \end{aligned}$$

Ces conclusions résultent aussi de ce que d^2u, dans le cas actuel, est une forme définie, où les trois variables h, k, l jouent le même rôle.

Exemple. Soit $u = xyz(1 - x^2 - y^2 - z^2)$. Les équations $u'_x = 0$, $u'_y = 0$, $u'_z = 0$ sont

$$yz(1 - 3x^2 - y^2 - z^2) = 0, \quad xz(1 - x^2 - 3y^2 - z^2) = 0,$$
$$xy(1 - x^2 - y^2 - 3z^2) = 0.$$

En raisonnant comme dans l'exemple du n° précédent, on trouve que les seules valeurs qui puissent donner un maximum ou un minimum sont $x^2 = y^2 = z^2 = \frac{1}{3}$. Ensuite, il vient

$$A = B = C = -6xyz, \quad F = -2y^2z, \quad G = -2xz^2, \quad H = -2x^2y,$$
$$\Delta = -160\, x^3y^3z^3, \quad \Delta_1 = 32\, x^2y^2z^2, \quad \Delta_2 = -6\, xyz.$$

Si les valeurs de x, y, z que l'on associe ont un produit positif, u est maxima; si xyz est négatif, u est minima.

283. *Cas d'un nombre quelconque de variables.* Soit u une fonction de n variables, quatre, x, y, z, t, par exemple. Si les dérivées premières s'annulent pour $x = x_\mu$, $y = y_\mu$, $z = z_\mu$, $t = t_\mu$, nous supposerons que, pour ces valeurs des variables,

$$d^2u = a_{11}\,\Delta x^2 + a_{22}\,\Delta y^2 + a_{33}\,\Delta z^2 + a_{44}\,\Delta t^2 +$$
$$2a_{12}\Delta x\Delta y + 2a_{13}\Delta x\Delta z + 2a_{14}\Delta x\Delta t + 2a_{23}\Delta y\Delta z + 2a_{24}\Delta y\Delta t + 2a_{34}\Delta z\Delta t.$$

Pour abréger, posons $\Delta x = \alpha$, $\Delta y = \beta$, $\Delta z = \gamma$, $\Delta t = \delta$. Nous aurons

$$a_{11}\, d^2u = (a_{11}\,\alpha + a_{12}\,\beta + a_{13}\,\gamma + a_{14}\,\delta)^2 + \varphi(\beta, \gamma, \delta),$$
$$\varphi(\beta, \gamma, \delta) = A\beta^2 + B\gamma^2 + C\delta^2 + 2F\gamma\delta + 2G\delta\beta + 2H\beta\gamma,$$
$$A = (a_{11}\, a_{22} - a_{12}^2), \quad B = (a_{11}\, a_{33} - a_{13}^2), \quad C = (a_{11}\, a_{44} - a_{14}^2),$$
$$F = (a_{11}a_{34} - a_{13}a_{14}), \quad G = (a_{11}a_{24} - a_{12}a_{14}), \quad H = (a_{11}a_{23} - a_{12}a_{13}).$$

Ensuite, en écrivant aa au lieu de a^2,

$$a_{11}\begin{vmatrix} A & H & G \\ H & B & F \\ G & F & C \end{vmatrix} = \begin{vmatrix} a_{11} & a_{12} & a_{13} & a_{14} \\ 0, & a_{11}a_{22} - a_{12}a_{12}, & a_{11}a_{23} - a_{12}a_{13}, & a_{11}a_{24} - a_{12}a_{14} \\ 0, & a_{11}a_{23} - a_{12}a_{13}, & a_{11}a_{33} - a_{13}a_{13}, & a_{11}a_{34} - a_{13}a_{14} \\ 0, & a_{11}a_{24} - a_{12}a_{14}, & a_{11}a_{34} - a_{13}a_{14}, & a_{11}a_{44} - a_{14}a_{14} \end{vmatrix}$$

$$= a_{11}^3 \begin{vmatrix} a_{11} & a_{12} & a_{13} & a_{14} \\ a_{12} & a_{22} & a_{23} & a_{24} \\ a_{13} & a_{23} & a_{33} & a_{34} \\ a_{14} & a_{24} & a_{34} & a_{44} \end{vmatrix} = a_{11}^3\, \Delta.$$

De même,

$$a_{11}\begin{vmatrix} A & H \\ H & B \end{vmatrix} = a_{11}^2 \begin{vmatrix} a_{11} & a_{12} & a_{13} \\ a_{12} & a_{22} & a_{23} \\ a_{13} & a_{23} & a_{33} \end{vmatrix} = a_{11}^2\Delta_1, \quad a_{11}A = a_{11}\begin{vmatrix} a_{11} & a_{12} \\ a_{12} & a_{22} \end{vmatrix} = a_{11}\Delta_2.$$

Le déterminant Δ_1 se déduit de Δ, Δ_2 de Δ_1, $\Delta_3 = a_{11}$ de Δ_2, quand on efface, dans chacun d'eux, la dernière ligne et la dernière colonne.

Cela posé, en imitant la discussion du cas précédent, on arrive assez aisément aux conclusions suivantes :

I. Si $a_{11} = a_{22} = a_{33} = a_{44} = 0$, d^2u est une forme indéfinie, sauf si l'on a aussi $a_{12} = a_{13} = a_{14} = a_{23} = a_{24} = a_{34} = 0$, auquel cas elle est identiquement nulle. II. Si l'un des coefficients a_{11} a_{22}, a_{33}, a_{44} n'est pas nul, a_{11} par exemple, cinq cas peuvent se présenter : 1° $\varphi(\beta, \gamma, \delta)$ est une forme définie positive; alors $a_{11}\, d^2u$ est aussi une forme définie positive. 2° $\varphi(\beta, \gamma, \delta)$ est une forme définie négative; alors, $a_{11}\, d^2u$ est une forme indéfinie. 3° $\varphi(\beta, \gamma, \delta)$ est une forme mixte positive ou est identiquement nulle; alors $a_{11}\, d^2u$ est une forme mixte positive. 4° $\varphi(\beta, \gamma, \delta)$ est une forme mixte négative; alors $a_{11}\, d^2u$ est une forme indéfinie. 5° $\varphi(\beta, \gamma, \delta)$ est une forme indéfinie; alors $a_{11}\, d^2u$ est aussi une forme indéfinie. III. Pratiquement, les deux cas particuliers du premier cas principal peuvent être réunis au quatrième et au troisième du second.

En résumé, Ad^2u n'est une forme définie que si a_{11} est différent de zéro et $\varphi(\beta, \gamma, \delta)$ une forme définie positive, c'est-à-dire si $a_{11}^2\, \Delta$, $a_{11}\, \Delta_1$, Δ_2 sont positifs. Donc u sera minima si Δ, Δ_1, Δ_2, Δ_3 sont positifs, maxima, si Δ, $-\Delta_1$, Δ_2, $-\Delta_3$ sont positifs. Dans l'un et l'autre cas, a_{11}, a_{22}, a_{33}, a_{44} sont de même signe et d'autres inégalités analogues à celles qui sont relatives à Δ_1 et Δ_2 subsistent, comme conséquence de ce que d^2u est une forme définie où les quatre variables jouent le même rôle.

III. **Fonctions implicites; maxima et minima relatifs; méthode des multiplicateurs**. **284.** *Fonctions implicites.* « La théorie précédente s'applique sans changement aux fonctions implicites; on peut concevoir, en effet, que des opérations algébriques les transforment en fonctions explicites (158); les conditions relatives aux maxima et aux minima s'expriment alors au moyen de dérivées que l'on peut calculer à l'avance par la méthode connue pour la différentiation des fonctions implicites (Bertrand). »

Le calcul de ces dérivées, pour les valeurs spéciales des variables que l'on considère, se simplifie souvent, quand la première de ces dérivées est nulle, comme nous allons le montrer, en traitant l'exemple élémentaire suivant : *Chercher le maximum et le minimum de chacune des fonctions y définies par les relations $y^2 - xy + x^2 - 1 = 0$.* On déduit de là : $(2y - x)y' - (y - 2x) = 0$. Si $y = 2x$, $y' = 0$; on a d'ailleurs, si $y = 2x$, $x^2 = \frac{1}{3}$, $x = \sqrt{\frac{1}{3}}$ et $y = 2\sqrt{\frac{1}{3}}$, ou $x = -\sqrt{\frac{1}{3}}$, $y = -2\sqrt{\frac{1}{3}}$. La valeur de y'' s'obtient au moyen de la relation suivante :

$(2y-x)y''+y'D_x(2y-x)-y'+2=0$, qui se réduit à $(2y-x)y''=-2$, puisque $y'=0$. On a donc $y''=(-2:3x)$, quantité négative, si x est positif, positive si x est négatif. Par suite, $x=\sqrt{\frac{1}{3}}$ correspond à un maximum $y=2\sqrt{\frac{1}{3}}$, $x=-\sqrt{\frac{1}{3}}$ à un minimum $y=-2\sqrt{\frac{1}{3}}$.

De même, de la relation générale $f(x,y)=0$, on tire (180)

$$\frac{df}{dx}+\frac{df}{dy}y'=0,\quad \frac{d^2f}{dx^2}+2\frac{d^2f}{dxdy}y'+\frac{d^2f}{dy^2}y'^2+\frac{df}{dy}y''=0;$$

puis, chaque fois que $y'=0$, sans que f'_y, f''_{xy}, f''_{yy} soient infinies,

$$\frac{df}{dx}=0,\quad \frac{d^2f}{dx^2}+\frac{df}{dy}y''=0.$$

Ces dernières relations servent, avec $f=0$, 1° à trouver les valeurs de x, pour lesquelles il y a peut-être un maximum ou un minimum de y tel que l'on ait $y'=0$, et les valeurs de y correspondantes; 2° à voir, par le signe de y'', si réellement la fonction y est maxima ou minima.

285. ***Maxima et minima relatifs.*** On peut rattacher à la question précédente, la recherche des maxima et minima relatifs, c'est-à-dire des maxima et minima d'une ou de plusieurs fonctions, définies par une relation $u=F(x,y,z,v,w)$ entre des variables liées entre elles par d'autres équations. Comme nous l'avons dit, c'est à ce genre de questions que revient la recherche des semi-maxima ou semi-minima (278) des fonctions de plusieurs variables.

On traite les problèmes de maxima et minima relatifs par les principes des §§ I, II et du n° 284. Exemple. Soit à chercher le maximum et le minimum des deux fonctions définies par les équations

$$u=x^2+y^2,\quad ax^2+2bxy+cy^2=1,$$

où l'on suppose $a>0$, $c>0$, $ac-b^2>0$. La seconde équation est celle d'une ellipse, de sorte que, si x reste compris entre certaines valeurs, y a deux valeurs réelles y_1, y_2; par suite, u en a deux aussi, $u_1=x^2+y_1^2$, $u_2=x^2+y_2^2$. On trouve, en dérivant par rapport à x,

$$u'=2(x+yy'),\quad (ax+by)+(bx+cy)y'=0;$$
$$u''=2(1+y'^2+yy''),\quad a+2by'+cy'^2+cyy''=0.$$

On déduit des deux dernières relations, en éliminant y'',

$$\tfrac{1}{2}cu''=c-a-2by'.$$

La valeur de u' ne peut devenir discontinue qu'en devenant infinie, ce qui arrive si $y' = \infty$. Mais, si $y' = \infty$, on sait, par la géométrie, que les valeurs correspondantes de x sont les valeurs extrêmes que peut prendre cette variable; pour ces valeurs extrêmes, $y_1 = y_2$ $u_1 = u_2$ et u_1, u_2 ne peuvent être que semi-maxima ou semi-minima. Il n'y a donc pas lieu de considérer les valeurs de x, y, u, correspondant à y' infinie. Si $u' = 0$, on a successivement, en faisant $x = ty$,

$$x + yy' = 0, \quad (ax + by) + (bx + cy)y' = 0,$$
$$y' = -t, \qquad at + b - (bt + c)t = 0,$$
$$\tfrac{1}{2}cu'' = (c - a) + 2bt = \frac{b - bt^2}{t} + 2bt = \frac{b(1 + t^2)}{t}, \quad u'' = \frac{2b(t^2 + 1)}{ct}.$$

D'après l'équation en t, savoir : $bt^2 + (c - a)t - b = 0$, t a deux valeurs de signes contraires. Si t est de même signe que b, u'' est positive, u minima; si t est de signe contraire à b, u'' est négative, u maxima. La valeur minima de u est le carré du petit axe de l'ellipse, la valeur maxima, le carré du grand axe.

286. *Méthode des multiplicateurs.* Dans le cas où l'on peut laisser de côté la considération des valeurs qui rendent discontinues les dérivées partielles de la fonction dont on cherche les maxima et les minima, il existe une *méthode* élégante, dite *des multiplicateurs*, pour trouver ceux qui correspondent aux valeurs nulles de ces dérivées partielles.

Pour fixer les idées, soit $u = f(x, y, z, v, w)$ une fonction de cinq variables liées par les relations

$$L(x, y, z, v, w) = 0, \quad M(x, y, z, v, w) = 0.$$

En regardant v, w comme fonctions de x, y, z, on a, pour déterminer les valeurs des variables correspondant peut-être aux maxima et minima de u, outre $L = 0$, $M = 0$, les trois groupes de relations :

$$\frac{\partial f}{\partial x} + \frac{\partial f}{\partial v}\frac{dv}{dx} + \frac{\partial f}{\partial w}\frac{dw}{dx} = 0, \quad \frac{\partial f}{\partial y} + \frac{\partial f}{\partial v}\frac{dv}{dy} + \frac{\partial f}{\partial w}\frac{dw}{dy} = 0,$$
$$\frac{\partial f}{\partial z} + \frac{\partial f}{\partial v}\frac{dv}{dz} + \frac{\partial f}{\partial w}\frac{dw}{dz} = 0;$$

$$\frac{\partial L}{\partial x} + \frac{\partial L}{\partial v}\frac{dv}{dx} + \frac{\partial L}{\partial w}\frac{dw}{dx} = 0, \quad \frac{\partial L}{\partial y} + \frac{\partial L}{\partial v}\frac{dv}{dy} + \frac{\partial L}{\partial w}\frac{dw}{dy} = 0,$$
$$\frac{\partial L}{\partial z} + \frac{\partial L}{\partial v}\frac{dv}{dz} + \frac{\partial L}{\partial w}\frac{dw}{dz} = 0;$$

$$\frac{\partial M}{\partial x}+\frac{\partial M}{\partial v}\frac{dv}{dx}+\frac{\partial M}{\partial w}\frac{dw}{dx}=0;\quad \frac{\partial M}{\partial z}+\frac{\partial M}{\partial v}\frac{dv}{\partial y}+\frac{\partial M}{\partial w}\frac{dw}{dy}=0,$$

$$\frac{\partial M}{\partial z}+\frac{\partial M}{\partial v}\frac{dv}{dz}+\frac{\partial M}{\partial w}\frac{dw}{dz}=0.$$

On déduit de là, λ, μ étant des constantes indéterminées,

$$\frac{\partial f}{\partial x}+\lambda\frac{\partial L}{\partial x}+\mu\frac{\partial M}{\partial x}+\frac{dv}{dx}\left(\frac{\partial f}{\partial v}+\lambda\frac{\partial L}{\partial v}+\mu\frac{\partial M}{\partial v}\right)+\frac{dw}{dx}\left(\frac{\partial f}{\partial w}+\lambda\frac{\partial L}{\partial w}+\mu\frac{\partial M}{\partial w}\right)=0;$$

$$\frac{\partial f}{\partial y}+\lambda\frac{\partial L}{\partial y}+\mu\frac{\partial M}{\partial y}+\frac{dv}{dy}\left(\frac{\partial f}{\partial v}+\lambda\frac{\partial L}{\partial v}+\mu\frac{\partial M}{\partial v}\right)+\frac{dw}{dy}\left(\frac{\partial f}{\partial w}+\lambda\frac{\partial L}{\partial w}+\mu\frac{\partial M}{\partial w}\right)=0;$$

$$\frac{\partial f}{\partial z}+\lambda\frac{\partial L}{\partial z}+\mu\frac{\partial M}{\partial z}+\frac{dv}{dz}\left(\frac{\partial f}{\partial v}+\lambda\frac{\partial L}{\partial v}+\mu\frac{\partial M}{\partial v}\right)+\frac{dw}{dz}\left(\frac{\partial f}{\partial w}+\lambda\frac{\partial L}{\partial w}+\mu\frac{\partial M}{\partial w}\right)=0.$$

Ces relations deviendront

$$\frac{\partial f}{\partial x}+\lambda\frac{\partial L}{\partial x}+\mu\frac{\partial M}{\partial x}=0, \tag{1_1}$$

$$\frac{\partial f}{\partial y}+\lambda\frac{\partial L}{\partial y}+\mu\frac{\partial M}{\partial y}=0, \tag{1_2}$$

$$\frac{\partial f}{\partial z}+\lambda\frac{\partial L}{\partial z}+\mu\frac{\partial M}{\partial z}=0, \tag{1_3}$$

si l'on assujettit λ, μ, à vérifier les deux équations

$$\frac{\partial f}{\partial v}+\lambda\frac{\partial L}{\partial v}+\mu\frac{\partial M}{\partial v}=0, \tag{1_4}$$

$$\frac{\partial f}{\partial w}+\lambda\frac{\partial L}{\partial w}+\mu\frac{\partial M}{\partial w}=0. \tag{1_5}$$

Les équations (1_1), (1_2), (1_3), (1_4), (1_5) déterminent x, y, z, v, w en fonction de λ, μ; en substituant les valeurs de x, y, z, v, w dans $L=0$, $M=0$, on trouvera $\lambda=\lambda_0$, $\mu=\mu_0$ et alors x, y, z, v, w seront connus. On cherchera ensuite si d^2u a un signe constant ou non, de quelque manière que varient $\Delta x, \Delta y, \Delta z$ supposés suffisamment petits, et la question sera résolue complètement.

Mais on peut interpréter autrement les équations (1) Cherchons les maxima et minima de la fonction de cinq variables, $U = u + \lambda L + \mu M$; les valeurs de ces cinq variables qui correspondent peut-être à des maxima ou à des minima, seront données par les équations (1). De plus, choisissons pour λ et μ, les valeurs $\lambda = \lambda_0$, $\mu = \mu_0$ telles que ces solutions des équations (1) vérifient aussi $L = 0$, $M = 0$ et soit $U_0 = u + \lambda_0 L + \mu_0 M$; alors, pour ces valeurs des variables exprimées en λ_0, μ_0, $U_0 = u + \lambda_0 . 0 + \mu_0 . 0 = u$. Les valeurs de x, y, z, v, w qui correspondent peut-être aux maxima et aux minima, sont donc les mêmes pour u et pour $U_0 = u + \lambda_0 L + \mu_0 M$. Cela posé : 1° Si une des valeurs U_{01} de U_0 correspondant à ces valeurs des variables est un maximum, la valeur égale u_1 de u est aussi un maximum. En effet, par hypothèse, la valeur U_{01} est supérieure à toutes les valeurs infiniment voisines de $U_0 = u + \lambda_0 L + \mu_0 M$; il en est donc de même de la valeur égale u_1; par suite, *à fortiori*, U_{01} et u_1 surpasseront celles de ces valeurs infiniment voisines de U_0, pour lesquelles $L = 0$, $M = 0$, c'est-à-dire les valeurs infiniment voisines de u; donc u_1 est aussi un maximum de u. 2° De même, si une des valeurs U_{02} de U_0 est un minimum, la valeur égale u_2 est aussi un minimum. 3° Mais, comme on le verra plus loin à propos du second exemple, u peut avoir des maxima ou des minima qui ne correspondent pas à des maxima ou à des minima de U_0. On conçoit, en effet, que u puisse avoir une valeur u_3 plus grande (ou plus petite) que toutes les valeurs infiniment voisines de u, sans que la valeur $U_{03} = u_3$ de U_0 soit plus grande (ou plus petite) que toutes les valeurs infiniment voisines de $U_0 = u + \lambda_0 L + \mu_0 M$, fonction plus générale que u.

Exemples. I. Chercher le maximum de $u = a^2 x + b^2 y + c^2 z + g^2 v + h^2 w$, sachant que x, y, z, v, w sont des variables *positives* vérifiant la relation $L = x^3 + y^3 + z^3 + v^3 + w^3 - 1 = 0$. Posons $U = u - \frac{1}{3} \lambda L$. Les maxima et les minima de U correspondent aux valeurs de x, y, z, v, w telles que $U'_x = 0$, $U'_y = 0$, etc., c'est-à-dire, telles que

$$a^2 - \lambda x^2 = 0, \quad b^2 - \lambda y^2 = 0, \quad c^2 - \lambda z^2 = 0, \quad g^2 - \lambda v^2 = 0, \quad h^2 - \lambda w^2 = 0.$$

En introduisant les valeurs de x, y, z, v, w dans la relation $x^3 + y^3 + z^3 + v^3 + w^3 = 1$, nous trouvons $\lambda = \lambda_0$ et

$$\lambda_0 = (a^3 + b^3 + c^3 + g^3 + h^3)^{\frac{2}{3}}.$$

Tous les maxima et minima de la fonction $U_0 = u - \frac{1}{3}\lambda_0 L$ sont des maxima et des minima de u. Or, dans le cas actuel, la différentielle seconde de U_0 est

$$-\lambda_0 (2x\Delta x^2 + 2y\Delta y^2 + 2z\Delta z^2 + 2v\Delta v^2 + 2w\Delta w^2),$$

quantité négative. Donc U_0 et u ont une valeur maxima pour

$$x = a\sqrt{\lambda_0}, \quad y = b\sqrt{\lambda_0}, \quad z = c\sqrt{\lambda_0}, \quad v = g\sqrt{\lambda_0}, \quad w = h\sqrt{\lambda_0}.$$

II. Chercher le maximum de $u = xy$, sachant que $L = x + y - 2 = 0$. La fonction $U = u - \lambda L = xy - \lambda(x + y - 2)$ a pour premières et secondes dérivées partielles

$$U'_x = y - \lambda, \quad U'_y = x - \lambda, \quad U''_{xx} = 0, \quad U''_{xy} = 1, \quad U''_{yy} = 0.$$

Les premières dérivées partielles s'annulent pour $x = y = \lambda$. Substituant ces valeurs dans $L = 0$, nous trouvons $\lambda = 1$, $x = y = 1$. La fonction $U_0 = u - \lambda L$, pour ces valeurs, se réduit à u. On sait (n° 4) que u a un maximum pour $x = y = 1$; mais $d^2U_0 = 2\Delta x\Delta y$, quantité qui change de signe quand l'un des deux accroissements Δx, Δy change seul de signe; donc U_0 n'a ni maximum, ni minimum. Géométriquement, on peut regarder $U_0 = xy - x - y$ comme la troisième coordonnée, parallèle à l'axe, dans un paraboloïde hyperbolique, et l'on sait qu'elle n'a ni maxima ni minima. Mais la section de ce paraboloïde par le plan $x + y = 2$ est une parabole $u = x(2 - x)$ dont la coordonnée u a un maximum pour $x = 2 - x = 1$.

Cet exemple montre avec quelle précaution il faut manier la méthode des multiplicateurs.

Remarque. La méthode des multiplicateurs peut s'appliquer à la recherche des maxima et minima d'une fonction u définie par des relations implicites, par exemple, par

$$f(x, y, z, v, w, u) = 0, \; L(x, y, z, v, w, u) = 0, \; M(x, y, z, v, w, u) = 0.$$

En observant que $u'_x = 0$, $u'_y = 0$, $u'_z = 0$, on trouve, dans ce cas, pour déterminer x, y, z, v, w, u, λ, μ, des équations qui ont identiquement la même forme que dans le cas précédent, sauf que u entre avec les autres variables, sous les signes fonctionnels.

FIN.

APPENDICE.

Nous réunissons, dans cet appendice, des notes relatives à des points trop peu développés dans le cours de l'ouvrage, ou traitant de questions que nous n'aurions pu y introduire, sans en modifier considérablement le plan.

CHAPITRE I. Esquisse historique.

287. *Inventeurs de l'analyse infinitésimale* (Développement du n° 14). La recherche des aires et des longueurs des lignes courbes, des volumes et des aires des surfaces courbes et celle de leurs centres de gravité avaient été ramenées par Archimède (287-212), dans l'antiquité, par Fermat (1601-1665) et d'autres géomètres des deux premiers tiers du XVIIe siècle, au calcul des *limites de sommes d'infiniment petits*; la détermination des tangentes aux courbes planes et d'autres questions connexes avaient été réduites aussi à celle de la *limite du rapport de deux infiniment petits* ayant entre eux une relation connue. Dans le dernier tiers du XVIIe siècle, Leibniz (1646-1716) et Newton (1642-1727) découvrirent l'un et l'autre, que *le problème des tangentes et celui des quadratures sont inverses l'un de l'autre*, et, imaginant chacun un algorithme spécial pour traiter les questions de ce genre, inventèrent ainsi *le calcul différentiel* et le *calcul intégral*.

Ils firent cette découverte indépendamment l'un de l'autre et sous des formes différentes, comme l'a reconnu Newton, dans un passage célèbre des *Principes* (*Principia mathematica philosophiae naturalis*, Lib. II, prop. VII, Scholium, éd. de 1687 et de 1713; remplacé par une autre remarque dans celle de 1726) : « In litteris, quae mihi cum Geometra peritissimo G. G. Leibnitio annis abhinc decem intercedebant, cum significarem me compotem esse methodi determinandi maximas et minimas, ducendi tangentes et similia peragendi, quae in terminis surdis aeque ac rationalibus procederet et litteris transpositis hanc sententiam involventibus (data aequatione quotcunque fluentes quantitates involvente fluxiones invenire et vice versa) eandem *celarem*, rescripsit vir clarissimus se quoque in ejusmodi methodum incidisse et *methodum suam communicavit a mea vix abludentem praeterquam in verborum et notarum formulis* (*et idea generationis quantitatum*). Nous donnons plus bas (289, 290) la traduction des premiers articles de Leibniz et de Newton sur le calcul différentiel.

Leibniz employait la méthode infinitésimale, la notation des différentielles et le signe sommatoire allongé pour les intégrales; il appelait la science nouvelle, *calcul différentiel* et *calcul intégral* ou *sommatoire*. Il en découvrit les principes un peu avant 1677 et les publia en 1684. Les développements ultérieurs du calcul infinitésimal sur le continent, à la fin du XVIIe siècle et au commencement du XVIIIe, sont dus surtout à lui et aux deux frères Jacques (1654-1705) et Jean Bernoulli (1667-1748).

Newton employait la méthode des limites, une notation équivalente à celle des dérivées ($\dot{y}$, $\ddot{y}$, etc., pour y', y'', etc.) mais plus incommode, pour le calcul différentiel, et une notation inverse ($\acute{y}$, $\acute{\acute{y}}$, etc. pour $\int y dx$, $\int dx \int y dx$) pour désigner les intégrales. Il appelait la nouvelle branche des mathématiques créée par lui, *calcul direct* et *calcul inverse des fluxions* : fluxion d'une variable signifie *vitesse d'accroissement* de cette variable. Il découvrit les fondements de la méthode des fluxions un peu avant 1667 et les publia vingt ans plus tard, dans ses immortels *Principes*. Son principal continuateur, en Angleterre, fut Maclaurin (1698-1746) dont le célèbre ouvrage *A Treatise of Fluxions* (1742; traduction française du P. Pezenas, 1749) contient, outre un grand nombre de recherches originales, un exposé rigoureux des principes, non seulement du calcul des fluxions, mais aussi de la méthode des limites, de celle des infiniment petits et des méthodes équivalentes des anciens.

Au XVIIIe siècle, les deux plus grands analystes sont Euler (1707-1783) et Lagrange (1736-1813) qui déduisirent, des principes posés par Leibniz et Newton, toutes leurs conséquences naturelles, mais en obscurcissant parfois la clarté de ces principes mêmes, surtout dans la théorie des séries. Lagrange est l'inventeur du *Calcul des variations* au moyen duquel il a traité, d'une manière systématique, les problèmes relatifs aux maxima et minima des intégrales définies sur lesquels Euler avait auparavant publié un ouvrage spécial.

Legendre (1752-1833) agrandit le domaine de l'analyse en appelant l'attention, plus que ses devanciers, sur trois espèces nouvelles de fonctions, les fonctions eulériennes, les fonctions sphériques, et surtout les fonctions (ou plutôt les intégrales) elliptiques. Il en développa la théorie autant que possible, au moyen des ressources de l'analyse de son temps, et, à force de ténacité, découvrit, en particulier, sur les intégrales elliptiques de troisième espèce, des vérités nouvelles d'un abord extrêmement difficile.

Au XIXe siècle, Gauss (1777-1855) et surtout Cauchy (1789-1857) réintroduisirent la rigueur dans l'exposé des principes généraux de l'analyse, et ouvrirent aux géomètres un champ illimité de recherches en créant la théorie générale des fonctions d'une variable imaginaire. Abel (1802-1829) et Jacobi (1804-1851) appliquèrent cette théorie, d'une manière plus ou moins explicite, avant qu'elle eût reçu son plein développement, à l'étude des fonctions elliptiques, inverses de la première intégrale elliptique de Legendre ; en outre, ils découvrirent les propriétés fondamentales d'une nouvelle espèce de fonctions, les fonctions abéliennes, plus compliquées que les précédentes, dont elles sont la généralisation. Riemann (1826-1866) appliqua aussi aux fonctions abéliennes la théorie générale des fonctions d'une variable imaginaire, qu'il avait approfondie plus que personne; Clebsch (1833-1872) enfin, rattacha leurs propriétés générales à la géométrie supérieure.

Aujourd'hui, Hermite en France, Weierstrass et Kronecker en Allemagne, Sylvester et Cayley en Angleterre, Brioschi en Italie, tiennent le sceptre de l'analyse mathématique.

288. *Précurseurs* (Développement du n° 15). I. Dans l'antiquité, on peut regarder Archimède et même Eudoxe, Euclide et Pappus comme des précurseurs de Newton et de Leibniz.

Eudoxe de Gnide (408-355) est l'auteur de la théorie des proportions entre grandeurs commensurables ou incommensurables exposée dans le cinquième livre des *Éléments* d'Euclide. C'est lui aussi qui a trouvé le rapport de la pyramide au prisme de même base et de même hauteur, et le théorème analogue sur le cône et le cylindre. Il est probable qu'on lui doit également les démonstrations rapportées dans le livre douzième des *Éléments* sur la proportionnalité de l'aire des cercles ou du volume des sphères au carré ou au cube de leurs diamètres.

Euclide (vers 300 ans avant J.-C.) a exposé et étendu la théorie des irrationnelles du second degré (*Éléments*, Liv. X).

Archimède (287-212) est le vrai créateur de la géométrie de la mesure. On lui doit la détermination de la longueur de la circonférence, de l'aire des trois corps ronds, de la parabole, de l'ellipse et de la spirale qui porte son nom, celle du volume du paraboloïde de révolution et de l'hyperboloïde de révolution à une nappe (appelés par lui *conoïdes*); puis de l'ellipsoïde de révolution (ou sphéroïde), enfin la découverte du centre de gravité du paraboloïde de révolution, ainsi que du procédé pour mener la tangente à la spirale.

Pappus (vers 300 de l'ère chrétienne) a trouvé le premier des théorèmes dits de Guldin, savoir, que le volume engendré par une aire plane tournant autour d'un axe situé dans son plan est égal à l'aire multipliée par la circonférence décrite par son centre de gravité, et a déterminé l'aire d'une spirale sphérique analogue à la spirale plane d'Archimède.

Au fond, dans la recherche de l'aire de la parabole et du volume de la pyramide, les anciens ont ramené la solution de la question à la sommation de la progression indéfinie $1 + \frac{1}{4} + \frac{1}{16} +$ etc. (méthode d'exhaustion); dans la plupart des autres quadratures, les grandeurs cherchées sont enfermées entre deux grandeurs variables différant aussi peu qu'on le veut et formées de parties indéfiniment décroissantes, de sorte que leur procédé ne diffère pas essentiellement de celui des modernes; il en est de même de celui qu'Archimède emploie pour trouver la tangente à la spirale. Mais *la forme* de leur démonstration est complètement différente. Nulle part, ils ne supposent que le nombre des termes d'une progression ou des parties d'une surface ou d'un volume croisse indéfiniment ou que ces parties deviennent aussi petites qu'on le veut. Ils évitent tout passage explicite à la limite; ils répètent, dans chaque cas particulier, les raisonnements par réduction à l'absurde au moyen desquels on peut établir les principes généraux ou spéciaux de la méthode des limites. Les propositions générales auxquelles ils recourent explicitement sont les suivantes : « La différence de deux quantités inégales peut s'ajouter plusieurs fois à elle-même de manière à surpasser une quantité finie proposée de la même espèce. » — « Si, d'une grandeur, on retranche plus de la moitié, puis que l'on retranche du reste encore plus de la moitié et ainsi de suite, on obtiendra, après un nombre fini d'opérations, un reste plus petit qu'une quantité donnée. »

II. Parmi les précurseurs de Newton et de Leibniz, dans les temps modernes, il faut citer surtout Neper, Kepler, Cavalieri, Grégoire de Saint-Vincent, Descartes, Fermat, Roberval, Sluse, Pascal, Wallis et Huygens.

Neper (1550-1617) est l'inventeur des logarithmes (1614), c'est-à-dire de la première fonction transcendante nouvelle que l'on ait étudiée dans les temps modernes. « La nature et la formation des logarithmes a été proposée par leur inventeur, dit Maclaurin, d'une manière semblable à celle dont on se sert dans la méthode des fluxions pour expliquer la formation des quantités de toutes les espèces et il l'a exprimée presque dans les mêmes termes. »

Kepler (1571-1630) en 1615, dans la *Nova stereometria doliorum*, Cavalieri (1598-1647) en 1635, dans la *Geometria indivisibilibus continuorum nova quadam ratione promota*, Grégoire de Saint Vincent (1584-1667), avant Cavalieri, dans des manuscrits assez répandus (1621), mais surtout dans son *Opus geometricum* (1647), firent faire des progrès à la géométrie de la mesure, en trouvant de nouvelles quadratures, le premier, par la méthode peu sûre des *indivisibles*, qu'il introduisit dans la science avec la notion vague de l'infini, considéré comme un nombre ; le second, par la même méthode employée plus systématiquement encore ; le troisième, par la méthode rigoureuse des anciens. C'est ce dernier qui a introduit dans la géométrie les polygones à échelons, intérieurs ou extérieurs à une courbe, qui remplacent les polygones inscrits et circonscrits d'Archimède. On lui doit aussi l'étude de l'aire de l'hyperbole (qui conduisit, peu après lui, divers géomètres à la quadrature de cette courbe par les logarithmes et par les séries équivalentes), ainsi que la considération de diverses suites infinies.

Descartes (1596-1650) a imaginé (en même temps que Fermat) la représentation des courbes par une équation entre ses coordonnées (géométrie analytique) et il a rendu ainsi possible le développement moderne des mathématiques et, en particulier, de l'analyse infinitésimale. On lui doit maintes quadratures ingénieuses, mais il faut citer surtout ici, parmi ses découvertes, la méthode des coefficients indéterminés, sa méthode des tangentes (fondée sur la recherche de la normale commune à une courbe et à un cercle coupant cette courbe en deux points qui se rapprochent indéfiniment), et la construction de la normale aux roulettes.

Roberval (1602-1675) a indiqué comment on peut donner un sens raisonnable aux indivisibles et il les a maniés avec habileté, mais il est surtout connu dans la science par sa méthode des tangentes, généralisation de celle d'Archimède pour la spirale ; elle est fondée sur la considération des vitesses simultanées dont on peut supposer un point animé, lorsqu'il parcourt une courbe.

Pascal (1623-1662) n'a pas trouvé de méthode générale comme Descartes et Roberval, mais il a étudié à fond la cycloïde, la spirale et les figures qui dépendent de ces courbes; il a effectué un grand nombre de quadratures par la méthode des indivisibles en disant avec exactitude ce qu'il faut y ajouter pour qu'elle soit rigoureuse.

Sluse (1622-1685), contrairement à Pascal, employait l'analyse de Viète et de Descartes; on lui doit, outre la méthode des lieux géométriques pour résoudre par l'algèbre les problèmes déterminés, des quadratures vraiment compliquées; mais sa découverte principale est celle de la règle pour mener la tangente aux courbes algébriques dont l'équation est mise sous forme rationnelle. Cette règle générale, trouvée vers 1652, mais publiée partiellement en 1668, complètement en 1673 revient à la formule $S_t f'_x(x, y) + y f'_y(x, y) = 0$, qui détermine la sous-tangente S_t, quand la courbe a pour équation $f(x, y) = 0$.

Fermat (1601-1665), antérieur à Sluse et à Pascal, et même à Roberval, mais dont les écrits n'ont eu qu'une publicité restreinte de son vivant, est, plus qu'aucun des géomètres précédents, le précurseur de Leibniz et de Newton, parce qu'il a traité, à la fois, le problème des tangentes et celui des quadratures, d'une manière approfondie et générale, quoique à propos d'exemples particuliers. Il est d'ailleurs le créateur de l'arithmétique supérieure et le co-inventeur de la géométrie analytique. Sa méthode des tangentes et des maxima et minima est, au fond, équivalente à celle du calcul différentiel; ses procédés de quadrature, dont l'un des plus ingénieux revient à l'intégration par parties, lui permettent d'effectuer presque toutes les sommations qui dépendent des fonctions élémentaires. Les radicaux ne l'embarrassent pas, parce qu'il a trouvé une méthode d'élimination et des substitutions ingénieuses pour les faire disparaître. Fermat a aussi donné le moyen de ramener la rectification des courbes à des quadratures, ce qui n'avait été fait, avant lui, que pour des courbes particulières.

Wallis (1616-1703), antérieur aussi à Sluse et à Pascal, a publié en 1655, son *Arithmetica infinitorum*, ouvrage où il a exposé, sous forme algébrique, les résultats obtenus sur les quadratures et les séries par Cavalieri, Grégoire de Saint Vincent et d'autres géomètres, et les a étendus considérablement par des inductions ingénieuses. Malgré le peu de rigueur des procédés employés par Wallis (il a reconnu, plus tard, le défaut de son exposition pour trouver la somme des suites des puissances quelconques des nombres entiers, suites qui l'ont conduit à sa célèbre expression de π), ce Traité, dit Maclaurin, contribue beaucoup aux grands progrès que l'on fit peu après.

Huygens (1629-1695) a trouvé l'aire des conoïdes d'Archimède et effectué d'autres quadratures difficiles, et il a développé une théorie des maxima et des minima, esquissée par Descartes et un peu différente de celle de Fermat; mais il faut ici surtout le citer comme auteur de la théorie des rayons de courbure et des développées, exposée à propos de la théorie du pendule, dans son *Horologium oscillatorium* (1673), avec une entière rigueur. C'est Huygens qui a été le guide de Leibniz en mathématiques, en lui faisant étudier l'analyse dans Descartes et Sluse, les quadratures dans Grégoire de Saint Vincent et Pascal. D'autre part, au point de vue de la mécanique rationnelle, son *Horologium* a eu une influence considérable sur Newton.

Remarque. Grégoire de Saint Vincent et Sluse sont belges; Huygens, hollandais; Neper, Maclaurin, écossais; Wallis, Newton, Cayley, Sylvester, anglais; Kepler, Leibniz, Gauss, Jacobi, Riemann, Clebsch, Weierstrass, Kronecker, allemands; Descartes, Fermat, Roberval, Pascal, Legendre, Cauchy, Hermite, français; les Bernoulli et Euler, suisses; Cavalieri, Lagrange, Brioschi, italiens.

CHAPITRE II. Premiers principes du Calcul différentiel, par Leibniz et Newton (1684; 1687)(1).

I. Nouvelle méthode de recherche des Maxima et des Minima et aussi des tangentes, applicable même dans le cas d'expressions fractionnaires et irrationnelles, et calcul remarquable y relatif, par G. G. L.(2). **280.** I. *Définition de la différentielle.* Soient l'axe AX et diverses courbes, telles que VV, WW, YY, ZZ dont les ordonnées, normales à l'axe, sont VX, WX, YX, ZX,

(1) Traduction publiée d'abord dans *Mathesis*, t. IV, pp. 177-188, le 30 septembre 1884, à l'occasion du deuxième centenaire de l'invention du calcul différentiel.

(2) Publié, en latin, le 1er octobre 1684, dans les *Acta Eruditorum* de Leipzig, pp. 467-473 (*Œuvres mathématiques* de Leibniz, publiées par Gerhardt, t. V, pp. 220-226). G. G. L. est, en abrégé, pour Guillaume Godefroid Leibniz. Les nos I à X et les titres des alinéas sont ajoutés par nous. Nous renversons aussi la figure primitive, où les x positifs sont à gauche de l'origine.

et sont désignées par les lettres v, w, y, z; AX lui-même, abscisse comptée sur l'axe, est appelé x. Les tangentes sont VB(3), WC, YD, ZE rencontrant l'axe respectivement en B, C, D, E. Appelons dx une droite quelconque prise arbitrairement et dv (dw, dy, ou dz) c'est-à-dire, différentielle de v (w, y ou z), une droite qui soit à dx, comme v (w, y ou z) est à XB (XC, XD ou XE) (4). Cela posé, voici quelles sont les règles du nouveau calcul.

II. *Différentiation d'une somme, d'un produit, d'un quotient.* Si a est une constante, $da = 0$ et $d(ax) = adx$. Si $y = v$, ou si l'ordonnée d'une courbe YY est toujours égale à l'ordonnée d'une courbe correspondante VV, $dy = dv$. *Addition* et *soustraction* : Si $z - y + w + x = v$, on a $d(z - y + w + x)$ ou $dv = dz - dy + dw + dx$. *Multiplication* : $d(xv) = xdv + vdx$ ou, si $y = xv$, $dy = xdv + vdx$, car il est indifférent d'écrire xv ou, en abrégé, y. Il faut remarquer que x et dx se traitent dans ce calcul, comme y et dy ou toute autre variable et sa différentielle. On doit remarquer aussi que l'on ne peut pas toujours revenir à l'équation primitive en partant de l'équation différentielle, sauf avec quelque précaution, comme nous le dirons ailleurs. Enfin *Division* : $d\frac{v}{y}$ ou si $\left(z = \frac{v}{y}\right)$, $dz = \frac{\pm vdy \mp ydv}{yy}$ (5).

III. *Interprétation géométrique du signe de la différentielle; maxima et minima.* Quant aux signes, il faut bien noter ceci : Lorsque dans le calcul, on introduit la différentielle d'une quantité, à la place de celle-ci, on doit lui conserver le même signe; ainsi, à la place de $+z$ on écrit $+dz$, à la place de $-z$, on écrit $-dz$, comme il résulte des règles données pour l'addition et la soustraction. Mais quand on en vient à la discussion des valeurs des quantités considérées, c'est-à-dire quand on considère la relation de z avec x, on voit si la valeur de dz est positive ou négative. Quand cette dernière circonstance se présente, la tangente ZE est dirigée du point Z, non vers A, mais dans le sens contraire au delà de X, et les

(3) C'est-à-dire V_1B_1 en V_1, V_2B_2 en V_2. Plus bas, XB pour XB_1 ou XB_2.

(4) Comme on le voit, dès le début du nouveau calcul, Leibniz définit la différentielle comme Cauchy. Pour lui, $dv = v'dx$, car le rapport de l'ordonnée à la sous-tangente, chacune de ces lignes étant prise avec son signe, est égal à la dérivée.

(5) Une discussion attentive aurait prouvé à Leibniz qu'il est inutile de mettre les signes supérieurs, si l'ordonnée et la tangente sont prises chacune avec leur signe. Leibniz prend ces quantités en valeur absolue. Voir la note suivante.

ordonnées décroissent lorsque les abscisses croissent. Pour les ordonnées *v*, comme elles sont tantôt croissantes, tantôt décroissantes, *dv* sera tantôt positif, tantôt négatif; dans le premier cas, la tangente V_1B_1 est dirigée vers A, dans le second, en sens contraire. Ni l'un ni l'autre de ces cas ne se présente en un point intermédiaire M, au moment où les *v*

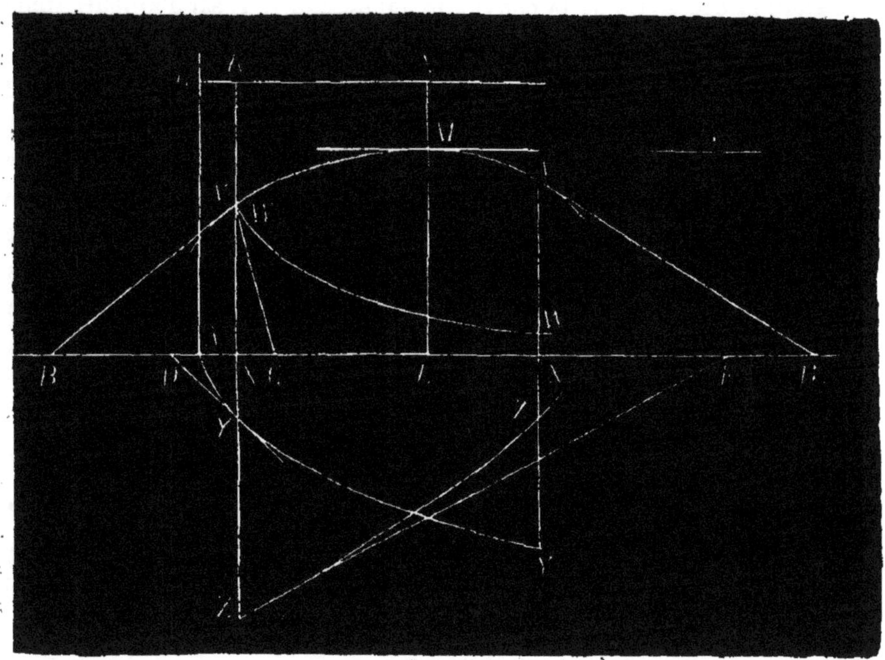

ne croissent ni ne décroissent, mais sont stationnaires. Alors $dv = 0$, 0 n'étant ni positif, ni négatif, puisque $+0 = -0$. En ce point, *v*, c'est-à-dire l'ordonnée LM, est *Maxima* (ou si la convexité de la courbe est tournée vers l'axe, *Minima*) : la tangente à la courbe en M n'est dirigée ni vers A en se rapprochant de l'axe, ni en sens inverse vers X, mais est parallèle à l'axe. Si *dv* est infini par rapport à *dx*, alors la tangente est perpendiculaire à l'axe et se confond avec l'ordonnée. Si *dv* et *dx* sont égaux, la tangente fait avec l'axe un angle égal à la moitié d'un angle droit.

Points d'inflexion. Si les ordonnées croissent et que leurs accroissements ou différentielles *dv* croissent aussi (ou si les *dv* étant supposés positifs, il en est de même des différentielles des différentielles *ddv*, et de même, si les *dv* et les *ddv* sont négatifs à la fois), la courbe tourne sa *convexité* vers l'axe; sinon, c'est sa *concavité* qui est tournée vers l'axe. Mais au point où l'accroissement est maximum ou minimum, c'est-à-dire où les accroissements, de décroissants, deviennent croissants ou inversement, il y a *un point d'inflexion* et la convexité et la concavité se permutent entre elles, pourvu, bien entendu, qu'en ce point les ordonnées, de croissantes, ne deviennent pas décroissantes ou inversement, parce qu'alors la concavité ou la convexité subsisterait. Il est d'ailleurs impossible que les accroissements continuent à croître ou à décroître et que les ordonnées fassent l'inverse. Il y a donc un point d'inflexion quand v et dv étant différents de zéro, on a $ddv = 0$. Le problème de l'inflexion correspond donc au cas où une certaine équation a trois racines égales, et non deux seulement comme dans les questions relatives aux maxima et aux minima. Tout cela dépend, comme on voit, de l'usage légitime des signes.

IV. *Remarque sur la différentielle des quotients.* Quelquefois il faut employer des *signes ambigus*(6), comme on l'a vu plus haut, pour la division; on doit procéder ainsi jusqu'à ce que l'on sache celui qu'il faut employer. Quand x croît, si $\frac{v}{y}$ croît (ou décroît), il faut prendre les signes dans $d\frac{v}{y}$ ou $\frac{\pm vdv \mp ydv}{yy}$ de manière que cette fraction soit positive (ou négative), $\mp$ étant le signe contraire de $\pm$, c'est-à-dire que si l'un est $+$, l'autre est $-$, et inversement. Plusieurs ambiguïtés de signe peuvent se présenter dans le même calcul et je les distingue par des parenthèses. Ainsi, si $w = \frac{v}{y} + \frac{y}{z} + \frac{z}{v}$,

$$dw = \frac{\pm vdy \mp ydv}{yy} + \frac{(\pm)\, ydz\, (\mp)\, zdy}{zz} + \frac{((\pm))\, xdv\, ((\mp))\, vdx}{ww}.$$

Sans cela, les ambiguïtés d'origine diverse se confondraient. Notez ici qu'un signe ambigu multiplié par lui-même donne $+$, par le contraire donne $-$, par un autre signe ambigu, une nouvelle ambiguïté dépendant des deux premières.

(6) Comme nous l'avons dit plus haut, cet alinéa est inutile : on doit toujours prendre les signes supérieurs. Newton l'a bien reconnu et n'a laissé aucune ambiguïté de signe dans ses formules. Dans la célèbre lettre qu'il a adressée le 24 octobe 1676 à Oldenbourg, pour Leibniz, il fait l'observation suivante : « Leibniz ne semble pas avoir remarqué que je représente habituellement par des lettres des quantités affectées du signe *plus* ou du signe *moins*. De cette manière, je ne multiplie pas inutilement le nombre des théorèmes » (*Œuvres math. de Leibniz*, t. I, p. 138 ou *Newtoni Opuscula*, t. I, p. 346-347, de l'édition de Castillon, Genève, 1744).

V. *Puissances et racines. Puissances* : $d(x^a) = ax^{a-1}dx$, par exemple, $d(x^3) = 3x^2dx$; $d\frac{1}{x^a} = -\frac{adx}{x^{a+1}}$, par exemple, si $w = \frac{1}{x^3}$, $dw = -\frac{3dx}{x^4}$.

Racines : $d\sqrt[b]{x^a} = dx\frac{a}{b}\sqrt[b]{x^{a-b}}$ (ainsi, $d\sqrt[2]{y} = \frac{dy}{2\sqrt[2]{y}}$, car, dans ce cas, $a=1$, $b=2$; ainsi $\frac{a}{b}\sqrt[b]{x^{a-b}}$ est $\frac{1}{2}\sqrt[2]{y^{-1}}$ et y^{-1} est, d'après la nature des exposants négatifs, la même chose que $\frac{1}{y}$ et $\sqrt[2]{\frac{1}{y}}$ est $\frac{1}{\sqrt[2]{y}}$); $d\frac{1}{\sqrt[b]{x^a}} = \frac{-adx}{b\sqrt[b]{x^{b+a}}}$. La règle donnée pour les puissances entières aurait suffi pour les puissances en dénominateur et pour les racines, puisque si l'exposant est négatif, la puissance vient en dénominateur et s'il est fractionnaire, la puissance se change en racine. Mais j'ai préféré tirer moi-même ces conséquences que de les laisser à déduire aux autres, parce qu'elles sont très générales et d'un usage fréquent, et en matière compliquée, il faut songer à faciliter la tâche du calculateur.

VI. *Le nouveau calcul comparé aux méthodes anciennes.* Grâce à l'*Algorithme,* si j'ose ainsi dire, de ce calcul que j'appelle *différentiel,* toutes les équations entre différentielles peuvent être trouvées par le calcul ordinaire; on peut obtenir les maxima et les minima, et de même les tangentes, sans qu'il soit nécessaire de faire disparaître les dénominateurs et les radicaux ou autres formes d'expressions embarrassantes, comme c'est le cas pour les méthodes publiées jusqu'à présent(7). La démonstration de tout ce qui précède est facile pour celui qui est versé en ces questions, en s'appuyant sur une seule remarque à laquelle on n'a pas fait assez attention, savoir que l'on peut regarder dx, dy, dv, dw, dz comme proportionnels respectivement aux accroissements ou décroissements instantanés de x, y, v, w, z(8).

Il résulte de là que l'on peut écrire immédiatement l'équation différentielle correspondant à une équation donnée, en remplaçant chaque *terme*

(7) Allusion aux méthodes de Fermat, de Barrow et surtout de Sluse.

(8) L'accroissement instantané d'une variable y est l'accroissement que prendrait cette variable, pendant un temps quelconque, si sa loi de génération restait, pendant ce temps, ce qu'elle est au début. C'est au fond, la définition du n° I, sous la forme $dy = \Delta x \lim (\Delta y : \Delta x)$.

(chaque partie qui concourt à former l'équation par addition et soustraction) par sa différentielle, chaque quantité qui entre dans chacun des termes par sa différentielle, non purement et simplement, mais d'après l'Algorithme exposé plus haut. Les méthodes antérieures n'ont pas de règle analogue, mais emploient la plupart une droite telle que DX ou quelque autre analogue, mais non la droite dy, quatrième proportionnelle à DX, XY et dx, et cela trouble tout. De là vient aussi que ces méthodes prescrivent de faire disparaître les dénominateurs et les radicaux (qui se présentent avec un signe + ou un signe —). Il est clair aussi que notre méthode s'étend aux lignes transcendantes, qui ne peuvent être traitées par le calcul algébrique ou ne sont d'aucun degré déterminé ; et cela de la manière la plus générale, sans aucune supposition particulière non toujours réalisée. Il suffit que l'on admette d'une manière générale que trouver la *tangente* à une courbe, c'est mener la droite joignant deux points infiniment voisins de la courbe, ou prolonger le côté du polygone d'un nombre infini de sommets qui équivaut pour nous à la *courbe* (9). Mais cette distance infiniment petite peut toujours s'exprimer par une différentielle connue, comme dv, ou par une relation avec dv, c'est-à-dire, par une autre tangente connue. En particulier, si y est une quantité transcendante, par exemple, l'ordonnée de la cycloïde, et qu'elle entre dans un calcul par lequel est déterminée l'ordonnée z d'une autre courbe, et qu'il s'agisse de trouver dz, ou au moyen de dz, la tangente à cette courbe, certainement il faudra expri-

---

(9) Leibniz n'entend pas ceci dans un sens vague, mais dans le sens précis de la méthode actuelle des limites, comme l'a remarqué Lacroix qui cite le passage suivant des *Acta eruditorum* de 1684, p. 585 (*Œuv. math.*, t. V., p. 16) : « Une courbe doit être regardée comme un polygone d'une infinité de côtés. Toutes les propriétés d'un polygone pareil qui ne dépendent pas du nombre de ses côtés ou qui sont telles qu'elles se vérifient d'autant mieux que le nombre des côtés est plus grand, *de manière que l'erreur devienne aussi petite que l'on veut*, appartiennent [par définition] à la courbe. » Dans une lettre à Wallis du 28 mai 1697 (*Commercium Epistolicum*, édition Lefort, p. 220), après avoir distingué nettement la méthode de quadrature par les séries (méthode d'exhaustion, employée par Archimède pour la parabole, par Eudoxe pour la pyramide), de la méthode par sommation d'infiniment petits (employée aussi au fond par Archimède), Leibniz fait la remarque suivante : « *Commune omnibus sit principium demonstrandi : ut error ostendatur infinite parvus, seu minor quamvis dato, Euclidis jam exemplo.* »

mer dz au moyen de dy; quant à dy, on l'obtiendrait parce que l'on connaît la tangente à la cycloïde. De même, on pourrait trouver la tangente à la cycloïde, si on la suppose inconnue, d'après la propriété des tangentes au cercle.

VII. *Exemple.* Il convient de donner ici un exemple. Nous y désignerons un quotient par $x : y$ au lieu d'écrire x divisé par y ou $\frac{x}{y}$(10). Soit une *première* équation donnée $x : y + (a + bx)(c - xx)$: carré de $(ex + fxx) + ax\sqrt{gg + yy} + yy : \sqrt{hh + lx + mxx} = 0$, exprimant une relation entre x et y ou entre AX et XY, $a, b, c, e, f, g, h, l, m$ étant des données. On demande de mener par Y la tangente YD, ou l'on cherche le rapport de DX à la droite donnée XY. Pour abréger, posons $a + bx = n$, $c - xx = p$, $ex + fxx = q$, $gg + yy = r$, $hh + lx + mxx = s$. On aura la *deuxième* équation $x : y + np : qq + ax\sqrt{r} + yy : \sqrt{s}$. D'après les règles de notre calcul, $d(x : y) = (\pm\, xdy \mp ydx) : yy$; de même $d(np : qq) = [(\pm\, 2npdq\ (\mp)\ q\ (ndp + pdn)] : q^3$; $d(ax\sqrt{r}) = ax\, dr : 2\sqrt{r} + adx\sqrt{r}$; $d(yy : \sqrt{s}) = [(\pm)\ yyds\ (\mp)\ 4ys\, dy) : 2s\sqrt{s}]$. Ces diverses différentielles, depuis $d(x : y)$ jusque $d(yy : \sqrt{s})$ ajoutées entre elles ont une somme nulle et donneront ainsi la *troisième* équation, qui est donc obtenue en remplaçant chaque terme de la seconde par sa différentielle. Maintenant $dn = bdx$, $dp = -2x\, dx$, $dq = edx + 2fx dx$, $dr = 2y\, dy$, $ds = ldx + 2mx\, dx$. Substituant ces valeurs dans la troisième équation, on en obtient une *quatrième* où les seules différentielles qui restent sont dx, dy, lesquelles ne sont ni au dénominateur ni sous des radicaux. Chaque terme contient en facteur dx ou dy, et quelque compliqué que soit le calcul, il en est toujours ainsi, de sorte que la dernière équation est homogène par rapport à ces deux quantités. On peut donc toujours avoir la valeur de $dx : dy$ ou du rapport de ces quantités, c'est-à-dire celui de DX à XY. Dans le cas particulier traité, on trouve, en changeant la quatrième équation en une proportion que dx est à dy comme $\pm\, x : yy + axy : \sqrt{r}\ ((\pm))\ 2y : \sqrt{s}$ est à $\pm\, 1 : y\,(\pm)\, 2np\,(e + 2fx) : q^3\ (\mp)\ (-2nx + pb) : q^2 - a\sqrt{r}\ ((\pm))\ yy\,(l + 2mx) : 2s\sqrt{s}$. Mais le point Y étant donné, x, y sont connus et, par suite, aussi n, p, q, r, s. On a donc ce que l'on cherche. Nous avons traité ici cet exemple assez compliqué afin de montrer comment on doit se servir des règles exposées

(10) Nous conservons les notations de Leibniz.

plus haut, même dans un calcul plus difficile. Maintenant, il convient d'en faire connaître l'usage dans des cas plus simples.

VIII. *Loi de la réfraction.* Soient donnés deux points C et E et la droite SS dans un même plan. On demande de déterminer le point F

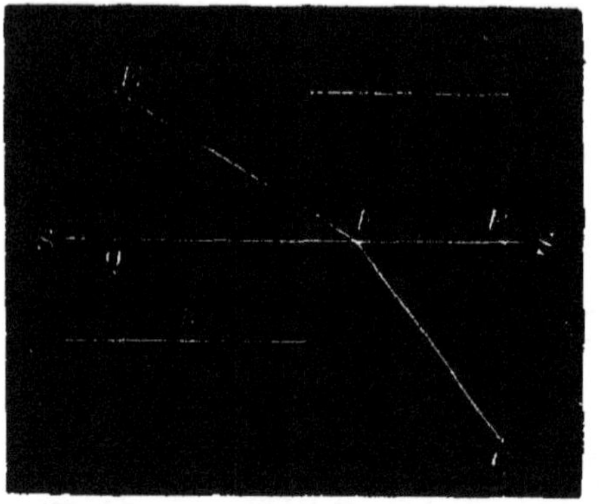

sur SS de manière que la somme des rectangles faits sur CF et sur la longueur donnée h, puis sur FE et l'autre longueur donnée r soit la plus petite possible. Si SS est une ligne qui sépare deux milieux, que h soit la densité du milieu qui est du côté de C, par exemple de l'eau, r celle du milieu qui est du côté de E, par exemple de l'air, on cherche le point F tel que le chemin de E à C par F soit le plus facile possible. Représentons toutes ces sommes de rectangles possibles, ou les difficultés de tous les chemins possibles, par les ordonnées KV de la courbe VV, perpendiculaires à GP ; appelons ces ordonnées ω et cherchons celle qui est la plus petite NM (Fig. 1). Puisque les points C et E sont donnés, les perpendiculaires $CP = c$, $EQ = e$ à SS sont connues et aussi $PQ = p$. Quant à QF, qui est égale à GK ou AX, nous l'appelons x, puis nous faisons $CF = f$, $EF = g$. Alors $FP = p - x$, $f = \sqrt{cc + pp - 2px + xx}$ ou en abrégé $\sqrt{l}$, et $g = \sqrt{ee + xx}$ ou en abrégé $\sqrt{m}$. Nous avons donc $\omega = h\sqrt{l} + r\sqrt{m}$. On déduit de là (puisque $d\omega = 0$ dans le cas du minimum) l'équation différentielle $0 = hdl : 2\sqrt{l} + rdm : 2\sqrt{m}$, d'après les règles de notre calcul. Or $dl = -2\,dx\,(p - x)$, $dm = 2x\,dx$. Donc il vient $h\,(p - x) : f = rx : g$. Appliquons ceci à la dioptrique et posons $f = g$, c'est-à-dire CF = FE, ce qui est permis puisque la loi de la réfraction reste la même au point F, quelle que soit la longueur de CF. On aura $h\,(p - x) = rx$ ou $h : r :: x : p - x$, ou $h : r ::$ QF : FP, c'est-à-dire que les sinus des angles d'incidence QF et FP sont en raison inverse de r et h, densités des milieux d'incidence et de réfraction. Il faut comprendre la densité, non par rapport à nous, mais par rapport à la résistance qu'offre les milieux aux rayons lumineux. On a ainsi la démonstration du calcul donné par nous ailleurs dans les *Acta eruditorum*, quand nous exposions le fondement général de l'optique, de la catoptrique et de la dioptrique. Des auteurs très savants ont cherché d'une manière très indirecte ce qu'une personne versée dans le calcul différentiel peut obtenir en trois lignes.

IX. *Construction de la tangente à une certaine courbe.* Je montrerai la même chose sur un autre exemple. Soit 133 une courbe telle que la somme des six droites 34, 35, 36, 37, 38, 39 menées d'un point quelconque 3 de la courbe ait une somme donnée *g*. Soit T14526789 l'axe, 12 l'abscisse, 23 l'ordonnée. On demande la tangente 3T. Je dis

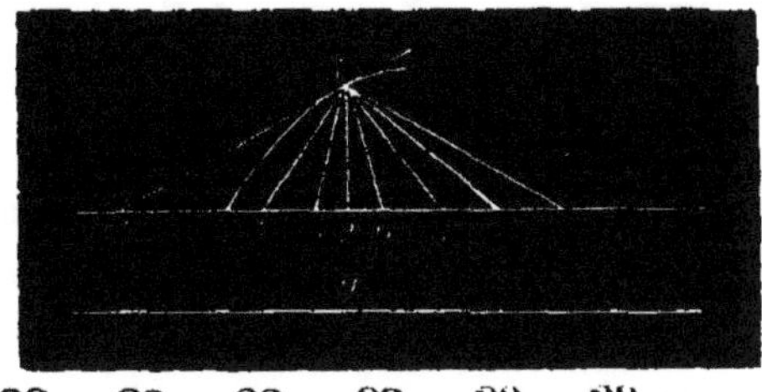

que l'on aura T2 est à 23, comme $\frac{23}{34}+\frac{23}{35}+\frac{23}{36}+\frac{23}{37}+\frac{23}{38}+\frac{23}{39}$ est à $-\frac{24}{34}-\frac{25}{35}+\frac{26}{36}+\frac{27}{37}+\frac{28}{38}+\frac{29}{39}$.

Une règle analogue subsiste si l'on suppose dix ou plus de points fixes au lieu de six. Dans les méthodes pour trouver les tangentes publiées jusqu'à présent, il serait extrêmement ennuyeux et peut-être impossible de faire entrer dans les calculs des points de ce genre, si l'on doit faire disparaître les irrationnelles en égalant à une variable nouvelle tous les produits des binômes ou trinômes relatifs à ces droites. Dans notre méthode, pour tous ces cas et d'autres plus compliqués, la facilité est toujours la même, plus grande qu'on ne peut l'imaginer et vraiment remarquable.

X. *Conclusion. Problème de De Beaune.* Tels sont les commencements seulement d'une certaine *Géométrie beaucoup plus sublime*, présentant des problèmes très difficiles et très beaux, même relatifs à la mathématique mixte, problèmes que personne n'essaiera sans témérité de traiter avec la même facilité qu'avec notre calcul ou un calcul semblable. Comme appendice, donnons ici la solution d'un problème proposé par de Beaune et que Descartes a essayé de résoudre sans y réussir (Tome 3 de ses lettres) : Trouver une ligne WW telle que la tangente étant WC, XC soit toujours égal à une constante. On a le rapport XW : XC ou $w : a$ égal à $dw : dx$. Donc si dx (qui est arbitraire) est supposée constante, par exemple égale à b, ou si $x = AX$ croît d'une manière uniforme, on aura $w = \frac{a}{b} dw$. Les ordonnées w de la courbe sont donc proportionnelles à leurs différentielles ou accroissements dw, c'est-à-dire que si les x sont en progression arithmétique, les w sont en progression géométrique, ou si les w sont les nombres, les x seront les logarithmes. La ligne WW est donc une logarithmique(11).

II. Principes du calcul des fluxions par I. Newton(12).

290. Lemme. *Le moment d'une quantité engendrée est égal à la somme des produits des moments de chacun des côtés générateurs par les coefficients et les exposants de ces côtés*(13).

J'appelle quantité engendrée toute quantité qui est obtenue, sans addition ni soustraction, au moyen de côtés ou termes quelconques, en arithmétique, par multiplication, division et extraction de racines; en géométrie, par la recherche du contenu des figures ou de leurs côtés, des quatrièmes ou des moyennes proportionnelles. A cette catégorie de quantités appartiennent les produits, les quotients, les racines, les rectangles, les carrés, les cubes, les côtés élevés au carré, au cube, et autres expressions analogues. Je considère ici ces quantités comme indéterminées et variables, comme croissant ou décroissant par un mouvement ou flux perpétuel; leurs accroissements ou décroissements instantanés(14) sont ce que j'appelle leurs moments. Les accroissements sont les moments positifs, les décroissements sont les moments négatifs. Il ne faut pas entendre par là des quantités finies. Les quantités finies [déterminées] ne sont pas des moments, mais les quantités engendrées par les moments(15).

---

(11) Au fond, Leibniz détermine ici une fonction par une équation différentielle, sans faire d'intégration proprement dite. La différentiation explicite de la fonction exponentielle a été faite en 1697 par Jean Bernoulli.

(12) Traduction du second lemme du livre deuxième des *Principes* (1687), faite sur la seconde édition qui ne diffère pas essentiellement de la première.

(13) Moment = différentielle; quantité engendrée = quantité de la forme $A^mB^nC^p$; A, B, C sont les côtés générateurs; A a pour exposant m, pour coefficient $A^{m-1}B^nC^p$; le produit de dA par m et $A^{m-1}B^nC^p$ est l'une des parties du moment de $A^mB^nC^p$; de même, les deux autres parties sont $n \times A^mB^{n-1}C^p \times dB$ et $p \times A^mB^nC^{p-1} \times dC$. Le sens du théorème est donc $d(A^mB^nC^p) = mA^{m-1}B^nC^pdA + nA^mB^{n-1}C^pdB + pA^mB^nC^{p-1}dC$.

(14) Voir note 8.

(15) Dans la première édition, au lieu de ces mots : *Particulae finitae non sunt momenta sed quantitates ipsae ex momentis genitae*, on trouve les suivants : *Momenta, quam primum finitae sunt magnitudinis desinunt esse momenta. Finiri enim repugnat aliquatenus perpetuo eorum incremento vel decremento*, plus obscurs encore. Il faut tout entendre d'après la remarque qui termine la note suivante. Nous croyons que Newton est obscur à dessein (Voir la note 18).

Ceux-ci sont les principes naissants des quantités finies ; car, dans ce lemme, il ne s'agit pas de la grandeur des moments, mais de leurs rapports à l'instant où ils naissent. On peut aussi, à la place des moments, prendre les vitesses des accroissements ou des décroissements (quantités que l'on peut appeler mouvements, variations ou fluxions des quantités)(16), ou des quantités quelconques, proportionnelles à ces vitesses. Quant au coefficient d'un côté générateur quelconque, c'est la quantité qui, multipliée par ce côté, produit la quantité engendrée.

Le sens du lemme est donc le suivant : Si a, b, c, etc., sont les moments des quantités croissantes ou décroissantes A, B, C, etc., ou les vitesses(17) avec lesquelles elles varient, le moment ou la variation du rectangle AB sera $aB + bA$; celui du volume ABC sera $aBC + bAC + cAB$; les moments des puissances

$$A^2,\ A^3,\ A^4,\ A^{\frac{1}{2}},\ A^{\frac{3}{2}},\ A^{\frac{1}{3}},\ A^{\frac{2}{3}},\ A^{-1},\ A^{-2},\ A^{-\frac{1}{2}}$$

seront respectivement

$$2aA,\ 3aA^2,\ 4aA^3,\ \tfrac{1}{2}aA^{-\frac{1}{2}},\ \tfrac{3}{2}aA^{\frac{1}{2}},\ \tfrac{1}{3}aA^{-\frac{2}{3}},\ \tfrac{2}{3}aA^{-\frac{1}{3}},\ -aA^{-2},\ -2aA^{-3},\ -\tfrac{1}{2}aA^{-\frac{3}{2}}.$$

En général, le moment d'une puissance quelconque $A^{\frac{n}{m}}$ sera $\frac{n}{m}\,aA^{\frac{n-m}{m}}$. Celui de A^2B sera $2aAB + bA^2$; celui de $A^3B^4C^2$, $3aA^2B^4C^2 + 4bA^3B^3C^2 + 2cA^3B^4C$; celui de $\frac{A^3}{B^2}$ ou A^3B^{-2}, $3aA^2B^{-2} - 2bA^3B^{-3}$, et ainsi de suite. On démontre ce lemme comme il suit.

Premier cas. Le rectangle AB variable, dans le cas où les côtés sont diminués des demi-moments $\frac{1}{2}a$, $\frac{1}{2}b$, devient le produit de $A - \frac{1}{2}a$

---

(16) Aujourd'hui les *dérivées*. Newton, dans le *Scholium* qui termine la première section du livre premier des *Principes*, dit qu'il faut entendre, dans le sens de la théorie des limites, tout ce qu'il expose ultérieurement en parlant de quantités naissantes, d'infiniment petits, etc. Voici ses propres paroles : « Igitur in sequentibus, si quando facili rerum conceptui consulens, dixero quantitas quam minimas, vel evanescentes, vel ultimas, cave intelligas quantitates magnitudine determinatas, sed cogita semper diminuendas sine limite. » (Éd. d'Amsterdam, 1714, p. 34).

(17) Ailleurs, Newton désigne la vitesse d'accroissement d'une quantité A, par la lettre A surmontée d'un point. Leibniz a toujours maintenu, avec raison, que sa notation des différentielles vaut mieux que celle de Newton par les fluxions. Newton, dit-il : « se sert d'autres caractères ; mais comme la caractéristique même [la notation] est, pour ainsi dire, une grande partie de l'art d'inventer, je crois que les nôtres donnent plus d'ouverture. (*Œuv. Math.*, t. V., p. 307 ; Dutens, t. III, p. 301). »

par $B - \frac{1}{2} b$, ou $AB - \frac{1}{2} aB - \frac{1}{2} bA + \frac{1}{4} ab$; quand les côtés sont augmentés des demi-moments $\frac{1}{2} a$, $\frac{1}{2} b$, il devient $AB + \frac{1}{2} aB + \frac{1}{2} bA + \frac{1}{4} ab$. De ce dernier rectangle, soustrayez le premier et il restera $aB + bA$. Donc les accroissements totaux a et b donnent naissance à l'accroissement du rectangle $aB + bA$; ce qu'il fallait démontrer(18).

Deuxième cas. Posons $AB = G$; d'après le premier cas, le moment du volume ABC ou de GC sera $gC + cG$, c'est-à-dire (en remplaçant G par AB, g par $aB + bA$), $aBC + bAC + cAB$. Le raisonnement est le même pour un produit d'autant de facteurs que l'on veut. C. Q. F. D.

Troisième cas. Soient $A = B = C$; le moment de A^2, c'est-à-dire de AB, sera $aB + bA$ ou $2aA$; celui de A^3 ou ABC sera $aBC + bAC +$

---

(18) Newton remplace ici, sans explication suffisante, la différentielle $d(AB)$ par l'accroissement $\Delta[(A - \frac{1}{2}\Delta A)(B - \frac{1}{2}\Delta B)]$. C'est un grave défaut de son exposition. Il semble que l'illustre géomètre, sur ce point fondamental, ait toujours essayé de ne livrer sa pensée qu'à moitié, au lieu de la dévoiler toute entière. Dans son premier travail sur l'Analyse infinitésimale, écrit en 1669, mais publié seulement en 1711, savoir l'*Analysis per Aequationes numero terminorum infinitas*, une seule fois (*Opuscula*, I, p. 26, lignes 1 et 8; *Comm. epist.*, p. 73, lignes 16, 17, 23), il indique d'une manière fugitive, pourquoi il a le droit d'employer une égalité approximative $y + dy = F(x + \Delta x)$, au lieu de l'égalité rigoureuse $y + \Delta y = F(x + \Delta x)$, pour différentier $y = Fx$. Dans son *Tractatus de Quadratura Curvarum* (publié en 1704), il est assez clair dans l'Introduction, surtout dans la recherche de la dérivée de x^n (*Opusc.*, p. 206), mais dans l'ouvrage lui-même, il remplace partout les accroissements par les différentielles. Enfin, il procède de même dans son livre le plus considérable sur les nouveaux calculs, savoir la *Methodus Fluxionum et Serierum infinitarum cum ejusdem applicatione ad curvarum geometriam*, écrit peut-être dès 1671, mais publié seulement en 1736, en Anglais, par Colson (Voir, en particulier, p. 59-60 dans l'édition de Castillon). Le passage où il s'est exprimé le plus clairement sur son procédé, est le suivant emprunté à sa *Recensio* anonyme du *Commercium Epistolicum* où il dit en parlant de lui-même : « Cum autem Propositionem aliquam demonstrat (Newtonus), literam *o* adhibet profinito Momento temporis vel ejus exponentis, aut cujusvis quantitatis uniformiter fluentis; totamque calculationem absolvit per Geometriam veterum in finitis figuris sive schematibus sine ulla approximatione; et cum primum calculatio peracta est, et aequatio reducta, supponit momentum *o* decrescere *in infinitum* atque evanescere. Cum vero non demonstrat, sed solum investigat Propositionem, quo citius rem conficiat, supponit momentum *o* esse infinite parvum, et in scribendo illud negligit, omnibusque approximationum modis utitur, quos nullum in conclusione errorem parituros autumat (*Commercium epistolicum*, p. 14) » Il est regrettable qu'il ne se soit pas exprimé aussi clairement dans sa *Méthode des Fluxions*.

cAB ou $3aA^2$. Pour la même raison, le moment de la puissance A^n est naA^{n-1}. C. Q. F. D.

Quatrième cas. Puisque $\frac{1}{A}$ multiplié par A égale l'unité, le moment de $\frac{1}{A}$ multiplié par A, plus $\frac{1}{A}$ multiplié par a est égal au moment de 1 ou zéro. Donc le moment de $\frac{1}{A}$ ou A^{-1} est $\frac{-a}{A^2}$. En général, puisque $\frac{1}{A^n}$ multiplié par A^n égale l'unité, le moment de $\frac{1}{A^n}$ multiplié par A^n plus $\frac{1}{A^n}$ multiplié par naA^{n-1} est nul. Par suite, le moment de $\frac{1}{A^n}$ ou A^{-n} sera $-\frac{na}{A^{n+1}}$. C. Q. F. D.

Cinquième cas. Puisque $A^{\frac{1}{2}}$ multiplié par $A^{\frac{1}{2}}$ est égal à A, le moment de $A^{\frac{1}{2}}$ multiplié par $2A^{\frac{1}{2}}$ sera égal à a, d'après le troisième cas; donc le moment de $A^{\frac{1}{2}}$ sera $\frac{a}{2A^{\frac{1}{2}}}$ ou $\frac{1}{2}aA^{-\frac{1}{2}}$. En général, si l'on pose $A^{\frac{m}{n}} = B$, on aura $A^m = B^n$ et, par suite, $maA^{m-1} = nbB^{n-1}$ et $maA^{-1} = nbB^{-1}$ ou $nbA^{-\frac{m}{n}}$. Donc $\frac{m}{n}aA^{\frac{m-n}{n}} = b$, c'est-à-dire, le moment de $A^{\frac{m}{n}}$. C. Q. F. D.

Sixième cas. Par conséquent, le moment d'une quantité A^mB^n quelconque est égal au moment de A^m multiplié par B^n plus le moment de B^n multiplié par A^m, c'est-à-dire $maA^{m-1}B^n + nbB^{n-1}A^m$ et cela que les indices m, n soient entiers ou fractionnaires, positifs ou négatifs. Et il en est de même dans le cas du produit de plus de deux puissances.

Corollaire 1. De là résulte que dans les proportions continues, si un terme est donné, les moments des autres seront entre eux comme les termes multipliés par le nombre des intervalles qui les séparent du terme donné. Ainsi, si A, B, C, D, E, F sont en proportion continue et si le terme C est donné, les moments des autres termes seront entre eux comme — 2A, — B, D, 2E, 3F(19).

---

(19) On peut écrire, en effet, la progression ou proportion continue CQ^{-2}, CQ^{-1}, C, CQ, CQ^2, CQ^3. Ces quantités ont pour moments $-2qCQ^{-3}$, $-qCQ^{-2}$, 0, qC, $2qC$, $3qCQ^2$ égaux, au facteur $(q : Q)$ près, à $-2CQ^{-2}$, $-CQ^{-1}$, 0, CQ, $2CQ^2$, $3CQ^3$.

Corollaire 2. Si, de quatre quantités proportionnelles, on donne deux moyens, les moments des extrêmes sont entre eux comme ces extrêmes. Il en est de même des moments des facteurs d'un produit constant (20).

Corollaire 3. Si la somme ou la différence de deux carrés est donnée, les moments des côtés seront réciproquement comme les côtés (21).

REMARQUE. Dans des lettres échangées il y a une dizaine d'années [1676-1677] avec le très habile géomètre G. G. Leibniz, je lui ai fait savoir que j'étais en possession d'une méthode pour déterminer les maxima et les minima, mener les tangentes et traiter les autres questions semblables, méthode qui servait aussi bien dans le cas des racines que dans celui des expressions rationnelles ; je lui cachais cette méthode dans la phrase suivante écrite en lettres transposées : *Étant donnée une équation contenant un nombre quelconque de quantités variables ou fluentes, trouver leurs fluxions et inversement*. Cet homme illustre me répondit qu'il était aussi tombé sur une méthode analogue et il me communiqua cette méthode qui s'écarte à peine de la mienne, sauf dans les termes et les notations (22). Le fondement des deux méthodes est contenu dans le lemme précédent (23).

CHAPITRE III. INDÉFINIMENT PETITS. INFINIMENT PETITS ET PSEUDO-INFINIMENT PETITS.

291. *Définitions*. I. Un *infiniment petit*, comme on l'a vu, est une quantité variable qui a pour limite zéro (45) ; ou encore, en évitant de se

---

(20) Au signe près : si $AB = c^{te}$, on a $aB + bA = 0$ ou $a : b = A : -B$.

(21) De $A^2 \pm B^2 =$ constante, on déduit $2aA \pm 2bB = 0$ ou $a : b = B : \mp A$.

(22) Dans la seconde édition des *Principes* (1713), Newton ajoute ici : et *idea generationis quantitatum*, c'est-à-dire que, selon lui, les deux méthodes diffèrent aussi par la manière dont on conçoit, dans l'une et l'autre, la génération des quantités. Newton regarde les variables comme engendrées d'une manière continue, dans le sens vulgaire de ce mot ; Leibniz, comme étant la somme de leurs accroissements successifs. Cauchy a prouvé l'équivalence des deux manières de voir. (Voir n° 92).

(23) Dans la première et la deuxième édition des *Principes*, Newton reconnaît, comme on le voit, que Leibniz a trouvé, tout comme lui, le calcul différentiel. Dans la troisième édition (1726), à cause de la triste querelle que l'on parvint à susciter entre lui et Leibniz, il a eu la faiblesse de remplacer ce *Scholium* célèbre par un autre, où il n'est plus fait mention de son illustre émule. Leibniz, à la fin, fut injuste aussi pour Newton ; mais auparavant, il avait reconnu les droits de celui-ci à l'invention du calcul différentiel.

servir du mot limite, une quantité variable qui peut DEVENIR et RESTER inférieure à une quantité donnée aussi petite qu'on le veut, tandis qu'une ou plusieurs variables dont dépend la première tendent vers des valeurs inaccessibles. La notion d'infiniment petit, ainsi définie, ne présente rien de plus mystérieux ou de plus incompréhensible que celle de limite. Le nom seul prête à l'erreur et aurait dû être remplacé par celui d'*indéfiniment petit* (46). Pour éviter toute ambiguïté, nous emploierons ce dernier terme dans ce chapitre. Newton se servait, dans le même sens, du mot *évanouissant*.

La vraie *méthode infinitésimale* ou *méthode des indéfiniment petits* consiste à ramener les questions de mathématiques à la recherche de limites de sommes ou de rapports d'indéfiniment petits (56). Cette méthode est souvent très expéditive, grâce au *principe de substitution des indéfiniment petits*, savoir : *Dans les limites de sommes arithmétiques ou de rapports d'indéfiniment petits, on peut remplacer chacun d'eux par un autre dont le rapport* r *au premier ait pour limite l'unité* (51). La démonstration de ce principe suppose que les rapports r aient pour limite l'unité, même si l'on fait varier simultanément toutes les variables dont r dépend (Voir n°s 311-312).

II. On a aussi employé le nom d'*infiniment petit* (ou, s'il s'agit de grandeurs concrètes, le terme synonyme d'*indivisible*) dans le sens littéral, pour désigner une quantité qui EST (et non qui peut *devenir* et *rester*) inférieure à toute quantité donnée, quelque petite qu'elle soit.

Il est clair, d'après la définition précédente, qu'*il n'y pas de différence entre un infiniment petit pris à la lettre et une quantité nulle*. Le calcul infinitésimal, dans cette manière de voir, est un calcul sur des zéros, mais sur *des zéros qui gardent la trace de leur origine*, si l'on peut ainsi parler. Il existe, en effet, entre ces zéros des rapports *conventionnels* que l'on peut définir comme il suit : si α, β sont des infiniments petits (nuls), limites des quantités variables A, B, la limite r du rapport (A : B), est, par définition, ce que l'on appelle le rapport ($\alpha : \beta$) et l'on écrit $\alpha = r\beta$. De même, on appelle somme d'un nombre infini d'infiniment petits (nuls) α_1, α_2, α_3, etc., la limite de la somme des quantités variables A_1, A_2, A_3, etc., en nombre indéfiniment croissant, dont α_1, α_2, α_3, etc., sont les limites nulles.

Le principe de la méthode des infiniment petits (nuls) est un postulat qui peut se mettre sous la forme suivante : *On peut remplacer un infiniment petit (nul) par un autre dont le rapport au premier est égal à l'unité.*

Quand on expose avec précision, comme nous venons de le faire, le sens des termes employés dans la méthode des infiniment petits (nuls), on voit qu'elle ne diffère pas, au fond, de la méthode des indéfiniment petits, pourvu que l'on restreigne le postulat aux sommes arithmétiques et aux rapports d'infiniment petits (nuls), seules expressions pour lesquelles on le démontre d'une manière générale.

III. Certains géomètres ont donné un autre sens encore au mot *infiniment petit*. D'après eux, il existe *des quantites différentes de zéro et qui sont cependant inférieures à toute grandeur assignable*. Nous désignerons les infiniment petits entendus ainsi sous le nom de *pseudo-infiniment petits*, pour les distinguer des *indéfiniment petits* et des *infiniment petits nuls* et pour rappeler, en même temps, la contradiction évidente que contient leur définition. D'après les géomètres qui ont employé ces soi-disant quantités, l'analyse infinitésimale repose sur la proposition suivante : Dans les calculs, *on peut remplacer une quantité par une autre qui en diffère d'un pseudo-infiniment petit*. Heureusement, en pratique, la plupart ont confondu les pseudo-infiniment petits, tantôt avec les indéfiniment petits, quand ils les soumettent au calcul, comme des quantités finies, tantôt avec les infiniment petits nuls, quand ils les traitent comme des quantités plus petites que toute quantité assignable.

IV. L'emploi du terme *infiniment petit* dans trois sens différents (indéfiniment petits, zéros gardant la trace de leur origine, pseudo-infiniment petits) n'a pas peu contribué à obscurcir les écrits des géomètres. Au XVIIe et au XVIIIe siècle, comme nous allons le montrer par quelques citations caractéristiques, Kepler, Cavalieri, Wallis, au fond, semblent employer les infiniment petits nuls, mais sous une forme vague ; Euler en donne systématiquement la théorie; Jean Bernoulli, l'Hospital et Poisson, paraissent être les seuls géomètres dignes de ce nom qui croient à l'existence des pseudo-infiniment petits; Fermat, Roberval, Pascal, Newton, Leibniz se servent de la méthode des indéfiniment petits, mais emploient souvent le langage abrégé de la méthode des infiniment petits nuls, et peut-être même des pseudo-infiniment petits. Au XIXe siècle, depuis Cauchy, la méthode des indéfiniment petits est à peu près seule employée dans l'exposé scientifique du calcul infinitésimal; la méthode des infiniment petits nuls, avec son langage conventionnel à peine plus court, est tombée en discrédit, parce qu'il est impossible d'en démontrer rigoureusement les règles, sans les faire précéder des règles équivalentes et plus claires de la méthode des indéfiniment petits, comme l'avaient fait Leibniz et Newton, il y a deux siècles.

292. *Historique.* I. Kepler, dans la *Nova stereometria doliorum* (1615), a, le premier probablement, introduit dans la géométrie la notion vague des infiniment petits en regardant le cercle comme composé d'une infinité de triangles ayant les parties indivisibles de la circonférence pour bases et le centre pour sommet commun. La sphère est, de même, la somme d'une infinité de pyramides. Kepler décompose d'autres solides d'une manière analogue. Voici ses paroles sur le cercle : « Circuli circumferentia partes habet totidem, quot puncta, puta infinitas; quarum quaelibet consideratur ut basis alicujus trianguli aequicruri, cruribus AB (sc. radius) : uti ita triangula in area circuli insint infinita, omnia verticibus in centro coeuntia (*Opera omnia*, IV, pp. 557-558). » Pour la sphère, il dit (Ib. p. 563) : « Corpus sphaerae .... potestate in se continet infinitos veluti conos, verticibus in centro sphaerae coeuntes, basibus, quarum vicem sustinent puncta, in superficie stantibus. » Dans le même ouvrage (p. 634), il observe qu'aux environs du maximum d'une grandeur variable, il y a une variation insensible de cette grandeur.

Évidemment, il y a loin de là à une vraie théorie des maxima et des minima ou à une doctrine systématique sur les infiniment petits. Mais la méthode hardie de Kepler fit une impression profonde sur ses contemporains. Guldin, tout en critiquant les démonstrations de Kepler, exprime bien la fascination qu'elles exerçaient sur lui dans les paroles suivantes : « Quemadmodum, disputante S. Paulo coram rege Agrippa, hic exclamaverit et dixerit Paulo : *in modico me suades christianum fieri*, sic et mihi disputans Keplerus in modico persuadet, ut Keplerianus fiam, nisi me absterreret infinitorum istorum tractatio et purioris geometriae principes, auctores et sectatores (*Kepl. Opp.*, IV, p. 648, note 9). »

Il importe de remarquer les expressions dont se sert Kepler en parlant de la sphère : « Le volume de la sphère contient *virtuellement* (potestate) *comme* (veluti) une infinité de cônes. » N'entrevoit-il pas les objections que l'on peut faire contre son procédé trop sommaire ?

II. Cavalieri, qui a lu la *Nova stereometria* de Kepler et la cite dans la préface de son livre, avec les écrits d'Euclide et d'Archimède, est, à proprement parler, l'auteur de la *Méthode des indivisibles*. Cette méthode consiste essentiellement à déduire le rapport des aires de deux figures planes (ou des volumes de deux solides) de la considération des rapports de toutes les droites parallèles à une droite (ou de toutes les sections planes parallèles à un plan) de direction donnée, COMME SI une aire était une somme de longueurs (ou un volume une somme d'aires).

Nous disons COMME SI, pour traduire exactement la pensée de Cavalieri telle qu'il l'a exprimée dans la préface de son livre et ailleurs. « Quoad continui compositionem, dit-il, manifestum est ex praeostensis, *ad ipsum ex indivisibilibus componendum* nos *minime* cogi : solum enim continua sequi indivisibilium proportionem et e converso, probare intentum fuit; quod quidem cum utraque positione stare potest. Tandem vero dicta indivisibilium aggregata non ita pertractavimus, ut infinitatis rationem propter infinitas lineas seu plana subire videntur, sed quatenus finitatis quandam conditionem et naturam sortiuntur, ut propterea et augeri et diminui possint, ut ibidem ostensum fuit, si ipsa prout diffinita sunt accipiantur (p. 483 de l'éd. de 1653). » Au reste, Cavalieri trouvait lui-même des difficultés dans cette méthode, comme il le dit aussi dans la Préface; il y parle de la considération de ce nombre *innommable* de parties qu'il considère dans les aires et les volumes comme d'un artifice semblable à celui des algébristes faisant des calculs sur les nombres incommensurables. « Non aliter ipse ergo indivisibilium sive linearum, sive planorum congerie, licet quoad eorumdem numerum innominabili, surda ac ignota, quoad magnitudinem tamen conspicuis limitibus clausa, ad continuorum investigandam mensuram usus sum. » Pour prévenir les objections naissant de ces difficultés, il consacre le livre VII de son ouvrage à démontrer autrement les résultats obtenus par la méthode des indivisibles, tout en disant que c'eût été un crime de ne pas communiquer celle-ci aux géomètres.

III. ROBERVAL, dans son *Traité des Indivisibles*, composé peu après celui de Cavalieri (*Ouvrages de mathématique*, La Haye, 1731, pp. 205-290) entend par là, des grandeurs aussi petites que l'on veut, et ayant pour limite zéro; les indivisibles sont de même espèce que les grandeurs dont elles sont les éléments, quoique dans le langage on paraisse dire le contraire. « Pour tirer des conclusions par le moyen des indivisibles, il faut supposer que toute ligne, soit droite, soit courbe, se peut diviser en une infinité de parties ou petites lignes toutes égales entre elles, ou qui suivent telle progression que l'on voudra... Or, d'autant que toute ligne se termine par des points au lieu de lignes on se servira de points; et puis, au lieu de dire que toutes les petites lignes sont à telle chose en certaine raison, on dira que tous ces points sont à telle chose en ladite raison (p. 208) ». « La superficie se divise aussi en une infinité de petites superficies, lesquelles sont égales, ou ont égale différence, ou gardent entre elles quelqu'autre progression... Et d'autant que les superficies sont enfermées dans les lignes, au lieu de comparer les superficies, on comparera les lignes à une autre chose... De même, les solides se divisent en une infinité de petits solides ou égaux, ou qui gardent quelque proportion, comme il a été dit des surfaces; et d'autant que les solides sont terminés par des surfaces, au lieu de dire que ces petits solides sont au grand solide pris autant de fois, je dis, l'infinité des surfaces sont à la plus grande prise autant de fois.... Par tout ce discours, on peut comprendre que *la multitude infinie de points se prend pour une infinité de petites lignes* et compose la ligne entière. L'*infinité de lignes représente l'infinité des petites superficies* qui composent la superficie totale. L'*infinité de superficies représente l'infinité de petits solides* qui composent ensemble le solide total (p. 209). »

Il est impossible, comme on le voit, d'expliquer plus clairement le langage conventionnel employé dans la méthode des indivisibles.

Roberval s'occupe aussi de la légitimité du procédé de sommation qu'il emploie, parce qu'en apparence, il néglige certaines quantités dans ses calculs. Il fait observer, à propos d'un cas simple, traité dans son introduction, que ce qu'il trouve en trop est aussi petit que l'on veut et il conclut : « Puisqu'on voit que l'excès diminue toujours, il s'anéantira enfin dans la division indéfinie (p. 208). »

IV. Pascal a aussi beaucoup employé la méthode des indivisibles, et, comme plusieurs géomètres du temps, il a expliqué clairement pourquoi elle est rigoureuse. Voici à ce sujet, un extrait caractéristique de sa lettre à M. Carcavi (10 déc. 1659) : « J'ai voulu faire cet avertissement, pour montrer que tout ce qui est démontré par les véritables règles des indivisibles, se démontrera aussi à la rigueur et à la manière des anciens; et qu'ainsi l'une des méthodes ne diffère de l'autre qu'en la manière de parler : ce qui ne peut blesser les personnes raisonnables quand on les a une fois averties de ce qu'on entend par là. Et c'est pourquoi je ne ferai aucune difficulté, dans la suite, d'user du langage des indivisibles, *la somme des lignes* ou *la somme des plans;* et ainsi, quand je considérerai, par exemple, le diamètre d'un demi-cercle divisé en un nombre indéfini de parties égales aux points Z, d'où soient menées les ordonnées ZM, je ne ferai aucune difficulté d'user de cette expression, la *somme des ordonnées*, qui semble ne pas être géométrique à ceux qui n'entendent pas la doctrine des indivisibles et qui s'imaginent que c'est pécher contre la géométrie que d'exprimer un plan par un nombre indéfini de lignes; ce qui ne vient que de leur manque d'intelligence, puisqu'on n'entend autre chose par là sinon la somme d'un nombre indéfini de rectangles faits de chaque ordonnée avec chacune des petites portions égales du diamètre, dont la somme est certainement un plan, qui ne diffère de l'espace d'un demi-cercle que d'une quantité moindre qu'aucune donnée...(*Œuvres*, édit. Hachette, 1858, t. II, p. 544). » A la page précédente, après avoir fait une substitution d'infiniment petits, il dit : « Ce qui ne change rien, puisque la somme des portions substituées ne diffère de la somme des véritables que d'une quantité moindre qu'aucune donnée. »

V. Wallis, dans son *Arithmetica Infinitorum*, traduit en calcul la méthode des indivisibles de Cavalieri, mais sans rien y ajouter au point de vue de la rigueur; sous ce rapport, il est inférieur aux précédents. « Il composa ce traité, dit Maclaurin, comme il nous l'apprend, avant qu'il eût lu les écrits d'Archimède et il propose ses théorèmes sous une forme moins exacte. Il suppose ces progressions continuées jusqu'à l'infini et il cherche, par une espèce d'induction, la proportion de la somme des puissances $[0^k + 1^k + 2^k + \cdots + n^k]$ au produit $[(n+1)\,n^k]$ qui résulte, en prenant la plus grande puissance aussi souvent qu'il y a de termes (*Traité des Fluxions*, éd. franç., t. I, p. XLIX). » Cependant, malgré les inexactitudes de langage de Wallis (il emploie, par exemple, le signe $\frac{1}{\infty}$ pour désigner une partie infiniment petite d'un angle; voir p. 367 du tome I des *Opera Mathematica*, 1695), ça et là, il indique la raison pour laquelle il peut négliger certaines quantités vis-à-vis d'autres. Ainsi, dans la proposition XX, il trouve que le rapport de $1 + 4 + 9 + \cdots + n^2$ à $(n+1)\,n^2$ est $\frac{1}{3} + \frac{1}{6n}$, puis il dit : « Cum autem crescente numero terminorum, excessus ille supra subtriplum ita continuo minuatur, ut tandem quolibet assignabili minor evadat (ut patet;) si in infinitum procedatur prorsus evaniturus est. »

VI. Fermat a employé plus d'une fois le langage conventionnel de la méthode des indivisibles, mais il a eu soin de faire remarquer, comme *plus tard* Roberval et Pascal, que les erreurs commises en apparence sont nulles en réalité, parce que, si elles existaient, on pourrait certainement les rendre moindres que toute quantité donnée. Dans sa théorie des maxima et des minima, il a même imaginé un terme pour dire que deux quantités sont égales à un indéfiniment petit près, négligeable dans la question traitée : « Id comparo primo solido A^2 in B — A^3, tanquam essent aequalia, licet reverà aequalia non sint et hujusmodi comparationem vocavi *adaequalitatem* (*Varia opera*. p. 66). »

Dans son écrit si remarquable sur la quadrature des courbes, il indique d'ailleurs en quelques mots, mais avec précision, pourquoi, dans une limite de sommes d'indéfiniment petits considérée par lui, il néglige certains petits parallélogrammes et, à ce propos, il ajoute ces mots : *Archimedaeâ proliœiore demonstratione facillime firmandum* (Ib. p. 46). Dans une lettre célèbre à Gassendi (Ib. p. 201-204), il a donné un exemple de ces démonstrations à la manière d'Archimède.

VII. NEWTON, comme nous l'avons dit (p. 209, note 16 ; 210, note 18) a maintes fois employé le langage des infiniment petits, et probablement il l'a fait à dessein pour ne pas dévoiler complètement le secret de ses découvertes. DE MORGAN (*On the Early History of Infinitesimals in England*, Phil. Mag., 1852, t. XLI, pp. 321-330), égaré par cette obscurité calculée, a cru pouvoir démontrer que Newton ne s'était converti à la méthode des limites et n'avait rejeté les indivisibles qu'entre 1693 et 1704. Mais cet historien n'a pas tenu compte d'un passage (indiqué plus haut, p. 210, note 18) du premier écrit de Newton, de ses lettres de 1676 à Leibniz et surtout des paroles si précises qui terminent la première section des *Principes* (voir p. 209, note 16).

Dans cette section des *Principes*, Newton expose avec rigueur les principes *généraux* relatifs aux limites de sommes et de rapports d'indéfiniment petits, c'est-à-dire les principes de la *vraie* méthode infinitésimale. Grâce à ces principes, ses démonstrations sont aussi rigoureuses que les démonstrations compliquées des anciens, aussi simples et aussi rapides que les démonstrations insuffisantes de ceux qui emploient les indivisibles. Voici les paroles de Newton : « Praemisi vero haec Lemmata, ut effugerem taedium deducendi perplexas demonstrationes, more veterum Geometrarum, ad absurdum. Contractiores enim redduntur demonstrationes per methodum Indivisibilium. Sed quoniam durior est Indivisibilium hypothesis, et propterea methodus illa minus Geometrica censetur ; malui demonstrationes rerum sequentium ad ultimas quantitatum evanescentium summas et rationes, primasque nascentium, id est ad limites summarum et rationum deducere ; et propterea limitum illorum demonstrationes qua potui brevitate praemittere. His enim idem praestatur quod per methodum Indivisibilium; et principiis demonstratis jam tutius utemur. Proinde in sequentibus, si quando quantitates tanquam ex particulis constantes consideravero, vel si pro rectis usurpavero lineolas curvas; nolim indivisibilia, sed evanescentia divisibilia, non summas et rationes partium determinatarum, sed summarum et rationum limites semper intelligi; vimque talium demonstrationum ad methodum praecedentium Lemmatum semper revocari. »

VIII. Leibniz. Il existe relativement à Leibniz une tradition inexacte d'après laquelle il aurait admis l'existence des pseudo-infiniment petits. *A priori*, cela semble bien peu probable, puisque Leibniz a appris les quadratures sous la direction de Huygens, dans les écrits de celui-ci, de Grégoire de Saint Vincent et de Pascal, c'est-à-dire d'auteurs qui se servaient de la méthode des Anciens, ou de celle des indivisibles, mise sous une forme rigoureuse.

En réalité, Leibniz a employé, comme la plupart de ses contemporains, le langage conventionnel de la méthode des indivisibles, mais en l'interprétant dans le sens de la méthode des indéfiniment petits. Quelques citations caractéristiques suffiront pour le prouver (Voir aussi p. 204, note 9).

Dans le discours préliminaire de la *Théodicée*, au n° 70, on trouve les paroles suivantes. (*Opera philosophica*, éd. Erdmann, 1840, p. 499, col. 1): « On s'embarrasse de même dans les séries des nombres, qui vont à l'infini. On conçoit un dernier terme, un nombre infini, ou un infiniment petit; mais tout cela ne sont que des fictions. Tout nombre est fini et assignable, toute ligne l'est de même et les infinis ou infiniment petits n'y signifient que des grandeurs qu'on peut prendre aussi grandes ou aussi petites que l'on voudra, pour montrer qu'une erreur est moindre que celle qu'on a assignée, c'est-à-dire qu'il n'y a aucune erreur : ou bien on entend par l'infiniment petit l'état de l'évanouissement ou du commencement d'une grandeur, conçus à l'imitation des grandeurs déjà formées. »

On retrouve la même doctrine dans un grand nombre d'autres passages des écrits de Leibniz, par exemple, dans celui-ci, extrait d'une lettre à M. Dangicourt du 11 septembre 1716 (Leibniz est mort deux mois après, le 14 novembre 1716) : « Je leur (à divers partisans des pseudo-infiniment petits) témoignai que je ne croyais point qu'il y eût des grandeurs véritablement infinies ni véritablement infinitésimales, que ce n'était que des fictions, mais des fictions utiles pour abréger et pour parler universellement.... Plus on faisait la proportion ou l'intervalle grand entre ces degrés, plus on approchait de l'exactitude, et plus on pouvait rendre l'erreur petite et même la retrancher tout d'un coup par la fiction d'un intervalle infini, qui pouvait toujours être réalisée à la façon de démontrer d'Archimède. Mais comme M. le Marquis de l'Hospital croyait que par là je trahissais la cause, ils me prièrent de n'en rien dire (*Œuvres*, édition Dutens, III, p. 500). »

On a vu plus haut (n° 289, I, et note 4) que Leibniz définit la différentielle d'une fonction y de x, *absolument comme Cauchy l'a fait plus tard, en posant* $dy = y'dx$, dx *étant quelconque*. Voici une note caractéristique de lui sur ce point, où il fait observer que, sur la figure que nous avons reproduite à la page 201, dx est représenté par une grandeur finie. En même temps, il donne une interprétation géométrique des différentielles d'ordre supérieur : « Unum adhuc addere placet, ut omnis de realitate differentiarum cujuscumque gradus tollatur disputatio; posse eas semper exprimi rectis ordinariis proportionalibus. Nempe sit linea quaecumque, cujus ordinatae crescunt, vel decrescunt; poterunt ad eumdem axem in iisdem punctis applicari ordinatae secundae ad novam lineam terminatae, proportionales differentiis primi gradus, seu elementis ordinatarum lineae primae. Quod si jam idem fiat pro secundis ordinatis, quod factum est pro primis, habebuntur ordinatae ad lineam tertiam, proportionales primarum ordinatarum differentio-differentialibus, seu differentiis secundis; seu, quod idem est, secundarum ordinatarum differentiis primis. Et eodem modo etiam differentiae tertiae, et aliae quaecumque per quantitates assignabiles exponi possunt. Modum autem differentiis primi gradus proportionales exhibendi rectas ordinarias jam tum explicui, cùm primum hujus calculi elementa traderem in Actis octobris 1684. Nempe inspiciatur ibi Tabula 6. fig 29, reperietur dx, elementum abscissae AX vel x, *repraesentari per rectam assignabilem in figura separatim positam*, et deinde dy, elementum ordinatae XY seu y, repraesentari per rectam quae sit ad dictam dx jam assignatam, ut XY ordinata, est ad XD interceptam in axe inter tangentem et ordinatam (Dutens, III, pp. 332-333; Gerhardt, V, p. 327. Extrait des *Acta Eruditorum* de 1695). »

Mais, si Leibniz savait parler au besoin, aussi bien que Newton, le langage rigoureux de la méthode des indéfiniment petits, il ne voulait pas néanmoins que l'on fût trop scrupuleux, même sur le fond des doctrines : « Ego quidem fateor magni me eorum diligentiam facere, qui accurate omnia ad prima principia usque demonstrare contendunt, et in talibus quoque studium non raro posuisse; non tamen suadere, ut nimia scrupulositate arti inveniendi obex ponatur, aut tali praetextu optime inventa rejiciamus, nosque ipsos eorum fructu privemus (Dutens, III, p. 328; Gerhardt, V, 322) »

IX. JEAN BERNOULLI a eu avec Leibniz une longue controverse sur l'existence de quantités infinitésimales, différentes de zéro et pourtant inférieures à toute grandeur donnée, autrement dit des pseudo-infiniment petits (Voir *Leibnitii et Johannis Bernoullii Commercium philosophicum et mathematicum*, Lausannae et Genevae, 1745; tome I, pp. 370-440, ou le volume correspondant de l'édition de Gerhardt). Voici le résumé de la pensée de J. Bernoulli : « Dico... infinita et infinita parva non posse demonstrari existere, sed etiam non posse demonstrari non existere; probabile tamen esse existere (Page 402). »

X. DE L'HOSPITAL (1667-1704) publia, en 1696, le premier traité didactique de Calcul différentiel, sous le titre : *Analyse des infiniment petits pour servir à l'intelligence des lignes courbes.* Ce livre, réimprimé plusieurs fois (1715, 1768, 1780; traduction anglaise, 1730; traduction latine à Vienne, 1764, 1790) devint, au XVIIIe siècle, le manuel de tous ceux qui s'occupaient de mathématiques supérieures, et il a contribué plus qu'aucun autre à répandre des idées vagues sur le calcul différentiel. De l'Hospital est élève de Jean Bernoulli et il semble qu'il ait adopté les idées de son maître, sur l'existence des pseudo-infiniment petits, d'après les deux postulats sur lesquels il fonde son Traité. Ces deux postulats sont les suivants : 1° « On demande qu'on puisse prendre indifféremment l'une pour l'autre deux quantités qui ne diffèrent entre elles que d'une quantité infiniment petite. » 2° « On demande qu'une ligne courbe puisse être considérée comme l'assemblage d'une infinité de lignes droites, chacune infiniment petite : ou (ce qui est la même chose) comme un polygone d'un nombre infini de côtés, chacun infiniment petit; lesquels déterminent par les angles qu'ils font entre eux, la courbure de la ligne (Pages 2, 3 de l'édition de 1715). »

On observera ici que les infiniment petits de l'Hospital et de Bernoulli ne sont définis nulle part; le sens raisonnable que l'on peut donner aux deux principes n'est pas indiqué; ensuite, ces principes ne sont pas *démontrés*, quoiqu'ils puissent l'être, dans les cas où l'auteur les emploie, mais pour le second, cela n'est pas aussi facile qu'il le pense : « Les deux demandes ou suppositions que j'ai faites au commencement de ce traité et sur lesquelles seules il est appuyé, me paraissent si évidentes, que je ne crois pas qu'elles puissent laisser aucun doute dans l'esprit des lecteurs attentifs. Je les aurais même pu démontrer facilement à la manière des anciens (Préface, p. XV). »

XI. Maclaurin. Le *Traité des fluxions* de Maclaurin, publié en 1742, est aussi rigoureux que le livre de l'Hospital l'est peu; il contient d'ailleurs des recherches originales de l'auteur sur diverses questions difficiles. Mais la majeure partie de cet excellent ouvrage a une forme géométrique qui en rend la lecture laborieuse. On préféra donc aux démonstrations exactes de Maclaurin, la clarté superficielle de celles de l'Hospital dans son *Analyse des infiniment petits*.

XII. Euler, dans ses *Institutiones calculi differentialis* (1755) et dans ses *Institutiones calculi integralis* (1768-70), donna un exposé systématique, assez prolixe, mais suffisamment rigoureux, du calcul infinitésimal, fondé sur la théorie des infiniment petits nuls. Comme l'idée fondamentale de cette méthode du célèbre géomètre de Bâle est exposée plus haut (291, II), nous nous contenterons de citer le passage suivant du premier de ces ouvrages (Édition de Zurich de 1787, p. 63, n° 84) : « Si quantitas tam fuerit parva, ut omni quantitate assignabili fit minor, ea certe non poteret non esse nulla, namque nisi esset = 0, quantitas assignari posset ipsi aequalis, quod est contra hypothesin. Quaerenti ergo, quid sit quantitas infinito parva in Mathesi, respondemus eam esse revera = 0; neque ergo in hac idea tanta mysteria latent, quanta vulgo putantur, et quae pluribus calculum infinite parvorum admodum suspectum reddiderunt. Interim tamen dubia, si quae supererunt, in sequentibus, ubi hunc calculum sumus traditiri, funditus tollentur. »

XIII. Poisson, Cauchy, Duhamel, Navier, Cournot. Poisson, au n° 12 de sa *Mécanique* (2e édition, 1833; première édition, 1811), admet l'existence des pseudo-infiniment petits : « Un infiniment petit est une grandeur moindre que toute grandeur donnée de la même nature..... Ainsi, le temps croît par des degrés moindres qu'aucun intervalle qu'on puisse assigner.... Les infiniments petits ont donc une existence réelle, et ne sont pas seulement un moyen d'investigation imaginé par les géomètres..... (p. 14). Le principe fondamental de l'Analyse infinitésimale consiste en ce que deux quantités finies, qui ne diffèrent l'une de l'autre que d'un infiniment petit, doivent être regardées comme égales, puisqu'on ne saurait assigner entre elles aucune inégalité, aussi petite que l'on voudra (pp. 15-16). »

Cauchy, en 1821, dans son *Analyse algébrique*, balaie toutes ces notions vagues en exposant, sous une forme claire et simple, la théorie des indéfiniment petits; elle a été vulgarisée plus tard par les écrits plus accessibles de Duhamel (*Éléments de calcul infinitésimal;* dernière édition publiée par l'auteur en 1861) et est, pour ainsi dire, universellement adoptée. Un petit nombre d'esprits seulement, séduits sans doute par l'autorité de Poisson, ont essayé de conserver les pseudo-infiniment petits, au moins partiellement. Nous en citerons deux.

Navier (*Résumé des leçons d'Analyse données à l'École Polytechnique;* Paris, 1840). « Il est nécessaire, dit-il, de distinguer les cas où l'on regarde ainsi l'accroissement Δx de la variable indépendante comme s'approchant indéfiniment de zéro, ou ayant une valeur indéterminée plus petite que tout nombre donné. Cet accroissement est dit alors infiniment petit.... Si Δx et Δy sont supposées infiniment petites, ces différences sont alors appelées les *différentielles* des variables x et y; et pour distinguer ces cas on emploie la caractéristique d à la place de Δ, en écrivant dx et dy. La limite vers laquelle tend le rapport $\frac{\Delta y}{\Delta x}$ à mesure que Δx diffère de moins en moins de zéro est exprimée par $\frac{dy}{dx}$ (p. 8). » On peut entendre ces paroles dans le sens (raisonnable) des infiniment petits nuls d'Euler, ou dans le sens (absurde) des pseudo-infiniment petits de Poisson. Le passage suivant semble plutôt écrit dans ce dernier système : « On doit se représenter la variable x comme prenant successivement des valeurs dont chacune surpasse la précédente de la quantité dx supposée infiniment petite, c'est-à-dire plus petite que toute grandeur donnée.... Chaque fois que x croit de la différentielle dx, y varie de la différentielle correspondante dy (p. 10). »

Cournot, dans son *Traité élémentaire de la théorie des fonctions et du Calcul infinitésimal* (Paris, Hachette, 1841), expose (tome I, pp. 81-101) une théorie des infiniment petits extrêmement peu claire, qu'il attribue à Leibniz, mais qui, en réalité, est tantôt celle d'Euler, tantôt celle de Poisson. Au fond, il semble adopter plutôt cette dernière : « La méthode [pseudo]-infinitésimale, dit-il, ne constitue pas seulement un artifice ingénieux : elle est l'expression naturelle du mode de génération des grandeurs physiques qui croissent par éléments plus petits que toute grandeur donnée (p. 86). »

CHAPITRE IV. Principes généraux de la méthode des limites(*).

La méthode des limites étant exposée d'une manière trop brève dans le deuxième chapitre de l'introduction, nous la développons davantage ici, particulièrement dans les démonstrations relatives aux incommensurables.

293. *Nombre incommensurable.* Si, par un procédé quelconque, on parvient à distinguer les nombres commensurables en deux groupes, (a, a_1, a_2, etc.), (A, A_1, A_2, etc.) tels que tout nombre du premier groupe soit inférieur à un nombre quelconque du second, et sans qu'aucun nombre commensurable sépare ces deux groupes, on dit qu'ils sont séparés par un *nombre incommensurable* α(**). Ainsi, par exemple, il y a des nombres commensurables dont le carré est inférieur à 2, d'autres dont le carré est supérieur à 2. On dit que ces deux groupes sont séparés par un nombre incommensurable, représenté par le symbole $\sqrt{2}$.

Géométriquement, α étant, sur une droite Oα, un point dont la distance à O n'est pas dans un rapport commensurable à l'unité de longueur OU, on dit que Oα a, avec OU, un rapport représenté par (Oα : OU) qui est un nombre incommensurable.

On dit que α est supérieur à tout nombre a_m du premier groupe, inférieur à tout nombre A_n du second, et que $\alpha - a_m$ ou $A_n - \alpha$ est une partie de $A_n - \alpha_m$. La différence $(\beta - \alpha)$ entre deux nombres incommensurables α, β est une partie de $B_q - a_m$, B_q étant un nombre commensurable supérieur à β. On dit qu'une différence $\alpha - a_m$, $A_n - \alpha$, $\beta - \alpha$ est inférieure à une quantité ε, si l'on peut trouver un nombre A_n dans le premier cas, a_m dans le deuxième, des nombres B_q et a_m dans le troisième, tels que ε surpasse $A_n - a_m$, $B_q - a_m$. Enfin $(1:\alpha)$ est dit intermédiaire entre $(1:a_m)$ et $(1:A_n)$, par définition.

(*) Les principes des n°s 297 et suivants sont tous à peu près évidents. Nous les énonçons explicitement afin d'en faire mieux ressortir la signification exacte. Nous engageons nos jeunes lecteurs à laisser de côté, dans une première lecture, les démonstrations analytiques données en note et les réciproques.

(**) Un nombre commensurable N divise les nombres commensurables en deux groupes, l'un contenant N et tous les nombres inférieurs (ou supérieurs), l'autre tous les supérieurs (ou inférieurs). On peut dire que N sépare les deux groupes, quoiqu'il appartienne à l'un ou à l'autre, par convention.

294. Théorème. *Entre un nombre a_m du groupe $(a, a_1, a_2, \ldots)$ et un nombre A_n du groupe $(A, A_1, A_2, \ldots)$ il y a toujours un nombre indéfini de nombres appartenant à chacun de ces deux groupes.*

En effet, formons la suite indéfinie de nombres $r_1, r_2, r_3, r_4, \ldots, r_p$ de la manière suivante : $r_1 = \frac{1}{2}(a_m + A_n)$; $r_2 = \frac{1}{2}(a_m + r_1)$, si r_1 surpasse α, $r_2 = \frac{1}{2}(A_n + r_1)$, si r_1 est inférieur à α ; en général, r_{p+1} est la moyenne arithmétique de r_p et du premier r_q des nombres r_{p-1}, r_{p-2}, etc., tel que α soit compris entre r_p et r_q. Je dis que la suite indéfinie $r_1, r_2, r_3, r_4, \ldots r_p$, etc., contiendra une infinité de nombres inférieurs et une infinité de nombres supérieurs à α. Car, si le procédé de formation des r conduisait à un *dernier* nombre R, supérieur, par exemple, à α, soit $R - \delta$, le dernier nombre inférieur à α, obtenu avant R. Le procédé de formation des r, donnera, pour ces nombres, après R, la suite illimitée :

$$R - \frac{1}{2}\delta,\quad R - \frac{1}{4}\delta,\quad R - \frac{1}{8}\delta,\quad \ldots\quad,\quad R - \frac{1}{2^k}\delta,\ \text{etc.},$$

de nombres tous inférieurs à α. Tout nombre commensurable b inférieur à R, sera inférieur à $R - 2^{-k}\delta$, si k est suffisamment grand ; donc b sera $< \alpha$; tout nombre commensurable B, supérieur à R, sera aussi supérieur à α. Donc, R séparerait tous les nombres inférieurs à α de tous les nombres supérieurs à α, ce qui est contraire à la définition du nombre incommensurable α. La suite des nombres r comprend donc une infinité de nombres de chacun des deux groupes (a) et (A).

295. *Limite.* (Voir n° 17-21). La *limite*, supposée *commensurable* et *finie*, d'une variable X, commensurable aussi, est une quantité constante A dont la variable approche indéfiniment sans jamais l'atteindre ; autrement dit : La différence X — A, prise en valeur absolue, peut devenir et rester plus petite que toute quantité donnée d'avance, sans jamais devenir nulle. Ces derniers mots : *sans jamais devenir nulle*, ont un sens conventionnel et signifient que X dépend d'une ou de plusieurs variables indépendantes qui tendent vers des valeurs inaccessibles (*) : elles peuvent différer aussi peu

(*) En analyse infinitésimale, ces valeurs inaccessibles sont, directement ou indirectement, *zéro* ou l'*infini*. Ainsi, la dérivée d'une fonction y de x est, par définition, la limite de $(\Delta y : \Delta x)$, quand l'accroissement Δx décroît indéfiniment (94). La limite de somme $Sf(x)\Delta x$, de x_0 à X, dépend du nombre n de parties Δx, dans lesquelles $X - x_0$ est subdivisé, et, par hypothèse, n croît indéfiniment, Δx décroît indéfiniment (106-108). La somme S d'une série est la limite de S_n, somme des n prequ'on le veut de ces valeurs inaccessibles, si celles-ci sont finies; si l'on dit que ces valeurs inaccessibles sont infinies, cela signifie seulement que les variables indépendantes peuvent, en valeur absolue, devenir et rester plus grandes que toute quantité donnée.

La variable X est dite avoir une *limite infinie*, si (1 : X) a pour limite zéro, ou si X, en valeur absolue, devient et reste plus grand que toute quantité donnée, pourvu que X garde toujours le même signe à partir d'une des valeurs par lesquelles elle passe. Si X devient définitivement positif, on dit que $\lim X = +\infty$; $\lim X = -\infty$, dans le cas contraire.

Les définitions précédentes s'étendent aux variables et aux *limites incommensurables*, pourvu que l'on se rende compte du sens conventionnel attaché aux différences $\alpha - a_m$, $A_n - \alpha$, $\beta - \alpha$. Ainsi, en particulier, ξ étant une variable incommensurable toujours comprise entre les variables commensurables x_m, X_n dont la différence $X_n - x_m$ est aussi petite qu'on le veut, on aura $\lim \xi = \infty$, si *lim* $(1 : \xi) = 0$, c'est-à-dire si *lim* $(1 : x_m)$ ou *lim* $(1 : X_n)$ est égale à zéro, ou si x_m, X_n, en valeur absolue, deviennent et restent plus grands que toute quantité donnée.

Moyennant les mêmes conventions, on peut dire aussi qu'un nombre incommensurable α est la limite des nombres commensurables a_m, A_n qu'il sépare.

296. Axiome ou principe fondamental (n° 26). *Une quantité variable toujours croissante (ou décroissante) a une limite finie ou infinie.*

1° La variable X croît au delà de toute limite et est commensurable; alors (1 : X) décroît sans cesse, devient et reste aussi petit qu'on le veut; donc *lim* $X = \infty$.

2° La variable X croît au delà de toute limite et est incommensurable; alors X est compris entre a_m et $A_n = a_m + \delta$, δ étant une quantité fixe aussi petite qu'on le veut, et a_m et A_n croissent aussi au delà de toute limite; $(1 : a_m)$ et $(1 : A_n)$, et, par suite, la quantité intermédiaire (1 : X) a pour limite zéro; donc *lim* $X = \infty$.

3° X ne croît pas au delà de toute limite et il y a un premier nombre commensurable L non dépassé par X. Supposons *d'abord* X commensu-

---

miers termes de la série, pour n croissant indéfiniment (117). D'après les définitions mêmes, *zéro* est donc une valeur inaccessible pour Δx, l'*infini* une valeur inaccessible pour n. Les définitions des n°s 115, 214, impliquent de même que certaines variables tendent vers des valeurs inaccessibles.

rable aussi. Alors L — X est une quantité qui n'est jamais nulle, puisque X n'atteint pas L. Cette différence *devient* aussi petite que l'on veut, puisque, par hypothèse, X dépasse toute quantité commensurable L — ε, inférieure à L, quelque petite que soit ε. Une fois que la différence L — X est devenue plus petite qu'une quantité quelconque ε, elle *reste* plus petite que cette quantité, puisque L — X décroît sans cesse, quand X croît. Donc, *lim* X = L. Supposons *ensuite* X incommensurable et compris entre deux nombres commensurables a_m et $A_n = a_m + \delta$, dont la différence δ, fixe ou variable, est aussi petite qu'on le veut. Puisque X est toujours inférieur à L, on peut aussi supposer $A_n < L$; comme X surpasse toute quantité commensurable L — ε, inférieure à L, quelque petit que soit ε, il en est de même de A_n, et $L - A_n$ devient et reste plus petit que ε; $L - a_m = L - A_m + \delta$, devient et reste plus petit que $\varepsilon + \delta$; donc L — X est une quantité intermédiaire entre ε et $\varepsilon + \delta$, quantités qui deviennent et restent aussi petites qu'on le veut, et *lim* X = L.

4° Il n'existe pas de premier nombre commensurable non dépassé par X dans ses variations. Alors tous les nombres commensurables peuvent être divisés en deux classes, les uns l_m dépassés, les autres L_n non dépassés par X; ces deux classes sont séparées par un nombre incommensurable λ, limite commune des l_m et des L_n. La variable X ne peut dépasser λ; car, si elle atteignait une valeur X′ supérieure à λ, elle dépasserait les nombres commensurables compris entre λ et X′, ce qui est absurde, puisque tout nombre commensurable supérieur à λ est de la classe des nombres L_n que X ne peut dépasser. La variable X ne peut pas non plus atteindre la valeur λ, puisque, dans ce cas, en croissant toujours, elle dépasserait λ, ce que nous venons de démontrer être impossible. Ainsi, en premier lieu, la différence λ — X n'est jamais nulle. En second lieu, la différence λ — X devient et reste aussi petite qu'on le veut, puisqu'il en est ainsi de la différence plus grande $L_n - l_m$ des nombres commensurables L_n supérieurs à λ et à X et des nombres l_m inférieurs à λ et dépassés par X. Donc enfin, *lim* X = λ.

297. Lemme (Voir n° 22). *Une variable* X *ne peut tendre* à la fois, *vers deux limites distinctes*. Ce lemme peut être regardé comme à peu près évident. On peut aussi le démontrer explicitement comme il suit, si A, B, X sont commensurables, ou même s'ils sont incommensurables, pourvu que l'on ait recours à la représentation géométrique des incommensurables :

Si X — A devient et reste aussi petit que l'on veut, $X - B = (A - B) + (X - A)$ devient et reste aussi peu différent de (A — B) qu'on le veut et, par suite, X n'a pas B pour limite(*)

REMARQUE. Naturellement, *une variable peut avoir deux ou plusieurs limites distinctes, pour des valeurs différentes des variables indépendantes.* Considérons, par exemple, le rapport

$$r = \frac{n\,E\sqrt{(n^2 + 2n)}}{2E\left(\frac{1}{2}n^2\right)},$$

$E(x)$ désignant le plus grand entier contenu dans x; on suppose n entier positif ou négatif, mais différent de -1. Puisque $n^2 + 2n$ est immédiatement inférieur à $(n+1)^2$, la partie entière de $\sqrt{(n^2+2n)}$ est n si n est positif, $-n-2$, si n est négatif. On aura donc, si p est positif, simultanément,

$$n = 2p, \qquad r = \frac{2p.2p}{2.2p^2} = 1;$$

$$n = 2p + 1, \qquad r = \frac{(2p+1)(2p+1)}{2(2p^2+2p)} = 1 + \frac{1}{4p^2+4p};$$

$$n = -2p, \qquad r = \frac{-2p(2p-2)}{2.2p^2} = -1 + \frac{1}{p};$$

$$n = -2p - 1, \quad r = \frac{-(2p+1)(2p-1)}{2(2p^2+2p)} = -1 + \frac{1}{4p^2+4p}.$$

Si n est positif et croît indéfiniment, on trouve, d'après ces relations, $\lim r = 1$; si n est négatif et croît indéfiniment en valeur absolue, $\lim r = -1$. La limite de r n'est donc pas la même pour $n = +\infty$ et pour $n = -\infty$.

298. PRINCIPE I (voir n° 23). *Les limites* A *et* B *de deux quantités variables* X *et* Y, *égales dans leurs variations, sont égales.* Ce principe est à peu près évident et, au fond, il a déjà été employé dans la remarque du n° précédent. Par hypothèse, X et Y ne sont que deux manières

(*) *Autrement.* Pour fixer les idées, soit $A > B$. On peut trouver quatre nombres commensurables a_m, A_n, b_p, B_q, tels que l'on ait

$$b_p < B < B_q < a_m < A < A_n,$$

les différences $A_n - a_m$, $B_q - b_p$ étant aussi petites qu'on le veut. Dire que X a pour limites à la fois A et B, c'est dire que l'on peut faire en sorte que l'on ait simultanément X compris entre a_m et A_n et entre b_p et B_q, ce qui est évidemment absurde. Cette démonstration analytique est générale.

différentes de désigner une même variable; d'après le lemme, cette variable ne peut tendre à la fois vers deux limites A et B. Donc A = B. Exemple : L'expression

$$\frac{1}{1.2}+\frac{1}{2.3}+\frac{1}{3.4}+\cdots+\frac{1}{(n-1)n}, \qquad (1)$$

peut s'écrire ainsi

$$\left(1-\frac{1}{2}\right)+\left(\frac{1}{2}-\frac{1}{3}\right)+\left(\frac{1}{3}-\frac{1}{4}\right)+\cdots+\left(\frac{1}{n-1}-\frac{1}{n}\right).$$

Elle est donc égale à $1-\frac{1}{n}$. Cette dernière quantité, pour $n=\infty$, a pour limite l'unité. Il en est donc de même de l'expression (1).

299. Limite d'une constante. Pour simplifier les énoncés, il convient souvent de dire que *la limite d'une constante*, c'est cette constante même.

300. Principe II (voir n° 24). *Si deux quantités variables* X, Y, *inégales, ont une même limite* A, *toute quantité intermédiaire* Z *a la même limite.* Ce principe est à peu près évident. On peut encore le démontrer explicitement comme il suit, si X, Y, Z, A sont commensurables, et même dans le cas contraire, si l'on a recours à la représentation géométrique des incommensurables : Z — A, étant compris entre X — A et Y — A, devient et reste aussi petit que l'on veut, en même temps que ces quantités. Donc lim Z = A (*). Ce principe subsiste évidemment si l'une des trois quantités X, Y, Z est une constante. Exemple : Si n est entier positif, β positif et commensurable, on a $(1+\beta)^n = 1 + n\beta +$ etc. $> n\beta$. Par suite,

$$0<\left(\frac{1}{1+\beta}\right)^n<\frac{1}{n\beta}.$$

Pour $n=\infty$, on a *lim* $(1 : n\beta) = 0$. La quantité $(1+\beta)^{-n}$ intermédiaire entre 0 et $(1 : n\beta)$ a donc aussi 0 pour limite.

Réciproque. *Si* Z *est une variable qui a pour limite* A *et si* Z *est compris entre deux autres variables* X, Y, *dont la différence a pour limite*

(*) *Démonstration analytique générale.* Dire que X et Y ont une limite finie A, signifie que l'on peut trouver deux nombres commensurables a_m, A_n, aussi rapprochés qu'on le veut, comprenant entre eux X, Y et A ; Z, qui est compris entre X et Y, sera aussi compris entre a_m, A_n ; par suite, la différence Z — A sera, en valeur absolue, moindre que $A_n - a_m$ et aura pour limite zéro.

zéro, ces variables ont aussi pour limite A (*). En effet, en faisant les mêmes hypothèses que plus haut, on a, par exemple, X — A = (Z — A) + (X — Z). Or, Z — A devient et reste aussi petit qu'on le veut en valeur absolue; il en est de même de X — Z, qui est inférieur à X — Y en valeur absolue. Donc aussi X — A devient et reste aussi petit qu'on le veut et, par conséquent, *lim* X = A. On prouve de la même manière que *lim* Y = A.

Corollaire. *Si* x_m, X_n *sont deux nombres commensurables comprenant un nombre commensurable ou incommensurable* X *et tels que* $lim(X_n - x_m) = 0$, *on a* $lim\, x_m = lim\, X_n = lim\, X$. Ce corollaire du principe II et de sa réciproque peut souvent servir à ramener des propositions relatives aux incommensurables à des propositions relatives aux nombres commensurables voisins.

201. Principe III (voir n° 25). *La limite* A *d'une variable* X, *toujours supérieure ou égale à* Y *dans ses variations, est égale ou supérieure à la limite* B *de* Y. En effet, soit, s'il est possible, A inférieur à B. On peut rendre simultanément X et Y aussi peu différents que l'on veut de A et de B. Par suite, si A est inférieur à B, on peut faire en sorte que X se rapproche assez de A, pour qu'il soit inférieur à Y, qui est aussi voisin de B que l'on veut, ce qui est contraire à l'hypothèse. Donc, on ne peut avoir A < B, et le théorème est démontré.

Cas particuliers. 1° Si Y = 0, A est nul ou positif; si X = 0, B est nul ou négatif. Donc *la limite d'une quantité positive (négative) est positive (négative) ou nulle.* 2° Si Y ou X est constant, le théorème devient : *la limite d'une quantité toujours supérieure (inférieure) à une constante est égale ou supérieure (inférieure) à cette constante.*

Exemples (voir n° 29, III) I. La quantité

$$L_{2n} = 1 - \frac{1}{2} + \frac{1}{3} - \frac{1}{4} - \cdots + \frac{1}{2n-1} - \frac{1}{2n},$$

(*) *Démonstration analytique générale.* Si Z a pour limite A, on peut trouver deux nombres commensurables a_m, A_n aussi rapprochés qu'on le veut, comprenant entre eux Z et A de quelque manière que l'on fasse varier ultérieurement les variables indépendantes dont dépendent X, Y, Z. Les variables X, Y sont aussi voisines qu'on le veut, l'une de l'autre et, par suite aussi, de la quantité intermédiaire Z; celle-ci est elle-même aussi rapprochée qu'on le veut de A ; on peut donc faire en sorte que X et Y soient également compris entre a_m, A_n, ce qui démontre le théorème.

peut s'écrire sous la forme suivante :

$$1-\left(\frac{1}{2}-\frac{1}{3}\right)-\left(\frac{1}{4}-\frac{1}{5}\right)+\cdots-\left(\frac{1}{2n-2}-\frac{1}{2n-1}\right)-\frac{1}{2n}.$$

Elle est donc inférieure à l'unité. On peut aussi écrire

$$L_{2n}=\left(1-\frac{1}{2}\right)+\left(\frac{1}{3}-\frac{1}{4}\right)+\cdots+\left(\frac{1}{2n-1}-\frac{1}{2n}\right)$$

$$=\frac{1}{1.2}+\frac{1}{3.4}+\cdots+\frac{1}{(2n-1)2n},$$

ce qui prouve qu'elle est supérieure à $\frac{1}{2}$ et croît avec n. Elle a une limite d'après l'axiome ou principe fondamental ; cette limite est supérieure à $\frac{1}{2}$, inférieure à 1, d'après le principe III. *Autrement* (d'après M. CATALAN) : En ajoutant deux fois successivement à L_{2n} l'expression

$$\frac{1}{2}+\frac{1}{4}+\cdots+\frac{1}{2n},$$

puis retranchant, par compensation, une fois

$$1+\frac{1}{2}+\cdots+\frac{1}{n},$$

on obtient

$$L_{2n}=\frac{1}{n+1}+\frac{1}{n+2}+\cdots+\frac{1}{2n},$$

quantité évidemment comprise entre n fois $\frac{1}{n}$ ou 1 et n fois $\frac{1}{2n}$ ou $\frac{1}{2}$. De plus, si l'on change n en $n+1$, on trouve

$$L_{2(n+1)}=\frac{1}{n+2}+\cdots+\frac{1}{2n+2}=L_{2n}+\frac{1}{2n+1}+\frac{1}{2n+2}-\frac{1}{n+1}$$

$$=L_{2n}+\frac{1}{(2n+1)(2n+2)},$$

donc L_{2n} est une quantité croissante avec n ; etc.

II. L'expression

$$L'_{4n}=\left(1+\frac{1}{3}-\frac{1}{2}\right)+\left(\frac{1}{5}+\frac{1}{7}-\frac{1}{4}\right)+\cdots+\left(\frac{1}{4n-3}+\frac{1}{4n-1}-\frac{1}{2n}\right)$$

$$=\left(1+\frac{1}{2}+\cdots+\frac{1}{4n}\right)-\left(1+\frac{1}{2}+\cdots+\frac{1}{n}\right)-\left(\frac{1}{2n+2}+\frac{1}{2n+4}+\cdots+\frac{1}{4n}\right)$$

$$=\left(\frac{1}{n+1}+\cdots+\frac{1}{4n}\right)-\frac{1}{2}\left(\frac{1}{n+1}+\cdots+\frac{1}{2n}\right)$$

$$=\frac{1}{2}\left(\frac{1}{n+1}+\cdots+\frac{1}{2n}\right)+\left(\frac{1}{2n+1}+\cdots+\frac{1}{4n}\right)$$

croît avec n, est supérieure au premier terme $1+\frac{1}{3}-\frac{1}{2}=\frac{5}{6}$, et inférieure (d'après la dernière forme) à $\frac{1}{2}n.\frac{1}{n}+2n.\frac{1}{2n}=1\frac{1}{2}$. Donc, elle tend vers une limite L' comprise entre $\frac{5}{6}$ et $1\frac{1}{2}$.

III. La quantité

$$L''_{6n}=\left(1+\frac{1}{3}+\frac{1}{5}-\frac{1}{2}\right)+\left(\frac{1}{7}+\frac{1}{9}+\frac{1}{11}-\frac{1}{4}\right)$$
$$+\cdots+\left(\frac{1}{6n-5}+\frac{1}{6n-3}+\frac{1}{6n-1}-\frac{1}{2n}\right)$$
$$=\frac{1}{2}\left(\frac{1}{n+1}+\frac{1}{n+2}+\cdots+\frac{1}{3n}\right)+\left(\frac{1}{3n+1}+\frac{1}{3n+2}+\cdots+\frac{1}{6n}\right),$$

croît avec n, a une limite supérieure à $\left(1+\frac{1}{3}+\frac{1}{5}-\frac{1}{2}\right)=1\frac{1}{30}$, inférieure à $\frac{1}{2}\cdot 2n\cdot\frac{1}{n}+3n\cdot\frac{1}{3n}=2$.

RÉCIPROQUE. I. *Si la limite* A *d'une variable* X *est supérieure à la limite* B *d'une variable* Y, *on peut faire en sorte que* X *devienne et reste supérieure à* Y. Car, soit C une quantité intermédiaire entre A et B. Puisque les limites de X et de Y sont respectivement A et B, on peut faire en sorte que X devienne et reste assez près de A pour être toujours supérieure à C, et que Y devienne et reste assez près de B pour être toujours inférieure à C. Alors Y est et reste inférieure à X. II. Si $\lim X=\lim Y=A$, *la différence* $X-Y$ *peut, en valeur absolue, devenir et rester aussi petite qu'on le veut.* En effet, d'après l'hypothèse, on peut faire en sorte que les variables X et Y soient comprises entre $a_m<A$ et $A_n>A$, a_m et A_n étant aussi peu différents l'un de l'autre qu'on le veut.

202. *Résumé*; *passage à la limite*; *méthode des limites* (voir n°s 27, 28). D'après les trois principes précédents, des relations de la colonne de gauche, on peut déduire celles de la colonne de droite dans le tableau suivant :

I. $X=Y$;	$\lim X=\lim Y$;
II. $\text{Lim } X=\lim Y$, Z entre X et Y . . .	$\lim X=\lim Z=\lim Y$;
III. $X \gtreqless Y$;	$\lim X \gtreqless \lim Y$.

Passer à la limite, c'est passer, en s'appuyant sur ces principes généraux et sur les propriétés spéciales des quantités considérées, d'égalités ou d'inégalités entre des variables ayant des relations connues, à des égalités ou des inégalités entre leurs limites. Cette opération ne suppose pas que la limite d'une variable en soit une valeur effective; au contraire, on se sert des principes précédents précisément parce qu'il y a certaines valeurs des variables (au moins des variables indépendantes) qui sont inaccessibles. *Le passage à la limite*, comparé aux opérations de l'Algèbre, *est une opération purement idéale.*

La *méthode des limites* consiste à trouver des relations entre des quantités, par *passage à la limite*, en considérant ces quantités comme limites de variables ayant entre elles des relations connues.

CHAPITRE V. Caractère général de convergence.

303. *Caractère général de convergence.* Lorsqu'une quantité variable passe par une série indéfinie de valeurs $s_1, s_2, s_3, \ldots, s_n$, en tendant vers une limite finie s, on peut choisir n tel que les différences $s - s_n$, $s - s_{n+1}$, $s - s_{n+2}$, ..., $s - s_{n+p}$ soient, en valeur absolue, aussi petites qu'on le veut; par exemple, inférieures à $\frac{1}{2}\varepsilon$, quelque petit que soit ε. Il en résulte que les différences

$$\begin{aligned}
s_{n+1} - s_n &= (s - s_n) - (s - s_{n+1}),\\
s_{n+2} - s_n &= (s - s_n) - (s - s_{n+2}),\\
&\ldots\ldots\ldots\ldots\\
s_{n+p} - s_n &= (s - s_n) - (s - s_{n+p}),
\end{aligned}$$

pour n suffisamment grand, sont inférieures à ε pour toute valeur de p. Réciproquement, *si* $s_0, s_1, s_2, s_3, \ldots, s_k$, etc., *sont les valeurs successives d'une quantité variable, telles que, pour toute quantité positive* ε *donnée d'avance, on puisse déterminer* n *de manière que l'on ait, en valeur absolue,*

$$s_{n+1} - s_n < \varepsilon, \quad s_{n+2} - s_n < \varepsilon, \quad s_{n+3} - s_n < \varepsilon,$$

et, en général, $s_{n+p} - s_n < \varepsilon$, QUEL QUE SOIT p, *la suite* $s_1, s_2, s_3, \ldots$ *tend vers une limite finie.* Ce théorème, dû à Cauchy, est, avec celui dont il est la réciproque, une seconde forme du principe fondamental de la méthode des limites, auquel il est équivalent. Il est extrêmement utile, sinon dans les Éléments, au moins dans les parties élevées des Mathématiques, comme on peut s'en convaincre, par exemple, en lisant le mémoire d'Abel sur le Binôme.

A cause de l'importance de ce théorème, nous allons en donner une démonstration minutieuse, qui est le développement de celle que l'on trouve dans les ouvrages suivants : *Traité d'Algèbre*, par J. BERTRAND; deuxième partie, livre I, ch. I, n° 6 (Troisième édition, Paris, Hachette, 1903; p. 3); A. GENOCCHI, *Calcolo differenziale e Principii di Calcolo integrale, pubblicato con aggiunte dal* Dr G. PEANO; Calcolo differenziale, ch. I, n° 15, théorème VIII (Torino, Bocca, 1884; p. 8), et dans plusieurs Traités d'Analyse infinitésimale.

304. *Préliminaires.* I. On peut exprimer l'hypothèse relative à ε, en disant que, pour une valeur de ε choisie d'avance, il y a une valeur de n, telle que

$$s_n - \varepsilon < s_{n+1},\quad s_{n+2},\quad s_{n+3},\quad \ldots\quad < s_n + \varepsilon.$$

II. Si l'on choisit successivement deux quantités positives ε, ε' et, si ε' est inférieur à ε, les valeurs n, n' correspondantes(*) seront telles que n' est égal ou supérieur à n. Car, si l'on avait $n' < n$, à cause de

$$s_{n'} - \varepsilon' < s_{n'+1},\quad s_{n'+2},\quad s_{n'+3},\quad \ldots\quad < s_{n'} + \varepsilon',$$

on aurait aussi, *à fortiori*,

$$s_{n'} - \varepsilon < s_{n'+1},\quad s_{n'+2},\quad s_{n'+3},\quad \ldots\quad < s_{n'} + \varepsilon.$$

Par suite, ce n'est pas n, mais une valeur plus petite n', ou une valeur moindre encore, qui correspondrait à ε.

305. LEMME I. *Aux quantités*

$$\varepsilon,\quad \varepsilon_1,\quad \varepsilon_2,\quad \varepsilon_3, \ldots, \varepsilon_p$$

formant une suite indéfiniment décroissante telle que $\lim \varepsilon_p = 0$, *pour* $p = \infty$, *correspondent des nombres*

$$n,\quad n_1,\quad n_2,\quad n_3,\quad \ldots,\quad n_p,$$

formant une suite indéfiniment croissante. Car, supposons, s'il est possible, qu'à partir de ε_k, aux quantités ε_{k+1}, ε_{k+2}, ε_{k+3}, ... corresponde toujours le même nombre N. Alors, on aurait, quel que soit q,

$$s_N - \varepsilon_{k+q} < s_{N+1},\quad s_{N+2},\quad s_{N+3},\quad \ldots\quad < s_N + \varepsilon_{k+q}.$$

Par suite, en faisant croître q indéfiniment, puisque $\lim \varepsilon_{k+q} = 0$,

$$s_N = s_{N+1} = s_{N+2} = s_{N+3} = \text{etc.}$$

(*) On prend pour n et n' les valeurs les plus petites possibles jouissant de la propriété indiquée.

La quantité étudiée s_n ne serait donc plus variable à partir d'une certaine valeur N de la variable, ce qui est contraire à l'hypothèse.

306. LEMME II. *Soient $n' > n$ et*

$$a < s_{n+1},\quad s_{n+2},\quad s_{n+3},\quad \ldots < A \qquad (1)$$
$$b < s_{n'+1},\quad s_{n'+2},\quad s_{n'+3} \quad \ldots < B \qquad (2)$$

Les quantités $s_{n'+1}$, $s_{n'+2}$, $s_{n'+3}$, etc., seront comprises entre la plus grande des quantités a, b et la plus petite des quantités A, B. En effet, puisque n' surpasse n, elles se trouvent parmi les quantités s_{n+1}, s_{n+2}, s_{n+3}, etc., comprises entre a et A. Elles surpassent donc a à cause de (1), b à cause de (2), sont inférieures à A à cause de (1), à B à cause de (2); d'où le lemme.

307. *Définition des suites* (a), (A). I. Soient

$$\varepsilon,\ \varepsilon_1,\ \varepsilon_2,\ \varepsilon_3,\ \ldots,\ \varepsilon_p,$$

une suite de quantités indéfiniment décroissantes, de sorte que $\lim \varepsilon_p = 0$ pour $p = \infty$;

$$n,\ n_1,\ n_2,\ n_3,\ \ldots,\ n_p,$$

les nombres correspondants, formant une suite indéfiniment croissante, (n° 305);

$$s_n - \varepsilon,\ s_{n_1} - \varepsilon_1,\ s_{n_2} - \varepsilon_2,\ s_{n_3} - \varepsilon_3,\ \ldots,\ s_{n_p} - \varepsilon_p,$$
$$s_n + \varepsilon,\ s_{n_1} + \varepsilon_1,\ s_{n_2} + \varepsilon_2,\ s_{n_3} + \varepsilon_3,\ \ldots,\ s_{n_p} + \varepsilon_p,$$

les deux suites de quantités entre lesquelles sont comprises (s_n, s_{n+1}, etc.), (s_{n_1}, s_{n_1+1}, ...), (s_{n_2}, s_{n_2+1}, ...), etc. (n° 304, I).

II. Posons $a = s_n - \varepsilon$, puis a_1 égal à la plus grande des quantités a et $s_{n_1} - \varepsilon_1$, a_2 égal à la plus grande des quantités a_1 et $s_{n_2} - \varepsilon_2$, a_3 égal à la plus grande des quantités a_2 et $s_{n_3} - \varepsilon_3$; et ainsi de suite indéfiniment. La suite

$$a,\quad a_1,\quad a_2,\quad a_3,\quad \text{etc.}, \qquad (a)$$

sera croissante, ou, à partir d'un certain terme, composée de quantités égales. D'après le n° 306, on aura

$$a < s_n,\quad s_{n+1},\quad s_{n+2},\quad \text{etc.},$$
$$a_1 < s_{n_1},\quad s_{n_1+1},\quad s_{n_1+2},\quad \text{etc.},$$
$$a_2 < s_{n_2},\quad s_{n_2+1},\quad s_{n_2+2},\quad \text{etc.};$$

et ainsi de suite indéfiniment.

III. De même, soient $A = s_n + \varepsilon$, A_1 égal à la plus petite des quantités A et $s_{n_1} + \varepsilon_1$, A_2 égal à la plus petite des quantités A_1 et $s_{n_2} + \varepsilon_2$, A_3 égal à la plus petite des quantités A_2 et $s_{n_3} + \varepsilon_3$; et ainsi de suite indéfiniment. La suite

$$A, \quad A_1, \quad A_2, \quad A_3, \quad \text{etc.},$$

sera décroissante, ou, à partir d'un certain terme, composée de quantités égales. D'après le n° 306, on aura

$$A > s_n, \quad s_{n+1}, \quad s_{n+2}, \quad \text{etc.},$$
$$A_1 > s_{n_1}, \quad s_{n_1+1}, \quad s_{n_1+2}, \quad \text{etc.},$$
$$A_2 > s_{n_2}, \quad s_{n_2+1}, \quad s_{n_2+2}, \quad \text{etc.};$$

et ainsi de suite indéfiniment.

IV. La différence $A - a$ est égale à 2ε; $A_1 - a_1$ est au plus égal à $2\varepsilon_1$, puisque a_1 est égal ou supérieur à $s_{n_1} - \varepsilon$ et A_1 égal ou inférieur à $s_{n_1} + \varepsilon_1$; $A_2 - a_2$ est au plus égal à $2\varepsilon_2$, $A_3 - a_3$ à $2\varepsilon_3$; et ainsi de suite indéfiniment.

308. *Démonstration du théorème.* I. La suite (a) croissante et toujours inférieure à A (n° 307) tend vers une limite finie, à moins que les termes de cette suite, à partir de l'un d'eux, ne restent égaux. Appelons α cette limite, ou cette valeur constante.

II. Les différences $A - \alpha$, $A_1 - \alpha$, $A_2 - \alpha$, etc. sont égales ou inférieures à $A - a$, $A_1 - a_1$, $A_2 - a_2$, etc.; celles-ci sont égales ou inférieures à 2ε, $2\varepsilon_1$, $2\varepsilon_2$, etc. Donc les différences $A - \alpha$, $A_1 - \alpha$, $A_2 - \alpha$, etc. sont nulles ou sont indéfiniment décroissantes, comme la suite des quantités ε, ε_1, ε_2, etc. La suite des quantités (A) a donc α pour limite, à moins que tous les termes de cette suite, à partir de l'un d'eux, ne soient égaux à α.

III. Pour simplifier le langage, on est convenu de dire qu'*une quantité constante est elle-même sa limite* (299). Nous pourrons résumer ce qui précède en disant que, pour $p = \infty$, dans tous les cas,

$$\lim a_p = \lim A_p = \alpha.$$

IV. Enfin, les quantités

$$s_{n_p}, \quad s_{n_p+1}, \quad s_{n_p+2}, \quad s_{n_p+3}, \quad \text{etc.},$$

comprises entre a_p et A_p, ont nécessairement la même limite α, parce que la différence $s_{n_p} - \alpha$, en valeur absolue inférieure à

$$A_p - a_p = (A_p - \alpha) + (\alpha - a_p),$$

a évidemment zéro pour limite, comme $A_p - \alpha$, $\alpha - a_p$. Le théorème général est donc démontré(*).

309. Exemples. I. Considérons la quantité variable

$$s_n = 1 - \frac{1}{2} + \frac{1}{3} - \frac{1}{4} + \cdots - (-1)^n \frac{1}{n}.$$

Si p est impair, on aura

$$\pm (s_{n+p} - s_n) = \left(\frac{1}{n+1} - \frac{1}{n+2}\right) + \left(\frac{1}{n+3} - \frac{1}{n+4}\right) + \cdots$$
$$+ \left(\frac{1}{n+p-2} - \frac{1}{n+p-1}\right) + \frac{1}{n+p},$$

quantité positive inférieure à $[1 : (n + 1)]$, quel que soit p, car on peut l'écrire comme il suit :

$$\frac{1}{n+1} - \left(\frac{1}{n+2} - \frac{1}{n+3}\right) - \cdots - \left(\frac{1}{n+p-1} - \frac{1}{n+p}\right).$$

Si p est pair,

$$\pm (s_{n+p} - s_n) = \left(\frac{1}{n+1} - \frac{1}{n+2}\right) + \cdots + \left(\frac{1}{n+p-1} - \frac{1}{n+p}\right)$$
$$= \frac{1}{n+1} - \left(\frac{1}{n+2} - \frac{1}{n+3}\right) - \cdots - \left(\frac{1}{n+p-2} - \frac{1}{n+p-1}\right) - \frac{1}{n+p}.$$

C'est-à-dire que la différence $s_{n+p} - s_n$ est encore, en valeur absolue, inférieure à $[1 : (n + 1)]$. On peut toujours choisir n de manière que $[1 : (n + 1)]$, et, par suite, $s_{n+p} - s_n$, soit plus petit que ε, ε étant aussi petit que l'on veut. Donc s_n a une limite finie, pour n croissant indéfiniment.

II. Le contraire a lieu pour la quantité

$$H_n = 1 + \frac{1}{2} + \frac{1}{3} + \frac{1}{4} + \cdots + \frac{1}{n}.$$

On trouve

$$H_{n+p} - H_n = \frac{1}{n+1} + \frac{1}{n+2} + \frac{1}{n+3} + \cdots + \frac{1}{n+p},$$

(*) Si la suite $(s_1, s_2, s_3, \ldots)$ n'est pas, à partir d'un certain terme, composée de quantités toutes égales entre elles, les deux suites $(a, a_1, a_2 \ldots)$, $(A, A_1, A_2, \ldots)$ ne peuvent pas se composer simultanément, à partir d'un certain terme, de quantités toutes égales à α. Car, s'il en était ainsi, à partir de ce terme, toutes les quantités intermédiaires s_k devraient aussi être égales à α.

quantité toujours supérieure à

$$\frac{p}{n+p}.$$

Soit $p=n$. On aura $H_{n+p}-H_n$ supérieur à $\frac{1}{2}$. On ne peut donc pas choisir n tel que $H_{n+p}-H_n$, pour toute valeur de p, devienne aussi petit qu'on le veut, puisque, pour $p=n$, et, a fortiori, pour des valeurs plus grandes, cette différence reste toujours supérieure à $\frac{1}{2}$. L'expression H_n, n'a donc pas de limite finie, quand n croît indéfiniment(*).

III. Soit encore l'expression

$$S_n = 2 - \frac{3}{2} + \frac{4}{3} - \frac{5}{4} + \cdots - (-1)^n \frac{n+1}{n},$$

formée en ajoutant, dans l'expression s_n de l'exemple I, l'unité à tous les termes positifs, et retranchant l'unité de tous les termes négatifs. Si p est pair, on aura évidemment

$$S_{n+p} - S_n = s_{n+p} - s_n,$$

et, par suite, cette différence, est en valeur absolue, inférieure à $[1:(n+1)]$. Mais si p est impair

$$\pm(S_{n+p} - S_n) = \pm(s_{n+p} - s_n) + 1.$$

Puisque $s_{n+p}-s_n$ est encore, en valeur absolue, inférieure à $[1:(n+1)]$, $S_{n+p}-S_n$ est, en valeur absolue, supérieure à $1-[1:(n+1)] = [n:(n+1)]$. La différence $\pm(S_{n+p}-S_n)$ ne devient donc pas, pour n suffisamment grand, inférieure à une quantité donnée ε, QUEL QUE SOIT p, mais seulement si p est pair. Donc S_n n'a pas de limite finie. Comme $S_n = s_n$ si n est pair, et $S_n = s_n + 1$, si n est impair, il est évident d'ailleurs que S_n n'a pas non plus une limite infinie.

210. REMARQUES. I. On peut énoncer le caractère principal de conver-

---

(*) On a vu plus haut (29, II) que H_n a une limite infinie. M. Catalan a fait observer que, si l'on prend p égal à la partie entière de la racine carrée de n, $H_{n+p}-H_n$ est inférieur à $(1:p)$ et devient aussi petit qu'on le veut, quand n et, par suite, p croissent indéfiniment. Il peut donc y avoir des valeurs de p (ici $p = E(\sqrt{n})$), même indéfiniment croissantes avec n, telles que $s_{n+p}-s_n$ soit aussi petit qu'on le veut, et en même temps, d'autres valeurs de p (dans le cas actuel, $p=n$) pour lesquelles le contraire a lieu. Voir encore l'exemple suivant.

Cette remarque prouve qu'il faut bien faire attention aux mots QUEL QUE SOIT p, dans l'énoncé du caractère principal de convergence.

gence sous la forme abrégée suivante : *Une quantité variable dont les oscillations ont pour limite zéro a une limite finie*, théorème qu'il faut entendre, naturellement, dans le sens de l'énoncé du n° 303(*).

II. On peut donner un caractère intuitif à la longue démonstration exposée n°s 304 à 308. Pour cela, on représente sur un plan les points ayant pour coordonnées rectangulaires

$$[(n, s_n), (n + 1, s_{n+1}), \text{etc.}], \quad [(n_1, s_{n_1}), (n_1 + 1, s_{n_1+1}), \text{etc.}]$$

Par hypothèse, ils sont compris entre deux parallèles à l'axe des x; ces parallèles, dont la distance décroît indéfiniment, ont pour équations, successivement,

$$y = s_n \pm \varepsilon, \quad y = s_{n_1} \pm \varepsilon_1, \text{ etc.}$$

On voit ensuite aisément que ces parallèles peuvent être remplacées par celles qui ont pour équations

$$(y = a, \ y = \mathrm{A}), \quad (y = a_1, \ y = \mathrm{A}_1), \text{ etc.}$$

Celles-ci évidemment tendent vers une position limite, ayant pour équation $y = \alpha$.

III. Dans son *Lehrbuch der Analysis*, § 15, Lipschitz, dit, *par définition*, que la quantité variable s_k tend vers une limite, quand ses oscillations peuvent devenir et rester aussi petites qu'on le veut. D'après cela, on peut énoncer le caractère général de convergence, en disant que *si une quantité variable a une limite, dans le sens de* Lipschitz, *elle en a aussi une dans le sens de* Duhamel. Autrement dit, la démonstration des n°s 304-308 prouve que les deux définitions sont équivalentes.

IV. Une variable toujours croissante, ou toujours décroissante, qui en valeur absolue, ne dépasse pas toute quantité donnée, a une limite finie, d'après le principe fondamental; d'après le n° 303 ci-dessus, elle vérifie aussi les conditions d'existence du caractère général de convergence. Réciproquement, d'après la démonstration donnée, n°s 304-308, chaque fois qu'une suite de quantités s_1, s_2, s_3, etc. vérifie les conditions du caractère général de convergence, s_p tend vers une limite finie α

(*) Autre énoncé : *s_n a une limite finie, si* $\lim (s_{n+p} - s_n) = 0$, *pour* $n = \infty$, QUEL QUE SOIT p. Le nombre p peut être constant ou variable; indépendant de n, ou variant avec n, par exemple, croissant indéfiniment en même temps que celui-ci, (égal à la partie entière de la racine carrée ou cubique de n, ou à n^2, n^3, etc). Voir l'exemple précédent, note.

pour p croissant indéfiniment; de plus, α est aussi la limite d'une suite croissante (a, a_1, a_2, etc.), ou d'une suite décroissante (A, A_1, A_2, etc.), les quantités (a) et (A) différant aussi peu qu'on le veut des quantités (s). Le principe fondamental de la méthode des limites et le caractère général de convergence sont donc équivalents et peuvent toujours se remplacer l'un l'autre dans les démonstrations où l'un des deux permet de conclure qu'une variable a une limite; néanmoins, suivant les cas, c'est l'un ou l'autre qui conduit le plus rapidement à une conclusion de ce genre.

V. Pour Lipschitz, un nombre incommensurable est la limite (dans le sens qu'il donne à ce mot) non commensurable d'une suite de nombres commensurables, procédant suivant une loi déterminée *quelconque*, pourvu que ces nombres commensurables vérifient les conditions du caractère général de convergence. Au premier abord, cette définition semble un peu plus générale que celle que nous avons empruntée à Dedekind; car, dans celle-ci, au fond, le nombre incommensurable est la limite (dans le sens de Lipschitz) d'une suite de nombres commensurables *croissants* ou *décroissants;* or, c'est là un mode de variation moins général que celui que la définition de Lipschitz permet d'imaginer. Mais, d'après la démonstration donnée plus haut (304-308), si s_1, s_2, s_3, etc. sont les nombres commensurables qui ont pour limite un nombre incommensurable α, quelle que soit la loi d'après laquelle procèdent les nombres s_1, s_2, s_3, etc., il existe une suite croissante (a, a_1, a_2, etc.) et une suite décroissante (A, A_1, A_2, etc.) ayant la même limite α, les (a) et les (A) différant aussi peu qu'on le veut des (s), pourvu que l'on aille assez loin dans la série de ces dernières quantités. Les deux définitions ne sont donc pas essentiellement distinctes.

CHAPITRE VI. Sur le principe de substitution des infiniment petits.

311. *Exemples d'une fausse application du principe.* I. Considérons les trois sommes suivantes :

$$A_n = \alpha_1 + \alpha_2 + \cdots + \alpha_n, \quad \alpha_p = \frac{1}{n},$$

$$B_n = \beta_1 + \beta_2 + \cdots + \beta_n, \quad \beta_p = \frac{1}{n}(1 + x), \quad x = \frac{p}{n},$$

$$C_n = \gamma_1 + \gamma_2 + \cdots + \gamma_n, \quad \gamma_p = \frac{1}{n}\left(1 + \frac{n^2 x}{e^{n^2 x^2}}\right), \quad x = \frac{p}{n}.$$

On trouve immédiatement $A_n = 1$; puis

$$B_n = 1 + \frac{1}{n^2}(1+2+3+\cdots+n) = 1\frac{1}{2} + \frac{1}{2n},$$

$$C_n = 1 + \frac{1}{e} + \frac{2}{e^4} + \frac{3}{e^9} + \cdots + \frac{n}{e^{n^2}}.$$

Si n croît indéfiniment, en prenant, par exemple, les valeurs successives 2, 4, 8, 16, etc., A_n ne varie pas ; B_n diminue sans cesse et a pour limite $1\frac{1}{2}$; C_n croît sans cesse, et tend vers une limite finie inférieure à la progression indéfinie

$$1 + \frac{1}{e} + \frac{1}{e^2} + \cdots$$

ayant pour somme $[e : (e-1)]$. En effet, on a $ne^{-n^2} < e^{-n}$ ou $n < e^{n(n-1)}$, puisque e est supérieur à 2, et que, par conséquent, $e^{n(n-1)} > (1+1)^{n(n-1)} > 1 + n(n-1) > n$.

Les trois sommes ont donc des limites inégales A, B, C. Ces limites sont d'ailleurs les aires (108) comprises entre les ordonnées correspondant à $x = 0$ et $x = 1$, l'axe des x et des lignes ayant pour équations $y = 1$, $y = 1 + x$, $y = 1 + n^2x\, e^{-n^2x^2}$. En effet, en posant $n\Delta x = 1$, les expressions A_n, B_n, C_n définies au commencement de ce n°, peuvent s'écrire

$$\overset{1}{\underset{0}{S}}\,\Delta x, \qquad \overset{1}{\underset{0}{S}}\,(1+x)\,\Delta x, \qquad \overset{1}{\underset{0}{S}}\,e^{-n^2x^2}\,n^2x\,\Delta x.$$

II. On a

$$\frac{\beta_p}{\alpha_p} = 1 + x = 1 + \frac{p}{n}, \quad \frac{\gamma_p}{\alpha_p} = 1 + \frac{n^2x^2}{e^{n^2x^2}}\frac{1}{x} = 1 + \frac{p^2}{e^{p^2}}\frac{n}{p}.$$

Si l'on suppose p fixe et n croissant indéfiniment, on trouve

$$\lim \frac{\beta_p}{\alpha_p} = 1, \quad \lim \frac{\gamma_p}{\alpha_p} = \infty.$$

Si l'on suppose x fixe et n croissant indéfiniment, puisque $\lim (n^2x^2 : e^{n^2x^2}) = 0$, d'après le n° 201, on a

$$\lim \frac{\beta_p}{\alpha_p} = 1 + x, \quad \lim \frac{\gamma_p}{\alpha_p} = 1.$$

Dans la première hypothèse, le principe de substitution semble applicable aux sommes A_n et B_n, et l'on croirait, au premier abord, que l'on a

$A = B$; dans la seconde, c'est à A_n et C_n qu'il parait applicable et l'on est tenté de conclure que $A = C$. Il n'en est rien cependant : la condition LIM $(\beta : \alpha) = 1$ ou LIM $(\gamma : \alpha) = 1$, ne doit donc être entendue, ni dans le premier, ni dans le second sens.

212. ***Vrai sens de la condition d'existence du principe.*** I. Si l'on se reporte aux démonstrations données aux nos 52 et 54, on verra que l'on y suppose *implicitement* que tous les rapports $1 + \varepsilon$ des infiniment petits substitués les uns aux autres tendent simultanément vers l'unité; ou, ce qui revient au même, qu'il en est ainsi du plus grand $1 + \varepsilon_n$ et du plus petit $1 + \varepsilon_m$. Dans la démonstration du théorème établi nos 106-108, nous avons pu appliquer le principe de substitution, parce que, d'après le no 93, tous les rapports $(f_n : f_m)$ ont simultanément l'unité pour limite. Dans les nos 111 (et NOTES COMPLÉMENTAIRES (111)), 116, 130 nous avons introduit explicitement la condition d'existence du principe. Mais, dans les exemples du no précédent, cette condition n'est pas vérifiée : la plus grande valeur de $(\beta : \alpha)$ est égale à 2 et correspond à $p = n$; la plus grande valeur de $(\gamma : \alpha)$ est $1 + ne^{-1}$ et correspond à $p = 1$.

II. *La condition lim* $(1 + \varepsilon_n) =$ *lim* $(1 + \varepsilon_m) = 1$ ***est*** SUFFISANTE, ***mais elle n'est pas*** NÉCESSAIRE. Pour le montrer, considérons la somme

$$D_n = \delta_1 + \delta_2 + \cdots + \delta_n, \quad \delta_p = \frac{1}{n}\left(1 + \frac{1}{p}\right).$$

On a

$$D_n = 1 + \frac{H_n}{n}, \quad H_n = 1 + \frac{1}{2} + \cdots + \frac{1}{n};$$

mais, si n est compris entre 2^k et 2^{k+1}, H_n est inférieure à $2 + k$ (no 29, II). Or, $2^k = (1 + 1)^k = 1 + k + \frac{1}{2} k(k - 1) + \text{etc.} > \frac{1}{2}k^2$. Donc

$$0 < \frac{H_n}{n} < \frac{2}{2^k} + \frac{k}{2^k} < \frac{2}{2^k} + \frac{2}{k}.$$

Pour n et k croissant indéfiniment, on a donc *lim* $(H_n : n) = 0$. Par suite, lim $D_n = 1$.

Or, si l'on compare les termes des sommes A_n et D_n, on trouve

$$\frac{\delta_1}{\alpha_1} = 1 + \frac{1}{1}, \quad \frac{\delta_2}{\alpha_2} = 1 + \frac{1}{2}, \quad \cdots \quad \frac{\delta_p}{\alpha_p} = 1 + \frac{1}{p}, \quad \cdots \quad \frac{\delta_n}{\alpha_n} = 1 + \frac{1}{n}.$$

Ces rapports ne tendent pas tous vers l'unité et cependant l'on a lim $D_n =$ lim $A_n = 1$. Le principe de substitution subsiste donc dans des cas où la démonstration des nos 52, 54 n'est pas applicable.

III. Outre les cas cités plus haut (quadrature des aires planes, cubatures, dérivation sous le signe des intégrales définies, intégration des séries), il y a encore deux autres applications élémentaires du principe de substitution des infiniment petits où il importe d'indiquer avec précision les conditions d'équivalence des limites de sommes considérées. Nous allons les faire connaître dans les numéros suivants.

313. *Rectification des courbes.* I. Considérons une courbe plane $y = fx$, depuis le point A (x_0, y_0) jusqu'au point B (X, Y), fx étant une fonction continue ainsi que sa dérivée depuis x_0 jusqu'à X. Inscrivons, dans la courbe AB, un polygone $AM_2M_4 \ldots M_{2n-2}B$, dont les sommets M_2, M_4, ... $M_{2n-2}B$, aient pour abscisses $x_2, x_4, \ldots, x_{2n-2}$. Un côté M_kM_{k+2} aura pour longueur

$$\sqrt{(x_{k+2} - x_k)^2 + (fx_{k+2} - fx_k)^2} = \Delta x_k \sqrt{1 + \left(\frac{\Delta fx_k}{\Delta x_k}\right)^2},$$

ou, d'après le théorème de Lagrange (105 ou 206), $\Delta x_k \sqrt{[1 + (f'x_{k+1})^2]}$, x_{k+1} désignant une valeur de x, intermédiaire entre x_k et x_{k+2}. Géométriquement, $\Delta x_k \sqrt{[1 + (f'x_{k+1})^2]}$ est la portion de tangente à la courbe au point M_{k+1} d'abscisse x_{k+1}, qui a pour projection Δx_k et est parallèle à la corde M_kM_{k+2} (105). Le périmètre p du polygone inscrit est donc égal à

$$\mathop{\mathrm{S}}_{x_0}^{X} \sqrt{1 + (f'x_{k+1})^2}\, \Delta x_k.$$

Si les côtés de ce polygone inscrit décroissent indéfiniment, d'après une loi quelconque, p aura une limite (114), savoir :

$$s = \int_{x_0}^{X} \sqrt{1 + (f'x)^2}\, dx,$$

que, par définition, l'on appelle la ***longueur de la courbe*** AB.

II. Considérons une courbe gauche $y = fx$, $z = \varphi x$, depuis le point A (x_0, y_0, z_0) jusqu'au point B (X, Y, Z), fx, φx étant des fonctions continues ainsi que leurs dérivées depuis x_0 jusqu'à X. Inscrivons dans la courbe AB un polygone $AM_3M_6 \ldots M_{3n-3}B$ dont les sommets aient pour abscisses $x_0, x_3, x_6, \ldots x_{3n-3}$, X. On aura

$$M_kM_{k+3} = \sqrt{(x_{k+3} - x_k)^2 + (fx_{k+3} - fx_k)^2 + (\varphi x_{k+3} - \varphi x_k)^2}$$

$$= \Delta x_k \sqrt{1 + \left(\frac{\Delta fx_k}{\Delta x_k}\right)^2 + \left(\frac{\Delta \varphi x_k}{\Delta x_k}\right)^2} = \Delta x_k \sqrt{1 + (f'x_{k+1})^2 + (\varphi' x_{k+2})^2},$$

x_{k+1}, x_{k+2} désignant des valeurs de x, intermédiaires entre x_k et x_{k+3}. A cause de la continuité, et, par suite, de l'équicontinuité de $f'x$, $\varphi'x$ (Notes complémentaires (93)), on a

$$1+(f'x_{k+1})^2+(\varphi'x_{k+2})^2=1+(f'x_k)^2+(\varphi'x_k)^2+\varepsilon=\mathrm{F}x_k+\varepsilon,$$

ε ayant pour limite zéro, lorsque $x_{k+3}-x_k$ tend vers zéro, même si x_k varie en même temps que cette différence (Comparez Notes complémentaires (98)), et $\mathrm{F}x$ étant mis, pour abréger, à la place de $1+(f'x_k)^2+(\varphi'x_k)^2$. Or

$$\sqrt{\mathrm{F}x_k+\varepsilon}-\sqrt{\mathrm{F}x_k}=\frac{\varepsilon}{\sqrt{\mathrm{F}x_k+\varepsilon}+\sqrt{\mathrm{F}x_k}}.$$

Comme $\mathrm{F}x_k$ et $\mathrm{F}x_k+\varepsilon$ sont au moins égaux à l'unité, le second membre est, en valeur absolue, au plus égal à $\frac{1}{2}\varepsilon$. On peut donc écrire, pour la longueur p du polygone inscrit à la courbe AB,

$$p=\mathop{\mathrm{S}}_{x_0}^{\mathrm{X}}(\mathrm{F}x_k+\varepsilon')\Delta x_k,$$

ε' qui, en valeur absolue, est au plus égal à $\frac{1}{2}\varepsilon$, ayant, comme ε, zéro pour limite, en même temps que Δx_k, même si x_k varie avec Δx_k. Supposons maintenant que les côtés du polygone inscrit à AB, décroissent indéfiniment d'après une loi quelconque; p aura une limite, savoir :

$$s=\int_{x_0}^{\mathrm{X}}\mathrm{F}x\,dx=\int_{x_0}^{\mathrm{X}}\sqrt{1+(f'x)^2+(\varphi'x)^2}\,dx,$$

qui sera, par définition, la longueur de la courbe AB.

L'expression $\mathrm{F}x\,dx$ est la longueur de la portion de tangente menée à la courbe au point $(x, fx, \varphi x)$ et ayant dx pour projection sur l'axe des x. A cause de la continuité de $f'x$, $\varphi'x$ et, par suite, de $\mathrm{F}x$, on peut remplacer dans $s=\lim p$, cette portion de tangente à la courbe, par une portion de tangente $\mathrm{F}x'dx$ de même projection, en un point quelconque (d'abscisse x') de l'arc qui réunit le point d'abscisse x à celui d'abscisse $x+dx$ (106-107).

Remarques I. On peut établir la formule de rectification des courbes planes comme nous venons de le faire pour les courbes gauches; mais on ne peut pas démontrer la formule relative aux courbes gauches, comme la formule de rectification des courbes planes, parce qu'il n'est pas établi, pour les courbes gauches, qu'il existe une portion de tangente, en un point intermédiaire entre M_k et M_{k+1}, qui ait pour projection Δx_k et soit égale à la corde $M_k M_{k+1}$.

II. Dans certains cas où les fonctions considérées ne sont pas toutes continues, les expressions s et Lim p peuvent ne pas être égales, comme l'a montré SCHEEFFER (*Allgemeine Untersuchungen über Rectification der Curven*, dans les *Acta Mathematica*, 1884, t. V, pp. 49-82; voir surtout pp. 66-67). Dans ce cas, on est réduit à prendre, par convention, *ou* s, *ou* lim p (par exemple s), pour définition de la longueur de la courbe.

314. *Quadrature des surfaces courbes.* On peut appeler aire d'une surface courbe $z = f(x, y)$, la limite (supposée existante et unique) de l'aire P de tout polyèdre inscrit dans cette surface dont les facettes décroissent indéfiniment. Si, à chaque facette du polyèdre, correspond une portion du plan tangent parallèle et de même projection δ sur le plan des xy, on sait, par la géométrie analytique, que l'aire de l'une de ces facettes aura pour expression $\delta.\sqrt{[1 + f'_x\overline{(x, y)}^2 + f'_y\overline{(x, y)}^2]}$, ou, en abrégé, $\delta.F(x, y)$; x, y sont respectivement l'abscisse et l'ordonnée du point de contact de ce plan tangent. On prouve aisément, comme au n° 313, II que, si $f'_x(x, y)$, $f'_y(x, y)$ sont des fonctions équicontinues (NOTES COMPLÉMENTAIRES, (93)), il en est de même de $F(x, y)$. Dans ce cas, la somme de toutes les aires $\delta.F\,(x, y)$ a, d'après le principe de substitution des infiniment petits (312), une limite déterminée S; S est une limite de somme double (111), (NOTES COMPLÉMENTAIRES (111)) que l'on peut exprimer au moyen d'une intégrale double (NOTES COMPLÉMENTAIRES, (114)), et où l'on peut remplacer x, y, par les coordonnées d'un point quelconque de l'aire δ.

REMARQUE. Dans les cas où l'on ne peut démontrer l'équivalence des expressions *lim* P et *limite de la somme des facettes tangentielles* $\delta.F$, on peut prendre, par convention, avec CAUCHY (*Leçons sur les applications du calcul infinitésimal à la Géométrie*, 1826-1827; leçon 25) et M. HERMITE (*Faculté des Sciences de Paris. Cours de M. Hermite, redigé en* 1882 *par M. Andoyer.* Troisième édition, revue par M. Hermite. Paris, Hermann, 1887; pp. 36-37) la seconde de ces expressions, pour définition de l'aire de la surface.

CHAPITRE VII. Fonction continue sans dérivée de Weierstrass.

M. Weierstrass a fait connaître, dans le *Journal de Crelle*, 1874, t. 79, pp. 29-31, puis dans ses *Abhandlungen aus der Functionenlehre* (Berlin, Sprenger, 1886), pp. 97-101, une fonction continue sans dérivée, fonction qui est représentée par une série assez simple. Nous traduisons l'article de l'éminent géomètre, afin de donner au moins un exemple de ces singulières fonctions.

315. *Fonction continue sans dérivée.* « Soient x une variable réelle, a un nombre entier impair, b une constante positive, inférieure à l'unité, et

$$fx = \cos \pi x + b \cos a\pi x + b^2 \cos a^2\pi x + b^3 \cos a^3\pi x + \text{etc.}$$

Cette fonction fx est continue (*). Nous allons montrer que, si ab est suffisamment grand, fx n'a de dérivée pour aucune valeur de x.

Soit x_0 une valeur déterminée quelconque de x, m un nombre entier positif. On peut déterminer un nombre entier α_m, positif ou négatif, tel que la différence

$$x_{m+1} = a^m x_0 - \alpha_m$$

soit comprise entre $-\frac{1}{2}$ exclusivement et $+\frac{1}{2}$ inclusivement [Il suffit, pour cela, si $a^m x_0$ n'est pas entier, de prendre pour α_m le plus grand entier immédiatement inférieur ou supérieur à $a^m x_0$, et, si $a^m x_0$ est entier, de faire, $\alpha_m = a^m x_0$]. Posons maintenant

$$x' = \frac{\alpha_m - 1}{a^m}, \quad x'' = \frac{\alpha_m + 1}{a^m}.$$

(*) Cette série est convergente, parce qu'elle est déduite de la progression convergente $1 + b + b^2 +$ etc., en multipliant ses termes par des quantités $\cos \pi x$, $\cos a\pi x$, etc., toujours comprises entre -1 et $+1$ (122). Posons

$$fx = \varphi x + \psi x, \quad \varphi x = \cos \pi x + b \cos a\pi x + \cdots + b^{m-1} \cos a^{m-1}\pi x;$$
$$\psi x = b^m \cos a^m\pi x + b^{m+1} \cos a^{m+1}\pi x + \text{etc.}$$

On aura $\Delta fx = \Delta\varphi x + \psi(x + \Delta x) - \psi x$. Or, ψx et $\psi(x + \Delta x)$, en valeur absolue, sont inférieures à la progression indéfinie $b^m + b^{m+1} + b^{m+2} +$ etc., ou à $[b^m : (1-b)]$. Pour m suffisamment grand, $[b^m : (1-b)]$ est inférieur à $\frac{1}{3}\varepsilon$, ε étant aussi petit qu'on le veut; donc $\Delta\psi x$ est inférieur à $\frac{2}{3}\varepsilon$. Une fois m ainsi choisi, on peut prendre Δx suffisamment voisin de zéro, pour que l'accroissement $\Delta\varphi x$ de la fonction φx, qui est continue comme somme de fonctions continues, soit, en valeur absolue, inférieure aussi à $\frac{1}{3}\varepsilon$. Donc enfin, encore en valeur absolue, Δfx est inférieur à ε; autrement dit, fx est une fonction continue.

On aura

$$x' - x_0 = -\frac{1 + x_{m+1}}{a^m}, \quad x'' - x_0 = \frac{1 - x_{m+1}}{a^m}.$$

Donc $x' < x_0 < x''$, et, en prenant m assez grand, x' et x'' s'approcheront de x_0 autant qu'on le voudra.

On a maintenant

$$\frac{fx' - fx_0}{x' - x_0} = \frac{\cos \pi x' - \cos \pi x_0}{x' - x_0} + b\,\frac{\cos a\pi x' - \cos a\pi x_0}{x' - x_0}$$

$$+ b^2\,\frac{\cos a^2\pi x' - \cos a^2\pi x_0}{x' - x_0} + \text{etc.} =$$

$$\overset{n=m-1}{\underset{n=0}{\mathrm{S}}} (ab)^n \frac{\cos a^n\pi x' - \cos a^n\pi x_0}{a^n(x' - x_0)} + \overset{n=\infty}{\underset{n=0}{\mathrm{S}}} b^{m+n} \frac{\cos a^{m+n}\pi x' - \cos a^{m+n}\pi x_0}{x' - x_0}.$$

Or

$$\frac{\cos a^n\pi x' - \cos a^n\pi x_0}{a^n(x' - x)_0} = -\pi \sin \tfrac{1}{2} a^n\pi\,(x' + x_0)\,\frac{\sin \frac{1}{2} a^n\pi\,(x' - x_0)}{\frac{1}{2} a^n\pi\,(x' - x_0)},$$

quantité où le produit des deux derniers facteurs est compris entre -1 et $+1$ exclusivement.

On a donc, en valeur absolue,

$$\overset{n=m-1}{\underset{n=0}{\mathrm{S}}} (ab)^n \frac{\cos a^n\pi x' - \cos a^n\pi x_0}{a^n(x' - x_0)} < \overset{n=m-1}{\underset{n=0}{\mathrm{S}}} \pi(ab)^n < \frac{\pi}{ab - 1}(ab)^m.$$

Ensuite, puisque a est un nombre entier impair,

$$\cos a^{m+n}\pi x' = \cos a^n(\alpha_m - 1)\pi = -(-1)^{\alpha_m},$$

$$\cos a^{m+n}\pi x_0 = \cos a^n(\alpha_m\pi + \pi x_{m+1}) = (-1)^{\alpha_m} \cos a^n\pi x_{m+1}.$$

On a donc, en observant que $a^m(x' - x_0) = -(1 + x_{m+1})$,

$$\overset{n=\infty}{\underset{n=0}{\mathrm{S}}} b^{m+n} \frac{\cos a^{m+n}\pi x' - \cos a^{m+n}\pi x_0}{x' - x_0} = (-1)^{\alpha_m}(ab)^m \overset{n=\infty}{\underset{n=0}{\mathrm{S}}} b^n \frac{1 + \cos a^n\pi x_{m+1}}{1 + x_{m+1}}.$$

Aucun des termes compris sous le dernier signe S n'est négatif; le premier $(1 + \cos \pi x_{m+1}) : (1 + x_{m+1})$, a son numérateur au moins égal à 1; car x_{m+1} est compris entre $-\frac{1}{2}$ exclusivement et $+\frac{1}{2}$ inclusivement; le dénominateur est au plus égal à $1\frac{1}{2}$. Donc le premier terme compris sous le dernier signe S est au moins égal à $\frac{2}{3}$.

On a donc enfin

$$\frac{fx' - fx_0}{x' - x_0} = (-1)^{\alpha_m} (ab)^m \eta \left(\frac{2}{3} + \varepsilon \frac{\pi}{ab - 1}\right),$$

où η est une quantité supérieure à l'unité, tandis que ε est compris entre -1 et $+1$.

On trouve de même

$$\frac{fx'' - fx_0}{x'' - x_0} = -(-1)^{\alpha_m} (ab)^m \eta_1 \left(\frac{2}{3} + \varepsilon_1 \frac{\pi}{ab - 1}\right),$$

où η_1 est, comme η, une quantité positive, supérieure à l'unité, ε_1 une quantité comprise entre -1 et $+1$.

Prenons a et b tels que ab surpasse $1 + \frac{3}{2}\pi$; alors on a

$$\frac{2}{3} > \frac{\pi}{ab - 1};$$

par suite, les rapports

$$\frac{fx' - fx_0}{x' - x_0}, \quad \frac{fx'' - fx_0}{x'' - x_0},$$

ont des signes contraires et, en valeur absolue, deviennent l'un et l'autre aussi grands qu'on le veut, pour m croissant indéfiniment.

Il résulte immédiatement de là que fx n'a, pour $x = x_0$, ni une dérivée finie, ni une dérivée infinie positive, ni une dérivée infinie négative. »

216. *Réponse à une objection*. Une étude de M. Wiener sur la fonction fx (*Journal de Crelle*, 1881, t. XC, p. 221-252 : *Geometrische und analytische Untersuchung der Weierstrasschen Function*) ayant causé certains malentendus relatifs à la conclusion précédente, M. Weierstrass a ajouté à sa note primitive, les explications suivantes « qui assurément dit-il, sont superflues pour la plupart des lecteurs. »

« Pour qu'une fonction continue Fx d'une variable réelle x ait *une* dérivée finie, pour $x = x_0$, il n'est pas suffisant, mais il est nécessaire que toutes les valeurs du rapport $[(Fx - Fx_0) : (x - x_0)]$, soient comprises entre deux limites finies, une fois que l'on a fixé une limite que $x - x_0$ ne peut dépasser. La fonction fx du n° précédent ne satisfait jamais à cette condition de quelque manière que l'on choisisse x_0.

Pour que Fx ait, pour $x = x_0$, une dérivée infinie positive (ou négative), il faut que, pour $x - x_0$ suffisamment petit en valeur absolue, inférieur à g, par exemple, le rapport $R = [(Fx - Fx_0) : (x - x_0)]$ soit supérieur à une quantité positive G (ou inférieur à une quantité négative — G), G étant aussi grand qu'on le veut; ce rapport R, pour $x - x_0$ inférieur à g, en valeur absolue, ne peut plus varier qu'entre G et $+\infty$ (ou entre — G et $-\infty$). Une condition nécessaire de l'existence d'une dérivée de Fx infinie positive (ou négative) pour $x = x_0$, c'est donc que le rapport R conserve toujours le même signe, pour les valeurs de x suffisamment voisines de x_0. La fonction fx, comme on l'a vu, ne vérifie pas cette condition. Cette fonction n'a donc de dérivée déterminée, ni finie, ni infinie, pour aucune valeur de x.

Les objections de M. Wiener reposent sur un malentendu qu'il est facile de dissiper. Pour certaines valeurs de x_0, on peut parfaitement déterminer une série indéfinie de valeurs x_1, x_2, x_3, ..., telles que $\lim x_n = x_0$, pour $n = \infty$, et en même temps telles que le rapport $[(fx_n - fx_0) : (x_n - x_0)]$ ait une limite déterminée. Mais il n'est pas permis de conclure de là que fx a une dérivée pour cette valeur $x = x_0$; car, en raisonnant de même, on pourrait soutenir que, par exemple, $Fx = x \sin(x + x^{-1})$ a une dérivée nulle pour $x = 0$, parce que, si l'on fait $x_n^{-1} = n\pi$, $\lim x_n = 0$ et $\lim (Fx_n : x_n) = 0$, pour $n = \infty$, » [ce qui est absurde. En effet, en faisant tendre x d'une manière quelconque vers zéro, $(Fx : x) = \sin(x + x^{-1})$ n'a évidemment aucune limite déterminée].

CHAPITRE VIII. Compléments de la théorie des séries.

217. *Série équiconvergente.* Une série convergente $u_1 + u_2 + u_3 +$ etc., dont les termes sont fonctions d'une ou plusieurs variables (une seule z, par exemple, pour fixer les idées), est dite *équiconvergente*, pour les valeurs de z_0 à Z, si, pour $n = \infty$, le reste $r_n = u_{n+1} + u_{n+2} +$ etc. a pour limite 0, même quand la variable z varie en même temps que n. Si la série est réelle, il suffit, pour cela, que r_{nM}, r_{nm}, valeur maxima et valeur minima ou limite supérieure et limite inférieure de r_n (204, II), quand z varie de z_0 à Z, aient pour limite zéro, quand n croît indéfiniment. Si la série est imaginaire, il suffit que $\lim \operatorname{mod} r_{nM} = 0$, pour $n = \infty$, mod r_{nM} étant la valeur maxima ou la limite supérieure de mod r_n, quand z varie de z_0 à Z. Au lieu de série *équiconvergente* (Gilbert), on dit encore, série *uniformément* ou *également convergente*, en allemand, *gleichmässig convergente Reihe* (Comparez NOTES COMPLÉMENTAIRES (93)).

EXEMPLES I. Si x varie seulement de 0 à 1, la série

$$Fx = \left(\frac{x}{1} - \frac{x^2}{2}\right) + \left(\frac{x^2}{2} - \frac{x^3}{3}\right) + \left(\frac{x^3}{3} - \frac{x^4}{4}\right) + \text{etc.},$$

évidemment égale à x, a pour reste

$$r_n = \left(\frac{x^{n+1}}{n+1} - \frac{x^{n+2}}{n+2}\right) + \left(\frac{x^{n+2}}{n+2} - \frac{x^{n+3}}{n+3}\right) + \text{etc.} = \frac{x^{n+1}}{n+1},$$

quantité au plus égale à $(1 : n+1) = r_{nM}$. Pour $n = \infty$, $\lim r_{nM} = 0$. La série est équiconvergente.

II. Quand x varie seulement de 0 à 1, la progression

$$fx = (1-x) + x(1-x) + x^2(1-x) + x^3(1-x) + \text{etc.}$$

est toujours convergente. Pour $x = 1$, elle a une somme nulle; pour $x < 1$, la somme des n premiers termes est $1 - x^n$, quantité, qui pour $n = \infty$, a pour limite l'unité. Le reste r_n est égal à $x^n - \mathrm{E}(x^n)$, ou simplement à x^n, si x n'est pas égal à l'unité. Or $x^n = e^{n\mathrm{l}x}$ est constant et égal à $e^{-\alpha}$, si l'on pose $n\mathrm{l}x = -\alpha$ et si l'on fait varier x et n simultanément; pour n croissant indéfiniment, x tend vers l'unité, sans jamais atteindre cette valeur. Le reste r_n n'ayant pas zéro pour limite quand x varie en même temps que n, la série n'est pas équiconvergente. On observera que r_n est compris entre $r_{nm} = 0$, *valeur minima*, correspondant à $x = 1$, et la *limite supérieure* $r_{nM} = 1$, correspondant à x tendant indéfiniment vers l'unité.

III. On a, pour toute valeur réelle finie de x, $\varphi x = 2xe^{-x^2}$, si

$$\varphi x = (2xe^{-x^2} - 4xe^{-2x^2}) + (4xe^{-2x^2} - 6xe^{-3x^2}) + (6xe^{-3x^2} - 8xe^{-4x^2}) + \text{etc.}$$

En effet, on trouve, pour la somme des n premiers termes, $2xe^{-x^2} - 2(n+1)xe^{-(n+1)x^2}$. Or, pour $x = 0$, $2(n+1)xe^{-(n+1)x^2} = 0$; pour x différent de zéro, cette expression peut s'écrire $2x^{-1}(ye^{-y})$, si l'on pose $y = (n+1)x^2$; pour $n = \infty$ et, par suite, $y = \infty$, $\lim ye^{-y} = 0$ (201). La série φx est donc convergente et a pour somme $2xe^{-x^2}$. Mais elle n'est pas équiconvergente; car le reste $r_n = 2(n+1)xe^{-(n+1)x^2}$, pour $(n+1)x = \alpha$, est égal à $2\alpha e^{-\alpha x}$, quantité qui n'a pas zéro pour limite, quand n croît indéfiniment.

218. *Équiconvergence et continuité des séries.* THÉORÈME I. *Une série $u_1v_1 + u_2v_2 + u_3v_3 +$ etc., est équiconvergente par rapport à la variable*

qui entre dans v_1, v_2, v_3, etc., si $u_1 + u_2 + u_3 +$ etc., est une série absolument convergente et si les valeurs absolues ou les modules de $v_1, v_2, \ldots, v_\infty$ sont inférieurs à une constante M. Appelons U_n, V_n les valeurs absolues, ou les modules de u_n, v_n. On aura (Notes complémentaires (65), (67))

$$\begin{aligned}\mathrm{mod}\,(u_{n+1}v_{n+1} + u_{n+2}v_{n+2} + \text{etc}) &\leqq U_{n+1}V_{n+1} + U_{n+2}V_{n+2} + \text{etc.}\\ &< M\,(U_{n+1} + U_{n+2} + \text{etc.})\end{aligned}$$

La dernière expression, pour n suffisamment grand, est, par hypothèse, aussi petite qu'on le veut, pour toute valeur de la variable, puisqu'elle en est indépendante; il en est donc de même de $U_{n+1}V_{n+1} + U_{n+2}V_{n+2} +$ etc., et mod $(u_{n+1}v_{n+1} + u_{n+2}v_{n+2} +$ etc.) a aussi pour limite zéro, de quelque manière que varie la variable en même temps que n, tant que V_{n+1}, $V_{n+2}, \ldots, V_\infty$ restent inférieurs à M.

Remarque. Le théorème subsiste même si la variable entre dans u_1, u_2, etc., pourvu que la série $U_1 + U_2 + U_3 +$ etc., soit équiconvergente, entre les limites considérées.

Théorème II. ***Une série équiconvergente dont les termes sont des fonctions continues est une fonction continue.*** Pour fixer les idées, considérons une série réelle; pour une série imaginaire, il suffirait de considérer les modules des accroissements au lieu de leurs valeurs absolues. Soient donc $S(x) = S_n(x) + R_n(x)$ une série réelle équiconvergente de x_0 à X, $S_n(x)$ la somme des n premiers termes, $R_n(x)$ le reste; x, $x + \Delta x$ deux valeurs de la variable comprises entre x_0 et X, ou bien dont l'une est égale à x_0 ou à X. On aura $S(x + \Delta x) - S(x) = S_n(x + \Delta x) - S_n(x) + R_n(x + \Delta x) - R_n(x)$. Pour n suffisamment grand, on a, pour toute valeur de x_0 à X, en valeur absolue, $R_n < \frac{1}{3}\varepsilon$, ε étant aussi petit qu'on le veut; donc, on a aussi $\pm [R_n(x + \Delta x) - R_n(x)] < \frac{2}{3}\varepsilon$. Après avoir choisi n de manière que $\Delta R_n(x)$ soit inférieur à $\frac{2}{3}\varepsilon$, en valeur absolue, on peut prendre Δx suffisamment petit pour que $\Delta S_n(x)$, accroissement de $S_n(x)$, qui est continue comme somme de fonctions continues, soit, en valeur absolue, inférieur à $\frac{1}{3}\varepsilon$. Donc enfin, au signe près, $\Delta S(x)$ est inférieur à ε, ou $S(x)$ est continue (84).

Exemples (pour les théorèmes I et II). 1° La série de Weierstrass est équiconvergente et continue (315; voir la note). 2° La série

$$x + \frac{1}{2}\,\frac{x^3}{3} + \frac{1.3}{2.4}\,\frac{x^5}{5} + \frac{1.3.5}{2.4.6}\,\frac{x^7}{7} + \text{etc.},$$

égale à arc sin x, si x^2 est inférieur à l'unité (270, II), est absolument convergente pour $x = 1$ (NOTES COMPLÉMENTAIRES (128)); elle est donc équiconvergente (théorème I) et continue (théorème II), pour les valeurs de x de -1 à $+1$; par suite, pour $x = 1$, elle représente $\frac{1}{4}\pi$, comme nous l'avions annoncé (n° 270, II).

3° Toute série obtenue en multipliant les termes d'une série absolument convergente, soit par des sinus et cosinus, comme dans le premier exemple, soit par des puissances de x supposé au plus égal à l'unité, comme dans le second, est équiconvergente.

REMARQUE. Les séries discontinues, comme fx (317, exemple II et les séries indiquées à la fin du n° 258), ne peuvent être équiconvergentes, puisque si elles étaient équiconvergentes, elles seraient continues.

La réciproque n'est pas vraie. Une série qui n'est pas équiconvergente, par exemple, φx de l'exemple III du n° 317, peut être continue.

319. *Intégration et dérivation des séries.* THÉORÈME I. *On peut intégrer, terme à terme, comme un polynôme, une série réelle* $S(x) = u_1(x) + u_2(x) + u_3(x) +$ etc., *équiconvergente pour les valeurs considérées, si les termes de cette série sont susceptibles d'intégration* (108, 114). *La série intégrale est aussi équiconvergente.* Si $S(x)$ est équiconvergente de x_0 à X, elle est continue (318, II) et susceptible d'intégration (108, 114) de x_0 à X. Il en est de même, par hypothèse, de la somme des n premiers termes $S_n(x)$, et, par suite, du reste $r_n(x) = S(x) - S_n(x)$. On a ensuite (114)

$$\int_{x_1}^{x_2} S(x)dx = \int_{x_1}^{x_2} u_1(x)dx + \cdots + \int_{x_1}^{x_2} u_n(x)dx + R_n; \; R_n = \int_{x_1}^{x_2} r_n(x)dx,$$

x_1 et x_2 étant des valeurs de x comprises dans l'intervalle (x_0, X). A cause de l'équiconvergence de $S(x)$, $r_n(x)$ pour n suffisamment grand est compris entre deux valeurs r_{nm}, r_{nM}, aussi voisines de zéro qu'on le veut, pour toute valeur de x, de x_0 à X. Donc R_n sera compris entre $(x_2 - x_1) r_{nm}$ et $(x_2 - x_1) r_{nM}$, et, *à fortiori*, entre $(X - x_0) r_{nm}$ et $(X - x_0) r_{nM}$, quantités encore aussi petites que l'on veut. On peut donc écrire, en série indéfinie,

$$\int_{x_1}^{x_2} S(x)dx = \int_{x_1}^{x_2} u_1(x)dx + \int_{x_1}^{x_2} u_2(x)dx + \text{etc.}$$

Comme R_n, pour toutes les valeurs de x_1 et x_2 est toujours compris entre les deux quantités $r_{nm}(X - x_0)$, $r_{nM}(X - x_0)$ indépendantes de x_1 et x_2 et aussi petites qu'on le veut, la série intégrale est équiconvergente.

REMARQUES I. La démonstration précédente ne s'applique pas au cas où l'une des limites est infinie. Mais le théorème subsiste, d'après la définition même de la convergence, si les intégrales du premier et du second membre sont finies et si, pour $n = \infty$, $\lim R_n = 0$.

II. Le théorème subsiste encore dans le cas où la série donnée est imaginaire. La démonstration se fait en remplaçant la considération de R_n par celle de son module (Voir, n° 254, III, 2°).

III. Suivant les cas, l'on peut, ou l'on ne peut pas intégrer les séries qui ne sont pas équiconvergentes (Voir ex. 2°).

EXEMPLES. 1° *Séries équiconvergentes intégrées terme à terme.* Voir n°s 256, VII, 259, 267, 270.

2° *Séries non équiconvergentes.* La série fx (317, II) a pour intégrale la série Fx (317, I) pour toutes les valeurs de x, depuis 0 jusqu'à 1. Cependant la série fx n'est pas équiconvergente. Au contraire, en intégrant de zéro à x la série φx du n° 317, III, on arrive à la relation absurde $1 - e^{-x^2} = -e^{-x^2}$ (DARBOUX).

THÉORÈME II. *On peut dériver terme à terme, par rapport à x, comme un polynôme, une série* $S(x) = u_1(x) + u_2(x) + u_3(x) +$ etc., *convergente de x_0 à x, si la série* $T(x) = u'_1(x) + u'_2(x) + u'_3(x) +$ etc. *des dérivées des termes est équiconvergente*. En effet, puisqu'on peut intégrer terme à terme une série équiconvergente (th. I), on a

$$\int_{x_0}^{x} T dx = \int_{x_0}^{x} u'_1(x)\, dx + \int_{x_0}^{x} u'_2(x)\, dx + \text{etc.}$$

$$= [u_1(x) - u_1(x_0)] + [u_2(x) - u_2(x_0)] + \text{etc.} = S(x) - S(x_0).$$

On déduit de là, en dérivant (112),

$$T(x) = u'_1(x) + u'_2(x) + \text{etc.} = S'(x).$$

EXEMPLES. Voir n°s 254, I, II, 256, VII, 259, 267.

REMARQUE. Si la série des dérivées n'est pas équiconvergente, tantôt on peut, tantôt on ne peut pas, dériver la série primitive, terme à terme. Ainsi la série

$$Fx = x = \left(\frac{x}{1} - \frac{x^2}{2}\right) + \left(\frac{x^2}{2} - \frac{x^3}{3}\right) + \left(\frac{x^3}{3} - \frac{x^4}{4}\right) + \text{etc.},$$

convergente de zéro à l'unité, étant dérivée terme à terme, donne

$$1 = (1 - x) + x(1 - x) + x^2(1 - x) + \text{etc.},$$

relation inexacte, pour $x = 1$ (317). La dernière série n'est pas équiconvergente.

On peut prouver, comme au n° 317, que les deux séries suivantes :

$$x^2e^{-x^2} = (x^2e^{-x^2} - 2x^2e^{-2x^2}) + (2x^2e^{-2x^2} - 3x^2e^{-3x^2}) + \text{etc.},$$
$$2xe^{-x^2} - 2x^3e^{-x^2} = [(2xe^{-x^2} - 2x^3e^{-x^2}) - (4xe^{-2x^2} - 4x^3e^{-2x^2})]$$
$$+ [(4xe^{-2x^2} - 4x^3e^{-2x^2}) - (6xe^{-3x^2} - 6x^3e^{-3x^2})] + \text{etc.},$$

sont convergentes et continues pour toute valeur de x, mais qu'elles ne sont pas équiconvergentes. Cependant, on obtient la seconde en dérivant la première terme à terme comme un polynôme.

320. *Propriétés générales des séries ascendantes et descendantes.* I. On peut appeler, avec Lacroix, série *ascendante* (ou *descendante*), une série de la forme $a_0 + a_1z + a_2z^2 + \text{etc.}$ (ou $a_0 + a_1z^{-1} + a_2z^{-2} + \text{etc.}$), ordonnée suivant les puissances *croissantes* (ou *décroissantes*) d'une variable z (synonyme allemand : *Potenzreihe*). On peut transformer une série descendante en une série ascendante, en posant $z = (1 : \zeta)$. Nous ne nous occuperons donc que de séries ascendantes. Comme exemple de pareilles séries, on peut citer les développements de e^z, $1(1+z)$, $(1+z)^m$, rencontrés antérieurement (n°s 255 et suivants).

II. Théorème I. *Si* A_0, A_1R, A_2R^2, A_3R^3, etc. *sont inférieurs à une quantité* M, *les séries suivantes, où* $\operatorname{mod} a_0 = A_0$, $\operatorname{mod} a_1 = A_1$, $\operatorname{mod} a_2 = A_2$, etc.,

$$\begin{aligned} fz &= a_0 + a_1z + a_2z^2 + a_3z^3 + \text{etc.}, \\ f_1z &= a_1 + 1.2a_2z + 3a_3z^2 + \text{etc.}, \\ f_2z &= 1.2a_2 + 2.3a_3z + \text{etc.}, \\ f_3z &= 1.2.3a_3 + \text{etc.}, \text{etc.}, \end{aligned}$$

sont absolument convergentes et équiconvergentes pour les valeurs de z, *dont le module est inférieur à* R; *ce sont des fonctions continues dont chacune est la dérivée de la précédente; les coefficients* a_0, a_1, a_2, *etc. sont égaux respectivement à* $f0, f'0, \frac{1}{2}f''0, \frac{1}{6}f'''0$, *etc.* 1° Soient $r < R$ et $(r : R) = t$. La série des modules des termes de fz, pour $z = re^{\varphi i}$, savoir :

$$A_0 + A_1r + A_2r^2 + A_3r^3 + \text{etc.} = A_0 + A_1Rt + A_2R^2t^2 + A_3R^3t^3 + \text{etc.},$$

est inférieure à la progression

$$M(1 + t + t^2 + t^3 + \text{etc.}),$$

et, par suite, est convergente. Il en est de même, *à fortiori*, pour toute valeur r' inférieure à r. La série fz est donc absolument convergente pour mod $z = r$, mod $z < r$. Elle est aussi équiconvergente. En effet, le reste de la série des modules pour mod $z = r'$, savoir :

$$\rho'_n = A_n r'^n + A_{n+1} r'^{n+1} + A_{n+2} r'^{n+2} + \text{etc.},$$

est inférieur à

$$\rho_n = A_n r^n + A_{n+1} r^{n+1} + A_{n+2} r^{n+2} + \text{etc.},$$

quand r' est inférieur à r. Or, puisque $A_0 + A_1 r + A_2 r^2 + \text{etc.}$, est une série convergente, $\lim \rho_n = 0$, pour $n = \infty$; par suite, on a également $\lim \rho'_n = 0$. Le module de $(a_n z^n + a_{n+1} z^{n+1} + \text{etc.})$, ou du reste de la série fz, est, tout au plus, égal à ρ_n quand mod $z = r$, à ρ'_n quand mod $z = r'$; donc il a aussi pour limite zéro, pour toutes les valeurs de z dont le module est inférieur ou égal à r; autrement dit, la série est équiconvergente (317).

2° La série des modules des termes de $f_1 z$, pour $z = re^{\varphi i}$, savoir :

$$A_1 + 2A_2 r + 3A_3 r^2 + \text{etc.} = A_1 + 2A_2 Rt + 3A_3 R^2 t^2 + \text{etc.},$$

est inférieure à la série

$$MR^{-1}(1 + 2t + 3t^2 + 4t^3 + \text{etc}).$$

Celle-ci est convergente, car le rapport de deux termes consécutifs est $[t : (1 + n^{-1})]$, quantité qui, pour n suffisamment grand, devient et reste aussi voisine de t que l'on veut, et est alors inférieure à une fraction q inférieure à l'unité (127 ou Notes complémentaires, corollaires (127)). La série des modules des termes de $f_1 z$ est donc convergente pour mod $z = r$. Il en est de même, *à fortiori*, pour toute valeur de z, dont le module r' est inférieur à r. Par conséquent, la série $f_1 z$ est absolument convergente. On en déduit aisément, comme plus haut, qu'elle est aussi équiconvergente.

La même démonstration s'applique aux séries $f_2 z$, $f_3 z$, etc.

3° Les séries fz, $f_1 z$, $f_2 z$, etc., équiconvergentes pour toute valeur de z dont le module est au plus égal à $r < R$, sont continues pour ces valeurs (318, II); chacune est la dérivée de la précédente (319, th. II), de sorte que $f_1 z = f'z$, $f_2 z = f''z$, etc. Si l'on y fait tendre z vers 0, on trouve, à la limite,

$$f0 = a_0, \quad f'0 = a_1, \quad f''0 = 1.2.a_2; \quad f'''0 = 1.2.3.a_3, \quad \text{etc.}$$

III. *Cercle de convergence*. La série des modules

$$A_0 + A_1 r + A_2 r^2 + A_3 r^3 + \text{etc.}$$

d'une série ascendante jouit de l'une ou l'autre des propriétés suivantes :

1° Elle est convergente pour toute valeur finie de r. C'est ce qui arrive pour le développement de e^z (255). 2° Elle n'est convergente que pour $r = 0$. Il en est ainsi pour la série

$$1 + 1.z + 1.2.z^2 + 1.2.3.z^3 + \text{etc.}$$

où le module du terme général, savoir $1.2.3\ldots n.r^n$, croît indéfiniment avec n, si r est différent de zéro (253, I). 3° Elle est convergente pour une certaine valeur r_1 de r, divergente pour une autre r_2, r_1 et r_2 étant différents de zéro. Dans ce cas, la série est convergente aussi pour toutes les valeurs inférieures à r_1, d'après le théorème précédent. Elle sera divergente pour toutes les valeurs supérieures à r_2, car si elle était convergente pour une valeur supérieure à r_2, d'après le même théorème, elle le serait pour la valeur r_2. Si l'on fait varier r de r_1 à r_2, d'une manière continue, la série, qui ne peut être que convergente ou divergente (118), sera convergente pour une dernière valeur R ou divergente pour une première R. Ainsi la série des modules de la série logarithmique (258), savoir :

$$\frac{r}{1} + \frac{r^2}{2} + \frac{r^3}{3} + \text{etc.},$$

commence à devenir divergente pour $r = 1$. La série

$$\frac{r}{1^2} + \frac{r^2}{2^2} + \frac{r^3}{3^2} + \text{etc.}$$

est convergente encore pour $r = 1$ (128, Ex.); mais elle est divergente pour $r > 1$, car le rapport de deux termes successifs $[r : (1 + n^{-1})^2]$, pour n suffisamment grand, devient et reste aussi voisin de r que l'on veut, et alors est supérieur à une quantité q supérieure à l'unité (127, ou Notes complémentaires (127), Corollaire).

La valeur R qui sépare les valeurs pour lesquelles la série des modules est convergente, de celles pour lesquelles elle est divergente, s'appelle *rayon du cercle de convergence*. Pour les valeurs de $z = x + yi$, correspondant aux points situés à l'intérieur de ce cercle, la série en z est convergente; pour les points extérieurs, elle n'est pas convergente. Sur la circonférence même, c'est-à-dire, pour $z = Re^{\varphi i}$, la série en z peut être convergente *partout*, c'est-à-dire pour toute valeur de φ, comme cela arrive pour la série (R = 1),

$$\frac{z}{1^2}+\frac{z^2}{2^2}+\frac{z^3}{3^2}+\frac{z^4}{4^2}+\text{etc.};$$

ou *nulle part*, comme c'est le cas pour la progression $1+z+z^2+z^3+$ etc. (R = 1); ou enfin convergente seulement pour certaines valeurs de φ (Série logarithmique, binôme).

Le théorème peut maintenant s'énoncer comme il suit : *A l'intérieur de leur cercle de convergence, les séries fz, f_1z, f_2z, etc. sont absolument convergentes, équiconvergentes et continues; chacune est la dérivée de la précédente et ses coefficients sont ceux que donnerait le développement de Taylor.*

IV. Théorème II. *Si la série* $fz = a_0 + a_1z + a_2z^2 + a_3z^3 +$ etc. *est convergente pour une valeur* $Z = Re^{\varphi i}$ *appartenant au cercle de convergence, on a* $\lim f(re^{\varphi i}) = f(Re^{\varphi i})$, *r étant une valeur inférieure à* R, *qui a* R *pour limite* (Abel). Posons $(r : R) = t$. On a

$$\Delta f = f(Re^{\varphi i}) - f(re^{\varphi i}) = a_1Z(1-t) + a_2Z^2(1-t^2) + a_3Z^3(1-t^3) + \text{etc.},$$

que nous écrirons, en abrégé,

$$\Delta f = \alpha_1 u_1 + \alpha_2 u_2 + \alpha_3 u_3 + \text{etc.},$$

en posant $\alpha_p = 1 - t^p$, $u_p = a_pZ^p$. Soient ensuite

$$\sigma_{n+1} = u_{n+1},\quad \sigma_{n+2} = u_{n+1} + u_{n+2},\quad \ldots,\quad \sigma_{n+p} = u_{n+1} + \cdots + u_{n+p},$$

$$\Sigma_{n+p} = \alpha_{n+1}u_{n+1} + \alpha_{n+2}u_{n+2} + \cdots + \alpha_{n+p}u_{n+p}.$$

On aura, en exprimant $u_{n+1}, u_{n+2}, \ldots, u_{n+p}$ au moyen des sommes σ (*transformation d'Abel*),

$$\begin{aligned}\Sigma_{n+p} &= \alpha_{n+1}\sigma_{n+1} + \alpha_{n+2}(\sigma_{n+2} - \sigma_{n+1}) + \cdots + \alpha_{n+p}(\sigma_{n+p} - \sigma_{n+p-1}) \\ &= \sigma_{n+1}(\alpha_{n+1} - \alpha_{n+2}) + \sigma_{n+2}(\alpha_{n+2} - \alpha_{n+3}) \\ &\qquad + \cdots + \sigma_{n+p-1}(\alpha_{n+p-1} - \alpha_{n+p}) + \alpha_{n+p}\sigma_{n+p}.\end{aligned}$$

Appelons σ_M celle des sommes σ dont le module est le plus grand, et observons que $\alpha_{n+1}, \alpha_{n+2}, \ldots, \alpha_{n+p}$ forment une suite de quantités croissantes de manière que les différences $(\alpha_{n+1} - \alpha_{n+2})$, $(\alpha_{n+2} - \alpha_{n+3})$, etc., sont négatives. On aura

$$\begin{aligned}\text{mod}\,\Sigma_{n+p} \overline{\overline{<}}\ (\alpha_{n+2} - \alpha_{n+1})\,\text{mod}\,\sigma_{n+1} + (\alpha_{n+3} - \alpha_{n+2})\,\text{mod}\,\sigma_{n+2} + \\ \cdots + (\alpha_{n+p} - \alpha_{n+p-1})\,\text{mod}\,\sigma_{n+p-1} + \alpha_{n+p}\,\text{mod}\,\sigma_{n+p};\end{aligned}$$

$$\text{mod}\,\Sigma_{n+p} \overline{\overline{<}}\ \text{mod}\,\sigma_M\,[(\alpha_{n+2} - \alpha_{n+1}) + \cdots + (\alpha_{n+p} - \alpha_{n+p-1}) + \alpha_{n+p}];$$

$$\operatorname{mod} \Sigma_{n+p} \overline{\overline{<}} \operatorname{mod} \sigma_M [2\alpha_{n+p} - \alpha_{n+1}] \quad \text{ou} \quad \operatorname{mod} \sigma_M [1 + t^{n+1} - 2t^{n+p}];$$
$$\operatorname{mod} \Sigma_{n+p} < 2 \operatorname{mod} \sigma_M.$$

Si p croît indéfiniment, σ_M qui est l'une des sommes σ_{n+1}, σ_{n+2}, etc., finies même pour $p = \infty$, puisque la série est convergente, a un module fini; pour n croissant indéfiniment, $\lim \sigma_{n+1} = 0$, $\lim \sigma_{n+2} = 0$, ...; il en est donc de même de σ_M (123). Par suite, on a, pour n suffisamment grand,

$$\operatorname{mod} (\alpha_{n+1} u_{n+1} + \alpha_{n+2} u_{n+2} + \text{etc.}) < \tfrac{1}{2} \varepsilon,$$

ε étant aussi petit qu'on le veut. Une fois n choisi de manière qu'il en soit ainsi, en prenant r suffisamment voisin de R, ou t de l'unité, ou $\alpha_1, \alpha_2, \ldots, \alpha_n$ de zéro, on aura aussi

$$\operatorname{mod} (\alpha_1 u_1 + \alpha_2 u_2 + \ldots + \alpha_n u_n) < \tfrac{1}{2} \varepsilon.$$

Donc, *à fortiori* (Notes complémentaires (65)),

$$\operatorname{mod} \Delta f \overline{\overline{<}} \operatorname{mod} (\alpha_1 u_1 + \cdots + \alpha_n u_n) + \operatorname{mod} (\alpha_{n+1} u_{n+1} + \text{etc.})$$

est inférieur à ε; autrement dit, $\lim \Delta f = 0$, et la série $f(re^{\varphi i})$ a pour limite $f(\mathrm{R}e^{\varphi i})$, si celle-ci est convergente.

Applications I. La série $1 - \frac{1}{2} + \frac{1}{3} - \frac{1}{4} + \text{etc.}$ est convergente (129); elle est donc la limite de $x - \frac{1}{2} x^2 + \frac{1}{3} x^3 - \frac{1}{4} x^4 + \text{etc.}$, ou (257) de $l(1 + x)$ lorsque x tend vers l'unité ; par conséquent, elle a pour somme $l(1 + 1) = l2$, théorème trouvé autrement (257).

II. La série convergente (Notes complémentaires (128, Ex. II)) pour $m > 0$,

$$1 - \frac{m}{1} + \frac{m(m-1)}{1.2} - \frac{m(m-1)(m-2)}{1.2.3} + \text{etc.},$$

est la limite de la série (263, II)

$$(1 - x)^m = 1 - \frac{m}{1} x + \frac{m(m-1)}{1.2} x^2 - \text{etc.},$$

quand x tend vers l'unité. Donc elle a pour somme $(1 - 1)^m = 0$, résultat connu (263, III).

321. *Multiplication des séries.* I. Soient

$$\mathrm{U} = u_0 + u_1 + u_2 + u_3 + \text{etc.}, \quad \mathrm{V} = v_0 + v_1 + v_2 + \text{etc.},$$

deux séries convergentes ; ensuite

$$w_0 = u_0 v_0, \quad w_1 = u_0 v_1 + u_1 v_0, \quad w_2 = u_0 v_2 + u_1 v_1 + u_2 v_0, \quad \text{etc.},$$
$$w_n = u_0 v_n + u_1 v_{n-1} + u_2 v_{n-2} + u_3 v_{n-3} + \cdots + u_{n-1} v_1 + u_n v_0.$$

La série

$$W = w_0 + w_1 + w_2 + w_3 + \text{etc.},$$

est dite obtenue en multipliant les séries U, V, terme à terme, comme deux polynômes.

II. Théorème de Cauchy (complété par Martens). *On peut multiplier terme à terme, comme deux polynômes, deux séries convergentes, dont l'une au moins est absolument convergente.* Soient $U = u_0 + u_1 + u_2 + \text{etc.}$, une série convergente, $V = v_0 + v_1 + v_2 + \text{etc.}$, une série absolument convergente. Posons

$$U_0 = u_0, \quad U_1 = u_0 + u_1, \quad U_2 = u_0 + u_1 + u_2, \text{ etc.};$$

$$U = U_0 + r_0 = U_1 + r_1 = U_2 + r_2, \text{ etc.};$$

$$V_n = v_0 + v_1 + v_2 + \cdots + v_n, \quad V = V_n + R_n; \quad W_n = w_0 + w_1 + \cdots + w_n.$$

Désignons par p la moitié de n, quand n est pair, la moitié de $n-1$, quand n est impair. On a identiquement

$$\begin{aligned} UV &= v_0U + v_1U + \cdots + v_nU + R_nU \\ &= v_0(U_n + r_n) + v_1(U_{n-1} + r_{n-1}) + \cdots + v_n(U_0 + r_0) + R_nU \\ &= (v_0U_n + v_1U_{n-1} + \cdots + v_nU_0) + v_0r_n + v_1r_{n-1} + \cdots + v_nr_0 + R_nU. \end{aligned}$$

Le premier terme du second membre est égal à W_n. On peut donc écrire

$$W_n = UV - (A_p + B_p + R_nU),$$

si l'on pose

$$A_p = v_0r_n + v_1r_{n-1} + \cdots + v_pr_{n-p}, \quad B_p = v_{p+1}r_{n-p-1} + \cdots + v_nr_0.$$

Appelons r_M celle des quantités $r_n, r_{n-1}, \dots r_{n-p}$ dont le module est le plus grand; r'_M celle des quantités $r_0, r_1, \dots r_{n-p-1}$ dont le module est aussi le plus grand. On aura

$$\text{mod } A_p \overline{\gtrless} \text{mod } r_M (\text{mod } v_0 + \text{mod } v_1 + \cdots + \text{mod } v_p),$$

$$\text{mod } B_p \overline{\gtrless} \text{mod } r'_M (\text{mod } v_{p+1} + \text{mod } v_{p+2} + \cdots + \text{mod } v_p).$$

Puisque la série $v_0 + v_1 + v_2 + \text{etc.}$ est absolument convergente, la série $\text{mod } v_0 + \text{mod } v_1 + \text{mod } v_2 + \text{etc.}$ a une somme finie V'; pour $n = \infty$, on a donc

$$\lim (\text{mod } v_0 + \text{mod } v_1 + \cdots + \text{mod } v_p) = V',$$

$$\lim (\text{mod } v_{p+1} + \text{mod } v_{p+2} + \cdots + \text{mod } v_n) = 0,$$

d'après 123, II. La série U étant convergente, r'_M est finie ainsi que son module, mais $r_n, r_{n-1}, \dots, r_p$, pour $n = \infty$, ont pour limite zéro, ainsi que r_M. Donc enfin $\lim \text{mod } A_p = 0$, $\lim \text{mod } B_p = 0$, pour $n = \infty$. Par conséquent, comme $\lim R_n = 0$ aussi, la dernière égalité en W_n donne $\lim W_n = UV$, ou $W = UV$ (Démonstration de JENSEN).

III. THÉORÈME D'ABEL. *Si la série W obtenue en multipliant deux séries convergentes U, V, terme à terme, comme des polynômes, est convergente, elle est égale au produit de ces deux séries.* Si t est inférieur à l'unité, les séries

$$ft = u_0 + u_1 t + u_2 t^2 + \text{etc.}, \quad \varphi t = v_0 + v_1 t + v_2 t^2 + \text{etc.},$$

sont absolument convergentes (320, II); d'après le théorème précédent, on peut les multiplier, terme à terme, comme des polynômes. On trouve ainsi

$$ft \times \varphi t = w_0 + w_1 t + w_2 t^2 + w_3 t^3 + \text{etc.}$$

D'après le théorème II du numéro précédent, quand t tend vers l'unité ft, φt tendent vers les limites finies U, V et le second membre vers W. Donc $UV = W$.

IV. EXEMPLES. 1° En multipliant les séries

$$e^x = 1 + \frac{x}{1} + \frac{x^2}{1.2} + \text{etc.}, \quad e^X = 1 + \frac{X}{1} + \frac{X^2}{1.2} + \text{etc.},$$

terme à terme, on trouve

$$1 + \left(\frac{x}{1} + \frac{X}{1}\right) + \left(\frac{x^2}{1.2} + \frac{xX}{1} + \frac{X^2}{1.2}\right) + \left(\frac{x^3}{1.2.3} + \frac{x^2X}{1.2} + \frac{xX^2}{1.2} + \frac{X^3}{1.2.3}\right) + \text{etc.}$$
$$= 1 + \frac{x+X}{1} + \frac{(x+X)^2}{1.2} + \frac{(x+X)^3}{1.2.3} + \text{etc.},$$

c'est-à-dire la série égale à e^{x+X}. On peut déduire de là une théorie des exponentielles imaginaires, mais elle est moins simple que celle des n°s 67 et suivants. 2° On peut déduire d'autres exemples de multiplication des séries des résultats trouvés au n° 256, IV, par une autre méthode.

322. THÉORÈME D'ABEL SUR LA CONVERGENCE DES SÉRIES. I. *Si l'on multiplie par des nombres positifs α_1, α_2, α_3, etc., égaux ou décroissants, les termes (positifs ou négatifs) d'une série convergente réelle, $u_1 + u_2 + u_3 +$ etc., on obtiendra une nouvelle série convergente $\alpha_1 u_1 + \alpha_2 u_2 + \alpha_3 u_3 +$ etc.* Ce théorème, comme le remarque DUHAMEL, est loin d'être évident, parce que les multiplicateurs peuvent porter très inégalement sur les termes positifs ou négatifs, dont les sommes sont séparément supposées infinies, sans quoi il n'y aurait aucune difficulté. En effet, si la série primitive est absolument convergente, le théorème est démontré, même pour des multiplicateurs quelconques compris entre deux limites données (122). Posons

$$\sigma_{n+1} = u_{n+1}, \quad \sigma_{n+2} = u_{n+1} + u_{n+2}, \quad \sigma_{n+3} = u_{n+1} + u_{n+2} + u_{n+3}, \quad \text{etc.}$$

$$\Sigma_{n+p} = \alpha_{n+1}u_{n+1} + \alpha_{n+2}u_{n+2} + \alpha_{n+3}u_{n+3} + \cdots + \alpha_{n+p}u_{n+p}.$$

On aura, en appelant σ_m la plus petite, σ_M la plus grande des quantités $\sigma_{n+1}, \sigma_{n+2}, \ldots, \sigma_{n+p}$,

$$\Sigma_{n+p} = \alpha_{n+1}\sigma_{n+1} + \alpha_{n+2}(\sigma_{n+2} - \sigma_{n+1}) + \alpha_{n+3}(\sigma_{n+3} - \sigma_{n+2}) + \cdots$$
$$+ \alpha_{n+p-1}(\sigma_{n+p-1} - \sigma_{n+p-2}) + \alpha_{n+p}(\sigma_{n+p} - \sigma_{n+p-1})$$
$$= \sigma_{n+1}(\alpha_{n+1} - \alpha_{n+2}) + \sigma_{n+2}(\alpha_{n+2} - \alpha_{n+3}) + \cdots$$
$$+ \sigma_{n+p-1}(\alpha_{n+p-1} - \alpha_{n+p}) + \sigma_{n+p}\alpha_{n+p};$$

Par suite,

$$\Sigma_{n+p} > \sigma_m[(\alpha_{n+1} - \alpha_{n+2}) + (\alpha_{n+2} - \alpha_{n+3}) + \cdots + (\alpha_{n+p-1} - \alpha_{n+p}) + \alpha_{n+p}]$$

ou

$$\Sigma_{n+p} > \sigma_m\alpha_{n+1};$$

On trouve de même,

$$\Sigma_{n+p} < \sigma_M\alpha_{n+1}.$$

Pour n suffisamment grand, $\sigma_{n+1}, \sigma_{n+2}, \ldots, \sigma_{n+p}$ et, par suite, σ_m, σ_M sont aussi petits qu'on le veut, puisque la série $u_1 + u_2 +$ etc. est convergente (123, II). Il en est donc de même de $\sigma_m\alpha_{n+1}$, $\sigma_M\alpha_{n+1}$ et des quantités intermédiaires $\Sigma_{n+1}, \Sigma_{n+2}, \ldots, \Sigma_{n+p}$, quel que soit p. Il en résulte, *d'après le caractère général de convergence* (303), que Σ_{n+p}, pour $p = \infty$, a une limite finie; il en est donc de même de $u_1\alpha_1 + u_2\alpha_2 + \cdots + u_n\alpha_n + \Sigma_{n+p}$, c'est-à-dire que la série $u_1\alpha_1 + u_2\alpha_2 +$ etc. est convergente.

Remarque. Le théorème d'Abel subsiste encore : 1° Si les nombres α_1, α_2, α_3, etc., sont égaux ou croissants, mais inférieurs à une quantité finie M. 2° Si la série $u_1 + u_2 + u_3 +$ etc. est indéterminée, mais telle que les sommes $\sigma_{n+1}, \sigma_{n+2}, \sigma_{n+3}$, etc. soient finies, pourvu que α_{n+1}, pour $n = \infty$, ait zéro pour limite.

II (*Extension aux séries imaginaires*). *Si l'on multiplie les termes d'une série convergente réelle ou imaginaire,* $u_1 + u_2 + u_3 +$ etc., *par des quantités réelles ou imaginaires* $\alpha_1, \alpha_2, \alpha_3$, etc., *on obtiendra une nouvelle série convergente* $\alpha_1u_1 + \alpha_2u_2 + \alpha_3u_3 +$ etc., *pourvu que*

$$A = \text{mod}\,\alpha_1 + \text{mod}\,(\alpha_1 - \alpha_2) + \text{mod}\,(\alpha_2 - \alpha_3) + \text{mod}\,(\alpha_3 - \alpha_4) + \text{etc.}$$

soit une série convergente (JORDAN, *Cours d'analyse*, I, pp. 114-115). On trouve, en effet (NOTES COMPLÉMENTAIRES, (65)),

$$\text{mod}\ \Sigma_{n+p} \overline{\overline{<}}\ \text{mod}\ \sigma_{n+1}\ \text{mod}\ (\alpha_{n+1} - \alpha_{n+2}) + \cdots$$
$$+ \text{mod}\ \sigma_{n+p-1}\ \text{mod}\ (\alpha_{n+p-1} - \alpha_{n+p}) + \text{mod}\ \sigma_{n+p}\ \text{mod}\ \alpha_{n+p},$$

et, *à fortiori*, en remplaçant les modules de tous les σ considérés par le plus grand d'entre eux, mod σ_M,

$$\text{mod}\ \Sigma_{n+p} \overline{\overline{<}}$$
$$\text{mod}\ \sigma_M\ [\text{mod}\ (\alpha_{n+1} - \alpha_{n+2}) + \cdots + \text{mod}\ (\alpha_{n+p-1} - \alpha_{n+p}) + \text{mod}\ \alpha_{n+p}].$$

On a ensuite

$$\alpha_{n+p} = \alpha_1 - (\alpha_1 - \alpha_2) - (\alpha_2 - \alpha_3) - \cdots - (\alpha_{n+p-1} - \alpha_{n+p}),$$
$$\text{mod}\ \alpha_{n+p} \leqq \text{mod}\ \alpha_1 + \text{mod}\ (\alpha_1 - \alpha_2) + \cdots + \text{mod}\ (\alpha_{n+p-1} - \alpha_{n+p});$$

Par conséquent, en ajoutant aux deux membres de cette relation

$$\text{mod}\ (\alpha_{n+1} - \alpha_{n+2}) + \cdots + \text{mod}\ (\alpha_{n+p-1} - \alpha_{n+p}),$$

on trouve

$$\text{mod}\ (\alpha_{n+1} - \alpha_{n+2}) + \cdots + \text{mod}\ (\alpha_{n+p-1} - \alpha_{n+p}) + \text{mod}\ \alpha_{n+p} =$$
$$\text{mod}\ \alpha_1 + \text{mod}\ (\alpha_1 - \alpha_2) + \cdots + \text{mod}\ (\alpha_n - \alpha_{n+1}) +$$
$$2\,[\text{mod}\ (\alpha_{n+1} - \alpha_{n+2}) + \cdots + \text{mod}\ (\alpha_{n+p-1} - \alpha_{n+p})] < 2\text{A}.$$

Par suite, mod $\Sigma_{n+p} < 2\lambda\text{A}$ mod σ_M, λ étant un facteur positif au plus égal à l'unité. La série $u_1 + u_2 + u_3 +$ etc., étant convergente, σ_{n+1}, σ_{n+2}, ..., σ_{n+p}, et, par suite, σ_M pour n suffisamment grand, ont des modules aussi petits que l'on veut; il en est donc de même, quel que soit p, de mod Σ_{n+p}, de la partie réelle et du coefficient de $\sqrt{-1}$ de la partie imaginaire de Σ_{n+p}, cette partie réelle et ce coefficient étant pris en valeur absolue; donc, d'après le caractère général de convergence, la partie réelle et la partie imaginaire de Σ_{n+p} ont des limites finies et $u_1\alpha_1 + u_2\alpha_2 +$ etc. est convergente.

REMARQUE. Le théorème d'Abel est le seul dont la démonstration repose sur le caractère général de convergence (303-310).

NOTES COMPLÉMENTAIRES.

Les notes complémentaires qui suivent contiennent des additions, des corrections ou des éclaircissements relatifs aux numéros indiqués entre parenthèses. Les corrections proprement dites sont indiquées par des astérisques et placées entre parenthèses carrées (Nos 4, 15, 21, 29, 38, 44, 52-54, 55, 71, 73, 80, 84, 92, 111, 116, 126, 127, 130, 142, 144, 146, 147, 149, 151, 152, 154, 172, 177-178, 201, 204, 209, 217, 220, 229, 245, 262, 267, 292). Les éclaircissements constituent pour ainsi dire un commentaire indispensable du texte, dans les endroits difficiles, au moins pour les trente-deux premières pages de l'ouvrage.

INTRODUCTION.

I. **Définition de l'analyse infinitésimale.** (4) *[A la ligne 3, après $x+y$, il faut ajouter : $(p=xy)$]. Le second problème se résout plus simplement comme il suit : on a

$$s^2 = x^2 + y^2 + 2xy = (x-y)^2 + 4xy = (x-y)^2 + 4p,$$

quantité la plus petite possible si $x=y$.

(7) L'équation $y=\mathrm{E}(x)$, en coordonnées rectangulaires, représente, pour ainsi dire, les *marches* d'un escalier, dont les *contremarches* sont égales aux marches. Autrement dit, de 0 à 1 exclusivement, $y=0$; de 1 à 2 exclusivement, $y=1$; de 2 à 3 exclusivement, $y=2$ et ainsi de suite. L'équation $y=x-\mathrm{E}(x)$ représente, de 0 à 1 exclusivement, un segment de la droite $y=x$ inclinée à 45° sur l'axe des x; pour les valeurs plus grandes de x, des segments de droite égaux et parallèles au précédent et menés par les points de l'axe des x ayant pour abscisses 1, 2, 3, etc.

L'expression $y=x^{-1}+x$ peut s'écrire $y=y_1+y_2$, si $y_1=x^{-1}$, $y_2=x$. En prenant un seul axe des x et une seule origine, un axe des y_1 et un axe des y_2 dans un sens directement opposé, la somme $y=y_1+y_2$

est représentée par la distance des points de même abscisse de la droite $y_2 = x$ et de l'hyperbole $y_1 = x^{-1}$. De même, si l'on fait $y_1 = x^{-1}$, $y_2 = x - \mathrm{E}(x)$, $y = x^{-1} + x - \mathrm{E}(x)$ est représentée par la distance des points de même abscisse des segments de droites $y_2 = x - \mathrm{E}(x)$ et de l'hyperbole $y_1 = x^{-1}$. Cette distance jouit de la propriété de *devenir* aussi petite qu'on le veut pour x entier et croissant indéfiniment ; mais elle ne *reste* pas aussi petite qu'on le veut. (Comparez n° 20).

(**9**) Les relations qui existent entre des variables peuvent être supposées connues et exprimées au moyen des signes mathématiques ; alors, on dit que les variables sont des fonctions *analytiques* les unes des autres. On dit qu'elles en sont des fonctions *concrètes*, si ces relations sont inconnues. Ainsi l'aire u d'un rectangle de base x et de hauteur y est une fonction concrète de x et de y pour celui qui ne connaît pas la relation $u = xy$; c'est une fonction analytique pour celui qui la connaît.

(**10-11**) La classification des fonctions n'appartient pas à l'analyse élémentaire. C'est, au contraire, le résultat des recherches les plus profondes des géomètres. Ainsi, par exemple, c'est en 1825 seulement qu'Abel a démontré qu'il existe des fonctions algébriques qui ne peuvent pas s'exprimer au moyen de radicaux, par exemple, les racines d'une équation générale du cinquième degré en x et y.

(**14-15**) Voir *Appendice*, I, 287-288. *[L'année de la naissance de Fermat est 1601, celle de la mort de Descartes, 1650].

II. **Méthode des limites.** Voir APPENDICE, II, nos 293-302.

(**18**) Voici des exemples élémentaires de limites qui ne contiennent que des nombres commensurables (n est entier) :

$$y = \frac{8 + (n+1)^2}{9 + n^2} = 1 + \frac{2}{9n^{-1} + n},$$

$$z = \frac{n - 2\mathrm{E}\left(\frac{1}{2}n\right)}{n}, \quad u = 2 + \frac{1}{n} + n - 2\mathrm{E}\left(\tfrac{1}{2}n\right).$$

Quand n varie depuis $n = -3$ jusqu'à $n = 3$, y croît depuis $\frac{2}{3}$ jusqu'à $1\frac{1}{3}$ en passant par la valeur 1 pour $n = 0$; à partir de $n = 3$, y décroît sans cesse et a pour limite 1, dont elle diffère d'une quantité inférieure à $(2 : n)$; la valeur limite 1 est donc atteinte pour $n = 0$, mais le couple de valeurs $(n = \infty, y = 1)$ est inaccessible. La fonction z est égale à 0 si n est pair, à $(1 : n)$, si n est impair ; 0 est une valeur atteinte une infinité de fois par z, mais c'est aussi la limite de z ; le couple de valeurs $(n = \infty,$

$z=0$) est inaccessible. Enfin l'expression u est égale à $2+n^{-1}$, si n est pair, à $3+n^{-1}$, si n est impair; pour n croissant indéfiniment u oscille sans cesse d'une valeur voisine de 2 à une valeur voisine de 3, sans avoir de limite. La différence $u-2$ peut *devenir*, mais non *rester* aussi petite qu'on le veut.

(**21**) *[A la ligne 3, lire : dont l'amplitude peut être *finie ou* infinie]. Voir le troisième exemple donné plus haut (NOTES COMPL., (18)).

(**24**) Voir la réciproque et un corollaire, APPENDICE, n° 300.

(**25**) La démonstration directe du n° 301 est préférable.

(**26**) La démonstration donnée au n° 296 est faite dans l'esprit de la théorie de Lipschitz (Voir APPENDICE, ch. V, particulièrement le n° 310).

(**28**) Euclide a défini comme il suit (aux termes près) une proportion entre quatre grandeurs A, B, C, D (*Éléments*, V, déf. 5) : « A est à B (supposé de même espèce que A), comme C est à D (supposé de même espèce que C), si la $n^{\text{ième}}$ partie de B est comprise m fois dans A et, de même, la $n^{\text{ième}}$ partie de D, m fois dans C, m et n étant entiers; *ou* si, *quel que soit* n, on a toujours *simultanément* A supérieur (ou inférieur) à m fois fois la $n^{\text{ième}}$ partie de B et C supérieur (ou inférieur) à m fois fois la $n^{\text{ième}}$ partie de D ». C'est cette définition qui a permis aux Anciens d'éviter la considération directe des incommensurables.

(**29**) I. Énoncé : *La limite d'une puissance indéfiniment croissante d'une quantité fixe, inférieure (supérieure) à l'unité est nulle (infinie).*

II. On a, en effet, en groupant convenablement les termes, si $n=2^k$,

$$H_n=1+\frac{1}{2}+\left(\frac{1}{3}+\frac{1}{4}\right)+\left(\frac{1}{5}+\frac{1}{6}+\frac{1}{7}+\frac{1}{8}\right)+\cdots+\left(\frac{1}{2^{k-1}+1}+\cdots+\frac{1}{2^k}\right)$$

supérieur à

$$1+\frac{1}{2}+\frac{2}{4}+\frac{4}{8}+\cdots+\frac{2^{k-1}}{2^k} \quad \text{ou} \quad 1+n\cdot\frac{1}{2},$$

et, si k est supérieur à 2,

$$H_n=1+\left(\frac{1}{2}+\frac{1}{3}+\frac{1}{2^k}\right)+\left(\frac{1}{4}+\frac{1}{5}+\frac{1}{6}+\frac{1}{7}\right)+\cdots$$
$$+\left(\frac{1}{2^{k-1}}+\cdots+\frac{1}{2^k-1}\right),$$

inférieur à

$$1+\frac{2}{2}+\frac{4}{4}+\cdots+\frac{2^{k-1}}{2^{k-1}}=k.$$

III. *[A l'avant dernière ligne de la page 5, lire $\frac{1}{6}$ au lieu de $\frac{1}{8}$. Les quatre premières lignes de la page 6 doivent être corrigées comme il suit : De même, pour $n = \infty$, en posant $L_{kn} = H_{kn} - H_n$, $L'_{4n} = L_{4n} - \frac{1}{2} L_{2n} =$ etc., $L'_{6n} = L_{6n} - \frac{1}{2} L_{3n} =$ etc., ont des limites L', L'', telles que $\frac{5}{6} < L'_{4n} < 1\frac{1}{2}$, $1\frac{1}{30} < L'_{6n} < 2$]. Pour la démonstration, voir n° 301.

IV. Ce que nous disons ici sur π était exact en 1877; en 1882, Lindemann a démontré que π n'est racine d'aucune équation algébrique à coefficients entiers, en s'appuyant sur les principes qui ont servi à Hermite pour démontrer le théorème analogue pour e (n° 38, IV).

III. **Limites des fonctions élémentaires.** Nous supposons établis dans les *Éléments* les principes rappelés ici d'une manière sommaire. Voici la démonstration du premier de ces principes et une esquisse de la démonstration des autres.

Une fois ces principes établis, les règles du calcul algébrique s'étendent aux quantités incommensurables, en regardant ces quantités comme limites de quantités commensurables.

(**30**) I. *Définition de la somme* $\lambda + \mu - \nu$ *de plusieurs quantités incommensurables* λ, μ, ν. 1° Soient l, m, n trois nombres commensurables croissants, L, M, N trois nombres commensurables décroissants, ayant respectivement λ, μ, ν pour limites, de sorte que $l < \lambda < L$, $m < \mu < M$, $n < \nu < N$, $\lim (L - l) = 0$, $\lim (M - m) = 0$, $\lim (N - n) = 0$. L'expression $s = l + m - N$, toujours croissante et toujours inférieure à la quantité finie et décroissante $L + M - n$, a une limite finie σ (26); $S = L + M - n$ a la même limite; car $L + M - n - \sigma$ est inférieure à $(L + M - n) - (l + m - N) = (L - l) + (M - n) + (N - n)$ (n° 293), quantité qui devient et reste aussi petite qu'on le veut. Les quantités intermédiaires entre s et S, de la forme (l ou L) + (m ou M) — (N ou n), obtenues en remplaçant dans s ou S, un ou plusieurs des nombres l, m ou n par L, M ou N, ou inversement, ont aussi σ pour limite (24). 2° Soient encore l', m', n' trois nombres commensurables croissants, L', M', N' trois nombres commensurables décroissants, ayant respectivement λ, μ, ν pour limites. On aura $\lim [(l \text{ ou } L) + (m \text{ ou } M) - (n \text{ ou } N)] = \sigma'$. Je dis que $\sigma' = \sigma$. En effet, on a $l' + m' - N' < L + M - n$, et, en passant à la limite (25), $\sigma' = \sigma$ ou $\sigma' < \sigma$. De même, $L' + M' - n' > l + m - N$, et, à la limite, $\sigma' = \sigma$ ou $\sigma' > \sigma$. Par suite, $\sigma' = \sigma$. 3° *La limite* σ *de la somme des nombres commensurables qui ont respectivement* λ, μ,

— ν *pour limites est,* PAR DÉFINITION, *la valeur de la somme* $\lambda + \mu - \nu$. On vient de voir que cette limite existe (1°), et est unique (2°).

II. La démonstration donnée au n° 30 du théorème (A) : $\text{Lim}(u+v-w) = \lim u + \lim v - \lim w$ s'applique littéralement quand toutes les quantités considérées sont commensurables, et même quand elles sont incommensurables, si l'on recourt à la représentation géométrique de celles-ci. La démonstration analytique s'applique aussi dans le cas où u, v, w, $\lim u$, $\lim v$, $\lim w$, $\lim (u + v - w)$ sont toutes ou en partie incommensurables, pourvu que l'on interprète les raisonnements et les calculs d'après les définitions des n°s 293, 295 et celle que nous venons de donner pour la somme $\lambda + \mu - \nu$.

(**33**) Les notations sont celles du n° (30). THÉORÈME B. I. 1° lm a une limite σ; LM, lM, Lm ont la même limite. 2° $l'm'$, L'M', l'M', L'm' ont une limite $\sigma' = \sigma$. 3° *Par définition,* $\sigma = \lambda\mu$. II. 1° Si $\lim u = U$ (ou $u = U + \alpha$, $\lim \alpha = 0$), $\lim v = V$ (ou $v = V + \beta$, $\lim \beta = 0$), on a $uv - UV = \alpha V + \beta U + \alpha\beta$, $\lim (uv) = UV = \lim u \,.\, \lim v$. 2° Extension facile au cas d'un produit de plusieurs facteurs égaux ou inégaux.

THÉORÈME (C). I. 1° $(l : M)$, $(L : m)$, $(L : M)$, $(l : m)$ ont une limite σ. 2° Même théorème pour les lettres accentuées. 3° Par définition, $\sigma = (\lambda : \mu)$. II. On a

$$\frac{u}{v} - \frac{U}{V} = \frac{\alpha V - \beta U}{vV}, \quad \lim \frac{u}{v} = \frac{U}{V} = \frac{\lim u}{\lim v}.$$

THÉORÈME (D). I. Soit A un nombre, commensurable ou non, limite de l^p, l'^p et L^p, L'^p, l et l' étant des nombres commensurables croissants, L, L' des nombres commensurables décroissants, p entier positif. 1° Le nombre l a une limite σ, le nombre L une limite Σ. On ne peut avoir Σ différent de σ; car, d'après (B), $A = \lim l^p = (\lim l)^p = \sigma^p$, $A = \lim L^p = (\lim L)^p = \Sigma^p$. 2° $\text{Lim}\, l' = \lim L' = \sigma$. 3° *Par définition,* $\sigma = \sqrt[p]{A}$. II. Soient $\lim u = U$, $\sqrt[p]{u} = v$, $\sqrt[p]{U} = V$. 1° V différent de zéro, positif par exemple, pour fixer les idées. Il en sera de même de $U = V^p$, de u aussi peu différent de U qu'on le veut, puisque $\lim u = U$, et de $v = \sqrt[p]{u}$. On aura

$$v - V = \frac{v^p - V^p}{v^{p-1} + v^{p-2}V + \cdots + V^{p-1}} = \frac{u - U}{v^{p-1} + v^{p-2}V + \cdots + V^{p-1}},$$

et, à la limite, $\lim v - V = 0$, ou $\lim \sqrt[p]{u} = \sqrt[p]{(\lim u)}$. 2° Si $V = 0$,

$U = 0$, u ou v^p ayant pour limite zéro est compris, en valeur absolue, entre 0 et un nombre commensurable l^p aussi petit qu'on le veut; donc v est compris entre 0 et l, et $\lim v = 0$, ou $\lim \sqrt[p]{u} = \sqrt[p]{(\lim u)}$.

(**94**) *Exponentielles*. I. *Pour p entier positif et croissant indéfiniment, $\lim \sqrt[p]{B} = 1$.* 1° Soit B plus grand que l'unité. Pour p croissant, $\sqrt[p]{B}$, qui est supérieur à l'unité, décroît sans cesse et a une limite a. Je dis que a ne peut être supérieur à l'unité. Si l'on avait $a = 1 + \alpha$, α étant positif, on aurait aussi $\sqrt[p]{B} > 1 + \alpha$, $B > (1 + \alpha)^p > 1 + p\alpha$, ce qui est impossible, puisque p et $p\alpha$ peuvent devenir aussi grands qu'on le veut. Donc $a = \lim \sqrt[p]{B} = 1$. 2° Soit B inférieur à 1, égal à $(1 : B')$, $B' > 1$. Alors, $\lim \sqrt[p]{B} = \lim \sqrt[p]{(1 : B')} = \lim (1 : \sqrt[p]{B'}) = (1 : 1) = 1$. 3° Corollaire. Si x décroît indéfiniment, B^x a pour limite l'unité; car x est compris entre $(1 : p)$, $[1 : (p + 1)]$, p croissant indéfiniment, B^x entre $\sqrt[p]{B}$, $\sqrt[p+1]{B}$ qui ont l'unité pour limite.

II. Pour fixer les idées, soit $B > 1$. 1° B^l a une limite σ; B^L une limite Σ. On a $\sigma = \Sigma$, car $B^{L-l} = (B^L : B^l)$ a pour limite $(\Sigma : \sigma)$; or, si $L - l$ tend vers 0, d'après I, 3°, $\lim B^{L-l} = 1$; donc $(\Sigma : \sigma) = 1$. 2° $B^{l'}$, $B^{L'}$ ont la même limite σ. 3° *Par définition*, $\sigma = B^\lambda$.

III. Première partie du théorème (E). B^u a pour limite $B^{\lim u}$; car $B^u - B^{\lim u} = B^{\lim u}(B^{u - \lim u} - 1)$, quantité dont le second facteur a pour limite zéro. Corollaire. B^x est fonction continue de x (84).

Logarithmes. I. B^x fonction continue de x, prend toutes les valeurs de 0 à ∞, si B est supérieur à l'unité, de ∞ à 0, si B est inférieur à l'unité, quand x varie de $-\infty$ à $+\infty$ (29, I, et 92). Donc tout nombre P a un logarithme dans le système de base B, savoir, l'exposant p qui vérifie l'égalité $B^p = P$. Si B est plus grand que l'unité, P et Log P croissent simultanément; Log P décroît quand P croît, si B est plus petit que l'unité. II. Seconde partie du théorème (E). 1° *Lim* Log $(1 + x) = 0$, *si lim* $x = 0$. En effet, soit x compris entre $-\varepsilon$ et $+\varepsilon$, $1 - \varepsilon = B^{-\alpha}$, $1 + \varepsilon = B^\beta$, en supposant, pour fixer les idées, B plus grand que l'unité, et, par suite, α et β positifs. Si ε décroît et a pour limite zéro, $1 - \varepsilon = B^{-\alpha}$, variant dans le même sens, α décroît aussi et a une limite γ, qui est nulle. Car, si γ était différent de zéro, on aurait $1 = \lim (1 - \varepsilon) = \lim B^{-\alpha} = B^{-\gamma}$, ce qui est absurde. De même, $\lim \beta = 0$. Mais $1 + x = B^{\text{Log}(1+x)}$ étant compris entre $1 - \varepsilon = B^{-\alpha}$ et $1 + \varepsilon = B^\beta$,

Log $(1+x)$ est compris entre $-\alpha$ et β; donc Log $(1+x)$ a zéro pour limite, comme α et β. 2° *Lim Log* $u =$ *Log lim* u. Car, évidemment Log u — Log lim u = Log $(1+x)$, si l'on pose $1+x=(u:\lim u)$ et x a pour limite zéro.

Remarque. Le théorème (F) se démontre aisément par la géométrie.

(**35**) Application. Soit $u^v = y$. On aura $\text{Log}\, y = v\, \text{Log}\, u = w$; $y = B^w$; $\lim y = B^{\lim w}$; $\lim w = (\lim v)(\lim \text{Log}\, u) = \lim v\, \text{Log}\,(\lim u)$ $= \text{Log}\,(\lim u)^{\lim v}$. Donc $\lim y = B^{\text{Log}(\lim u)^{\lim v}} = (\lim u)^{\lim v}$.

(**38**) I. *[Ligne 2, lire $u_2 = \frac{1}{2}(1 - \frac{1}{m})$]. III. De la relation

$$e - \frac{\omega}{1.2\ldots n} = 1 + \frac{1}{1} + \frac{1}{1.2} + \cdots + \frac{1}{1.2\ldots n},$$

on déduit, en faisant croître n indéfiniment,

$$e = \lim\left(1 + \frac{1}{1} + \frac{1}{1.2} + \cdots + \frac{1}{1.2\ldots n}\right).$$

V. Le logarithme P′ d'un nombre P, dans le sens attaché primitivement à ce mot par Néper, est au fond, défini par la relation $P : 10^7 = e^{-\frac{P'}{10^7}}$, de sorte que, si $P = 0$, $P' = +\infty$; si $P = 10^7$, $P' = 0$; si $P = \infty$, $P' = -\infty$ (J. W. L. Glaisher).

(**41-43**) Les fonctions transcendantes e^x, lx sont donc les limites des fonctions algébriques $\left(1+\frac{x}{m}\right)^m$, $m(\sqrt[m]{x}-1)$, pour $m = \infty$.

(**44**) *[Dernière ligne, lisez $L' = \log\sqrt{8}$, $L'' = \log\sqrt{12}$]. On a évidemment, à cause des égalités du n° 301, Ex. II, III, $L' = \frac{1}{2}\log 2 + \log 2 = \log\sqrt{8}$, $L'' = \frac{1}{2}\log 3 + \log 2 = \log\sqrt{12}$.

IV. **Méthode infinitésimale.** (**47**). La définition générale de Cauchy permet d'assigner l'ordre d'un infiniment petit comme $y = x\,lx$, $z = x(2+\sin x^{-1})$, ce qui est impossible avec la définition élémentaire donnée au commencement de ce n°. Pour $x = 0$, y (n° 201, *Remarque*) et z sont nuls. L'expression $(y : x^r)$ a pour limite l'infini ou zéro, selon que r est supérieur ou inférieur à l'unité. Le premier point est évident; pour établir le second, soit $r = 1 - s$; alors $(x\,lx : x^{1-s}) = x^s l(x^s) : s$ $= t\,lt : s$, si $t = x^s$. Donc, si s est positif, quand x et t tendent vers zéro, la limite de $(x\,lx : x^{1-s})$, d'après le n° 201, est nulle. L'expression $x(2+\sin x^{-1}) : x^r] = x^{1-r}(2+\sin x^{-1})$ a aussi pour limite ∞ ou 0, suivant que r est supérieur ou inférieur à l'unité. Dans le sens de Cauchy, y et z sont donc du premier ordre.

(45) Voir Appendice, chapitre III, nos 291, II, III, 292, XII, XIII, la définition des *infiniment petits* (*nuls*) d'Euler, et des *pseudo-infiniment petits* de Poisson.

(52-54) *[N° 53, ligne 2, au lieu de α, lire α_r] Voir Appendice, chapitre VI, nos 311-312, le vrai sens de la démonstration.

(54) *[Ligne 6, au lieu de $Sa_r\varepsilon_r = 0$, lire $\lim Sa_r\varepsilon_r = 0$].

(55) *[Effacez les mots : même si $\lim Sa_s = \infty$, $\lim Sa_t = -\infty$, quand $\lim Sa_r = K$].

(56) Sur la méthode des infiniment petits nuls et sur celle des pseudo-infiniment petits, voir Appendice, ch. III, n° 291, II-III, 292, XIII.

(57) Voir, pour la recherche de l'aire de l'ellipse et de la parabole, la plupart des ouvrages sur les sections coniques; pour celle de l'hyperbole, le n° 131, où nous avons indiqué explicitement tous les théorèmes sur lesquels on doit s'appuyer pour établir rigoureusement le résultat auquel on arrive.

(58) Sur les tangentes aux coniques, voir les ouvrages relatifs à ces courbes, par exemple, le livre VIII du *Traité de Géométrie* de Rouché et de Comberousse.

V. **Fonctions d'une variable imaginaire.** **(59-62)** Pour une exposition plus détaillée de la théorie des fonctions hyperboliques, voir notre opuscule : *Précis de la théorie des fonctions hyperboliques* (Paris, Gauthier-Villars, 1884). Si l'on pose $\mathrm{Th}\frac{1}{2}x = \mathrm{tang}\,\frac{1}{2}\theta$, on trouve aisément la valeur de e^x, de e^{-x}, en fonction de θ, puis $\mathrm{Ch}x = 1 : \cos\theta$, $\mathrm{Sh}x = \mathrm{tang}\,\theta$, $\mathrm{Th}x = \sin\theta$. Ces relations remarquables permettent d'éliminer, si l'on veut, les fonctions hyperboliques des calculs en les remplaçant par des fonctions circulaires.

(60) La propriété 2° aurait dû être mise la première. On l'obtient aisément au moyen des relations $e^x = \mathrm{Ch}x + \mathrm{Sh}x$, $e^{-x} = \mathrm{Ch}x - \mathrm{Sh}x$, par multiplication. Des formules

$$\mathrm{Sh}x = \frac{e^x}{2} - \frac{1}{2e^x}, \quad \mathrm{Ch}x = +\sqrt{1+\mathrm{Sh}^2x}, \quad \mathrm{Th}x = \frac{1-e^{-2x}}{1+e^{-2x}},$$

on déduit immédiatement que, pour x positif et croissant de 0 à ∞, les fonctions $\mathrm{Sh}x$, $\mathrm{Ch}x$, $\mathrm{Th}x$ croissent respectivement de 0 à ∞, de 1 à

∞, de 0 à 1. On arrive à la même conclusion en faisant varier θ de 0 à $\frac{1}{2}\pi$, dans les formules données ci-dessus.

(**61**) La démonstration peut se faire en s'appuyant sur les nos 57 et 131, ou directement, comme il suit. L'équation de l'hyperbole peut s'écrire $X = \mathrm{Ch}\,t$, $Y = \mathrm{Sh}\,t$, puisque (60, 2°), $\mathrm{Ch}^2 t - \mathrm{Sh}^2 t = 1$. Considérons le secteur x ayant pour sommet l'origine O des coordonnées, pour base l'arc d'hyperbole dont les points extrêmes sont (X, Y), (X, — Y), correspondants aux valeurs extrêmes t, $-t$ de la variable. Posons $t = n\delta$ et soient A, 1, 2, 3, ... N les points de l'arc d'hyperbole ayant respectivement pour coordonnées :

$$\mathrm{Ch}0,\ \mathrm{Sh}0;\quad \mathrm{Ch}\delta,\ \mathrm{Sh}\delta;\quad \mathrm{Ch}2\delta,\ \mathrm{Sh}2\delta;\quad \mathrm{Ch}3\delta,\ \mathrm{Sh}3\delta;\quad \ldots;$$
$$\mathrm{Ch}n\delta = \mathrm{Ch}t,\quad \mathrm{Sh}n\delta = \mathrm{Sh}t.$$

L'aire du secteur x sera la limite du double du polygone OA1234...N, quand δ décroît indéfiniment. Or l'aire du triangle ayant pour sommets O et deux points k et $k-1$, est, d'après une formule connue,

$$\tfrac{1}{2}\,[\mathrm{Sh}k\delta\,\mathrm{Ch}(k-1)\delta - \mathrm{Sh}(k-1)\delta\,\mathrm{Ch}k\delta] = \tfrac{1}{2}\,\mathrm{Sh}\delta.$$

Par suite, l'aire du double du polygone OA12 ... N est $n\mathrm{Sh}\delta = n\delta\,(\mathrm{Sh}\delta : \delta) = t\,(\mathrm{Sh}\delta : \delta)$ et $x = t\lim(\mathrm{Sh}\delta : \delta)$. Or (43),

$$\lim\frac{\mathrm{Sh}\delta}{\delta} = \lim\frac{e^{\delta} - e^{-\delta}}{2\delta} = \lim\frac{e^{2\delta} - 1}{2\delta}\cdot\frac{1}{e^{\delta}} = 1.1.$$

Donc enfin, $x = t$ et $X = \mathrm{Ch}t = \mathrm{Ch}x$, $Y = \mathrm{Sh}t = \mathrm{Sh}x$.

(**65**) La somme $(\rho e^{\varphi i} + \mathrm{R}e^{\Phi i})$ de deux imaginaires composées a un module $\sqrt{[(\rho\cos\varphi + \mathrm{R}\cos\Phi)^2 + (\rho\sin\varphi + \mathrm{R}\sin\Phi)^2]}$ ou encore $\sqrt{[\rho^2 + \mathrm{R}^2 + 2\mathrm{R}\rho\cos(\varphi - \Phi)]}$, quantité égale ou supérieure à $\pm(\mathrm{R} - \rho)$, inférieure ou égale à $\mathrm{R} + \rho$. On déduit de là, de proche en proche, que le module de la somme de plusieurs quantités est tout au plus égal à la somme des modules de ces quantités.

(**67**) Le module $e^{x+x'}$ du produit de deux imaginaires est égal au produit des modules e^{x}, $e^{x'}$ des facteurs. De proche en proche, on établit ensuite la même propriété pour le produit de plusieurs facteurs.

(**71**) *[Ligne 3. Lire : $\sin z = \frac{1}{2i}(e^{zi} - e^{-zi})$]. Ce n° aurait dû être transporté après le n° 67.

(**73**) *[Dernière ligne. Au lieu de lim e, lire : lim k.]

VI. **Propriétés diverses des fonctions.** (**78**) La démonstration du théorème : *Toute fonction* Fx *est la somme d'une fonction paire* *et d'une fonction impaire* implique, bien entendu, que le signe fonctionnel F soit défini de manière qu'en changeant x en $-x$, dans $F(-x)$, cette dernière expression redevienne identique à Fx.

L'interprétation géométrique de la fin de ce numéro s'applique évidemment à des fonctions paires ou impaires *réelles*.

(**79**) Notations meilleures, n° 146, 4° (*Arg* au lieu de *Sect*).

(**80**) *[Dernière ligne, lire ordonnée, au lieu de abscisse].

VII. **Continuité des fonctions** (**84**) *[Ligne 2, lire : Si fx étant finie et réelle]. Soient

$$\psi x = E\left(\frac{1}{1+x^2}\right), \quad z = \varphi(x, y) = \sin\left\{4 \text{ arc tang } \frac{y(1-\psi x)}{x+\psi x}\right\}.$$

Comme ψx est nulle pour x différent de zéro et est égale à l'unité pour $x=0$, on a $\varphi(0,0)=0$, $\varphi(0,y)=0$, $\varphi(x,0)=0$, et $\varphi(x,y) = \sin\{4 \text{ arc tang}(y:x)\}$. On trouve $\Delta_x z = \varphi(x,0)-\varphi(0,0)=0$, $\Delta_y z = \varphi(0,y) - \varphi(0,0) = 0$. Donc, pour $x=0$, $y=0$, la fonction z est continue considérée comme fonction de x seul, ou de y seul. Mais $\Delta z = \varphi(x,y) - \varphi(0,0) = \sin\{4 \text{ arc tang } (y:x)\}$ n'a pas pour limite 0, si l'on fait tendre simultanément x et y vers 0, d'une manière quelconque; par exemple, si l'on fait $y = kx$, $\Delta z = \sin\{4 \text{arctang} k\}$, quantité qui n'a pas zéro pour limite, si k est convenablement choisi. *Une fonction peut donc être continue par rapport à chacune des variables, variant isolément, sans l'être par rapport à toutes les variables variant simultanément* (Comparez n° 210).

(**92**) *[Ligne 14, lire fX_p au lieu de fX]. La réciproque n'est pas vraie : il existe des fonctions discontinues qui ne peuvent varier d'une valeur à une autre sans passer par toutes les valeurs intermédiaires (Darboux, *Mémoire sur les fonctions discontinues*, dans les *Annales de l'École normale supérieure*, 1875, 2° série, t. IV, pp. 109 et suiv.)

(**93**) *Synonymes*. Fonction uniformément continue = fonction également continue = fonction équicontinue (Gilbert) = *gleichmässig stetige Function* (en allemand).

Remarques. I. La fonction fx est équicontinue même pour x_0 et X, si la dérivée $f'x$ est continue pour les valeurs de x voisines de x_0, X, et comprises entre x_0 et X. En effet, dans ce cas, on a, d'après le n° 105 ou 206, $f(x_0+h) - fx_0 = hf'(x_0+\theta h)$, $f(X-h) - fX = -hf'(X-\theta' h)$, quantités en valeur absolue inférieures à hM, M étant une constante plus grande que toute valeur de $f'x$ entre x_0 et X.

II. De même, si pour toutes les valeurs de x, depuis x_0 jusqu'à X, et de y, depuis y_0 jusqu'à Y, on a (211) $\Delta f(x, y) = \Delta x f'_x(x+\theta\Delta x, y+\theta\Delta y) + \Delta y f'_y(x+\theta\Delta x, y+\theta\Delta y)$, les dérivées partielles f'_x, f'_y restant toujours inférieures à M, quantité finie, l'*oscillation* $f_M(x, y) - f_m(x, y)$ de $f(x, y)$ dans l'intervalle $(x, x+\Delta x; y, y+\Delta y)$ est inférieure à la somme des valeurs absolues de $M\Delta x$, $M\Delta y$ et cette fonction peut être dite *équicontinue*. Nous désignons par f_M, f_m, la valeur maxima et la valeur minima, ou, plus généralement, la limite supérieure et la limite inférieure de f (204, II).

PRINCIPES FONDAMENTAUX DE L'ANALYSE INFINITÉSIMALE.

I. **Dérivées.** (**96**) Quand nous parlons ici d'une fonction F ayant deux (ou plusieurs) dérivées, nous entendons par là que Δx peut tendre vers zéro de deux (ou plusieurs) manières déterminées et que $(\Delta F : \Delta x)$ a une limite pour chacun de ces modes de décroissement indéfini. Mais, absolument parlant, une fonction qui a deux dérivées, dans ce sens, n'a pas de *dérivée déterminée*, dans le sens strict de la définition du n° 94; en effet, dans celle-ci, Δx varie d'une manière quelconque, pourvu que $\lim \Delta x = 0$. Au n° 275, III, 4°, voir encore un exemple d'une courbe ayant au point $(x=0, y=0)$ une tangente différente à gauche et à droite de ce point. Au n° 316, à la fin, on trouve une fonction, $y = x \sin(x + x^{-1})$, n'ayant pour $x=0$, aucune dérivée déterminée. Au n° 315, nous faisons connaître *une fonction continue n'ayant de dérivée déterminée pour aucune valeur de x.*

(**98**) Dans la démonstration, on suppose x constant. Le théorème est vrai encore, même pour x variable, si la fonction $F'x$ est continue et, par suite, équicontinue (Notes complémentaires, (93)), pour toutes les valeurs de x considérées. Mais pour démontrer le théorème dans ce cas, on doit recourir au théorème du n° 105 ou 206. On a, en effet,

$$\frac{\Delta F}{dF} = \frac{\Delta x F'(x+\theta\Delta x)}{F'x\Delta x} = 1 + \frac{F'(x+\theta\Delta x) - F'x}{F'x} = 1 + \frac{\varepsilon}{F'x}.$$

D'après l'hypothèse de l'équicontinuité de $F'x$, $\lim \varepsilon = 0$, pour $\Delta x = 0$, même si x est variable.

(**100**) Dans le cas où $F'x$ est infinie, la démonstration doit être légèrement modifiée. Soit, pour fixer les idées, $\lim [(Fx_2 - Fx) : (x_2 - x)] = \lim [(Fx_1 - Fx) : (x_1 - x)] = +\infty$. Cela signifie (19, 295) que l'on a

$$\frac{x_2 - x}{Fx_2 - Fx} = \varepsilon_2, \quad \frac{x_1 - x}{Fx_1 - Fx} = \varepsilon_1,$$

ε_1 et ε_2 étant des quantités positives ayant pour limite zéro. Si l'on a $x_2 > x > x_1$, on a aussi $Fx_2 > Fx > Fx_1$. On déduit donc des relations précédentes

$$x_2 - x = \varepsilon_2 (Fx_2 - Fx), \quad x - x_1 = \varepsilon_1 (Fx - Fx_1),$$
$$x_2 - x_1 = \varepsilon_2 (Fx_2 - Fx) + \varepsilon_1 (Fx - Fx_1),$$
$$\frac{x_2 - x_1}{Fx_2 - Fx_1} = \varepsilon_2 \frac{Fx_2 - Fx}{Fx_2 - Fx_1} + \varepsilon_1 \frac{Fx - Fx_1}{Fx_2 - Fx_1}.$$

A cause des inégalités $x_2 > x_1$, $Fx_2 > Fx > Fx_1$, le premier membre est positif et il en est de même des coefficients de ε_1 et ε_2; de plus, ces coefficients sont inférieurs à l'unité. On aura donc

$$\lim \frac{x_2 - x_1}{Fx_2 - Fx_1} = 0, \quad \lim \frac{Fx_2 - Fx_1}{x_2 - x_1} = +\infty.$$

(**102-105**) Autre démonstration, nos 206-207.

II. **Intégrales.** (**106-108**) La démonstration s'appuie implicitement sur l'équicontinuité de la fonction, comme nous l'avons dit, n° 312.

(**111**) *[Ligne 3, au lieu de *continue*, lisez *équicontinue*]. La démonstration du théorème énoncé ici se fait absolument comme celle du théorème analogue pour la limite d'une somme simple. Une limite de somme double (ou triple) peut s'exprimer au moyen d'une limite de somme simple, comme nous allons le montrer dans un cas particulier auquel on peut ramener les autres. Soit à évaluer le volume V compris entre deux plans $x = x_0$, $x = X$, perpendiculaires à l'axe des x, ou parallèles au plan des yz, le plan des xz et un cylindre $y = \varphi x$, parallèle à l'axe des z, ou perpendiculaire au plan des xy, le plan des xy et la surface $z = f(x, y)$. Nous supposons la fonction φx continue, positive et croissante de x_0 à X, la fonction $f(x, y)$ équicontinue (Notes complémentaires (93, Rem. II)), positive et inférieure à M, pour toutes les valeurs de x et de y considérées. Décomposons le volume en tranches ΔV comprises entre des plans perpendiculaires à l'axe des x et distants entre eux de Δx. Soit u l'aire de la section du volume faite par le plan parallèle au plan des yz mené à la distance x. Comparons le volume $u\Delta x$ du cylindre construit sur u comme base avec Δx pour hauteur à la tranche ΔV de même hauteur. Le cylindre $u\Delta x$ se projette sur le plan des xy suivant un rectangle ABCD ayant pour base l'ordonnée $BA = \varphi x$ de la courbe $y = \varphi x$, pour hauteur $BC = \Delta x$; la tranche ΔV, suivant un trapèze curviligne ABCE ayant pour côtés les ordonnées $BA = \varphi x$, $CE = \varphi(x + \Delta x)$, la hauteur $BC = \Delta x$ et l'arc AE de la courbe. Appelons $\Delta_1 V$ la partie de la tranche ΔV projetée suivant ABCD, $\Delta_2 V$ celle qui est projetée suivant ADE. Évidemment $\Delta_2 V$ est inférieur au prisme M. (ADE), de base ADE, de hauteur M. La somme de tous les prismes analogues à M.(ADE), égale au produit de la somme de toutes les aires analogues à ADE par M, a pour limite zéro, pour $\Delta x = 0$; car il en est ainsi de la somme de toutes les aires ADE (106-108) ; donc aussi $\lim S\Delta_2 V = 0$. Par conséquent, $V = \lim S\Delta V = \lim S\Delta_1 V$. Décomposons maintenant ABCD, base de $\Delta_1 V$ et du cylindre $u\Delta x$, en parties $\Delta x \Delta y$ par des parallèles à l'axe des x distantes entre elles de Δy, et soient v_1, v les parties de ΔV et de $u\Delta x$ projetées suivant $\Delta x\Delta y$, f_m et f_M la valeur minima et la valeur maxima de la fonction f, pour les points correspondant aux points du rectangle $\Delta x\Delta y$. On aura v et v_1 supérieurs à $f_m \Delta x \Delta y$, inférieurs à $f_M \Delta x \Delta y$. Par suite, les deux sommes $Su\Delta x$, $S\Delta_1 V$ sont comprises entre $Sf_m \Delta x \Delta y$, $Sf_M \Delta x \Delta y$. Or, la différence de celles-ci, $S(f_M - f_m)\Delta x \Delta y$, est inférieure à la somme de tous les $\Delta x \Delta y$, multipliée par la plus grande $\Delta_M z$ des différences $f_M - f_m$ et, à fortiori, au produit $U.\Delta_M z$, si U est la projection de V sur le plan des xy. Puisque f est une fonction équicontinue, $\lim \Delta_M z = 0$, pour $\Delta x = 0$, $\Delta y = 0$. Il en est donc de même de $\lim S(f_M - f_m)\Delta x \Delta y$ et de la quantité moindre, en valeur absolue, $(Su\Delta x - S\Delta_1 V)$. Donc enfin, $V = \lim S\Delta V = \lim S\Delta_1 V = \lim Su\Delta x$.

(**114**) *Intégration par parties.* On a $d(uv) = udv + vdu$, $udv = d(uv) - vdu$, $\int udv = \int d(uv) - \int vdu$, et, puisque (112) $\int d(uv) = uv$, $\int udv = uv - \int vdu$, formule implicitement employée au n° 248 (Lemme I, et démonstration de la formule de Gauss).

Intégration par substitution. Soit $x = \varphi t$ une fonction de t toujours croissante ou décroissante (197) de t_0 à $T = t_{2n}$, continue ainsi que sa dérivée, de manière que l'on puisse y appliquer le théorème de Lagrange (105 ou 206). Soient $t_0, t_2, t_4, \ldots, t_{2n-2}, t_{2n} = T$, des valeurs croissantes de t, et $x_0, x_2, x_4, \ldots, x_{2n} = \mathrm{X}$, les valeurs correspondantes de x. On aura

$$x_2 - x_0 = (t_2 - t_0)\varphi' t_1, \quad x_4 - x_2 = (t_4 - t_2)\varphi' t_3, \quad \ldots,$$
$$x_{2n-2} - x_{2n-4} = (t_{2n-2} - t_{2n-4})\varphi' t_{2n-3}, \quad \mathrm{X} - x_{2n-2} = (\mathrm{T} - t_{2n-2})\varphi' t_{2n-1},$$

$t_1, t_3, \ldots, t_{2n-1}$ étant des valeurs de t intermédiaires respectivement entre t_0 et t_1, t_2 et t_4, ..., t_{2n-2} et T. Appelons $x_1, x_3, \ldots, x_{2n-1}$ les valeurs correspondantes de x. Puisque $x = \varphi t$ est une fonction croissante ou décroissante de x_0 à X, x_1 sera aussi intermédiaire entre x_0 et x_2, x_3 entre x_2 et x_4, etc. Soit $\mathrm{F}x$ une fonction susceptible d'intégration de x_0 à X (108, 114), et $\mathrm{F}(\varphi t)\, \varphi' t = ft$. On aura identiquement

$$\overset{\mathrm{X}}{\underset{x_0}{\mathrm{S}}} \mathrm{F}x\Delta x = (x_2 - x_0)\,\mathrm{F}x_1 + (x_4 - x_2)\,\mathrm{F}x_3 + \cdots + (\mathrm{X} - x_{2n-2})\,\mathrm{F}x_{2n-1} =$$
$$(t_2 - t_0)\mathrm{F}(\varphi t_1)\varphi' t_1 + (t_4 - t_2)\mathrm{F}(\varphi t_3)\varphi' t_3 + \cdots + (\mathrm{T} - t_{2n-2})\mathrm{F}(\varphi t_{2n-1})\varphi' t_{2n-1}$$
$$= \overset{\mathrm{T}}{\underset{t_0}{\mathrm{S}}} ft\Delta t,$$

et, à la limite,

$$\int_{x_0}^{\mathrm{X}} \mathrm{F}x dx = \int_{t_0}^{\mathrm{T}} ft\, dt.$$

Cette formule a été implicitement employée dans des cas simples, où $\Delta x = \Delta t$, n° 238. On peut étendre la formule que nous venons de démontrer au cas où la fonction φt est tantôt croissante, tantôt décroissante un nombre fini de fois. Si par exemple, φt croît de t_0 à a, décroît de a à b, croît de b à T et si x_0, A, B, X sont les valeurs correspondantes de x, on aura

$$\lim \overset{\mathrm{A}}{\underset{x_0}{\mathrm{S}}} \mathrm{F}x\, \Delta x = \lim \overset{a}{\underset{t_0}{\mathrm{S}}} ft\, \Delta t, \quad \lim \overset{\mathrm{B}}{\underset{\mathrm{A}}{\mathrm{S}}} \mathrm{F}x\, \Delta x = \lim \overset{b}{\underset{a}{\mathrm{S}}} ft\, \Delta t,$$
$$\lim \overset{\mathrm{X}}{\underset{\mathrm{B}}{\mathrm{S}}} \mathrm{F}x\, \Delta x = \lim \overset{\mathrm{T}}{\underset{b}{\mathrm{S}}} ft\, \Delta t,$$

et, en ajoutant,

$$\int_{x_0}^{\mathrm{A}} \mathrm{F}x dx + \int_{\mathrm{A}}^{\mathrm{B}} \mathrm{F}x dx + \int_{\mathrm{B}}^{\mathrm{X}} \mathrm{F}x dx = \int_{t_0}^{\mathrm{T}} ft dt.$$

On peut écrire, au lieu du premier membre de cette égalité $\int_{x_0}^{\mathrm{X}} \mathrm{F}x dx$, pourvu que l'on se rappelle que x passe de x_0 à X, en croissant d'abord de x_0 à A, décroissant ensuite de A à B, croissant enfin de B à X.

Intégrale double (triple). L'aire u et le volume V du n° **111** sont exprimés respectivement par les formules

$$u=\int_0^{\varphi x} f(x,y)\,dy,\quad V=\int_{x_0}^{X} u\,dx=\int_{x_0}^{X} dx\int_0^{\varphi x} f(x,y)\,dy.$$

Dans la première, x est constant; dans la deuxième, elle est la seule variable, u ne contenant plus y, après l'intégration définie indiquée dans la première; la troisième se déduit de la seconde, en y remplaçant u par sa valeur tirée de la première. La dernière expression trouvée est une *intégrale double*, dont le sens est indiqué par cette substitution même. On a évidemment, en regardant x et y comme constants, pendant l'intégration par rapport à z (112, 114),

$$\int dz=z,\quad \int_0^{f(x,y)} dz=f(x,y).$$

Donc, en substituant cette valeur de $f(x, y)$ dans la seconde expression de V,

$$V=\int_{x_0}^{X} dx\int_0^{\varphi x} dy\int_0^{f(x,y)} dz,$$

intégrale triple.

(**116**) *[Ligne 2. Ajoutez dx sous le signe d'intégration].

III. **Séries.** (**117-130**) Voir Appendice, chapitre VIII, *Compléments de la théorie des séries.*

(**120**) Voici un exemple élémentaire, déduit de celui du texte, où, en faisant la somme, terme à terme, d'une infinité de séries convergentes, on trouve un résultat absurde. En ajoutant la progression indéfinie $\frac{1}{2}+\frac{1}{4}+$ etc., à la première série du n° 120, puis en retranchant $\frac{1}{2}$, on trouve

$$1+\frac{1}{1.2}=\left(\frac{1}{1.2}-\frac{1}{2}+\frac{1}{2}\right)+\left(\frac{1}{2.3}+\frac{1}{4}\right)+\left(\frac{1}{3.4}+\frac{1}{8}\right)$$
$$+\left(\frac{1}{4.5}+\frac{1}{16}\right)+\left(\frac{1}{5.6}+\frac{1}{32}\right)+\text{etc.}$$

En ajoutant la progression indéfinie $\frac{1}{4}+\frac{1}{8}+$ etc., à la deuxième série du n° 120, puis en retranchant $\frac{1}{3}$, on obtient la relation

$$\frac{1}{2}+\frac{1}{2.3}=\frac{1}{4}+\left(\frac{1}{2.3}-\frac{1}{3}+\frac{1}{8}\right)+\left(\frac{1}{3.4}+\frac{1}{16}\right)$$
$$+\left(\frac{1}{4.5}+\frac{1}{32}\right)+\left(\frac{1}{5.6}+\frac{1}{64}\right)+\text{etc.}$$

Ajoutons la progression indéfinie $\frac{1}{8}+\frac{1}{16}+$ etc., à la troisième série du n° 120, puis retranchons-en $\frac{1}{4}$; il viendra

$$\frac{1}{4}+\frac{1}{3.4}=\frac{1}{8}+\frac{1}{16}+\left(\frac{1}{3.4}-\frac{1}{4}+\frac{1}{32}\right)+\left(\frac{1}{4.5}+\frac{1}{64}\right)+\left(\frac{1}{5.6}+\frac{1}{128}\right)+\text{etc.}$$

En continuant de même, on obtient des séries en nombre indéfini, toutes convergentes, analogues aux précédentes, savoir :

$$\frac{1}{8}+\frac{1}{4.5}=\frac{1}{16}+\frac{1}{32}+\frac{1}{64}+\left(\frac{1}{4.5}-\frac{1}{5}+\frac{1}{128}\right)+\left(\frac{1}{5.6}+\frac{1}{256}\right)+\text{etc.};$$

$$\frac{1}{16}+\frac{1}{5.6}=\frac{1}{32}+\frac{1}{64}+\frac{1}{128}+\frac{1}{256}+\left(\frac{1}{5.6}-\frac{1}{6}+\frac{1}{512}\right)+\text{etc., etc., etc.}$$

La somme des premiers membres de ces séries en nombre indéfini,

$$\left(1+\frac{1}{1.2}\right)+\left(\frac{1}{2}+\frac{1}{2.3}\right)+\left(\frac{1}{4}+\frac{1}{3.4}\right)+\left(\frac{1}{8}+\frac{1}{4.5}\right)+\left(\frac{1}{16}+\frac{1}{5.6}\right)+\text{etc.},$$

est (117), $2+1=3$. D'autre part, la somme des premiers termes de ces séries se réduit à celle de la progression $\frac{1}{2}+\frac{1}{4}+$ etc., ou 1; la somme des seconds, à celle de la progression $\frac{1}{4}+\frac{1}{8}+$ etc., ou $\frac{1}{2}$; et ainsi de suite. La somme des séries considérées, en supposant qu'on puisse les ajouter terme à terme, comme des polynômes, serait

$$1+\frac{1}{2}+\frac{1}{4}+\frac{1}{8}+\frac{1}{16}+\text{etc.}=2.$$

On trouve donc le résultat absurde, $3=2$, en étendant à un nombre infini de séries convergentes, le principe démontré au n° 119, pour un nombre fini de ces séries.

Remarque. Par un raisonnement analogue à celui du n° 124, on peut démontrer qu'on peut ajouter terme à terme, comme des polynômes, un nombre infini de séries convergentes, ***pourvu que la somme des séries des valeurs absolues des termes de ces séries convergentes, soit aussi convergente.***

(**121**) On appelle maintenant série ***absolument convergente*** (en allemand ***unbedingt convergent***) une série dont les termes pris en valeur absolue, ou dont les modules des termes, forment une série convergente. Jordan (***Cours d'analyse***, I, p. 111) appelle ***série semi-convergente*** (terme équivalent à ***bedingt convergent***, en allemand), toute série convergente qui n'est pas absolument convergente. Autrefois, on a donné ce nom de ***série semi-convergente*** à une série divergente ou indéterminée, où la somme des n premiers termes représentait une quantité déterminée avec une approximation de plus en plus grande, lorsque n croissait sans dépasser une certaine limite.

(**122**) Voir une application de ce théorème, note du n° 316.

Remarques. I. On peut évidemment opérer sur une série absolument convergente, comme sur la série S; la nouvelle série obtenue sera encore convergente.

II. La série imaginaire suivante (Catalan) :

$$\left(\cos\frac{\pi}{2}+i\sin\frac{\pi}{2}\right)+\frac{1}{2}\left(\cos 2\frac{\pi}{2}+i\sin 2\frac{\pi}{2}\right)+\frac{1}{3}\left(\cos 3\frac{\pi}{2}+i\sin 3\frac{\pi}{2}\right)+\text{etc.},$$

est égale à

$$-\frac{1}{2}\left(1-\frac{1}{2}+\frac{1}{3}-\text{etc.}\right)+i\left(1-\frac{1}{3}+\frac{1}{7}-\text{etc.}\right).$$

La partie réelle est convergente (29, III) et égale à $-\frac{1}{2}\log 2$ (209, II); la partie purement imaginaire est convergente aussi (129, Exemple) et égale à $\frac{1}{4}i\pi$ (209, I). La série des modules étant $1+\frac{1}{2}+\frac{1}{3}+$ etc., c'est-à-dire la série harmonique, est divergente. Donc *une série imaginaire peut être convergente sans que la série des modules le soit.*

(**123**) III. Si, pour $n=\infty$, le module du terme général $u_n=\rho_n\cos\varphi_n+i\rho_n\sin\varphi_n$ d'une série imaginaire n'a pas zéro pour limite, on ne peut avoir $\lim\rho_n\cos\varphi_n=0$, $\lim\rho_n\sin\varphi_n=0$; car, on déduirait de ces égalités, $\lim\rho_n=\lim\sqrt{\rho_n^2\cos^2\varphi_n+\rho_n^2\sin^2\varphi_n}=\sqrt{(\lim\rho_n\cos\varphi_n)^2+(\lim\rho_n\sin\varphi_n)^2}=0.$ *Une série imaginaire où l'on n'a pas $\lim\rho_n=0$, est donc divergente ou indéterminée.*

IV. La condition $\lim nu_n=0$, souvent indiquée comme *nécessaire* pour qu'une série à termes positifs soit convergente, ne l'est pas en réalité. La série suivante :

$$1+\frac{1}{2^2}+\frac{1}{3^2}+\frac{1}{4}+\frac{1}{5^2}+\frac{1}{6^2}+\frac{1}{7^2}+\frac{1}{8^2}+\frac{1}{9}+\text{etc.},$$

où

$$u_n^{-1}=n^2-(n^2-n)\,\mathrm{E}\left(\frac{1}{1+\sqrt{n}-\mathrm{E}(\sqrt{n})}\right)$$

est convergente, comme étant la somme des séries

$$\frac{1}{2^2}+\frac{1}{3^2}+\frac{1}{5^2}+\frac{1}{6^2}+\frac{1}{7^2}+\frac{1}{8^2}+\text{etc.},\quad 1+\frac{1}{4}+\frac{1}{9}+\frac{1}{16}+\text{etc.},$$

dont la seconde surpasse la première et est convergente (128, exemple). Cependant le produit nu_n étant égal à l'unité chaque fois que n est un carré, n'a pas zéro pour limite (E. Cesàro).

(**124**) Autre énoncé : *On peut intervertir, comme l'on veut, l'ordre des termes dans une série absolument convergente, sans en changer la somme.*

(**125**) Exemples, n°s 29 (Notes compl. 29) et 301. Autre énoncé : *On peut changer l'ordre des termes d'une série semi-convergente, etc.* Voici un théorème analogue à celui de Riemann et que l'on démontre de la même manière : « *On peut déduire une série convergente ayant une somme* L, *déterminée d'avance, d'une série divergente à termes positifs,* $u_1 + u_2 +$ *etc., où* $\lim u_n = 0$, *en changeant convenablement les signes de* u_1, u_2, u_3, *etc.*

(**126**) *[Ligne 10, ajouter $= 0$]. Le théorème énoncé dans l'avant-dernière phrase de ce n°, savoir que *lim* $R_n = 0$ *est un caractère suffisant de convergence*, est à peu près évident, quand on l'entend dans le sens que suppose l'égalité de la première ligne de la page 31. On admet, en effet, dans cette égalité, que $(u_{n+1} + \cdots + u_{n+p})$ a une limite, finie ou infinie. Or, dans le cas actuel, elle ne peut être infinie, car on aurait alors aussi lim R_n infinie ; elle est donc finie et égale, par exemple, à L_n. Si $u_{n+1} + \cdots + u_{n+p}$ a pour limite L_n, $u_1 + u_2 + \cdots + u_{n+p}$ a pour limite $S_n + L_n$. Mais, entendu de cette manière, comme l'a remarqué M. Catalan, le caractère lim $R_n = 0$ est insignifiant : il revient à dire qu'*une série est convergente si elle reste convergente après suppression de ses n premiers termes.*

Il vaut mieux entendre le théorème relatif à lim R_n dans le sens du *caractère général de convergence* et renvoyer, pour la démonstration, au chapitre V de l'Appendice (n°s 303-310).

(**127**) *[Ligne 13, lire $\sqrt[n]{u_n}$ au lieu de $\sqrt{u_n}$; antépénultième et avant-dernière ligne, lire : divergente ou indéterminée pour $x^2 > 1$, car les termes vont sans cesse en croissant en valeur absolue]. Sur les exemples, voir n°s 255, 257, 262-263.

Corollaire. *Si, pour* $n = \infty$, *lim* $k = $ L, *la série sera convergente* (*ou non*) *suivant que* L *est* (*ou non*), *en valeur absolue, inférieure* (*ou supérieure*) *à l'unité.* Soit L^2 inférieur à l'unité. Choisissons une quantité q inférieure à l'unité et supérieure à la valeur absolue de L. Pour n égal à N, par exemple, et pour toutes les valeurs supérieures de n, N + 1, N + 2, N + 3, etc., si N est suffisamment grand, k sera aussi voisin de L qu'on le voudra, puisque lim $k = L$, et, par suite, sera inférieur à q. Donc la série sera convergente. Démonstration analogue, si L^2 surpasse l'unité.

(128) THÉORÈME DE RAABE. La proposition suivante, au fond identique à un théorème de Raabe, permet souvent de décider si une série où $k_n = (u_{n+1} : u_n)$ a pour limite l'unité, est convergente ou divergente : « *Une série* $U = u_1 + u_2 + u_3 +$ *etc., à termes tous positifs, est convergente (ou divergente) s'il existe une valeur de n à partir de laquelle on ait constamment*

$$n(1 - k_n) > q \quad [\text{ou} \quad n(1 - k_n) < q]$$

q étant une constante plus grande (ou plus petite) que l'unité. Comparons, en effet, cette série, à la suivante : $V = v_1 + v_2 + v_3 +$ etc., où $v_n = n^{-\alpha}$, α étant une quantité comprise entre q et l'unité. On aura, en posant $(1 + n^{-1})^\alpha - 1 = \beta$ et, par suite, $\alpha = [\log(1+\beta) : \log(1 + n^{-1})]$, puis $l_n v_n = v_{n+1}$,

$$n(1 - l_n) = n\left[1 - \left(\frac{n}{n+1}\right)^\alpha\right] = (1 + n^{-1})^{-\alpha}\frac{\beta}{n^{-1}}.$$

On a lim $(\beta : n^{-1}) =$ lim $[\log(1+\beta) : \log(1 + n^{-1})]$, pour $n = \infty$, $\beta = 0$ (42); donc

$$\lim n\left(1 - \frac{v_{n+1}}{v_n}\right) = \lim\left(1 + \frac{1}{n}\right)^{-\alpha} \cdot \lim \frac{\log(1+\beta)}{\log(1 + n^{-1})} = \alpha.$$

Puisque $n(1 - l_n)$ a pour limite α, quantité comprise entre q et l'unité, pour n suffisamment grand, égal à N, par exemple, et pour toutes valeurs ultérieures, on aura $n(1 - l_n)$ compris aussi entre 1 et q. A partir de $n = N$, on aura donc, si q et, par suite, α sont supérieurs à l'unité, $n(1 - k_n) > q > n(1 - l_n)$. Par conséquent, pour $n = N$, $N + 1$, $N + 2$, etc., l_n surpasse k_n ; donc

$$\frac{v_{n+1}}{v_n} > \frac{u_{n+1}}{u_n} \quad \text{ou} \quad \frac{u_{n+1}}{v_{n+1}} < \frac{u_n}{v_n}.$$

On déduit de là

$$u_{N+1} < \frac{u_N}{v_N} v_{N+1}, \quad u_{N+2} < \frac{u_{N+1}}{v_{N+1}} v_{N+2} < \frac{u_N}{v_N} v_{N+2}, \quad \text{etc.};$$

$$u_{N+1} + u_{N+2} + \text{etc.} < \frac{u_N}{v_N}[v_{N+1} + v_{N+2} + \text{etc.}].$$

La série du second membre de cette inégalité et, par suite, celle du premier, est convergente (128, exemple). On démontre de même la seconde partie du théorème.

Exemples. I. La série

$$1+\frac{1}{2}\cdot\frac{1}{3}+\frac{1.3}{2.4}\cdot\frac{1}{5}+\frac{1.3.5}{2.4.6}\cdot\frac{1}{7}+\text{etc.}$$

est convergente, car $\lim n(1-k_n)=1\frac{1}{2}$. Au contraire, la série

$$1+\frac{1}{2}+\frac{1.3}{2.4}+\frac{1.3.5}{2.4.6}+\frac{1.3.5.7}{2.4.6.8}+\text{etc.}$$

est divergente, car $\lim n(1-k_n)=\frac{1}{2}$.

II. Dans la série binômiale (127, Ex. 3) où l'on suppose $x=1$, on a $n(1-k_n)=m+1$, si tous les termes sont rendus positifs, pour $n>m+1$. La série est donc convergente, si m est positif, ce qui est d'accord avec les n°s 263, III.

Remarque. Voir au n° 322, un caractère de convergence moins élémentaire, appelé *théorème d'Abel*. Nous n'en faisons aucun usage dans ce cours.

(**129**) Remarque. *Une série à termes alternativement positifs et négatifs et dont le terme général a pour limite zéro peut être divergente.* En effet, dans la série

$$\frac{1}{\sqrt{2}-1}-\frac{1}{\sqrt{2}+1}+\frac{1}{\sqrt{3}-1}-\frac{1}{\sqrt{3}+1}+\frac{1}{\sqrt{4}-1}-\frac{1}{\sqrt{4}+1}+\text{etc.},$$

la somme S_{2n} des $2n$ premiers termes est égale à $2H_n$, H_n désignant la somme $(1+\frac{1}{2}+\cdots+\frac{1}{n})$ des n premiers termes de la série harmonique (E. Catalan).

(**130**) *[Voir un nouvel exposé de ce paragraphe, avec des additions et des corrections, Appendice, ch. VIII, n°s 317-322].

CALCUL DIFFÉRENTIEL.

(**134**) La règle suppose évidemment que le produit $D_u y.D_x u$ n'ait pas une forme indéterminée. Si l'on avait, par exemple, $y=u^2$, $u=x\sin x^{-1}$, on ne pourrait pas écrire $y'=2u.D_x u$, dans le cas où $x=0$, car $D_x u$ est indéterminé (96). Comparer le n° 177, *cas général*.

(**142**) *[Ligne 10, ajouter à la seconde expression (: Δx)]. Comparez encore le n° 177, *cas général*, et le second exemple.

(**145**) *[Au 2°, la fraction rationnelle doit être renversée; à la première ligne de la remarque, il faut lire Fx au lieu de Ex; au 4°, dans la remarque, il s'agit de l'expression entre parenthèses carrées]. (**146**) *[Au 3°, dernière ligne, il faut lire Thu, au lieu de Th^2u]. (**147**) Ce numéro a été oublié. (**149**) *[Ligne 6, lire $-F'(-x)$ au lieu de $-F(-x)$]. (**151**) *[Ligne 11, lire $y=u+v-w$, au lieu de $y=v+v-w$]. (**152**) *[Ligne 10, lire $\frac{dy}{dw}$ au lieu de $\frac{dw}{dy}$]. (**154**) *[Ligne 4, seconde égalité, lire $\frac{dt}{du}$, au lieu de $\frac{dt}{dv}$]. (**172**) *[Avant dernière ligne de la page : Mettre quelques points avant le premier signe d'égalité]. (**177-178**) *[Page 64, ligne 3, lire dx au lieu de dn; ligne 3 en remontant, lire $D^6_{x^3y^2z}u$ au lieu de $D^6_{x^3y_2z}u$]. (**182**) *[Ligne 1, ajoutez du, après *totale*].

PROPRIÉTÉS DES FONCTIONS.

(**197**) La fonction discontinue $y = x - E(x)$ (7 et NOTES COMPLÉMENTAIRES (7)), toujours croissante dans le sens défini ici, ne l'est évidemment pas dans le sens vulgaire.

(**201**) *[A la dernière ligne, lire B' au lieu de B"]. (**204**) *[Page 80, ligne 5 en remontant, lire Y_0 au lieu de Y]. (**209**) *[Page 84, dernière ligne, lire $x < 1$, au lieu de $x \overline{\gtrless} 1$]. (**217**) *[Page 92, ligne 5, en remontant, lire 1 au lieu de 0]. (**220**) *[Page 96, ligne 9, écrire $-i\Delta x$, au lieu de $i\Delta x$, au numérateur du premier membre, ou changer les signes des seconds membres des deux égalités].

(**228**) et (**232**) On peut simplifier la démonstration de ces deux formules en observant que l'on a, en général,

$$\mathfrak{R}(r_1e^{bi}) + \mathfrak{I}(r_2e^{ci}) = \lambda\sqrt{2}e^{\alpha i}(re^{ai})$$

re^{ai} étant celle des expressions r_1e^{bi}, r_2e^{ci} dont le module est le plus grand. En effet, posons

$$\mathfrak{R}(r_1e^{bi}) + \mathfrak{I}(r_2e^{ci}) = r_1\cos b + ir_2\sin c = Re^{\varphi i}.$$

On aura

$$R = \sqrt{r_1^2\cos^2 b + r_2^2\sin^2 c} \overline{\gtrless} \sqrt{r_1^2 + r_2^2} \leqq \sqrt{2r^2},$$

r étant le plus grand des deux modules r_1, r_2, s'ils sont inégaux. On a donc $R = \lambda r\sqrt{2}$, λ étant une quantité au plus égale à l'unité ; par suite, selon que $r = r_1$ ou r_2,

$$Re^{\varphi i} = \lambda\sqrt{2}\,r_1 e^{\varphi i} = \lambda\sqrt{2}\,e^{\alpha i}(r_1 e^{bi}), \quad \alpha + b = \varphi;$$

$$Re^{\varphi i} = \lambda\sqrt{2}\,r_2 e^{\varphi i} = \lambda\sqrt{2}\,e^{\alpha i}(r_2 e^{ci}), \quad \alpha + c = \varphi.$$

(**229**) *[Les titres du chapitre et du paragraphe doivent être modifiés comme à la table des matières] (**245**) *[Au 2°, à l'avant dernière ligne, le dénominateur doit être N^5; à la dernière ligne, il faut le signe — devant $\frac{1}{4}$].

(**243**) (**246**) (**248**) *Notes historiques*. I. M. ENESTRÖM nous a fait observer que la formule de Newton se trouve déjà dans l'édition des *Principes* de 1687 (Livre III, Lemme V, pp. 481 et suivantes) que nous n'avons pu consulter. Cette remarque nous a remis en mémoire un passage de la célèbre lettre de Newton à Leibniz, du 24 Octobre 1676, où l'illustre géomètre anglais annonce déjà qu'il possède la solution générale du problème de l'interpolation. On trouve ce passage dans le *Commercium epistolicum*, éd. LEFORT, Paris, 1856, p. 132; ou dans NEWTONI *Opuscula*, Lausanne et Genève, 1744, tome I, pp. 340-341. Il est reproduit dans la *Bibliotheca mathematica*, 1886, t. III, p. 142, avec des renseignements historiques sur la démonstration de la formule de Newton. A la page suivante, M. Eneström signale HERMANN comme ayant trouvé une formule équivalente à la loi suprême aux différences, de Wronski (*Phoronomia*, Amsterdam, 1716; Appendix IX, pp. 389-393).

II. Nous avons fait connaître l'expression du reste de la formule de Gauss, dans les *Comptes rendus* de Paris (1886, premier semestre, t. CII, pp. 422-425), puis dans les *Bulletins de l'Académie de Belgique* (1886, troisième série, t. XI, p. 293-307). Mais cette expression est contenue implicitement dans une formule plus générale, publiée par M. Markoff, en 1885, dans les *Mathematische Annalen*, t. XXV, pp. 427-429 et, en 1884, dans un livre imprimé à St. Pétersbourg, en langue russe (Voir POSSÉ, *Sur quelques applications des fractions continues*, St. Pétersbourg, 1886; p. 78).

(**258**) *Développement de* log (*tang* $\frac{1}{2}t$). Supposons ω et u positifs, inférieurs à π et égaux à t, dans les séries donnant log (2 cos $\frac{1}{2}\omega$), et log (2 sin $\frac{1}{2}u$), puis ajoutons les deux séries obtenues. Il viendra

$$-\tfrac{1}{2}\log(\text{tang}\,\tfrac{1}{2}t) = \frac{\cos t}{1} + \frac{\cos 3t}{3} + \frac{\cos 5t}{5} + \text{etc.} \quad 0 < t < \pi.$$

(**262**) *[III, 1° lire mod u_n au lieu de u_n] (**264**). Ce numéro a été oublié.

(**267**) *[Ligne 10, lire $i\sin 2\omega$].

(**280**) Les singularités que présentent les deux exemples traités ici, quand $d^2u = 0$, sont susceptibles d'une interprétation géométrique intéressante, quand on regarde x, y, u comme les coordonnées des points d'une surface. Ainsi, dans le second exemple, u pouvant s'écrire sous la forme $(y^2 - x)(y^2 - 3x)$, l'intersection, par le plan $u = 0$, de la surface $u = (y^2 - x)(y^2 - 3x)$, donne les paraboles $y^2 - x = 0$, $y^2 - 3x = 0$. Pour tout point de la surface dont la projection sur le plan des xy est située entre ces deux paraboles, par exemple pour ceux qui appartiennent à la parabole $y^2 = 2x$, on a $y^2 - x$ positif, $y^2 - 3x$ négatif, u négatif; pour ceux qui sont projetés à l'intérieur de la parabole $y^2 - x$, ou à l'extérieur de la parabole $y^2 - 3x$, u est positif, parce que les binômes $y^2 - x$, $y^2 - 3x$ sont tous deux négatifs, ou tous deux positifs.

Il est difficile d'indiquer, d'une manière générale, comment il faut discuter la valeur de Δu, dans le cas où d^2u peut s'annuler pour des valeurs non nulles des accroissements Δx, Δy, Δz, etc. Souvent, il sera avantageux d'égaler à un nouvel infiniment petit ε, l'expression en Δx, Δy, Δz, etc. dont l'annulation entraine celle de d^2u, et d'éliminer, au moyen de la relation ainsi obtenue, l'une des quantités Δx, Δy, Δz, etc. On étudiera ensuite la valeur de Δu, exprimée au moyen de ε et des accroissements des variables non éliminés.

APPENDICE.

(**288**) Additions. I. Viète (1540-1603), avant Kepler, a employé la considération de l'infini, dans son ouvrage intitulé : *Variorum de Rebus Mathematicis Responsorum liber VIII*. Le chapitre XVIII (pp. 398-400 de l'édition de Schooten), a pour titre : *Polygonorum circulo ordinate inscriptorum ad circulum ratio*. De même, dit-il, qu'Archimède a pu trouver l'aire de la parabole, en y inscrivant une série infinie de triangles ayant un rapport rationnel, de même ne peut-on pas obtenir la quadrature du cercle en y inscrivant une série infinie de triangles ayant entre eux un rapport irrationnel? Partant de cette idée, il calcule successivement les aires des polygones réguliers inscrits au cercle de 4, 8, 16, etc. côtés, et admettant que *est polygonum infinitorum laterum circulus ipse,* il exprime $(2 : \pi)$ au moyen d'un produit infini que l'on peut écrire sous la forme $\cos \alpha \cos \frac{1}{2} \alpha \cos \frac{1}{4} \alpha \cos \frac{1}{8} \alpha ....$ α étant un demi-angle droit. Il ne semble pas que l'écrit de Viète qui contient ce curieux calcul ait été connu de Kepler, ni qu'il ait eu une influence sérieuse sur d'autres géomètres. On n'y trouve d'ailleurs aucune considération de somme ou de rapport d'infiniment petits ; on ne peut donc regarder Viète comme un précurseur même lointain de Leibniz et de Newton.

II. Barrow (1630-1677). Nous avons indiqué, parmi les précurseurs de Newton et de Leibniz surtout, ceux qui ont eu une influence directe ou indirecte sur ces deux géomètres. C'est pourquoi nous n'avons pas cité Barrow, qui a été pourtant le professeur de Newton. La méthode de Barrow pour mener les tangentes, est identique, *au fond*, à celle de Fermat ; mais il emploie un algorithme meilleur, parce qu'il désigne, par une seule lettre, aussi bien l'accroissement de l'ordonnée que celui de l'abscisse, ce qui lui donne rapidement, dans les cas particuliers traités par lui, une relation équivalente à la proportion leibnitzienne $dy : dx = y : S_t$. Si Leibniz avait connu plus tôt les *Lectiones Geometricae* de Barrow (Première édition, 1670 ; seconde 1674), probablement elles lui auraient été d'un grand secours ; mais quand il a pu les consulter, il était déjà en possession des principes fondamentaux de l'analyse infinitésimale, obtenus par une voie toute différente. Ce sont les écrits de Huygens, Pàscal, Grégoire de S. Vincent, Sluse, Descartes, Fermat et Cavalieri, qui ont surtout influé sur Leibniz.

Quant à Newton, il est difficile de discerner ce qu'il a pu apprendre *spécialement* de Barrow, parce que les notations de ce dernier, dont nous venons de parler, n'ont pas pour lui la même importance, comme antécédents de la méthode des fluxions, que pour Leibniz, comme antécédents du calcul différentiel. Autant qu'on peut le conjecturer, d'après les écrits de Newton, et surtout d'après la *Recensio* du *Commercium epistolicum*, c'est à Cavalieri même qu'il doit l'idée de fluxion et ce sont les écrits de Wallis et peut-être de Grégoire de Saint Vincent(*) qui ont eu sur lui la plus grande influence.

(*) Grégoire de Saint-Vincent, dans l'*Opus geometricum* (Lib. VII, *De Ductu plani in planum*, pars III, prop. 40-46, pp. 733-740), avait donné des théorèmes

(292) [XII. EULER. Le premier mot de la ligne 9 doit être *poterit*]. ADDITIONS. I. TACQUET (1612-1660). Avant Pascal et presque aussi nettement que lui, TACQUET, géomètre anversois, a signalé, dans son ouvrage : *Cylindricorum et Annulariorum libri IV* (1651), l'insuffisance de la méthode des indivisibles prises à la lettre, et a indiqué ce qu'il faut y ajouter pour la rendre rigoureuse. Il l'appelle, avec juste raison, une méthode *per heterogenea* sans force démonstrative : « Dico demonstrationes per heterogenea institutas ad assensum non cogere nisi, quod plerumque fieri potest, ad homogenea reducantur (Scholium de la proposition douzième du livre premier). » Il indique ensuite, sur un exemple, comment il faut faire cette réduction : si deux solides sont coupés par des plans parallèles suivant des sections égales (ou ayant un rapport donné), on construira sur ces sections, dans les deux solides, des prismes ou des cylindres égaux (ou ayant le rapport donné), et limités par des plans parallèles; d'après un théorème général, démontré en tête du livre premier, si la somme de ces prismes ou de ces cylindres, peut différer aussi peu qu'on le veut des solides correspondants, quand leur nombre croît suffisamment, le rapport des volumes de ces solides est égal à celui des sommes de prismes ou de cylindres.

Le livre de Tacquet a été complété en 1659, et réimprimé en 1669 et 1707; il est cité avec éloge entre autres, par Wallis, Sluse, Huygens, Barrow. Il est difficile de ne pas admettre une influence sérieuse de Tacquet au moins sur ce dernier, qui, dans la XVIe des *Lectiones mathematicae* (1664-1666; publiées en 1683) expose le sens raisonnable de la méthode des indivisibles, comme le géomètre flamand et en employant une terminologie analogue. S'il en est ainsi, il est probable que Newton lui-même, jusqu'à un certain point, aura profité indirectement des

---

généraux analogues à ceux de Newton dans les *Principes* et pour la même raison : « Ne idem discursus in singulis propositionibus labore inutili, et cum molestia Lectoris repetendus esset, placuit totum exhaustionis negotium hoc loco terminis universalibus proponere ac demonstrare (p. 740) » La grandeur vraiment effrayante du livre de Grégoire de S. Vincent (plus de 1250 pages in folio) a dû rebuter bien des lecteurs de son temps; seuls ses élèves (Tacquet, par exemple), et les plus grands géomètres du temps, comme Huygens, Leibniz et probablement Newton, auront vu toute la portée des théories générales de notre compatriote sur la génération des solides et sur leur mesure.

lumières contenues dans le livre de notre compatriote sur la méthode des indivisibles (Résumé d'une note manuscrite de M. C. LE PAIGE).

II. LEIBNIZ. Voici un passage de LACROIX (*Traité du Calcul différentiel et du Calcul intégral*; seconde édition, t. I, Paris, Courcier, 1810; Introduction, p. XV) sur Leibniz, qu'il est intéressant de citer en confirmation de ce que nous en disons nous-même : « Leibnitz crut sans doute que ceux qui seraient en état de faire usage du Calcul différentiel, en saisiraient facilement l'esprit, en le rapprochant de la méthode des anciens; car il négligea d'entrer dans aucun détail à cet égard, et son silence fut imité par les Bernoulli et par l'Hôpital; mais quand il fut attaqué sur ce sujet, il prouva par ses réponses, qu'il y avait mûrement réfléchi. Dans toutes les occasions, il compare sa méthode avec celle d'Archimède, et fait voir qu'elle n'en est en quelque sorte qu'un abrégé, plus approprié aux recherches, mais qu'au fond elle revient au même; car au lieu de supposer les différentielles infiniment petites dans le fait, il suffit seulement de concevoir qu'on puisse toujours les prendre assez petites, pour que l'erreur qui résultera des omissions faites dans le calcul, soit moindre qu'une grandeur donnée; et pour aider l'imagination de ses lecteurs, il apporte quelques exemples sensibles. Cette manière de raisonner, à laquelle il semble qu'on n'ait rien à reprocher, a été regardée de la part de Leibnitz, comme un aveu de l'insuffisance de ses principes, par Fontenelle, qui voyait s'écrouler ainsi tout l'édifice qu'il avait bâti sur les infinis. Les plaintes qu'il en porte dans la préface de sa Géométrie et qui ont été répétées dans plusieurs ouvrages, offrent un exemple de la facilité avec laquelle les erreurs passent de livre en livre, et montrent combien peu de gens prennent soin de se former une opinion indépendante de celle des autres. »

III. D'ALEMBERT (1717-1783), LANDEN (1719-1790), POINSOT (1777-1859) ont été souvent cités comme ayant contribué à réintroduire, dans l'enseignement de l'analyse infinitésimale, des idées plus précises que celles de l'Hospital. Le premier, dans plusieurs articles de l'Encyclopédie (notamment sous les mots *infini*, *infiniment petit*, *différentiel*) a esquissé les principes du calcul différentiel en recourant à la théorie des limites et, en entendant, au fond, les infiniment petits, comme Newton et Leibniz, dans le sens des indéfiniment petits. Mais son exposition, très superficielle au point de vue historique, n'est ni assez détaillée, ni surtout assez nette : ainsi il renvoie, pour les démonstrations des règles de la différentiation, à l'*Analyse des infiniment petits*, c'est-à-dire à un ouvrage fondé sur des principes vagues (*).

Ni l'esquisse de d'Alembert, ni les travaux analogues de Landen (*The Residual Analysis*, 1764), où ce géomètre, dit Lacroix, proposa une méthode qui revient à celle des limites, ne semblent avoir eu une grande influence sur les procédés d'exposition du calcul infinitésimal. LACROIX, bien qu'il fît de la méthode des limites la base de son *Traité élémentaire de calcul différentiel et de calcul intégral* (1797), l'exclut à cause de cela même, à peu près complètement et d'une manière systématique de son grand *Traité* (Introd., p. xxxv) ; dans celui-ci, au fond, le point de départ est le développement de Taylor admis sans démonstration suffisante, comme dans la *Théorie des fonctions analytiques* de Lagrange(**). Lacroix fait remarquer, en même temps, qu'il n'a pas cru devoir négliger la considération des infiniment petits, qui abrège et facilite considérablement, selon lui, la mise en équation des problèmes de géométrie et de mécanique.

En 1813, « le programme de l'École Polytechnique, porte qu'on exposera les principes du calcul différentiel par la considération des infiniment petits et qu'on fera voir dans les cas les plus simples, l'accord de cette méthode avec celle des limites, ou du développement en série (*Correspondance sur l'École polytechnique*, t. III, n° II, mai 1815, p. 111). » POINSOT s'est inspiré de ce programme dans les fragments de son cours qui ont été publiés (*Des principes fondamentaux et des règles générales du calcul différentiel; sur le changement de la variable indépendante, ou transformation des fonctions différentielles*. Ib. p. 111-131). Il indique assez bien pourquoi cet accord subsiste, mais il ne prouve pas le principe qu'il invoque et dont il pouvait emprunter la démonstration à Newton, savoir : *qu'on ne doit jamais prendre* (dans les limites de rapport et de somme d'infiniment petits) *au lieu des différences ou éléments des grandeurs, que des quantités* (différentielles) *dont la dernière raison avec ces éléments soit la raison d'égalité.* D'ailleurs, cette définition de

---

(*) En réalité, l'ouvrage de CARNOT, *Réflexions sur la métaphysique du Calcul infinitésimal* (1799), ne contient guère que le développement des idées de d'Alembert et a les mêmes défauts que les articles de celui-ci, tant au point de vue scientifique qu'au point de vue historique.

(**) On peut en dire autant du petit livre de BRASSEUR : *Exposition nouvelle des principes du Calcul différentiel et du Calcul intégral* (Liége, 1868).

la différentielle est vague et même inexacte, quand la dérivée est nulle.

Poinsot ajoute que, dans l'énoncé du principe de l'égalité des dernières raisons, on en sous-entend un autre non moins important, qu'on peut nommer le principe de l'homogénéité, savoir, *que les différentielles, quelque petites qu'on les suppose, sont toujours de même nature que les grandeurs que l'on considère.* Au moyen de ce second principe, il explique, comme Tacquet, Roberval et Pascal, le vrai fondement de la méthode des indivisibles.

A la fin cependant, le langage de Poinsot rappelle celui de Poisson : « Ainsi, dit-il, l'on revient toujours d'une manière naturelle au calcul de ces infiniment petits, dont on cherche les rapports, s'il faut mesurer les affections des grandeurs qui varient par nuances insensibles, ou qu'on prend en nombre infini, s'il s'agit de mesurer ces grandeurs elles-mêmes. Cette méthode est la plus directe et la plus féconde, parce qu'elle est la plus conforme à l'idée qu'on se fait naturellement de la génération des grandeurs (p. 114). » L'existence de la dérivée, qui préoccupe déjà Lacroix (*Traité*, t. I, p. 241), lui parait à peu près évidente, pour des raisons bien singulières : « On peut même dire que le rapport de deux choses homogènes ne dépendant ni de leur nature, ni de leurs grandeurs absolues, par la définition même du rapport, la quantité $(\Delta y : \Delta x)$ a toujours une limite; et c'est ce que la considération d'une courbe et de sa tangente, dont l'existence n'est pas douteuse, fait voir d'ailleurs avec la dernière évidence (p. 115-116). »

(**293**) Tout nombre nettement défini, s'il n'est pas commensurable, est nécessairement incommensurable dans le sens défini ici, comme on peut s'en convaincre après un peu de réflexion.

(**294-295**) Il résulte du procédé de formation des nombres r du n° 294 que α est compris entre deux nombres commensurables aussi rapprochés qu'on le veut, ce qui justifie la dernière phrase du n° 295.

(**304**) I. Voici la démonstration de ces inégalités, par exemple de celle-ci : $s_n - \varepsilon < s_{n+1} < s_n + \varepsilon$. 1° Si $s_{n+1} - s_n$ est positif, on a évidemment, *a fortiori*, $s_{n+1} - s_n > -\varepsilon$, ou $s_n - \varepsilon < s_{n+1}$; ensuite, de $s_{n+1} - s_n > \varepsilon$, on déduit $s_{n+1} < s_n + \varepsilon$. 2° Si $s_n - s_{n+1}$ est positif, on a, *a fortiori*, $s_n - s_{n+1} > -\varepsilon$, ou $s_{n+1} < s_n + \varepsilon$; ensuite, de la relation $s_n - s_{n+1} < \varepsilon$, résulte $s_n - \varepsilon < s_{n+1}$.

TABLE DES MATIÈRES.

Pages.

INDEX.

(Les numéros entre parenthèses sont ceux des notes complémentaires).

I.

II.

www.ingramcontent.com/pod-product-compliance
Ingram Content Group UK Ltd.
Pitfield, Milton Keynes, MK11 3LW, UK
UKHW021848190726
13855UKWH00001B/216

9 782013 440400